Springer-Lehrbuch

Christel Weiß

Basiswissen Medizinische Statistik

6., überarbeitete Auflage

Mit 34 Abbildungen und 20 Tabellen

Springer

PD Dr. Christel Weiß
Univ. Heidelberg
Fak. Klin. Med. Mannheim
Medizinische Statistik
Ludolf-Krehl-Str. 13–17
68135 Mannheim

Prof. Dr. Berthold Rzany
Gastwissenschaftler a. d. Charité, Berlin
RZANY & HUND
Privatpraxis f. Dermatologie und
Ästhetische Medizin
Kurfürstendamm 183
10707 Berlin

ISBN-13 978-3-642-34260-8
ISBN 978-3-642-34261-5 (eBook)
DOI 10.1007/978-3-642-34261-5
6. Auflage 2013 Springer-Verlag Berlin Heidelberg

Die Deutsche Nationalbibliothek verzeichnet diese Publikation in der Deutschen Nationalbibliografie; detaillierte bibliografische Daten sind im Internet über http://dnb.d-nb.de abrufbar.

Springer Medizin

Planung: Dorit Müller, Heidelberg
Projektmanagement: Axel Treiber, Heidelberg
Lektorat: Markus Pohlmann, Heidelberg
Projektkoordination: Heidemarie Wolter, Heidelberg
Umschlaggestaltung: deblik, Berlin
Fotonachweis Umschlag: © Mirko Raatz / fotolia.com
Satz und Reproduktion der Abbildungen:
Fotosatz-Service Köhler GmbH – Reinhold Schöberl, Würzburg

Gedruckt auf säurefreiem und chlorfrei gebleichtem Papier

Springer Medizin ist Teil der Fachverlagsgruppe Springer Science+Business Media
www.springer.com

Vorwort zur sechsten Auflage

Es gibt keine gute Medizin ohne Statistik. Dieser Satz wird bei manchen Medizinstudenten auf Unverständnis stoßen. Warum sollte sich ein Arzt mit Statistik befassen, und warum ist dieses Fach Teil der ärztlichen Ausbildung? Die Antwort liegt auf der Hand: Statistik befasst sich bekanntlich mit zufälligen Ereignissen, und der Zufall ist in der medizinischen Praxis und Wissenschaft allgegenwärtig. Deshalb ist klinische Forschung ohne Statistik nicht möglich. Ärztliches Handeln muss auf Wissen basieren. Ansonsten verfallen wir Zufällen und Halbwahrheiten, die auch dadurch nicht besser werden, dass sie mantrahaft wiederholt werden. Dies wäre unter ethischen, medizinischen und ökonomischen Aspekten nicht vertretbar.

Ist Biostatistik unattraktiv? Keineswegs! Erst eine statistische Analyse ermöglicht es, Daten zu strukturieren, Zusammenhänge aufzudecken und abzusichern, Ergebnisse zu interpretieren und die daraus resultierenden Erkenntnisse praktisch umzusetzen. Jeder Arzt, der wissenschaftliche Publikationen liest oder selbst erstellt, weiß dies. Den meisten Studenten wird dies spätestens beim Schreiben ihrer Doktorarbeit bewusst. Der schlechte Ruf, der diesem Fach vorauseilt, ist dadurch begründet, dass statistische Methoden auf mathematischen Formeln basieren, die für manche Menschen ein Gräuel sind. Als Anwender muss man diese Formeln jedoch nicht herleiten oder gar auswendig lernen (zumal die Berechnungen üblicherweise von einer Software durchgeführt werden). Man sollte vielmehr verstehen, wie statistische Methoden sinnvoll angewandt werden. Jedem, der diesem Fachgebiet unbefangen begegnet, erschließen sich äußerst interessante Anwendungsmöglichkeiten.

Ziel dieses Buches ist es, Studenten, Doktoranden und Ärzten einen kompetenten Überblick über die wichtigsten statistischen Anwendungen in der Medizin zu geben. Darüber hinaus gewährt es einen umfassenden Überblick über klinische und epidemiologische Studien. Es ist nicht nur Studenten bei deren Klausur- und Examensvorbereitungen nützlich, sondern auch als Nachschlagekompendium geeignet.

Für die sechste Auflage wurde das bewährte didaktische Konzept beibehalten: Alle Methoden werden verständlich dargestellt und anhand von einfachen Beispielen erläutert. Die Herleitungen der mathematischen Formeln findet man im Anhang des Buches. Interessierte Leser können sie nachvollziehen; für das grundsätzliche Verständnis des Stoffes ist dies jedoch nicht erforderlich.

Abschnitte, die über die Anforderungen des Basiswissens hinausgehen, sind mit dem Symbol gekennzeichnet. Falls erforderlich, werden Hinweise auf weiterführende Literatur gegeben.

Viele haben zum Gelingen dieses Buches beigetragen. Ich bedanke mich bei meinen Mitarbeiterinnen Frau Sylvia Büttner und Frau Rosemarie Černý, die sich mit großer Sorgfalt um das Layout gekümmert und die graphischen Darstellungen erstellt haben. Meinem Coautor Herrn Prof. Dr. Berthold Rzany, Sc. M. danke ich dafür, dass er als klinischer Epidemiologie seine Kenntnisse und Erfahrungen in die Kapitel 12 bis 15 hat einfließen lassen. Eine große Hilfe bei der aktuellen Auflage waren Judith Weiß und Viola Joncic, die das Buch aus Studenten-Sicht gelesen haben. Ich habe deren Ideen gerne einfließen lassen! Ferner danke ich Frau Dorit Müller, Frau Christine Ströhla und Herrn Axel Treiber vom Springer-Verlag für die hervorragende Zusammenarbeit. Meinem Lektor, Herrn Dipl.-Biol. Markus Pohlmann, schulde ich großen Dank für seine Akribie beim Lesen des Textes und vor allem für seine unermüdliche Geduld. Nicht zuletzt richtet sich mein Dank an viele Leser für ihre wertvollen Anregungen.

Ich freue mich über konstruktive Kritik an meine E-Mail-Adresse christel.weiss@medma.uni-heidelberg.de.

Christel Weiß
Mannheim, im Frühjahr 2013

Inhaltsverzeichnis

I Deskriptive Statistik

II Wahrscheinlichkeitsrechung

III Induktive Statistik

Basiswissen Medizinische Statistik

*** Verweis auf tiefergehende Inhalte

Schlüsselbegriffe: sind fett und kursiv hervorgehoben

Inhaltliche Struktur: klare Gliederung durch alle Kapitel

Leitsystem: schnelle Orientierung über alle Kapitel

Beispiele: zum besseren Verständnis des Stoffes

Tabellen: klar und übersichtlich gegliedert

Cave: Vorsicht Fallstricke!

14 **Kapitel 4** · Beschreibung eines Merkmals

4.4 Formmaße

4.4.1 Schiefe***

Einige statistische Methoden setzen eine bestimmte Verteilungsform (z.B. Normalverteilung) voraus. Einen ersten Eindruck diesbezüglich liefert ein Histogramm. Daran erkennt man, ob eine Verteilung einen oder mehrere Gipfel hat, ob sie symmetrisch ist und ob sie stark oder eher schwach gewölbt ist. Die **Schiefe** ist ein Formmaß, das die Symmetrie bzw. Asymmetrie einer Verteilung kennzeichnet. Sie ist definiert als:

$$g_1 = \frac{\frac{1}{n} \cdot \sum_{i=1}^{n} (x_i - \bar{x})^3}{s^3} \qquad (4.17)$$

Beispiel 4.14: Schiefe und Kurtosis

Für die Körpergröße der weiblichen Studenten ergibt sich $g_1 = -0{,}270$. Dieser Wert weicht nur geringfügig von 0 ab; es spricht also nichts gegen die Symmetrie der Verteilung. Ein Vergleich der Lagemaße $\bar{x}_w = 170{,}1$ cm und $\tilde{x}_w = 170{,}0$ cm bestätigt dies. Der Wert der Kurtosis beträgt $g_2 = 0{,}738$. Dieser Wert nahe bei 0 ist ein Hinweis darauf, dass dieses Merkmal nicht nur symmetrisch, sondern annähernd normalverteilt ist.

Tab. 4.1 Übersicht: Univariable Datenbeschreibung – geeignete Maßzahlen und grafische Darstellungen

Skala	Lagemaße	Streuungsmaße	Formmaße	Grafische Darstellungen
Nominalskala	Modus	Variation Ratio	–	Kreisdiagramm Rechteckdiagramm Balkendiagramm
Ordinalskala	Modus Median Quartile Quantile	Variation Ratio Spannweite Quartilabstand Interdezilabstand	–	Rechteckdiagramm Balkendiagramm

Cave

Die Begriffe »linksgipflig«, »linkssteil« und »rechtsschief« (bzw. »rechtsgipflig«, »rechtssteil«, und »linksschief«) sind in ihrer Vielfalt verwirrend. Die einprägsamsten Ausdrücke sind wohl »rechtsgipflig« und »linksgipflig«. Sie besagen, wo der Gipfel ist, während aus den anderen Bezeichnungen nicht eindeutig hervorgeht, wie die Verteilung beschaffen ist.

Navigation: Seitenzahl und Kapitelnummer für die schnelle Orientierung

4.4 · Formmaße 15 **4**

Zahlreiche **Abbildungen:** veranschaulichen komplizierte und komplexe Sachverhalte

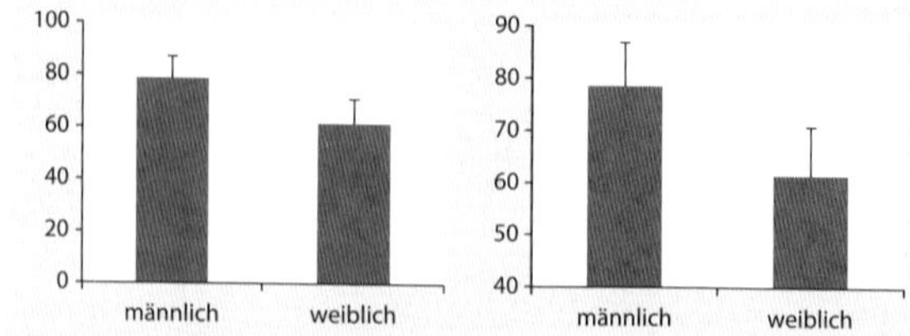

◘ Abb. 4.3 Körpergewichte männlicher und weiblicher Studenten (abgewandeltes Säulendiagramm).

Verweise auf Kapitel, Tabellen, Herleitungen und Beispiele: deutlich herausgestellt und leicht zu finden

Die Plots liefern Hinweise zu Lagemaßen (Mittelwerte, Mediane, Quartile, Maxima und Minima) und Streuungsmaßen (Spannweite, Quartilabstand). Sie enthalten sogar Informationen bezüglich der Schiefe: Je weiter Mittelwert und Median voneinander entfernt sind, desto schiefer ist die Verteilung. Als Darstellung eignet sich ferner ein abgewandeltes Säulendiagramm, bei dem die Höhe einer Säule dem jeweiligen Mittelwert entspricht. Dabei kann die Standardabweichung als senkrechter Strich auf eine Säule gesetzt werden (◘ Abb. 4.3).

Info: zusätzliche Informationen zum jeweiligen Thema

ⓘ Die Striche bei einem Box-Whisker-Plot können sich auch zwischen dem 10%- und dem 90%-Perzentil oder dem 1%- und dem 99%-Perzentil erstrecken. Damit vermeidet man, dass die »whiskers« wegen eines Ausreißers extrem in die Länge gezogen werden.

Herleitungen: Logisches Nachvollziehen einer Formel zum besseren Verständnis

Mathematische Abhandlungen ▶ Anhang

In Kürze: Wiederholung der wichtigsten Fakten zum schnellen Repetieren

Kapitelzusammenfassung

Mittelwert

- Er darf nur für quantitative Merkmale (nicht für ordinal skalierte) berechnet werden.
- Er ist vor allem bei symmetrischen, eingipfligen Verteilungen sinnvoll.
- Er nutzt im Gegensatz zu anderen Lagemaßen *alle* Informationen der Stichprobenwerte.

Median

Die Angabe des Medians ist sinnvoll:

- bei ordinal skalierten Daten;

Vita

1976 Abitur
1976–1983 Studium der Mathematik und Physik an der Johannes-Gutenberg-Universität Mainz
1986–1992 Wissenschaftliche Mitarbeiterin an der Abteilung für Experimentelle Chirurgie an der Universität Heidelberg
1991 Promotion zum Doctor scientiarum humanarum
1991 Anerkennung als Medizinischer Informatiker durch die GMDS
1992 – heute Mathematikerin am Universitätsklinikum Mannheim
seit November 1999 Leiterin der Abteilung für Medizinische Statistik
Buchautorin, Coautorin zahlreicher wissenschaftlicher Papers und statistische Fachgutachterin der Zeitschrift »Notfall und Rettungsmedizin«
seit Mai 2011 Privatdozentin für die Fächer Biomathematik und Epidemiologie

Abkürzungen

AMG	Arzneimittelgesetz
ANOVA	analysis of variance
ANCOVA	analysis of covariance
AR	attributable risk
ARR	absolute risk reduction
AT	as treated
AUC	area under the curve
AWB	Anwendungsbeobachtung
BfArM	Bundesinstitut für Arzneimittel und Medizinprodukte
CC	Cochrane Collaboration
	coefficient of contingency (Kontingenzkoeffizient)
CI	confidence interval
CRF	case report form
CV	coefficient of variation
EBM	evidence-based medicine
GCP	good clinical practice
HR	hazard ratio
ITT	intention to treat
MANOVA	multivariate analysis of variance
MPG	Medizinproduktegesetz
NNH	number needed to harm
NNS	number needed to screen
NNT	number needed to treat
NS	not significant
OR	odds ratio
PASI	psoriasis area and severity index
PEI	Paul-Ehrlich-Institut
PP	per protocol
QoL	quality of life
RCT	randomized clinical trial (randomized controlled trial)
ROC	receiver operating characteristic
RR	relative risk
RRR	relative risk reduction
SD	standard deviation
SEM	standard error of the mean

Deskriptive Statistik

Einleitung

C. Weiß, *Basiswissen Medizinische Statistik*,
DOI 10.1007/978-3-642-34261-5_1,

> » Der Beginn aller Wissenschaften ist das Erstaunen,
> dass die Dinge sind, wie sie sind.
> (Aristoteles, Philosoph, 384–322 v. Chr.)

1.1 Bedeutung der Statistik für die Medizin

Jeder medizinische Wissenschaftler und jeder praktisch tätige Arzt weiß aus Erfahrung, dass alle Erkenntnisse und Entscheidungen in der Medizin mit einer gewissen Unsicherheit verbunden sind. In diesem Punkt unterscheiden sich die Biowissenschaften grundlegend von den exakten Naturwissenschaften: Während die Zusammenhänge in der Mathematik oder der klassischen Physik determiniert und damit berechenbar sind (etwa aufgrund einer mathematischen Formel oder eines physikalischen Gesetzes), unterliegen die Zustände und Vorgänge bei biologischen Systemen nicht nur naturwissenschaftlichen Gesetzen, sondern auch dem **Zufall**. Aus diesem Grund lassen sich medizinisch-biologische Abläufe allenfalls abschätzen, aber niemals exakt berechnen oder vorhersagen.

Im Allgemeinen sind zwar zahlreiche Faktoren bekannt, die ein bestimmtes Merkmal beeinflussen. So ist etwa das **Körpergewicht** eines Menschen abhängig von dessen Alter und Geschlecht; außerdem sind genetische Einflüsse, die Körpergröße, pathologische und psychische Besonderheiten sowie eine Reihe weiterer Einflussgrößen maßgebend. Es wird jedoch niemals möglich sein, *alle* das Körpergewicht bestimmenden Faktoren zu benennen und deren Einfluss im Einzelnen zu quantifizieren. Dazu sind die Vorgänge im menschlichen Organismus viel zu komplex und von unserem Verstand nicht mehr nachvollziehbar. Man geht deshalb davon aus, dass jeder physiologische Parameter letztlich auch dem Zufall unterliegt.

Ebenso kennt man bei fast allen Krankheiten diverse Faktoren, die deren Entstehen verursachen oder deren Auftreten begünstigen. Man weiß beispielsweise, dass bei Menschen, die in permanenter Anspannung leben, stark rauchen sowie unter erhöhtem Blutdruck und starkem Übergewicht leiden, die Gefahr eines Herzinfarkts besonders hoch ist, und jeder verantwortungsbewusste Arzt wird einen Risikopatienten darauf hinweisen.

Dessen ungeachtet gibt es Personen, die mit all diesen **Risikofaktoren** steinalt werden, ohne jemals einen Herzinfarkt zu erleiden – wie z. B. *Winston Churchill*, der an seinem 90. Geburtstag auf die Frage, wie er so alt geworden sei, geantwortet haben soll: »Smoking, drinking and first of all no sports« Andererseits bietet eine vermeintlich gesunde Lebensweise, die alle bekannten Risikofaktoren ausschließt, keinen zuverlässigen Schutz vor dieser Krankheit. Schließlich ist auch hier der Zufall mitentscheidend. Aus diesem Grund kann bei keinem Menschen präzise vorhergesagt werden, ob eine bestimmte Krankheit im Laufe seines Lebens eintreten wird oder nicht.

In Einzelfällen kann der Zufall zu extremen Werten oder unerwarteten Ereignissen führen. Deshalb erlebt jeder Mediziner hin und wieder Überraschungen – erfreulicher oder unerfreulicher Art. Dies gilt für den behandelnden Arzt, der den Verlauf einer Krankheit nicht vorhersehen kann und niemals mit Sicherheit weiß, ob eine therapeutische Maßnahme den gewünschten Erfolg erzielen wird, ebenso wie für den Wissenschaftler, dessen Forschungsergebnisse stets eine gewisse Irrtumswahrscheinlichkeit beinhalten.

Die **Statistik als Wissenschaft des Zufalls** stellt nun Methoden zur Verfügung, die es ermöglichen, trotz der Unberechenbarkeit der Einzelfälle Strukturen aufzudecken und allgemein gültige Aussagen herzuleiten. Diese bilden die Basis für jede neue wissenschaftliche Erkenntnis und jedes daraus abgeleitete ärztliche Handeln. Dieser Ansatz garantiert zwar nicht, dass die Entscheidung in jedem Fall zum gewünschten Ergebnis führt. Sie ist aber nachvollziehbar, und das Risiko einer Fehlentscheidung ist minimiert. Der Zufall wird bei dieser Vorgehensweise nicht eliminiert, aber quantifiziert und damit kontrollierbar gemacht.

Neues Wissen in der Medizin kann nur unter Anwendung statistischer Methoden gewonnen werden. Auch wenn die persönlichen Erfahrungen des behandelnden Arztes und die individuellen Bedürfnisse des Patienten nach wie vor wichtige Säulen des Entscheidungsprozesses darstellen, darf der aktuelle Stand der Forschung nicht vernachlässigt werden. Dazu sind die Kenntnis statistischer Methoden und die Fähigkeit, deren Resultate sinnvoll zu interpretieren, unabdingbar. Insofern ist Statistik für die Medizin unentbehrlich, sowohl um Forschung zu betreiben als auch, um deren Ergebnisse praktisch anzuwenden.

1.2 Geschichte der medizinischen Statistik

Die Medizin ist eine jahrtausendealte Wissenschaft. Dennoch ist es erst in den vergangenen Jahrzehnten üblich geworden, neue Erkenntnisse in der Forschung mit statistischen Methoden abzusichern. Um diesen erstaunlich langen Prozess nachvollziehen zu können, ist es notwendig, sich mit der historischen Entwicklung der Statistik zu befassen und außerdem einige Aspekte der Medizingeschichte zu beleuchten.

1.2.1 Historische Entwicklung der Statistik***

Anfänge

Das primäre Anwendungsgebiet der Statistik liegt in der **Staatsbeschreibung.** Bereits im 4. Buch Mose mit dem Namen »Numeri« wird eine Volkszählung erwähnt; ferner sind aus dem Altertum

▼

Volkszählungen aus Ägypten und Griechenland bekannt. Dabei ging es hauptsächlich um die Beschreibung geografischer, politischer und wirtschaftlicher Besonderheiten, wie sie heute noch im Statistischen Jahrbuch der Bundesrepublik Deutschland veröffentlicht werden.
Aus den Methoden der Staatsbeschreibung entwickelte sich die **beschreibende** oder **deskriptive Statistik**, deren Aufgabe darin besteht, Zustände übersichtlich darzustellen. Bis heute werden diese Methoden in vielen Bereichen der Wirtschaft, der Verwaltung, des Versicherungswesens und bei der Volkszählung angewandt, wo statistische Erhebungen als Grundlage für Planungen dienen. Bis ins 18. Jahrhundert hinein wurde Statistik fast ausschließlich für staatliche Zwecke benutzt. Dies erklärt dieselbe etymologische Wurzel der Wörter »Statistik« und »Staat« (lat. status = Zustand, Beschaffenheit). Den Begriff »Statistik« führte der Göttinger Staatswissenschaftler *Gottfried Achenwall* (1719–1772) ein.

16. bis 19. Jahrhundert

Ein anderes Anwendungsgebiet ergab sich zu Beginn des 16. Jahrhunderts in England, als man begann, Bevölkerungsentwicklungen quantitativ zu beschreiben. Diese Art von Statistik bezeichnete man als »politische Arithmetik«. Auf Veranlassung des Lordkanzlers *Thomas Cromwell* (1485–1540) wurden alle Geburts- und Todesfälle systematisch in Kirchenbüchern aufgezeichnet. Dies veranlasste *John Graunt* (1620–1674), basierend auf Londoner Geburts- und Sterberegistern Gesetzmäßigkeiten bezüglich der Bevölkerungsentwicklung herzuleiten. Graunt gilt als der Begründer der **Demografie**; sein Werk bildete später die Grundlage für die Berechnung von Lebensversicherungen. Kurze Zeit danach widerlegte der englische Arzt und Schriftsteller *John Arbuthnot* (1667–1735) die These, dass Mädchen- und Knabengeburten gleich häufig seien (ebenfalls mit Hilfe von Kirchenbüchern). Das bahnbrechende Werk der deutschen Bevölkerungsstatistik mit dem Titel »Die göttliche Ordnung in den Veränderungen des menschlichen Geschlechts« erstellte der preußische Feldprediger *Johann Peter Süßmilch* (1707–1767).
Daneben gab es eine Anwendergruppe mit gänzlich anderen Interessen: Ihr ging es darum, die Gewinnchancen bei Glücksspielen zu berechnen. Dies regte Mathematiker wie *Galileo Galilei* (1564–1642), *Blaise Pascal* (1623–1662), *Christiaan Huygens* (1629–1695) und *Pierre Simon Marquis de Laplace* (1749–1827) zur Berechnung von Wahrscheinlichkeiten und zu theoretischen Abhandlungen an. Sie haben damit die **Wahrscheinlichkeitsrechnung** wesentlich bereichert. In diesem Zusammenhang ist auch der deutsche Mathematiker *Carl Friedrich Gauß* (1777–1855) zu nennen, der unter anderem die Normalverteilung und deren Bedeutung für die angewandte Statistik beschrieben hat. Die Fundamente moderner Wahrscheinlichkeitsrechnung legte der russische Mathematiker *Andrej Kolmogoroff* (1903–1987).

Moderne Statistik

Die Wahrscheinlichkeitsrechnung ist die Grundlage der **induktiven Statistik**. Sie ermöglicht es, aufgrund einer relativ kleinen Stichprobe Aussagen bezüglich einer weitaus größeren Grundgesamtheit herzuleiten. Diese Methoden wurden erst im 20. Jahrhundert entwickelt. Besonders hervorzuheben sind dabei die Wissenschaftler *William Sealy Gosset* (1876–1937), der die *t*-Verteilung herleitete, *Karl Pearson* (1857–1936), der die Korrelations- und Regressionsanalysen voran-

▼

trieb, *Sir Ronald Aylmer Fisher* (1890–1962), auf den die Varianzanalyse zurückgeht, und *David Cox* (geboren 1924), der sich mit der Modellierung von Überlebenszeiten befasste. Diese Entwicklungen haben entscheidend dazu beigetragen, dass die Statistik in den Bio- und Sozialwissenschaften breite Anwendung gefunden hat.

1.2.2 Methodik in der medizinischen Wissenschaft***

Die Medizin als eine Wissenschaft, deren Zweck darin besteht, kranken Menschen zu helfen, ist so alt wie die Menschheit selbst. Als moderne Wissenschaft kann sie jedoch erst seit dem 19. Jahrhundert angesehen werden.

Antike

Von der Antike bis ins 19. Jahrhundert hinein konnten Beobachtungen am kranken Menschen fast ausschließlich durch unmittelbare **Sinneseindrücke** des behandelnden Arztes erfasst werden. Diese Beobachtungen waren naturgemäß subjektiv und die daraus gezogenen Schlussfolgerungen häufig spekulativ. Generell gab es zwei Ansätze bezüglich der Wahl einer geeigneten Therapie: den empirischen und den theoretischen.
Der **Empiriker** gründete seine Entscheidung auf persönliche Erfahrungen und überprüfte in jedem Einzelfall, ob sie sinnvoll war. Allerdings waren die dadurch gewonnenen Erkenntnisse ungeregelt, da sie lediglich auf einzelnen, zufälligen Beobachtungen beruhten. Dagegen suchte der **Theoretiker** nach den Krankheitsursachen und leitete dann durch logisch-konsequente Schlussfolgerungen eine seiner Meinung nach nützliche Therapie her. Diese dogmatische Methode basierte auf unverrückbaren, nie zuvor überprüften Grundannahmen, die generell nicht infrage gestellt wurden. Die Autorität der beiden griechischen Ärzte *Hippokrates von Kos* (ca. 460–370 v. Chr.) und *Galen von Pergamon* (129–199 n. Chr.) führten dazu, dass der theoretische Ansatz bis ins 16. Jahrhundert allgemein anerkannt war. Wegen der Autoritätsgläubigkeit jener Zeit wagte es niemand, sich kritisch damit auseinanderzusetzen. Eine moderne Wissenschaft im heutigen Sinne konnte auf diese Weise freilich nicht entstehen.

Renaissance

Der Ursprung für die Wissenschaftlichkeit der Medizin lag in der Renaissance. Ein herausragender Wissenschaftler jener Epoche war *Galileo Galilei*, der weniger durch seine Einzelleistungen auf den Gebieten der Mathematik, Physik und Astronomie Bedeutung erlangte als vielmehr dadurch, dass er die modernen Naturwissenschaften auf objektiven Beobachtungen und nachvollziehbaren Experimenten aufbaute. Naturvorgänge wurden fortan nicht mehr theologisch oder philosophisch erklärt, sondern aus Naturgesetzen hergeleitet.
Nach der Einführung naturwissenschaftlicher Methoden wurden subjektive Sinneseindrücke ersetzt durch **objektive Messwerte**, die sich mathematisch analysieren lassen. Erkenntnisse, die

▼

man auf diese Weise erhält, sind nachvollziehbar und bilden die Grundlage für weitere Forschungen. Die rasante Entwicklung der Physik und der Chemie hat sich in vielfacher Hinsicht segensreich auf die Medizin ausgewirkt. Diese Fortschritte führten zu einem umfangreichen Wissen bezüglich der Vorgänge im menschlichen Körper und damit zu einem besseren Verständnis der Körperfunktionen beim gesunden und beim kranken Menschen. Darauf basierend wurden technische Apparate entwickelt, die eine exakte Messung von physiologischen Parametern erlaubten und im Laufe der Zeit ungeahnte Möglichkeiten in Diagnostik und Therapie eröffneten.

Aufklärung

Wie man allmählich erkannte, lassen sich alle medizinischen Phänomene theoretisch auf naturwissenschaftliche Gesetze zurückführen. Im 17. Jahrhundert dachten deshalb einige Ärzte euphorisch, man wäre bald in der Lage, die Ursachen aller Krankheiten zu ergründen und wirksame Therapien zu entwickeln. Es setzte sich dann jedoch – beginnend im 18. Jahrhundert zur Zeit der Aufklärung in England – die Erkenntnis durch, dass physikalisches und chemisches Grundwissen dafür bei weitem nicht ausreicht.
So besann man sich auf eine Methode zur Erkenntnisgewinnung, die bereits ein Jahrhundert zuvor der englische Philosoph *Francis Bacon* (1561–1626) propagiert hatte. Sie beinhaltete die Beobachtung zahlreicher Einzelfälle, die lückenlose Aufzeichnung der erhobenen Daten und deren rechnerische Auswertung. Dieses Vorgehen vermittelte objektive Erkenntnisse, die jedoch vom Zufall beeinflusst waren. Es bedeutete einen Wandel von einem ehemals theoretisch-dogmatischen hin zu einem **empirischen Ansatz**. So begann allmählich die Statistik Einzug in die Medizin zu halten. Statistische Methoden ermöglichen es, Erfahrungen abzusichern – auch dann, wenn sich die Wirkmechanismen (noch) nicht auf molekularer oder zellulärer Ebene erklären lassen.

Forschung im 20. Jahrhundert

Es dauerte allerdings noch bis weit ins 20. Jahrhundert, ehe statistische Methoden in den Biowissenschaften akzeptiert waren. Dies lag nicht zuletzt daran, dass allgemein anerkannte Richtlinien bezüglich der medizinischen Forschung am Menschen fehlten. Diese wurden erst im Jahre 1964 auf der 18. Generalversammlung des Weltärztebundes als »Deklaration von Helsinki« erarbeitet und seither mehrfach revidiert. (Die letzte Version wurde 2008 in Seoul verabschiedet.) Heute herrscht weitgehend Konsens darüber, dass außer der Anwendung naturwissenschaftlichen Wissens die Beobachtung zahlreicher Individuen und die damit verbundene Datenanalyse für die medizinische Forschung unverzichtbar sind.
Die einst konkurrierenden empirischen und theoretischen Ansätze sind somit vereint, wobei jedoch im Gegensatz zu früher die theoretischen Grundannahmen wissenschaftlich fundiert sind und die empirische Erkenntnisgewinnung auf einer systematischen Vorgehensweise basiert.

1.2.3 Anwendungen der Statistik in der Medizin***

Wurzeln in England

Der Forderung Bacons, zahlreiche Einzelfälle zu beobachten und auszuwerten, stand zunächst entgegen, dass sich die Medizin bis ins 18. Jahrhundert hinein traditionell nur mit einzelnen Patienten befasste. Bacons neuer **Erfahrungsbegriff** war grundlegend dafür, dass fortan klinische Studien durchgeführt und die daraus erhobenen Daten analysiert wurden. Er kam zunächst in England, wenn auch zögerlich, zur Anwendung.
Vor diesem Hintergrund ist es nicht erstaunlich, dass die ersten medizinischen Publikationen mit statistischen Analysen in England erschienen. Der Landarzt *Edward Jenner* (1749–1823) verifizierte statistisch die prophylaktische Wirkung der Kuhpockenimpfung. Der Sozialreformer *Edwin Chadwick* (1800–1890) beschrieb die Gesundheit der arbeitenden Klassen in England und gab damit der Hygienebewegung wichtige Impulse. Seine Daten gründeten sich auf statistischen Analysen von *William Farr* (1807–1883), der Berichte über Todesursachen in England publiziert hatte. Wie *John Snow* (1813–1858) entdeckte, hing das Cholerarisiko in London mit der Qualität des Trinkwassers zusammen. Seine Forschungsarbeiten zählen zu den ersten und spektakulärsten Leistungen auf dem Gebiet der Epidemiologie.

Auswirkungen auf Europa

Im 18. Jahrhundert entstanden in einigen europäischen Städten wie z.B. in Berlin, Paris oder Wien Krankenhäuser, die die Beobachtung größerer Kollektive ermöglichten. Als der Begründer der klinischen Statistik gilt *Pierre Charles Alexandre Louis* (1787–1872), der eine naturwissenschaftlich orientierte Medizin vertrat. Er überprüfte die Wirkung des Aderlasses und wies – nachdem diese Methode jahrhundertelang angewandt worden war – mittels statistischer Analysen nach, dass dieses Mittel nutzlos oder gar schädlich war.
Ignaz Philipp Semmelweis (1818–1865) war der erste Mediziner im deutschsprachigen Raum, der den Zusammenhang zwischen einer Krankheit und einem ätiologischen Faktor mit statistischen Methoden nachwies. Semmelweis war seit 1846 Assistent an der Geburtsklinik des Wiener Allgemeinen Krankenhauses, die aus zwei Abteilungen bestand. Die Mortalitätsraten der Wöchnerinnen differierten sehr stark: Zwischen 1841 und 1846 starben in der einen Abteilung durchschnittlich 9,9%, in der anderen dagegen nur 3,4% der Frauen. In der Abteilung mit der geringeren Mortalitätsrate arbeiteten nur Hebammen. In der anderen Abteilung waren Ärzte und Studenten, die auch Leichen sezierten, als Geburtshelfer tätig. Dabei war die Mortalitätsrate in der Ärzteabteilung großen Schwankungen unterworfen. Wie Semmelweis beobachtete, war sie immer dann besonders hoch war, wenn viele pathologische Studien durchgeführt wurden. In Zeiten allerdings, in denen keine Leichen seziert wurden, waren die Mortalitätsraten in beiden Abteilungen etwa gleich groß. Dieser Zusammenhang war für Semmelweis zunächst nicht erklärbar.
Ausschlaggebend für Semmelweis' Entdeckung war der Tod seines Freundes und Kollegen *Jakob Kolletschka*, der sich beim Sezieren mit dem Messer verletzt hatte. Semmelweis erkannte die Parallelität der beiden Krankheitsbilder des Kindbettfiebers und des Wundfiebers. Dies veran-

▼

lasste ihn zu der Vermutung, dass die Ärzte und Studenten den gebärenden Frauen »Leichenteilchen« übertrugen, die das Kindbettfieber verursachten. Dies war in der damaligen Zeit, als bakteriologische Erreger noch unbekannt waren, eine sehr gewagte Hypothese. Semmelweis setzte gegen den Widerstand seiner Kollegen hygienische Maßnahmen durch; die Sterblichkeit sank daraufhin drastisch auf unter 2% in beiden Abteilungen. Obwohl Semmelweis seine Hypothese eindrucksvoll bestätigen konnte, wurden seine aus heutiger Sicht bahnbrechenden Erkenntnisse zu seinen Lebzeiten nicht anerkannt.

Etwas später, im Jahre 1865, stellte der Augustinermönch *Gregor Johann Mendel* (1822–1884) seine Vererbungsgesetze vor, die er nach einer langen und mühsamen Forschungsarbeit ebenfalls mit statistischen Methoden verifiziert hatte. Auch diese Erkenntnisse fanden zunächst keine große Beachtung.

Entwicklung in Deutschland

Die in England, Paris und Wien durchgeführten Studien nahmen deutsche Ärzte kaum zur Kenntnis. Es gab Kommunikationsprobleme nicht nur sprachlicher Art. Dies lag unter anderem am damals herrschenden Zeitgeist. Deutschland stand unter dem Einfluss der romantischen Naturphilosophie, bei der das Individuum im Vordergrund stand. Ein Vertreter dieser Denkrichtung war der Begründer der Homöopathie *Christian Friedrich Samuel Hahnemann* (1755–1843). Eine bevölkerungsbezogene und naturwissenschaftlich orientierte Medizin sowie die Anwendung statistischer Methoden konnten sich bei dieser Grundeinstellung kaum durchsetzen. Außerdem war man bis zur Mitte des 19. Jahrhunderts gewohnt, dass ein Wissenschaftler den deterministischen Verlauf eines Geschehens angeben konnte. Man forderte Gewissheit und nicht Unsicherheit.

Semmelweis konnte jedoch im Einzelfall nicht vorhersagen, ob eine Frau die Geburt überleben würde; er konnte nur **Wahrscheinlichkeiten** angeben. Diese fundamentale Eigenschaft der Statistik – sie erlaubt keine gesicherten Aussagen bezüglich eines Einzelfalls, sondern nur für eine große Menge von Personen oder Objekten – wird auch heute noch von vielen Anwendern emotional als Nachteil anstatt als nüchterne Tatsache angesehen. Im Übrigen lässt sich das Phänomen, wonach neue Methoden zunächst sehr skeptisch beurteilt werden, bis in die heutige Zeit hinein beobachten.

Entwicklung im 20. Jahrhundert

Aus all diesen Gründen hat sich die Anwendung der Statistik in der Medizin lange verzögert. Ein weiterer Grund für die mangelnde Akzeptanz lag in der Statistik selbst. Es handelte sich bei den bis dahin verwendeten statistischen Methoden überwiegend um den Vergleich einfacher Häufigkeiten. Erst im 20. Jahrhundert wurden Methoden entwickelt, mit denen sich anhand einer relativ kleinen Stichprobe allgemein gültige Zusammenhänge absichern lassen. Diese Methoden haben der medizinischen Wissenschaft enorme Impulse verliehen.

Pionierarbeit auf diesem Gebiet leistete der bereits erwähnte *Sir Ronald Aylmer Fisher*, der sich unter anderem intensiv mit den Themen Versuchsplanung und -auswertung befasste. Dem Internisten *Paul Martini* (1889–1964) sowie den Biostatistikern *Arthur Linder* (1904–1993) und *Erna*

▼

Weber (1897–1988) ist es zu verdanken, dass die von England ausgehenden Ideen auch in Deutschland praktisch umgesetzt wurden.

Nicht zuletzt hat das Aufkommen leistungsfähiger Computer und benutzerfreundlicher Software seit Beginn der 1980er Jahre statistische Berechnungen enorm vereinfacht und beschleunigt. Auch diese neuere Entwicklung hat entscheidend zur Akzeptanz der Statistik in der Medizin beigetragen. Seit den 1990er Jahren werden zunehmend **multiple Methoden** entwickelt, bei denen mehrere Einflussgrößen simultan untersucht werden und die eine sehr effiziente Datenanalyse ermöglichen. Diese werden in einer Biomathematik-Vorlesung, die Grundlagen vermitteln soll, normalerweise nicht detailliert behandelt. Interessierte Leser seien auf weiterführende Literatur verwiesen: Andreß et al. 1997; Fahrmeir et al. 2009; Sachs u. Hedderich 2009; Bortz u. Schuster 2010; Backhaus et al. 2011 (▶ Anhang).

1.3 Status der medizinischen Statistik

Medizinische Statistik oder Biostatistik Sie hat sich mittlerweile als ein eigenständiges, interdisziplinäres Fachgebiet etabliert, das statistische Probleme behandelt, die sich aus medizinischen Fragestellungen ergeben. Im weiteren Sinne zählen dazu die Planung und Durchführung klinischer und epidemiologischer Studien sowie die Datenanalyse mit statistischen Methoden. Die medizinische Statistik ist einerseits Teilgebiet der **Biomathematik**, andererseits gehört sie zur **Stochastik**. In engem Zusammenhang dazu steht die **Biometrie**. Dieser Wissenschaftszweig befasst sich mit der mathematischen Modellierung zufallsabhängiger Phänomene in Medizin, Pharmazie, Biologie und Landwirtschaft.

Cave
Einerseits wird der Begriff Biometrie als Synonym für Biostatistik verstanden. Andererseits bezieht er sich auf die Verarbeitung individueller körperlicher Merkmale wie etwa des Fingerabdrucks zum Identitätsnachweis. (Auf diese spezielle Bedeutung wird in diesem Buch nicht eingegangen.)

Biomathematik Dieses Fach behandelt die Theorie und Anwendung mathematischer Methoden im Bereich der Biowissenschaften. Es beinhaltet außer der Statistik noch weitere mathematische Disziplinen (etwa Differenzialgleichungen, mit denen Wachstumsprozesse beschrieben werden).

Stochastik Dieser Sammelbegriff umfasst den gesamten Wissenschaftsbereich, der sich mit der mathematischen Behandlung von Zufallserscheinungen befasst. Teilgebiete der Stochastik sind die Statistik und die Wahrscheinlichkeitsrechnung.

Statistik Dieser Begriff hat mehrere Bedeutungen. Er kann sich auf eine Zahlenübersicht beziehen oder auch eine Prüfgröße bezeichnen, die als Ergebnis aus einer Datenanalyse hervorgeht. In diesem Buch wird der Begriff Statistik meist in einem anderen Sinn verwendet: als Wissenschaft, mit der Daten analysiert werden, um zu neuen Erkenntnissen zu gelangen. Dieses Fach beinhaltet mehrere Teilgebiete:

- In der **deskriptiven Statistik** werden Daten strukturiert, zusammengefasst, grafisch dargestellt und mit geeigneten Kenngrößen beschrieben.
- Die **induktive Statistik** ermöglicht den Schluss über den Beobachtungsbereich hinaus auf die darüber liegende Grundgesamtheit. Mit ihren Methoden lassen sich Hypothesen, die vor Studienbeginn aufgestellt werden, überprüfen und statistisch absichern.
- Seit den 1970er Jahren hat sich eine weitere Form der Datenanalyse herauskristallisiert: die **explorative Statistik**. Ihr Ziel besteht darin, in einem umfangreichen Datenmaterial Auffälligkeiten und Hinweise auf mögliche Zusammenhänge zu entdecken und darauf basierend neue Hypothesen zu generieren. Im Wesentlichen werden dazu dieselben Methoden wie bei der deskriptiven und der induktiven Statistik verwendet. Die Hypothesen sollten dann empirisch begründet und im Rahmen einer nachfolgenden Studie überprüft werden.

Wahrscheinlichkeitsrechnung Sie befasst sich mit der mathematischen Analyse von Zufallsexperimenten sowie den theoretischen Gesetzmäßigkeiten, auf denen die Verfahren der induktiven Statistik basieren.

Die Tatsache, dass statistische Verfahren mittlerweile in ganz unterschiedlichen Disziplinen wie Volkszählung, Meinungsforschung, Spieltheorie, Meteorologie, Versicherungswesen, Psychologie und Medizin angewandt werden, unterstreicht die Bedeutung dieses Fachs.

1.4 Phasen einer medizinischen Studie

Die Medizin ist eine empirische Wissenschaft, deren Erkenntnisse auf Erfahrungen basieren. Ein Forschungsprozess beginnt in der Regel damit, dass ein Wissenschaftler, nachdem er hinreichend viele Erfahrungen gesammelt hat, nach längerem Nachdenken oder aufgrund einer genialen Idee einen Zusammenhang entdeckt, der bis dahin noch unbekannt gewesen ist. Diese neue Erkenntnis sollte man gemäß des eingangs erwähnten griechischen Philosophen Aristoteles zunächst einmal erstaunt zur Kenntnis nehmen. Es handelt sich vorerst nur um eine vage Vermutung. Um sie zu verifizieren, ist eine Studie erforderlich. Diese lässt sich grob in 4 Phasen einteilen (◘ Abb. 1.1):

Erkundungsphase Zu Beginn sollte sich der Forscher über den aktuellen Wissensstand kundig machen, die Literatur umfassend recherchieren sowie darüber nachdenken und eventuell mit kompetenten Fachleuten diskutieren, ob die geplante Studie sinnvoll und notwendig ist.

Erkundungsphase
Literaturstudium, Diskussion mit Fachleuten etc.

|

Theoretische Phase
Formulierung einer Hypothese, Einbetten in eine Theorie

|

Analytisch-statistische Phase
Planung, Datenerhebung, -beschreibung und -analyse

|

Interpretation der Ergebnisse
Entscheidung für oder gegen die Hypothese

Abb. 1.1 Phasen einer medizinischen Studie

Theoretische Phase Danach wird er seine Vermutung als Hypothese formulieren und versuchen, sie in eine logisch konsistente Theorie einzubetten. Damit ist die Hypothese theoretisch abgesichert. Diese Art wissenschaftlicher Methodik (das Herleiten einer neuen Hypothese aus einer bekannten Theorie) nennt man **deduktiv**. Streng deduktiv arbeitet man fast nur in der reinen Mathematik. Neue mathematische Sätze werden aus bekannten Theorien hergeleitet; weitergehende Studien oder Experimente sind dazu nicht notwendig. Da jedoch eine Theorie in der Medizin niemals vollständig sein kann und die Realität nicht in allen Details hinreichend genau beschreibt, muss man die zu verifizierende Hypothese zusätzlich empirisch bestätigen.

Analytisch-statistische Phase Diese beinhaltet eine detaillierte Planung sowie die Datenerhebung und -auswertung mit statistischen Methoden. Bei retrospektiven Studien sind die Daten in der Regel bereits dokumentiert und müssen nur noch passend aufbereitet werden. Bei prospektiven Beobachtungsstudien oder experimentellen Studien werden die Daten im Laufe der Studie gesammelt und erst danach ausgewertet.

Interpretation der Ergebnisse Bestätigen die Ergebnisse der Analyse die Hypothese, wird man sich für deren Richtigkeit entscheiden. Diese ist damit im streng mathematischen Sinne zwar nicht bewiesen, aber doch wesentlich besser abgesichert als vor der statistischen Analyse. Eine falsche Entscheidung ist hierbei nicht ausgeschlossen – dieses Risiko ist jedoch kalkulierbar. Falls das Ergebnis der Datenanalyse mit der Hypothese *nicht* in Einklang zu bringen ist, muss man überprüfen, ob die zugrunde liegende Theorie einen Fehler enthält oder ob die analytisch-statistische Phase nicht optimal verlaufen ist. Eventuell kann man eine Wiederholung der Studie in modifizierter Form erwägen.

Die Methode, vom Besonderen (von der Stichprobe) auf das Allgemeine (die Grundgesamtheit) zu schließen, nennt man **induktiv**. Dieses Verfahren wurde aus den Naturwissenschaften übernommen. Auch bei naturwissenschaftlichen Experimenten werden Daten erhoben und ausgewertet, um funktionale Zusammenhänge zu erkennen und diese dann zu allgemeingültigen Naturgesetzen zu erklären. Allerdings unterscheiden sich naturwissenschaftliche Experimente in einem wichtigen Punkt von medizinischen Untersuchungen: In den Naturwissenschaften arbeitet man unter kontrollierten Bedingungen im Labor; der Zufall spielt dabei allenfalls eine untergeordnete Rolle. Dagegen hat man es in der Medizin mit Individuen zu tun, bei denen die potenziellen Einflussgrößen wegen ihrer Vielzahl und Komplexität kaum kontrollierbar sind.

Aus diesem Grund müssen sich alle Wissenschaftler, die menschliche Eigenschaften oder Verhaltensweisen untersuchen (seien es Mediziner, Psychologen, Soziologen oder Politologen), mit dem Zufall und mit Statistik auseinandersetzen.

1.5 Anwendungen in Studium und Beruf

Die meisten medizinischen Publikationen (Artikel in Fachzeitschriften, Dissertationen und Habilitationen) beinhalten die Ergebnisse statistischer Analysen. Ausnahmen bilden allenfalls Publikationen in Fächern wie Geschichte oder Ethik der Medizin sowie Einzelfalldarstellungen, bei denen nur ein einziger oder einige wenige besonders interessante Fälle beschrieben werden. Diese liefern möglicherweise Hinweise auf ähnlich gelagerte Fälle. Sie lassen jedoch im Gegensatz zu einer Stichprobenuntersuchung keine Verallgemeinerung zu.

Alle Mediziner, die forschen und publizieren, benötigen statistische Methoden, um Untersuchungen durchzuführen, deren Ergebnisse darzustellen, zu verallgemeinern und schließlich ihre Bedeutung für die klinische Praxis oder die medizinische Wissenschaft zu beurteilen. Die Statistik ist dabei eine unentbehrliche Hilfswissenschaft – ähnlich wie die Mathematik in der Physik.

Auch ein praktisch tätiger Arzt betreibt Statistik – wenn auch nicht formalisiert, sondern eher intuitiv:

- wenn er etwa einen Laborwert danach bewertet, ob er physiologisch oder pathologisch ist;
- wenn er aufgrund eines diagnostischen Tests zu beurteilen versucht, ob eine bestimmte Krankheit vorliegt oder auszuschließen ist;
- wenn er aufgrund vorhandener Symptome eine Diagnose stellt;
- wenn er den zu erwartenden Nutzen und die Risiken einer Therapie gegeneinander abwägt und sich dann für oder gegen eine bestimmte Maßnahme entscheidet.

All diesen ärztlichen Entscheidungen oder Einschätzungen liegen (oft unbewusst) statistische Analysen zugrunde.

Theoretische Kenntnisse auf diesem Gebiet lassen erkennen, dass man bei spontanen, intuitiven Entscheidungen oft einem großen Irrtum unterliegt. Sie tragen deshalb dazu bei, vorsichtig zu entscheiden und verantwortungsbewusst zu handeln. Häufig sind zwar Bauchentscheidungen richtig (was sich jedoch erst später herausstellt). Man sollte jedoch bedenken, dass diese fast immer subjektiv geprägt und meist nicht logisch nachvollziehbar sind. Deshalb kann es nicht schaden, sich auf objektive Wahrscheinlichkeiten zu stützen und diese zu berücksichtigen.

Im Übrigen ist jeder Arzt – unabhängig von seinem Fachgebiet und seinem Arbeitsumfeld – angehalten, sich permanent weiterzubilden, da sich das medizinische Wissen rasant vermehrt. Dabei benötigt er statistische Kenntnisse, um gute von schlechten Studien zu unterscheiden und um die Relevanz der dargestellten Ergebnisse für seine Patienten oder sein Labor beurteilen zu können. Nicht zuletzt schult die Biomathematik im problemorientierten, logisch-analytischen Denken. Auch diese Fähigkeiten sind für einen Arzt unentbehrlich.

Insofern ist für Studierende der Medizin die Beschäftigung mit dem Fach »Biostatistik« als Vorbereitung für den künftigen Beruf nützlich und sinnvoll. Im Allgemeinen ist ein Student spätestens beim Erstellen seiner Dissertation gezwungen, sich mit Statistik auseinanderzusetzen. Zum einen ist dies notwendig, um relevante Fachartikel und Vorträge zu verstehen und zu bewerten; zum anderen liegt fast jeder Dissertation eine statistische Datenanalyse zugrunde. Für Doktoranden oder in der Forschung tätige Ärzte empfiehlt es sich durchaus, sich von Statistikern beraten zu lassen. Dies ist aber nur dann hilfreich, wenn sie selbst zumindest über elementare statistische Kenntnisse verfügen – so wie dieses Buch sie zu vermitteln sucht.

Kapitelzusammenfassung

Deskriptive Statistik

Daten werden strukturiert, grafisch dargestellt und mit statistischen Kenngrößen beschrieben.

Induktive Statistik

Sie ermöglicht den Schluss von der Stichprobe auf die Grundgesamtheit.

Wahrscheinlichkeitsrechnung

Sie befasst sich mit den mathematischen Gesetzmäßigkeiten, auf denen die Methoden der induktiven Statistik basieren.

Grundlagen

C. Weiß, *Basiswissen Medizinische Statistik*,
DOI 10.1007/978-3-642-34261-5_2, © Springer-Verlag Berlin Heidelberg 2013

» Man sollte alles so einfach wie möglich sehen,
aber nicht einfacher. (Albert Einstein, Physiker, 1879–1955)

2.1 Grundgesamtheit und Stichprobe

Die Hypothesen, die in den Bio- und Sozialwissenschaften aufgestellt werden, beziehen sich meist auf eine sehr große Anzahl von Individuen oder Objekten. Es wäre aus organisatorischen und zeitlichen Gründen viel zu aufwendig oder gar vollkommen unmöglich, die gesamte Population zu untersuchen, auf die eine Hypothese zutreffen könnte. Dies ist im Allgemeinen auch gar nicht notwendig. Die moderne Statistik stellt nämlich Methoden zur Verfügung, die es ermöglichen, basierend auf einer relativ kleinen Stichprobe allgemein gültige Aussagen bezüglich einer weitaus größeren Grundgesamtheit herzuleiten.

Eine **Total- oder Vollerhebung** wird daher nur in Ausnahmefällen durchgeführt. Beispielsweise beruhen die im Statistischen Jahrbuch der Bundesrepublik Deutschland veröffentlichten Todesursachenstatistiken, medizinische Register oder die Ergebnisse einer politischen Wahl auf Vollerhebungen. In der medizinischen Forschung beschränkt man sich jedoch meist auf die Untersuchung einer relativ kleinen Teilmenge, der **Stichprobe**, und überträgt die daraus gewonnenen Erkenntnisse auf die **Grundgesamtheit**. Dies ist allerdings nur unter der Voraussetzung sinnvoll, dass die charakteristischen Eigenschaften der Stichprobe (abgesehen von zufällig bedingten Abweichungen) mit denen der Grundgesamtheit übereinstimmen. Eine solche Stichprobe heißt **repräsentativ**.

Bei vielen Untersuchungen steht man vor dem Problem, aus einer konkret vorgegebenen Grundgesamtheit eine repräsentative Stichprobe zu wählen. Ein Beispiel hierfür stellt eine Umfrage vor einer politischen Wahl dar. Die Grundgesamtheit besteht in diesem Fall aus allen wahlberechtigten Bürgern. Um eine Prognose zu erstellen, beschränkt man sich auf eine Stichprobe von einigen tausend Personen. Diese Stichprobe muss repräsentativ und hinreichend groß sein, damit sie das endgültige Wahlergebnis in brauchbarer Weise widerspiegelt.

Wie erhält man eine solche Stichprobe? Man sollte darauf achten, dass für jedes Mitglied der Grundgesamtheit dieselbe Chance besteht, in die Stichprobe zu gelangen, und allein den Zufall darüber entscheiden lassen (z. B. mit Hilfe des Einwohnermelderegisters). Damit erhält man eine **zufällige Stichprobe**, von der am ehesten anzunehmen ist, dass sie auch repräsentativ ist. Der Ausdruck »zufällig« beschreibt hier die Art, wie die Stichprobe gewonnen wird; »repräsentativ« bezieht sich auf eine Eigenschaft der Stichprobe.

Bei Untersuchungen in der Medizin ist die Problemstellung häufig umgekehrt: Gegeben ist eine konkrete Stichprobe (beispielsweise Patienten einer klinischen Studie). Dann ist zu klären, wie die zugehörige Grundgesamtheit beschaffen ist. Eine

Antwort auf diese Frage beruht auf sachlogischen Überlegungen und ist eng mit dem jeweiligen Forschungsvorhaben verknüpft. Oft ist die entsprechende Grundgesamtheit fiktiv und lässt sich gar nicht konkret angeben. Man sollte sich in jedem Fall davor hüten, allzu weit reichende Schlussfolgerungen zu ziehen, die sich hinterher als falsch herausstellen könnten.

2.2 Aufgaben der deskriptiven Statistik

Aus dem Gesagten geht hervor, dass bei einer Stichprobenuntersuchung die statistische Analyse aus zwei Teilen besteht:

1. Zunächst werden die Daten der Stichprobe ausgewertet mit dem Ziel, deren charakteristische Eigenschaften zu beschreiben. Dies ist das Aufgabengebiet der **deskriptiven Statistik**. Dazu zählen:
   - Zusammenfassen und Ordnen der Daten in **Tabellen**
   - Erstellen von **Diagrammen**
   - Ermitteln von Häufigkeiten und Berechnen **charakteristischer Kenngrößen** oder **Maßzahlen** (z.B. Mittelwert und Standardabweichung; ▶ Kap. 3 und ▶ Kap. 4)

Sind zwei oder mehrere Gruppen miteinander zu vergleichen (z. B. Therapiegruppen bei einer klinischen Studie), sollte man zunächst jede einzelne Stichprobe separat beschreiben. Damit lässt sich bereits überblicken, ob und wie sich die Stichproben unterscheiden.

2. Im nächsten Schritt versucht man dann mit Methoden der **induktiven Statistik**, die Ergebnisse aus den Stichproben zu verallgemeinern und statistisch abzusichern. So gesehen, ist die deskriptive Statistik die Vorstufe zur induktiven Statistik. Beide Teilbereiche sind zur Datenanalyse notwendig und ergänzen sich (◘ Abb. 2.1).

2.3 Merkmale

2.3.1 Grundbegriffe

Merkmalsträger Dabei handelt es sich um die Personen oder Objekte der Stichprobe. In der medizinischen Forschung sind dies meist Patienten, Probanden, Versuchstiere oder Laborproben.

Beobachtungseinheiten Dies sind die kleinsten Einheiten, an denen Beobachtungen registriert und Daten erhoben werden; bei experimentellen Studien spricht man auch

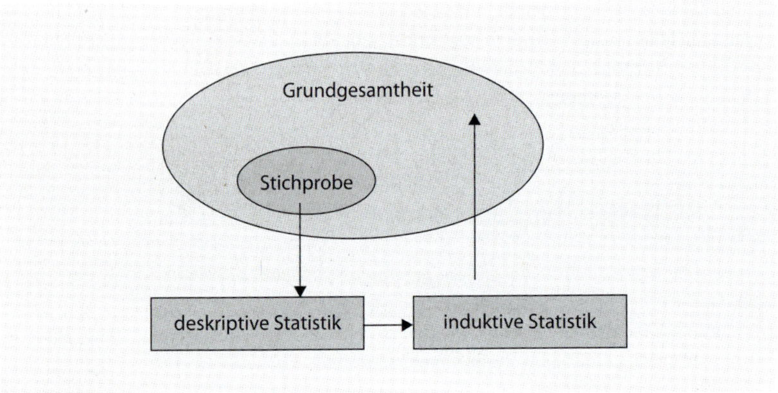

Abb. 2.1 Grundgesamtheit und Stichprobe

von **Untersuchungseinheiten**. Werden beispielsweise in einer Therapiestudie von jedem Patienten beide Augen mehrmals nacheinander untersucht, versteht man unter den Merkmalsträgern die Patienten und unter den Untersuchungseinheiten die einzelnen Augen bezogen auf einen bestimmten Zeitpunkt.

Merkmale Die Beobachtungseinheiten sind durch bestimmte Merkmale charakterisiert. Das sind Eigenschaften, die für die zu untersuchende Fragestellung relevant sind und in die statistische Analyse einfließen. Andere Eigenschaften der Beobachtungseinheiten sind (zumindest im Rahmen der jeweiligen Studie) uninteressant. Anstelle von Merkmalen spricht man auch von **Variablen** oder **Zufallsvariablen**, insbesondere dann, wenn man mit ihnen Rechnungen durchführt oder mathematische Gleichungen erstellt.

Merkmalsausprägungen Darunter versteht man die Werte oder Ausprägungen, die ein Merkmal annehmen kann.

Die Art der Merkmale ist entscheidend für die Planung und Durchführung einer Studie, insbesondere für den erforderlichen Stichprobenumfang und die geeigneten Analysemethoden. Deshalb sind zu Beginn der Planungsphase die zu erfassenden Merkmale festzulegen und deren Eigenschaften zu spezifizieren. Merkmale lassen sich nach verschiedenen Aspekten klassifizieren:

- Nach ihrer Funktion bei der statistischen Analyse (► Abschn. 2.3.2)
- Nach ihrem Skalenniveau (► Abschn. 2.3.3)
- Danach, ob sie diskret oder stetig sind (► Abschn. 2.3.4)

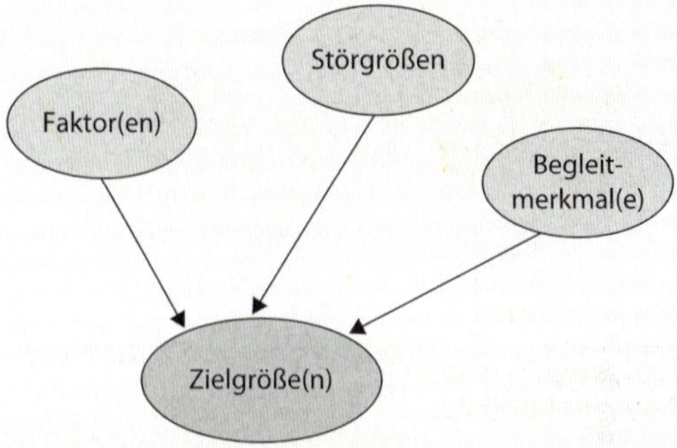

Abb. 2.2 Einflussgrößen und Zielgrößen

2.3.2 Ziel- und Einflussgrößen

Die Merkmale, die in die statistische Analyse einfließen, lassen sich grob in Ziel- und Einflussgrößen (Abb. 2.2) unterteilen:

- **Zielgrößen:** Der eigentliche Zweck einer Studie besteht darin, Erkenntnisse über eine oder mehrere Zielgrößen zu gewinnen. Werden mehrere Zielgrößen untersucht, ist es ratsam, zunächst für jede einzelne dieser Größen eine separate Analyse durchzuführen.
- **Einflussgrößen:** Darunter versteht man die Merkmale, die in einem funktionalen Zusammenhang mit der Zielgröße stehen. Quantitative Einflussgrößen werden oft auch als **Einflussvariablen**, qualitative als **Faktoren** bezeichnet. Das Ziel der statistischen Analyse besteht darin, den Zusammenhang mit der Zielgröße abzusichern und quantitativ zu beschreiben.

Die Einflussgrößen lassen sich entsprechend ihrer Funktion bei der Datenanalyse weiter einteilen in:

- **Erklärende Einflussgrößen:** Diese sollen dazu beitragen, Zusammenhänge zu entdecken und neue Erkenntnisse bezüglich der Zielgröße zu gewinnen. Sie ergeben sich aus der Fragestellung, die der Studie zugrunde liegt.
- **Begleitmerkmale (Cofaktoren, Covariablen):** Sie werden erfasst und bei der Analyse berücksichtigt, weil sie wichtige Informationen bezüglich einer Ziel- oder Einflussgröße beinhalten und deshalb helfen können, Zusammenhänge aufzudecken. Sie sind jedoch nicht der eigentliche Untersuchungsgegenstand der Studie.

Nicht immer wird streng zwischen erklärenden Einflussgrößen und Begleitmerkmalen unterschieden. Häufig werden alle Faktoren, die dazu beitragen, Assoziationen mit einer Zielgröße aufzudecken, im statistischen Sinne als »erklärend« bezeichnet.

Darüber hinaus gibt es **Störgrößen**, die im Versuchsplan *nicht* berücksichtigt sind. Man unterscheidet verzerrende und nichtverzerrende Störgrößen:

- **Nichtverzerrende Störgrößen** sind verantwortlich für die zufallsbedingte Streuung der Ergebnisse. Diese Störgrößen machen ein Ergebnis eventuell ungenau; sie werden es jedoch nicht systematisch in eine bestimmte Richtung verzerren. Ihr Einfluss ist zwar nicht zu vermeiden; er lässt sich jedoch bei geschickter Studienplanung gering halten.
- **Verzerrende Störgrößen (Confounder)** sind gefährlicher: Ein Confounder ist ein Hintergrundmerkmal, das die Zielgröße beeinflusst. Dies kann dazu führen, dass ein Zusammenhang vorgetäuscht wird, der in Wirklichkeit nicht vorhanden oder weniger stark ausgeprägt ist. Sind mögliche Confounder bekannt, sollte man sie als Covariablen erfassen und bei der Analyse berücksichtigen.

► Beispiel 2.1 erläutert die Begriffe Ziel-, Einfluss- und Störgrößen exemplarisch.

Beispiel 2.1: Zielgrößen, Einflussgrößen und Störgrößen

Im Rahmen einer klinischen Studie werden zwei blutdrucksenkende Medikamente A und B bezüglich ihrer Wirkung verglichen. Folgende Merkmale werden erfasst: der systolische Blutdruck zu Beginn der Studie und nach 12 Wochen, die Therapieform, das Geschlecht und das Alter der Patienten. Welche Funktionen haben diese Merkmale?

- Die **Zielgröße** (Wirkung der Therapie) wird aus der Differenz zwischen den beiden Blutdruckwerten gebildet.
- Der **erklärende Faktor** ist die Therapieform.
- Da Geschlecht und Alter bekanntermaßen den Blutdruck beeinflussen, erfasst man diese Größen als **Begleitvariable**.
- Zu den (nichtverzerrenden) **Störgrößen** zählen die genetische Veranlagung, psychische Belastungen etc. – also Merkmale, die ebenfalls den Blutdruck beeinflussen, aber nicht explizit erfasst werden. Wenn sie beide Gruppen gleichermaßen betreffen, werden sie das Studienergebnis nicht systematisch verfälschen.
- Nichterfasste Merkmale, bezüglich derer sich die beiden Gruppen unterscheiden, stellen möglicherweise **Confounder** dar. Hätten etwa die Gruppen eine unterschiedliche Verteilung des Körpergewichts, könnte dies die Ergebnisse verzerren und zu unzulässigen Schlussfolgerungen verleiten.

2.3.3 Klassifikation nach Skalenniveau

Jedes Merkmal lässt sich einem bestimmten Skalenniveau zuordnen. Dieses gibt Auskunft über das Messniveau und darüber, wie die entsprechenden Daten weiterverarbeitet werden können.

Nominalskala Sie hat das niedrigste Niveau; die Ausprägungen (auch **Faktorstufen** genannt) unterscheiden sich nur begrifflich voneinander. Beispiele stellen die Augenfarbe oder die Blutgruppe dar. Eine spezielle Form bilden die **Alternativmerkmale** (die man auch als **dichotome** oder **binäre Merkmale** bezeichnet) mit nur zwei Ausprägungen. So ist etwa das Geschlecht mit den Ausprägungen »männlich« und »weiblich« ein Alternativmerkmal, ebenso der Rhesusfaktor mit den Ausprägungen »positiv« und »negativ«. Auch ein Zustand, bei dem nach »pathologisch« und »nichtpathologisch« unterschieden wird, oder Fragen, die sich mit »ja« oder »nein« beantworten lassen, sind als Alternativmerkmale aufzufassen.

Ordinalskala (oder Rangskala) Sie besitzt ein höheres Niveau als die Nominalskala; die Ausprägungen dieser Merkmale lassen sich in einer natürlichen Rangfolge anordnen. Ein bekanntes Beispiel bilden Zensuren mit den Ausprägungen 1–6. Auch klinische Scores sind ordinal skaliert, ebenso das Merkmal »Therapieerfolg« mit den möglichen Abstufungen »vollständig geheilt« bis hin zu »Patient verstorben« oder ein Krebsstadium mit den Ausprägungen I–IV.

Nominal und ordinal skalierte Merkmale werden zusammenfassend als **qualitative** (oder **kategoriale**) **Merkmale** bezeichnet. Es ist allgemein üblich, diese Merkmale zahlenmäßig zu kodieren. So kann das Geschlecht einer Person durch die Zahlen 0 (männlich) und 1 (weiblich) angegeben werden; der Therapieerfolg lässt sich mit natürlichen Zahlen 0, 1, 2, ... beschreiben. Diese Zahlen haben jedoch keine numerische Bedeutung. Man kann zwar zwei Ausprägungen A und B eines nominalen Merkmals durch $A = B$ oder $A \neq B$ miteinander in Beziehung setzen; bei einem ordinalen Merkmal lässt sich eine der Relationen $A = B$, $A < B$ oder $A > B$ angeben. Mathematische Operationen wie die Bildung einer Differenz oder eines Quotienten sind jedoch sinnlos. Es leuchtet ein, dass bei qualitativen Merkmalen weder der Abstand zwischen zwei Ausprägungen noch deren Verhältnis sinnvoll definiert ist.

Intervallskala (oder Abstandsskala) Sie hat einen höheren Informationsgehalt als die Ordinalskala. Die Ausprägungen unterscheiden sich zahlenmäßig. Bei intervallskalierten Merkmalen ist ein Nullpunkt festgelegt (z.B. bei der Temperatur in Celsius-Graden); daher gibt es auch negative Werte. Es ist möglich und sinnvoll, die Differenz zwischen zwei Ausprägungen $A - B$ anzugeben.

Tab. 2.1 Übersicht: Skalenniveaus

Merkmalsart	Skalenniveau	Beispiele	Hinweise	Vergleich zweier Ausprägungen
Qualitativ	Nominalskala	Blutgruppe, Rhesusfaktor	niedrigstes Niveau	$A = B$ oder $A \neq B$
Qualitativ	Ordinalskala (Rangskala)	medizinische Scores, Zensuren	Rangfolge ist definiert	$A = B$ oder $A \neq B$ $A = B, A > B$ oder $A < B$
Quantitativ	Intervallskala (Abstandsskala)	Temperatur in °C	Skala mit festgelegtem Nullpunkt, Abstand ist definiert	$A = B$ oder $A \neq B$ $A = B, A > B$ oder $A < B$ $d = A - B$
Quantitativ	Ratioskala (Verhältnisskala)	Leukozytenanzahl pro µl Blut, Körpergröße	höchstes Niveau, Skala mit absolutem Nullpunkt, Verhältnis ist definiert	$A = B$ oder $A \neq B$ $A = B, A > B$ oder $A < B$ $d = A - B$ $c = A : B$

Verhältnisskala (oder Ratioskala) Sie hat einen absoluten Nullpunkt; ansonsten können nur positive Werte auftreten. Außer der Differenz lässt sich auch das Verhältnis $A : B$ zwischen zwei Ausprägungen bestimmen (falls $B \neq 0$).

Die Begriffe Verhältnis- und Intervallskalierung sollen an zwei Beispielen verdeutlicht werden (► Beispiel 2.2).

Beispiel 2.2: Skalenniveaus

Das Merkmal »Temperatur in Celsiusgraden« hat einen festgelegten Nullpunkt (Gefrierpunkt des Wassers) und ist deshalb intervallskaliert, aber nicht verhältnisskaliert. Beim Vergleich der beiden Ausprägungen 20 und 40 °C lässt sich zwar der Abstand berechnen; es wäre aber unsinnig, die Werte in ein Verhältnis zu setzen und zu sagen, 40 °C seien doppelt so warm wie 20 °C. Viele Merkmale in der Medizin sind verhältnisskaliert: etwa das Körpergewicht, der Cholesteringehalt oder die Leukozytenanzahl pro Mikroliter Blut. Vergleiche der Art »10.000 Leukozyten pro µl Blut sind doppelt so viel wie 5.000« sind durchaus sinnvoll. Auch die Temperaturangabe in Kelvin-Graden kann als verhältnisskaliert aufgefasst werden.

Intervall- oder verhältnisskalierte Merkmale werden als **quantitativ** oder **metrisch skaliert** bezeichnet. Diese Strukturen findet man vor allem im physikalisch-naturwissenschaftlichen Umfeld und damit auch in der Medizin. Tab. 2.1 fasst die wichtigsten Informationen zu Skalenniveaus kurz zusammen.

2.3.4 Diskrete und stetige Merkmale

Diskrete Merkmale Ein Merkmal heißt diskret, wenn es nur abzählbar viele Werte annehmen kann. Qualitative Merkmale sind im Allgemeinen diskret (wenngleich es Ausnahmen gibt, z. B. das Merkmal »Duftnote«). Quantitative Merkmale sind dann diskret, wenn die Ausprägungen durch einen Zählvorgang ermittelt werden (z. B. die Anzahl der Schwangerschaften einer Frau).

Stetige Merkmale Ein stetiges Merkmal kann dagegen theoretisch alle Werte innerhalb eines bestimmten Intervalls annehmen; die Ausprägungen werden in der Regel durch einen Messvorgang ermittelt. Beispiele sind Körpergröße oder Blutdruck. Allerdings lässt die begrenzte Messgenauigkeit bei der Bestimmung eines stetigen Merkmals nur abzählbar viele Ausprägungen zu. So wird die Körpergröße meist in der Einheit *cm* in ganzen Zahlen angegeben, wobei im Einzelfall gerundet wird. Deshalb ist bei praktischen Untersuchungen letzten Endes jedes Merkmal diskret.

Andererseits sind stetige Merkmale recht beliebt, da sie sich im Hinblick auf die Informationsgewinnung effizienter und häufig einfacher analysieren lassen als diskrete Merkmale. Statistische Analysemethoden, die ein stetiges Merkmal voraussetzen, können dann angewandt werden, wenn das relevante Merkmal innerhalb eines bestimmten Bereichs zahlreiche fein abgestufte Ausprägungen hat (z.B. die Leukozytenanzahl pro μl Blut). Insofern ist eine Unterscheidung zwischen diskreten und stetigen Merkmalen nicht nur theoretisch, sondern auch für praktische Anwendungen sinnvoll.

Merkmale unterscheiden sich auch bezüglich der Art der **Datenerhebung**. Die Ausprägungen eines nominalen Merkmals lassen sich in der Regel eindeutig feststellen. Die Werte eines quantitativen Merkmals werden durch einen Zähl- oder einen Messvorgang ermittelt oder basierend auf den Werten anderer Merkmale berechnet (z. B. der Body-Mass-Index). Eine Schwierigkeit der eindeutigen Wertezuweisung ergibt sich hin und wieder bei ordinal skalierten Merkmalen, deren Ausprägungen teilweise subjektiven Einschätzungen unterliegen. Man sollte deshalb darauf achten, dass die Ausprägungen eines ordinal skalierten Merkmals möglichst exakt definiert und nachvollziehbar sind.

2.3.5 Skalentransformationen

Es ist generell möglich, ein höheres Skalenniveau auf ein niedrigeres zu transformieren. Jede Verhältnisskala ist automatisch eine Intervallskala; diese wiederum lässt sich als eine Ordinalskala auffassen. Die Nominalskala kann grundsätzlich jedem Merkmal zugeordnet werden. Wie ▶ Beispiel 2.3 verdeutlicht, geht eine Reduktion des Skalenniveaus einerseits mit einer einfacheren Messtechnik einher, andererseits mit einem Informationsverlust.

Dennoch ist eine Skalentransformation bei praktischen Anwendungen zuweilen sinnvoll. Um beispielsweise bei Routineuntersuchungen den Glukosegehalt im Urin zu bestimmen, ist es nicht notwendig, diesen exakt in »mg/dl« zu erfassen. Stattdessen verwendet man Teststreifen mit den Ergebnissen »negativ« und »positiv«. Im Einzelfall ist stets abzuwägen, ob es sinnvoll ist, das Skalenniveau zugunsten eines einfacheren Messverfahrens zu reduzieren.

In den folgenden Kapiteln wird gezeigt, dass Analysemethoden für quantitative (insbesondere stetige) Merkmale differenziertere Auswertungen ermöglichen als Methoden für qualitative Merkmale. Eine Skalentransformation sollte man deshalb nur dann durchführen, wenn praktische Gründe dies erfordern, und ansonsten versuchen, ein möglichst hohes Niveau beizubehalten. Bestehen jedoch Zweifel, ob ein höheres Skalenniveau überhaupt angenommen werden kann, sollte man sicherheitshalber ein niedrigeres zugrunde legen.

Beispiel 2.3: Skalenreduktion

Wir betrachten das Merkmal »Zigarettenkonsum eines Patienten«. Merkmalsart und Skalenniveau sind abhängig von der Art der Datenerfassung:

Ausprägungen	Merkmalsart	Skala
Menge des pro Tag konsumierten Tabaks in Gramm	quantitativ; stetig	Verhältnisskala
Anzahl der pro Tag gerauchten Zigaretten	quantitativ; diskret	Verhältnisskala
Nichtraucher – schwacher Raucher – mäßiger Raucher – starker Raucher	qualitativ	Ordinalskala
Nichtraucher – Raucher	qualitativ; binär	Nominalskala

2.3.6 Merkmalsausprägungen

Nachdem zu Beginn einer Studie festgelegt worden ist, welche Merkmale erhoben und welche Skalenniveaus zugrunde gelegt werden, ist für jedes Merkmal eine **Ausprägungsliste** zu erstellen. Bei quantitativen Merkmalen handelt es sich dabei um die Mess- oder Zählwerte. Unpräzise Angaben wie »< 150 cm« oder »≥ 200 cm« (beim Merkmal »Körpergröße«) sind zu vermeiden, da dies die Analysemöglichkeiten unnötigerweise stark einschränkt.

Bei qualitativen Merkmalen sollte man darauf achten, dass die Anzahl der Ausprägungen in einem sinnvollen Verhältnis zur Stichprobengröße steht. Es ist wenig hilfreich, wenn viele Ausprägungen nur vereinzelt vorkommen, weil sich dann ein Zusammenhang mit einem anderen Merkmal nicht mehr nachweisen lässt. Aus rechentechnischen Gründen werden diese Merkmale gern mittels Dummy-Variablen kodiert: Bei k Ausprägungen sind $k-1$ Variablen erforderlich, die jeweils die Werte

0 und 1 annehmen können. Damit lassen sich dann alle Ausprägungen kodieren (► Beispiel 2.4).

Beispiel 2.4: Kodierung mittels Dummy-Variablen

Das Merkmal »Blutgruppe« lässt sich mit 3 Dummy-Variablen *A*, *B* und *AB* folgendermaßen kodieren:

Blutgruppe A	$A = 1, B = 0, AB = 0$
Blutgruppe B	$A = 0, B = 1, AB = 0$
Blutgruppe AB	$A = 0, B = 0, AB = 1$
Blutgruppe 0	$A = 0, B = 0, AB = 0$

Für Alternativmerkmale genügt eine Dummy-Variable mit den Ausprägungen 0 und 1 (z. B. beim Merkmal »Rhesusfaktor«: 0 = negativ, 1 = positiv).

Eine sinnvolle Ausprägungsliste ist nicht zuletzt abhängig von der konkreten Fragestellung. So ist beispielsweise für das Merkmal »Geschlecht« eine Liste mit den Ausprägungen »männlich« und »weiblich« für die meisten Fragestellungen vollständig und disjunkt. Es sind jedoch auch Situationen denkbar, die eine zusätzliche Ausprägung wie »intersexuell« oder »nicht feststellbar« erfordern. Bei quantitativen Merkmalen sind Messverfahren und -genauigkeit zu berücksichtigen. Während man das Körpergewicht von Erwachsenen üblicherweise in ganzzahligen Kilogramm-Werten erfasst, scheint diese Einteilung für das Körpergewicht von Neugeborenen zu grob zu sein.

2.4 Besondere Problematiken

Bei der Durchführung klinischer oder epidemiologischer Studien gibt es eine Reihe von Besonderheiten bezüglich Datenerhebung, -analyse oder -interpretation:

Klinische Skalen, Scores und Indizes Quantitative Merkmale lassen sich effizienter auswerten als qualitative. Daraus resultierte die Tendenz, Sachverhalte, die eigentlich nur qualitativ beschreibbar sind, quantitativ messbar zu machen. Dies führte dazu, dass man in den letzten Jahren eine Vielzahl klinischer Skalen einführte, mit denen sich komplexe Merkmale quantitativ erfassen lassen. Ein Beispiel ist die Karnofsky-Skala, mit der man den Allgemeinzustand eines Patienten beschreibt und die Werte zwischen 0 und 100 annehmen kann; zur Beschreibung der Schmerzintensität dient die sog. Visuelle Analog-Skala, auf der ein Patient auf einer 10 cm langen Linie sein Schmerzempfinden markiert. Man spricht bei solchen Skalen etwas abfällig von »weichen Daten« im Gegensatz zu »harten Daten«, die sich exakt messen lassen.

Manche Eigenschaften (z. B. die Lebensqualität) erscheinen derart komplex, dass sie sich einer direkten Messung entziehen. Diese Phänomene erfasst man über mehrere Einzelmerkmale (sog. Indikatoren oder Items), deren Werte durch einen mathematischen Algorithmus miteinander verknüpft werden. Auf diese Weise erhält man einen klinischen Score (oder Index). Wenn man die Werte der einzelnen Items (die jeweils ordinal skaliert sind und entsprechend ihrer Ausprägung mit ganzen Zahlen beginnend bei 0 erfasst werden) addiert, erhält man eine **Likert-Skala** (benannt nach dem Sozialforscher *Rensis Likert*, 1903–1981).

Ein Beispiel stellt der Apgar-Score zur Beurteilung des Zustands Neugeborener dar. Ihm liegen Einschätzungen für die fünf Merkmale Herzfrequenz, Atmung, Muskeltonus, Reflexe und Hautfarbe zugrunde, die jeweils mit 0, 1 oder 2 Punkten bewertet werden. Die Summe ergibt dann einen Wert zwischen 0 und 10.

Es liegt nahe, solche Merkmale als quantitativ anzusehen und entsprechend zu analysieren. Folgendes ist aber zu bedenken:

- Bei Skalenwerten oder Scores handelt es sich keineswegs um Mess- oder Zählwerte. Diese resultieren vielmehr aus Einschätzungen, die in gewisser Weise subjektiv sind.
- Die Unterschiede zwischen zwei direkt benachbarten Ausprägungen sind nicht unbedingt äquidistant (gleichwertig). So ist etwa beim Merkmal »Herzfrequenz« des Apgar-Scores der Unterschied zwischen 0 (kein Herzschlag) und 1 (Frequenz unter 100) keineswegs gleichzusetzen mit dem Unterschied zwischen 1 und 2 (Frequenz über 100).

Demnach handelt es sich bei diesen Scores bestenfalls um ordinal skalierte, nicht aber um quantitative Merkmale (wenngleich man der Likert-Skala im Allgemeinen das Niveau einer Intervallskala zubilligt). Dies sollte man bei der Datenanalyse und der Präsentation der Ergebnisse beachten.

Ausreißer Dies sind extrem hohe oder extrem niedrige Werte, bei denen fraglich ist, ob sie unter den gleichen Bedingungen entstanden sind wie die anderen Werte der Datenreihe. Die Einstufung eines Wertes als Ausreißer muss in erster Linie inhaltlich motiviert sein. Wie behandelt man Ausreißer? Zunächst sollte man nachforschen, wie diese Werte entstanden sind. Möglicherweise handelt es sich um Mess- oder Dokumentationsfehler oder pathologische Besonderheiten. Fehlerhafte Werte sind von der Analyse auszuschließen. Ansonsten ist es sinnvoll, die Analysen zweimal durchzuführen: mit und ohne Ausreißer. Wenn sich die Ergebnisse ähneln, spielen die Ausreißer offenbar keine große Rolle. Unterscheiden sie sich jedoch, sollte man auf statistische Verfahren zurückgreifen, die unempfindlich gegenüber Ausreißern sind.

Surrogatmerkmale Manche Krankheiten lassen sich nicht direkt oder nur unter hohem Aufwand diagnostizieren. Dann behilft man sich gern mit sog. Surrogatmerkmalen, die eine Funktionsstörung anzeigen und einfach zu bestimmen sind. So dient beispielsweise der Kreatinin-Wert dazu, ein Nierenversagen nachzuweisen. Gegen Surrogatvariable ist nichts einzuwenden, sofern sie in engem und validiertem Zusammenhang mit der zu evaluierenden Krankheit stehen. Dies sollte man kritisch hinterfragen und beim Ziehen von Schlussfolgerungen Vorsicht walten lassen!

Ungenaue Definitionen Vorsicht ist ebenfalls geboten, wenn man Zielgrößen untersucht, die nicht klar definiert sind. Ein Beispiel ist das Merkmal »Therapieerfolg«. Im Allgemeinen verbindet man damit etwas Positives – dennoch ist dieser Begriff per se keineswegs exakt definiert: Nicht nur eine vollständige Heilung kann als Erfolg gewertet werden, sondern auch eine Symptombesserung oder die Änderung eines Laborwerts. Dies muss man berücksichtigen, wenn der Leser einer Publikation praxisrelevante Schlussfolgerungen ziehen und Vergleiche anstellen will.

Falsche oder unvollständige Angaben Häufig ist man beim Einholen von Informationen auf die Mithilfe von Patienten oder deren Angehörige angewiesen. Dabei kann es vorkommen, dass die befragten Personen falsche oder unvollständige Angaben machen – sei es unbewusst, weil sie sich nicht recht erinnern, oder absichtlich, weil sie aus Scham gewisse Dinge verschweigen. Nicht jeder Patient wird uneingeschränkt die Wahrheit sagen, wenn man ihn nach seinem Nikotin- oder Alkoholkonsum fragt. Bei manchen Studien muss man auf die mitunter mangelhafte Dokumentation in Patientenakten zurückgreifen. Es ist schwierig, derlei Datenmaterial adäquat auszuwerten. Entsprechende Vorsicht ist bei der Interpretation der Ergebnisse geboten!

Zensierte Daten Bei Überlebenszeitstudien wird die Zeit erfasst, die bis zum Eintreten eines bestimmten Endereignisses (etwa bis zum Tod eines Patienten) vergeht. Mehrere Gründe können dazu führen, dass sich im Einzelfall die Überlebenszeit nicht exakt feststellen lässt: Sei es, dass der Patient vorzeitig ausscheidet (etwa wegen mangelnder Bereitschaft zur weiteren Teilnahme) oder am Ende der Studie noch lebt (jede Studie ist zeitlich limitiert). Dann kennt man nur die Zeitspanne, die überlebt wurde – was danach geschieht, bleibt unbekannt. Solche Zeiten nennt man **zensiert**. Es würde die Ergebnisse verzerren, wenn man diese bei der Analyse eliminieren würde. Mit speziellen Analyseverfahren (► Kap. 15) gelingt es, derlei Daten adäquat zu berücksichtigen.

2.5 Tabellen

Liste Bei jeder Studie ist darauf zu achten, dass man für jede einzelne Beobachtungseinheit alle relevanten Informationen (Ort und Zeit der Untersuchungen, untersuchende Personen, erhobene Daten, Besonderheiten etc.) sorgfältig in einer Liste dokumentiert. Falls ein Datum nicht erhoben werden kann, ist dies mit Angabe von Gründen zu vermerken. Zu einem späteren Zeitpunkt ist kaum noch nachvollziehbar, warum eine Information fehlt – ob beispielsweise nur die Dokumentation vergessen wurde (das sollte freilich nicht passieren), oder ob und warum ein Wert nicht gemessen wurde. Für die statistische Analyse und die Interpretation der Ergebnisse sind diese Informationen mitunter sehr wichtig.

Tabelle Darin ordnet man die für die Analyse relevanten Daten übersichtlich an. Die Tabelle stellt die Basis für alle nachfolgenden Analysemethoden und für die daraus resultierenden Erkenntnisse dar. Sie wird üblicherweise mit einer Software (z.B. dem Tabellenkalkulationsprogramm MS Excel) erstellt und enthält folgende Elemente:

- **Tabellenzeilen:** Für jede Beobachtungseinheit ist eine eigene Zeile mit einer eindeutigen Identifikationsnummer (ID) in der ersten Spalte reserviert. Patientennamen oder Initialen sind – nicht zuletzt aus Gründen des Datenschutzes – zur Identifikation ungeeignet.
- **Tabellenspalten:** Jede Spalte enthält die Daten eines bestimmten Merkmals. Angaben dazu findet man in der ersten Tabellenzeile, dem sog. **Tabellenkopf**.
- **Tabellenblätter:** Bei sehr umfangreichem Datenmaterial kann es zweckmäßig sein, mehrere Tabellenblätter anzulegen. Untersucht man etwa Patienten im Rahmen einer Längsschnittstudie zu mehreren Zeitpunkten, ist es übersichtlich, für jeden Untersuchungszeitpunkt ein eigenes Tabellenblatt zu erstellen. Anhand der Identifikationsnummer lassen sich die Daten korrekt miteinander verknüpfen.
- **Tabellenlegende:** Ist die Tabelle Teil einer Publikation oder einer Dissertation, sollte man zum Verständnis notwendige Informationen (Abkürzungen, Maßeinheiten etc.) in der Legende oberhalb der Tabelle aufführen.

Oft enthält eine Tabelle in der letzten Zeile oder in der letzten Spalte Randsummen (sog. Spalten- bzw. Zeilensummen), Mittelwerte oder Häufigkeiten. Falls es zweckmäßig erscheint, kann sie nach einem oder mehreren Merkmalen sortiert sein.

◘ Tab. 2.2 enthält die Daten von 8 Merkmalen, die bei 75 Studenten am Universitätsklinikum Mannheim erfasst wurden. Neben Angaben zu Geschlecht, Körpergröße und -gewicht, Rhesusfaktor und Blutgruppe wurden die Studenten nach ihrem Raucherstatus und ihrer Einstellung zu homöopathischen Heilverfahren befragt. Außerdem wurden sie gebeten, die Anzahl von Weinbeeren in einem Glas zu schätzen (die korrekte Anzahl betrug 60). Die Tabelle dient als Grundlage für diverse statistische Analysen, die in den folgenden Kapiteln erläutert werden. Sie ist sortiert nach Geschlecht und Körpergröße.

Charakteristische Eigenschaften der erhobenen Merkmale und deren Zusammenhänge treten – zumindest auf den ersten Blick – anhand einer Tabelle nicht in Erscheinung. Deshalb ist es erforderlich, die Daten anschaulich grafisch darzustellen und die Merkmale quantitativ zu beschreiben. Dazu empfiehlt sich folgendes Vorgehen:

◘ **Tab. 2.2** Angaben von 75 Studenten zu ihrem Geschlecht (m = männlich, w = weiblich), Körpergröße in cm, Gewicht in kg, Blutgruppe, Rhesusfaktor, Raucherstatus, Einstellung zu homöopathischen Heilverfahren (–5 = totale Ablehnung bis +5 = uneingeschränkte Zustimmung) und zur geschätzten Anzahl von Weinbeeren

ID	Geschlecht	Größe	Gewicht	Blutgruppe	Rhesusfaktor	Raucher	Einstellung Heilverfahren	Anzahl Beeren
1	m	170	70	A	–	ja	–5	107
2	m	171	71	A	+	ja	–3	54
3	m	173	62	0	+	nein	–2	20
4	m	173	65	A	+	nein	–4	25
5	m	173	70	0	+	nein	–5	30
6	m	173	73	0	+	nein	+3	63
7	m	174	71	0	+	nein	–3	36
8	m	175	71	A	–	ja	–3	39
9	m	175	76	0	+	nein	+2	32
10	m	175	82	B	+	nein	0	27
11	m	176	70	A	+	nein	–4	50
12	m	176	71	0	–	nein	–3	34
13	m	176	89	0	+	nein	0	32
14	m	178	85	0	–	nein	0	38
15	m	180	79	B	+	nein	5	32
16	m	181	71	0	+	ja	–2	48
17	m	181	89	0	+	nein	–5	70
18	m	182	68	AB	+	nein	–4	38
19	m	182	68	A	+	ja	–5	30
20	m	182	78	A	+	nein	–5	63
21	m	182	80	0	+	nein	–5	37

Tab. 2.2 (Fortsetzung)

ID	Geschlecht	Größe	Gewicht	Blutgruppe	Rhesusfaktor	Raucher	Einstellung Heilver-fahren	Anzahl Beeren
22	m	183	74	B	+	ja	0	37
23	m	184	78	A	+	nein	+3	43
24	m	184	80	A	–	nein	–3	52
25	m	184	85	A	+	nein	0	33
26	m	184	90	0	–	ja	+1	38
27	m	185	78	B	+	nein	–5	43
28	m	186	78	A	+	nein	–1	40
29	m	186	86	AB	+	nein	+1	34
30	m	186	95	A	+	ja	–5	44
31	m	188	82	0	+	nein	0	42
32	m	188	86	A	+	nein	–1	41
33	m	188	86	B	–	nein	–5	15
34	m	188	90	A	+	nein	–2	28
35	m	189	73	A	+	nein	–4	43
36	m	189	80	B	+	nein	+2	30
37	m	190	75	A	+	ja	+2	45
38	m	190	86	A	+	nein	–5	45
39	m	190	95	0	–	nein	0	42
40	m	195	87	AB	+	nein	–2	48
41	w	156	62	0	+	nein	0	67
42	w	161	47	0	+	nein	–3	36
43	w	163	52	0	+	nein	+2	22
44	w	163	53	A	+	nein	–3	46

Tab. 2.2 (Fortsetzung)

ID	Geschlecht	Größe	Gewicht	Blutgruppe	Rhesusfaktor	Raucher	Einstellung Heilverfahren	Anzahl Beeren
45	w	164	52	A	+	nein	–5	33
46	w	164	61	0	+	nein	0	40
47	w	167	55	A	+	nein	+3	23
48	w	167	60	B	+	nein	–5	48
49	w	168	53	0	–	ja	+3	50
50	w	168	57	0	+	nein	0	28
51	w	168	60	0	+	nein	+1	30
52	w	168	60	0	+	ja	0	90
53	w	169	56	0	+	nein	+1	25
54	w	169	61	A	+	nein	–2	34
55	w	170	53	A	+	ja	0	32
56	w	170	57	0	+	nein	–4	25
57	w	170	58	B	–	nein	–4	30
58	w	170	60	0	+	nein	0	32
59	w	170	63	0	+	nein	–4	34
60	w	170	80	A	+	nein	0	20
61	w	171	53	A	+	nein	–2	50
62	w	171	80	A	+	nein	+1	75
63	w	172	58	0	+	nein	–1	32
64	w	172	60	A	+	nein	+3	30
65	w	172	67	B	+	nein	0	50
66	w	173	58	A	+	nein	0	62
67	w	173	63	A	–	nein	–5	50

Tab. 2.2 (Fortsetzung)

ID	Geschlecht	Größe	Gewicht	Blutgruppe	Rhesusfaktor	Raucher	Einstellung Heilverfahren	Anzahl Beeren
68	w	174	63	0	+	nein	+2	60
69	w	174	70	A	–	nein	–5	40
70	w	175	63	A	+	nein	–3	35
71	w	175	75	AB	+	nein	–4	40
72	w	176	65	A	+	ja	–1	41
73	w	180	62	0	+	nein	–2	44
74	w	180	65	A	+	nein	0	50
75	w	180	95	0	+	nein	–5	47

- Bei der Wahl der zu erfassenden Merkmale sollte man sich an Einsteins Empfehlung orientieren (»alles so einfach wie möglich, aber nicht einfacher«). Konkret bedeutet dies: Es ist nicht sinnvoll, *alle* Informationen zu erfassen, derer man habhaft werden kann. Man beschränke sich vielmehr auf Merkmale, die für die eingangs aufgestellte Hypothese relevant sind und versuche, diese vollständig und fehlerfrei zu erfassen und zu dokumentieren.
- Zunächst wird jedes Merkmal einzeln – also unabhängig von den anderen und separat für jede Stichprobe – untersucht. Geeignete Methoden werden in ► Kap. 3 und ► Kap. 4 vorgestellt.
- Danach lassen sich einfache Zusammenhänge beschreiben. Dies wird in ► Kap. 5 erörtert.
- Mit Methoden der induktiven Statistik lässt sich prüfen, ob die Stichprobenergebnisse verallgemeinerbar sind. Dieses Thema ist Gegenstand von Teil III (► Kap. 8 bis ► Kap. 11).

Cave
Üblicherweise wird eine Tabelle mit dem Tabellenkalkulationsprogramm Excel (im Office-Paket der Firma Microsoft enthalten) angelegt. Diese Software ist für die Datenerfassung geeignet; auch einfache statistische Berechnungen lassen sich damit durchführen. Für Analysen der induktiven Statistik empfiehlt sich ein leistungsstarkes Statistikprogrammpaket wie z. B. SAS oder SPSS.

Kapitelzusammenfassung

Um geeignete Analysemethoden wählen zu können, sind vor der Datenerhebung unbedingt folgende Punkte zu klären:

- **Fragestellung** (Hypothese) der Studie formulieren
- Geeignete **Ziel**- und **Einflussgrößen** auswählen
- Auf mögliche **Confounder** achten, eventuell als Covariablen erfassen
- Spezifische Eigenschaften für jedes Merkmal bestimmen (Skalenniveau, Ausprägungen)

Häufigkeiten

C. Weiß, *Basiswissen Medizinische Statistik*,
DOI 10.1007/978-3-642-34261-5_3, © Springer-Verlag Berlin Heidelberg 2013

> Die Zahl ist das Wesen aller Dinge.
> (Pythagoras von Samos, Philosoph, 570–510 v. Chr.)

3.1 Einfache Häufigkeiten

3.1.1 Absolute und relative Häufigkeiten

Um sich einen Überblick bezüglich wesentlicher Eigenschaften eines Merkmals anzueignen, beginnt man am besten mit der **Häufigkeitsverteilung**. Diese Verteilung beschreibt, wie häufig die einzelnen Merkmalsausprägungen in der Stichprobe zu finden sind. Häufigkeiten lassen sich für jedes Merkmal und jedes beliebige Skalenniveau angeben. Diese Zahlen vermitteln grundlegende Informationen, auf denen alle weiteren Analysen basieren. (Pythagoras hat dies treffend formuliert.)

Bei diskreten Merkmalen ist die Anzahl der Ausprägungen in der Regel überschaubar. So gehören beispielsweise zum qualitativen Merkmal »Blutgruppe« die vier Ausprägungen 0, A, B und AB. Durch einfaches Abzählen lässt sich ermitteln, wie häufig die einzelnen Ausprägungen in der Stichprobe vertreten sind.

Allgemein formuliert man diesen Sachverhalt folgendermaßen: Ein diskretes Merkmal A habe k verschiedene Ausprägungen $A_1, \ldots, A_k$. Die **absolute Häufigkeit** einer Ausprägung A_i wird mit n_i bezeichnet. Der Buchstabe i ist der sog. Laufindex, der zwischen 1 und k variiert. Die Summe aller absoluten Häufigkeiten n_i entspricht der Anzahl der Beobachtungseinheiten in der Stichprobe – das ist der **Stichprobenumfang** n:

$$\sum_{i=1}^{k} n_i = n \tag{3.1}$$

ⓘ Bei dem Summenzeichen Σ handelt es sich um den griechischen Buchstaben *Sigma*. Damit werden Summen in verkürzter Schreibweise dargestellt. Der Ausdruck $\sum_{i=1}^{k} n_i$ entspricht der Summe $n_1 + n_2 + \ldots + n_k$.

Unter der **relativen Häufigkeit** h_i einer Ausprägung A_i versteht man den Quotienten

$$h_i = \frac{n_i}{n} \tag{3.2}$$

Aus dieser Definition folgt, dass $0 \leq h_i \leq 1$ und dass sich die relativen Häufigkeiten aller Ausprägungen zu 1 aufaddieren:

$$\sum_{i=1}^{k} h_i = \frac{\sum_{i=1}^{k} n_i}{n} = \frac{n}{n} = 1 \tag{3.3}$$

In der Praxis gewinnt man die Häufigkeiten am einfachsten durch Erstellen einer Strichliste oder – weniger mühsam – mittels geeigneter Software (► Beispiel 3.1). Die Ausprägung mit der größten Häufigkeit nennt man **Modus** oder **modaler Wert**. Die Angabe eines Modus ist jedoch nur dann sinnvoll, wenn die entsprechende Häufigkeit wesentlich größer ist als die anderen Häufigkeiten.

Beispiel 3.1: Häufigkeiten des Merkmals »Blutgruppe«

Wir betrachten das qualitative Merkmal »Blutgruppe« mit den Daten der in ◻ Tab. 2.2 aufgelisteten Stichprobe von $n = 75$ Studenten. Es ergeben sich folgende Häufigkeiten:

Ausprägung	Absolute Häufigkeiten	Relative Häufigkeiten
A_1 = Blutgruppe 0	$n_1 = 30$	$h_1 = 40\%$
A_2= Blutgruppe A	$n_2 = 32$	$h_2 = 43\%$
A_3 = Blutgruppe B	$n_3 = 9$	$h_3 = 12\%$
A_4= Blutgruppe AB	$n_4 = 4$	$h_4 = 5\%$
Summe:	$n = 75$	100%

Die Angabe eines Modalwerts (theoretisch: Blutgruppe A) ist hier wenig sinnvoll, da diese Häufigkeit nahezu so hoch ist wie die der Blutgruppe 0.

Cave

Der Ausdruck Prozent bedeutet »von Hundert«. Deshalb sind Prozentangaben nur bei einem hinreichend großen Stichprobenumpfang zweckmäßig. Wenn man bei kleinen Stichproben Prozente berechnet, täuscht man eine höhere Genauigkeit vor als tatsächlich gegeben ist. Andererseits eignen sich Prozentangaben, um Häufigkeiten von Stichproben unterschiedlicher Größe zu vergleichen. Man sollte jedoch beachten, dass es sich dabei möglicherweise um sehr vage Schätzungen handelt.

3.1.2 Grafische Darstellungen bei diskreten Merkmalen

Grafische Darstellungen bringen die oben beschriebenen Sachverhalte prägnant zum Ausdruck:

Kreisdiagramm (◻ Abb. 3.1) Bei dieser Darstellung geben die einzelnen Kreissektoren die absoluten Häufigkeiten n_i oder die relativen Häufigkeiten h_i wieder. Allerdings kommt hier nicht (zumindest nicht auf den ersten Blick) zur Geltung, welches die kleinste oder die größte Ausprägung ist. Deshalb eignet sich diese Darstellungsform nur für nominal skalierte Merkmale.

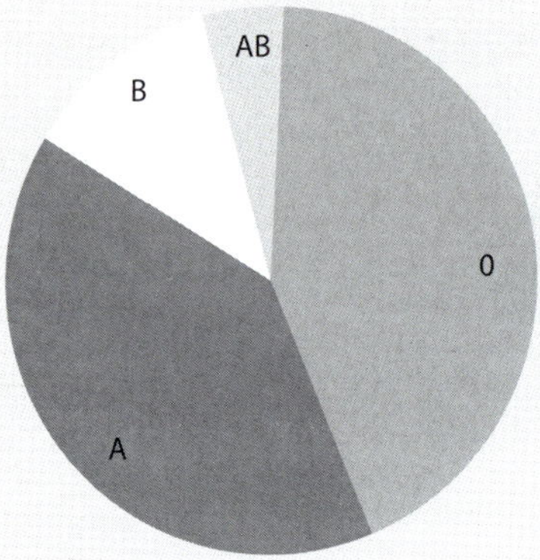

Abb. 3.1 Kreisdiagramm. Darstellung der Häufigkeiten des Merkmals »Blutgruppe« (▶ Beispiel 3.1)

Rechteckdiagramm (oder Blockdiagramm) Hier ist die Fläche eines Rechtecks entsprechend der einzelnen Häufigkeiten unterteilt. Diese Darstellung eignet sich auch für ordinal skalierte Merkmale, da die kleinste und die größte Ausprägung zu erkennen sind.

Balkendiagramm (**Abb. 3.2**) Diese Darstellungsform eignet sich für alle diskreten Merkmale. Die Längen der einzelnen Balken entsprechen den Häufigkeiten n_i oder h_i. Dabei sind zahlreiche Varianten denkbar. Die 2-dimensionalen Balken lassen sich durch 1-dimensionale Striche oder 3-dimensionale Säulen ersetzen. Bei senkrechter Anordnung spricht man auch von einem **Stabdiagramm** oder **Säulendiagramm**. Darüber hinaus können die Balken horizontal anstatt vertikal angeordnet werden; bezüglich Farben, Mustern und Hintergründen sind – nicht zuletzt dank geeigneter Softwareprodukte – der Fantasie keine Grenzen gesetzt. Man sollte jedoch bei solchen Darstellungen darauf achten, dass die wesentlichen Eigenschaften der Häufigkeitsverteilung optimal zur Geltung kommen und nicht zugunsten optischer Effekte in den Hintergrund treten.

Stamm-Blatt-Diagramm (**Abb. 3.3**) Hier werden die Daten eines quantitativen Merkmals nach der Größe geordnet von unten nach oben aufgetragen. Der Stamm besteht aus der oder den ersten Ziffern der Stichprobenwerte, die Blätter stellen die folgenden Ziffern (oder die Nachkommastellen wie bei den BMI-Werten in Abb. 3.3) dar. Diese Darstellung benutzt man gern, um sich einen schnellen Überblick über die Häufigkeitsverteilung zu verschaffen. Für Präsentationszwecke ist sie weniger geeignet.

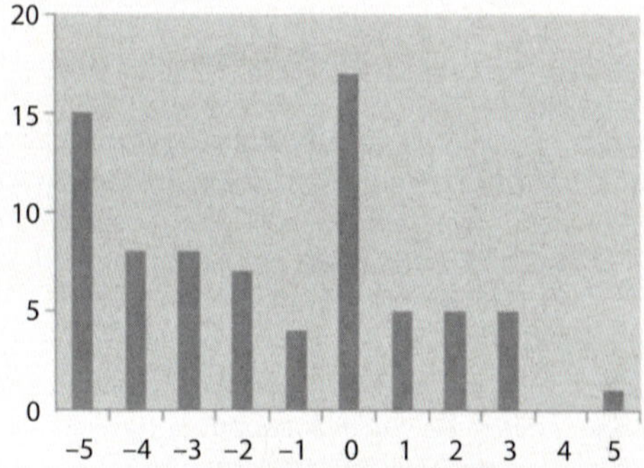

Abb. 3.2 Balkendiagramm. Darstellung der absoluten Häufigkeiten des Merkmals »Beurteilung homöopathischer Heilverfahren«

29	3	1
28	7	1
27	2457	4
26	3688	4
25	155	3
24	2233344589	10
23	012245568	9
22	145667899	9
21	003345778	9
20	112345567888	12
19	134666779	9
18	1138	4

Abb. 3.3 Stamm-Blatt-Diagramm. Darstellung der Body-Mass-Index-Werte von 75 Studenten. Am rechten Rand sind die absoluten Häufigkeiten angegeben

3.1.3 Prinzip der Klassenbildung

Bei der Erfassung eines stetigen Merkmals (z. B. der Körpergröße) werden – bedingt durch die begrenzte Messgenauigkeit – die gemessenen Werte im Einzelfall auf- oder abgerundet. Im Vergleich zum Stichprobenumfang ergeben sich zahlreiche Ausprägungen, deren Häufigkeiten gering und wenig informativ sind. So schwankt beispielsweise die Körpergröße der Studenten in ◘ Tab. 2.2 zwischen 156 und 195 cm – dies sind 40 Werte für 75 Beobachtungseinheiten (davon sind 14 Werte gar nicht und 6 nur einmal vertreten).

Um einen Überblick bezüglich der Häufigkeitsverteilung zu erhalten, erweist es sich als sinnvoll, mehrere nebeneinander liegende Werte in **Klassen** zusammenzufassen (▶ Beispiel 3.2). Dies ist auch bei einem quantitativ-diskreten Merkmal mit extrem vielen, fein abgestuften Ausprägungen gerechtfertigt (z. B. Leukozytenanzahl pro µl Blut). Ein solches Merkmal kann für praktische Analysen wie ein stetiges Merkmal behandelt werden.

Beispiel 3.2: Klasseneinteilung

Die Messwerte für die Körpergröße der 75 Studenten in ◘ Tab. 2.2 variieren zwischen 156 und 195 cm. Es bietet sich an, das Intervall (152,5 cm ; 197,5 cm) in 9 Klassen der Klassenbreite 5 cm einzuteilen. Dadurch ist gewährleistet, dass kein Messwert auf eine Klassengrenze fällt.

Laufindex i	Klassengrenzen in cm	Absolute Häufigkeiten n_i	Relative Häufigkeiten h_i
1	(152,5 ; 157,5)	1	0,013
2	(157,5 ; 162,5)	1	0,013
3	(162,5 ; 167,5)	6	0,080
4	(167,5 ; 172,5)	19	0,253
5	(172,5 ; 177,5)	18	0,240
6	(177,5 ; 182,5)	11	0,147
7	(182,5 ; 187,5)	9	0,120
8	(187,5 ; 192,5)	9	0,120
9	(192,5 ; 197,5)	1	0,013

Um die Häufigkeitsbegriffe zu verdeutlichen, betrachten wir die 5. Klasse. Die absolute und die relative Häufigkeit n_5 bzw. h_5 bedeuten: 18 Studenten (das sind 24%) haben eine Körpergröße zwischen 172,5 und 177,5 cm.

Damit verbindet sich die Frage, wie die Anzahl der Klassen und deren Breiten festzulegen sind. Bei sehr vielen, schmalen Klassen ist die Darstellung unübersichtlich. Dagegen geht eine geringe Anzahl breiter Klassen mit einem hohen Informationsverlust einher; charakteristische Eigenschaften der Verteilung werden verdeckt. Es gibt bezüglich der Klassenbildung zwar keine strengen Vorschriften, jedoch einige Faustregeln, die einen Kompromiss zwischen einer übersichtlichen Darstellung einerseits und einem geringen Informationsverlust andererseits beinhalten:

- Die Klassenanzahl k richtet sich nach dem Stichprobenumfang n. Als Anhaltspunkt gilt: $k \approx \sqrt{n}$. Für größere Umfänge $n \geq 1000$ verwendet man $k \approx 10 \cdot \lg n$ (lg steht für den Zehnerlogarithmus), damit die Klassenanzahl nicht allzu groß wird.
- Weniger als 3 Klassen sind generell nicht sinnvoll.
- Am übersichtlichsten ist die Darstellung, wenn die Klassenbreiten gleich sind. Sind jedoch Ausreißer vorhanden, mag es sinnvoll sein, am jeweiligen Rand eine breitere Klasse zu bilden.
- Es muss eindeutig geklärt sein, welcher Klasse ein Wert zugeordnet wird, der auf eine Klassengrenze fällt. Man umgeht dieses Problem, indem man die Grenzen so definiert, dass sie nicht mit Werten der Stichprobe zusammenfallen. Ansonsten muss man die Klassen als halboffene Intervalle festlegen. (Meist benutzt man Intervalle, die links offen und rechts abgeschlossen sind.)

Die **Besetzungszahl** einer Klasse ist die jeweilige absolute Häufigkeit n_i. Der Laufindex i kennzeichnet die Klassen in aufsteigender Reihenfolge ($i = 1$ bezeichnet also die erste Klasse mit den kleinsten Messwerten, $i = k$ die letzte Klasse mit den größten Werten). Basierend auf den absoluten Häufigkeiten n_i berechnet man die relativen Klassenhäufigkeiten h_i ebenso wie bei diskreten Merkmalen.

Wird eine Intervallgrenze durch eine runde Klammer angegeben, ist der Grenzwert *nicht* im Intervall enthalten. Eine eckige Klammer zeigt an, dass der Grenzwert zum Intervall gehört.

Cave

In früheren Zeiten – als man einen Mittelwert noch per Hand oder mit dem Taschenrechner berechnete – erleichterte man sich die Arbeit, indem man eine überschaubare Anzahl von Klassen bildete und die Kenngrößen aus den Klassenmitten ermittelte. Man legte Wert darauf, dass dies rechentechnisch günstige Werte waren. Im Zeitalter benutzerfreundlicher Statistiksoftware ist dieses Argument obsolet. Die Einteilung in Klassen wird vor allem wegen der übersichtlichen Darstellung vorgenommen.

3.1.4 Grafische Darstellungen bei klassierten Daten

Histogramm Bei diesem werden die Klassen durch Rechtecke repräsentiert, deren Flächen proportional zu den jeweiligen Klassenhäufigkeiten sind (◘ Abb. 3.4). Am übersichtlichsten ist ein Histogramm mit gleichen Klassenbreiten. Falls Daten auf eine

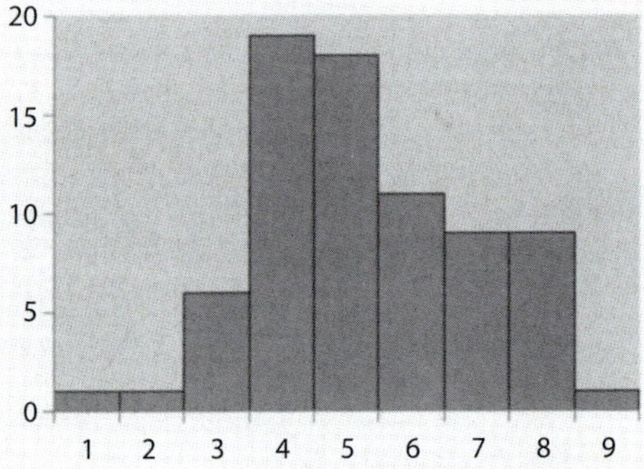

Abb. 3.4 Histogramm für das Merkmal »Körpergröße«, Einteilung in 9 Klassen (▶ Beispiel 3.2)

Klassengrenze fallen, muss man kennzeichnen, welcher Klasse diese Daten zugerechnet werden.

Für mathematisch Interessierte sei erwähnt: Die mathematische Funktion, die die Häufigkeitsverteilung beschreibt, bezeichnet man als **empirische Dichte**:

$$f(x) = \begin{cases} 0 & \text{f r } x \le a_0 \\ \dfrac{h_i}{a_i - a_{i-1}} & \text{f r } a_{i-1} < x \le a_i \quad (i = 1, \ldots, k) \\ 0 & \text{f r } x > a_k \end{cases} \tag{3.4}$$

Dabei sind a_{i-1} und a_i die untere bzw. obere Grenze der *i-ten* Klasse, und k ist die Klassenanzahl. Das nach ▶ Formel (3.4) definierte **Histogramm** besteht aus k Rechtecken mit den Flächen h_i; die Gesamtfläche hat den Wert 1.

Häufigkeitspolygon (■ Abb. 3.5) Diese Darstellung erhält man, indem man senkrecht auf die Klassenmitten Strecken in Höhe der entsprechenden Häufigkeiten aufträgt und deren Endpunkte miteinander verbindet.

Eine grafische Darstellung liefert auf einen Blick wesentliche Informationen bezüglich der Häufigkeitsverteilung eines Merkmals. Für eine statistische Datenanalyse ist sie jedoch unzureichend. Kenngrößen, die die oben genannten Eigenschaften quantitativ beschreiben, sind Gegenstand von ▶ Kap. 4.

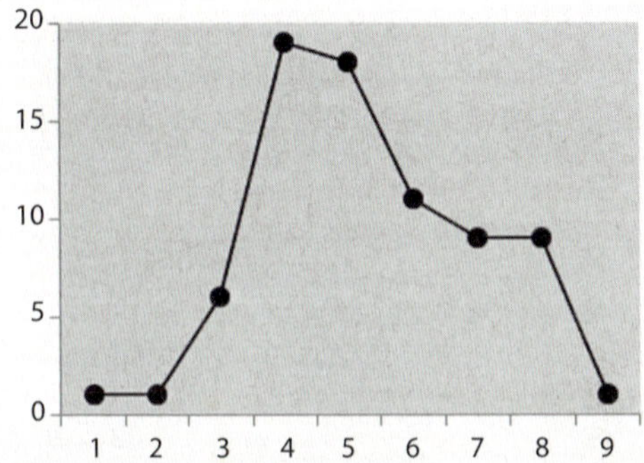

Abb. 3.5 Häufigkeitspolygon für das Merkmal »Körpergröße« (▶ Beispiel 3.2)

3.2 Summenhäufigkeiten

Bei quantitativen oder ordinal skalierten Merkmalen mit zahlreichen Ausprägungen ist es wenig sinnvoll, nach den Häufigkeiten einzelner Ausprägungen zu fragen. So sind beispielsweise Angaben wie »7 von 75 Studenten sind 170 cm groß« oder »5 Studenten beantworteten die Frage, ob homöopathische Heilmittel eine Alternative zu schulmedizinischen Therapien darstellen, mit +1« (was eine schwache Zustimmung bedeutet) nicht sehr aufschlussreich, weil sie nur punktuelle Informationen vermitteln. Interessanter sind kumulative Angaben, wie etwa die Anzahl der Studenten, die mindestens 170 cm groß sind, oder die Anzahl der Studenten, die die Anwendung homöopathischer Heilmittel positiv beurteilen (▶ Beispiel 3.3).

Derlei Fragen lassen sich beantworten, wenn man die Häufigkeiten beginnend bei der kleinsten Ausprägung in aufsteigender Reihenfolge aufaddiert. Dadurch erhält man den Anteil der Werte, die eine bestimmte Grenze nicht überschreiten. Diese Häufigkeiten nennt man **kumulative**, **kumulierte** oder **Summenhäufigkeiten**. Sie lassen sich generell für alle quantitativen Merkmale sowie für ordinal skalierte Merkmale bestimmen. Wenn die Ausprägungen der Stichprobe sortiert sind mit $A_1 < A_2 < \ldots < A_k$, gilt für die absoluten Summenhäufigkeiten:

$$N_i = \sum_{j=1}^{i} n_j \quad (\text{f r } i = 1, \ldots, k) \qquad (3.5)$$

Die relativen Summenhäufigkeiten sind entsprechend definiert als:

$$H_i = \sum_{j=1}^{i} h_j \quad (\text{f r } i = 1,...,k) \tag{3.6}$$

Die relativen Summenhäufigkeiten H_i werden durch die **empirische Verteilungsfunktion** $F(x)$ mathematisch beschrieben:

$$F(x) = \begin{cases} 0 & \text{f r } x < A_1 \\ H_i & \text{f r } A_i \leq x < A_{i+1} \quad (i = 1,...,k-1) \\ 1 & \text{f r } x \geq A_k \end{cases} \tag{3.7}$$

Die Funktion $F(x)$ gibt die relativen Häufigkeiten an, mit der in der Stichprobe Werte vorhanden sind, die gleich x oder kleiner als x sind. Für die »Beurteilung homöopathischer Heilverfahren« gilt beispielsweise: $F(0) = 0{,}79$. Das bedeutet: 79% der Studenten (59 von 75) haben eine negative oder neutrale Einstellung; demzufolge beurteilen 21% homöopathische Heilverfahren positiv.

Beispiel 3.3: Empirische Verteilungsfunktion

Für das Merkmal »Einstellung zu homöopathischen Heilverfahren« (Daten in ◘ Tab. 2.2) ergeben sich folgende Häufigkeiten und Summenhäufigkeiten:

Wert	n_i	N_i	H_i
–5	15	15	0,20
–4	8	23	0,31
–3	8	31	0,41
–2	7	38	0,51
–1	4	42	0,56
0	17	59	0,79
+1	5	64	0,85
+2	5	69	0,92
+3	5	74	0,99
+4	0	74	0,99
+5	1	75	1,00

Die Verteilungsfunktion für das Merkmal »Körpergröße« ist in ◘ Abb. 3.6 grafisch dargestellt. Sie verdeutlicht einige wesentliche Eigenschaften von $F(x)$:

- $F(x)$ ist eine Treppenfunktion, die monoton wächst von 0 bis 1.
- $F(x) = 0$ für alle x, die kleiner als der kleinste Stichprobenwert sind.
- Bei jeder Ausprägung (bzw. Messwert, Zählwert, Klassengrenze) springt $F(x)$ nach oben.
- $F(x) = 1$ ab dem größten Wert x_{max}.

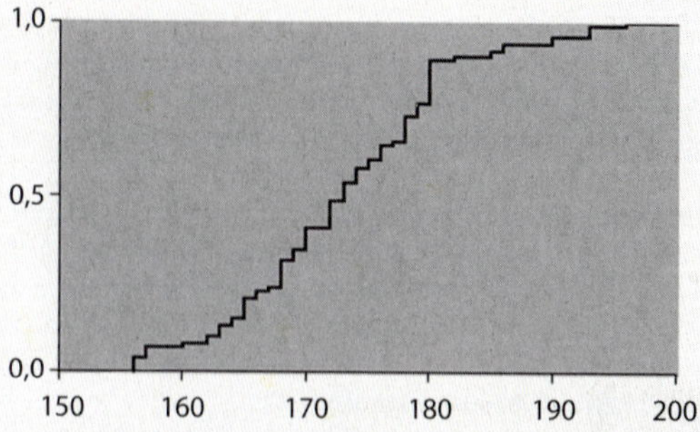

Abb. 3.6 Empirische Verteilungsfunktion für das Merkmal »Körpergröße«, gemessen in cm (Daten von 75 Studenten)

- Bei fein abgestuften Ausprägungen ist die Anzahl der Treppen zahlreich und die Stufen sind entsprechend niedrig; die Treppenfunktion nähert sich dann einer glatten Kurve.

In der Pharmakologie dienen Verteilungsfunktionen zur Analyse der dosisabhängigen Wirksamkeit eines Pharmakons. Dabei beschreibt die Funktion $F(x)$ den relativen Anteil der Untersuchungseinheiten, bei denen ein Effekt der Dosis x erkennbar ist. Die grafische Darstellung von $F(x)$ bezeichnet man als **Dosis-Wirkungs-Kurve**. Auch in der Labormedizin arbeitet man häufig mit der Verteilungsfunktion. Wenn etwa für einen Cholesterinwert x gilt: $F(x) = 0{,}98$, informiert diese Angabe darüber, dass dieser Wert im oberen 2%-Bereich liegt.

3.3 Verknüpfen von Häufigkeiten

3.3.1 Verhältniszahlen***

Eine einzelne, absolute Häufigkeit ist (isoliert betrachtet) wenig aussagekräftig. Aus Gründen der Anschaulichkeit ist es sinnvoll, Häufigkeiten in Beziehung zu setzen. Es gibt diverse Möglichkeiten zur Bildung sog. **Verhältniszahlen**:

- **Relative Häufigkeit:** Dieser Begriff (► Abschn. 3.1.1) bezeichnet eine absolute Häufigkeit bezogen auf eine übergeordnete Gesamtgröße (z. B. 35 von 75 Studenten sind weiblich). Hier repräsentiert der Zähler eine Teilmenge des Nenners. Solche Quotienten nennt man

▼

auch **Gliederungszahlen** oder **Proportionen**. Sie sind dimensionslos und nehmen einen Wert zwischen 0 und 1 an; häufig werden sie als Prozente oder Promille angegeben.
- **Odds:** Ein Odds ist das Verhältnis aus zwei zusammengehörenden Häufigkeiten, die sich ergänzen. Ein Beispiel ist der Quotient 40/35, der das Verhältnis männlicher zu weiblicher Studenten darstellt. Odds kann man mit »Quote« übersetzen. (Dennoch wird auch im Deutschen das englische »odds« bevorzugt.) Odds sind dimensionslos; der Wertebereich beginnt bei 0 und ist nach oben offen.
- **Ziffer:** Damit werden verschiedenartige Mengen, die logisch in Verbindung stehen, in Form eines Quotienten miteinander verknüpft. Solche Zahlen nennt man auch **Beziehungszahlen**. Falls sich eine Ziffer auf ein Zeitintervall bezieht, spricht man auch von einer **Rate**. Raten werden in der Demografie gern verwendet, etwa die Geburtenrate, also die Anzahl der Lebendgeborenen pro Jahr und 1000 Einwohner. Wichtig ist, Zähler und Nenner sowie eventuell das Zeitintervall genau anzugeben.

3.3.2 Kontingenztafel

Bisher wurde lediglich die Häufigkeitsverteilung eines einzelnen Merkmals betrachtet. Bisweilen ist es interessant, den Zusammenhang zwischen zwei Merkmalen näher zu beleuchten. Handelt es sich dabei um zwei qualitative Merkmale, spricht man auch von **Assoziation** oder **Kontingenz**.

Wir betrachten im Folgenden zwei diskrete Merkmale mit den Ausprägungen A_i $(i = 1, \ldots, k)$ und B_j $(j = 1, \ldots, \ell)$. Dann beträgt die Anzahl aller denkbaren Kombinationen $k \cdot \ell$. Die absoluten Häufigkeiten n_{ij} bezeichnen die Anzahl der Beobachtungseinheiten, bei denen die Ausprägungen A_i und B_j gemeinsam auftreten. Für die relativen Häufigkeiten h_{ij} ergibt sich dann:

$$h_{ij} = \frac{n_{ij}}{n} \quad \text{mit } i = 1, \ldots, k \text{ und } j = 1, \ldots, \ell \tag{3.8}$$

Die h_{ij} erstrecken sich zwischen 0 und 1. Addiert man alle Häufigkeiten auf, erhält man:

$$\sum_{i=1}^{k} \sum_{j=1}^{\ell} n_{ij} = n \tag{3.9}$$

$$\sum_{i=1}^{k} \sum_{j=1}^{\ell} h_{ij} = 1 \tag{3.10}$$

Die Häufigkeiten, die sich auf die Ausprägungen A_i oder B_j beziehen, sind die **Randhäufigkeiten**. Alle Häufigkeiten lassen sich übersichtlich in einer Kontingenztafel darstellen. Im Kopf und in der Vorspalte sind die Ausprägungen der Merkmale aufgelistet. Im Innern enthält diese Tabelle Felder mit den jeweiligen Häufigkeiten. In ► Beispiel 3.4 werden zwei Alternativmerkmale betrachtet; daher enthält die Tabelle im Innern nur vier Felder. Diese einfachste Kontingenztafel nennt man **Vierfeldertafel**. Die absoluten Häufigkeiten bezeichnet man üblicherweise mit *a*, *b*, *c* und *d*.

Beispiel 3.4: Kontingenztafel

Für die Merkmale »Rauchen und Geschlecht« sind angegeben:

- Die absoluten Häufigkeiten n_{ij}
- Die relativen Reihenhäufigkeiten
- Die relativen Spaltenhäufigkeiten
- Die relativen Häufigkeiten h_{ij} (bezogen auf die Stichprobe)

	Raucher	Nichtraucher	Häufigkeiten Geschlecht
Männlich	$a = 9$ (22,5%) (69%) (12%)	$b = 31$ (77,5%) (50%) (41%)	40 (53%)
Weiblich	$c = 4$ (11%) (31%) (5%)	$d = 31$ (89%) (50%) (41%)	35 (47%)
Häufigkeiten Raucherstatus	13 (17%)	62 (83%)	75

Die Menge der 75 Studenten besteht also aus 13 Rauchern (17%) und 62 Nichtrauchern (83%) bzw. aus 40 Männern (53%) und 35 Frauen (47%). Die 9 rauchenden Männer stellen 12% des Gesamtkollektivs dar. 22,5% der Männer und 11% der Frauen rauchen. Die Raucher sind zu 69% männlich; die Nichtraucher zu 50%. Für die Odds Ratio ergibt sich: $OR = (9 \cdot 31)/(4 \cdot 31) = 2{,}25$.

3.3.3 Beschreibung einer Assoziation

Die Kontingenztafeln enthalten zwar genaue Informationen bezüglich der Häufigkeiten; sie sind jedoch wenig geeignet, um den Grad eines Zusammenhangs zu erfassen. Zu diesem Zweck bedient man sich grafischer Darstellungen und geeigneter Assoziationsmaße:

Balkendiagramm (◘ Abb. 3.7) Dieses dient dazu, den Zusammenhang zwischen zwei qualitativen Merkmalen darzustellen. Die Längen der Balken repräsentieren die Häufigkeiten der Ausprägungen des ersten Merkmals. Außerdem ist jeder Balken entspre-

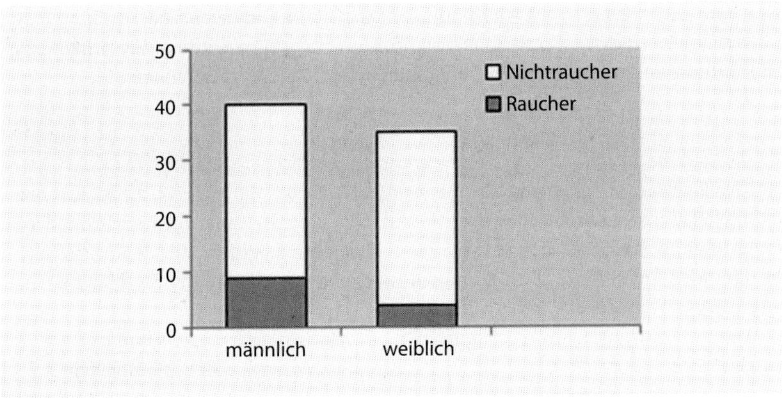

Abb. 3.7 Zusammenhang zwischen Rauchen und Geschlecht, 2-dimensionales Balkendiagramm (► Beispiel 3.4)

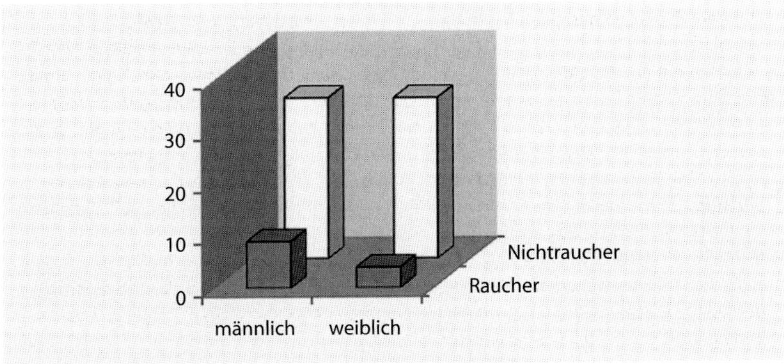

Abb. 3.8 Zusammenhang zwischen Rauchen und Geschlecht, 3-dimensionales Balkendiagramm (► Beispiel 3.4)

chend der Häufigkeiten des zweiten Merkmals unterteilt. Eine andere Möglichkeit besteht darin, für jede Merkmalskombination einen 3-dimensionalen Balken zu erstellen, der die jeweilige Häufigkeit n_{ij} repräsentiert, und die $k \cdot \ell$ Balken in räumlicher Perspektive anzuordnen (Abb. 3.8).

Odds Ratio (OR) Dies ist ein Assoziationsmaß, das den Grad eines Zusammenhangs zwischen zwei Alternativmerkmalen quantifiziert. Es wird gebildet, indem man aus den Häufigkeiten im Innern der Vierfeldertafel das Kreuzprodukt bildet:

$$OR = \frac{ad}{bc} \tag{3.11}$$

Diese Maßzahl ist der Quotient aus den beiden Odds a/c und b/d. Die untere Grenze für die Odds Ratio beträgt 0; eine obere Grenze gibt es nicht. Eine Odds Ratio mit dem Wert 1 zeigt an, dass kein Zusammenhang zwischen den beiden Merkmalen besteht. Aus der Odds Ratio von 2,25 in ▶ Beispiel 3.4 ergibt sich, dass in der Studentenstichprobe anteilmäßig mehr Männer als Frauen rauchen.

Weitere Assoziationsmaße für qualitative Merkmale sind Gegenstand von ▶ Abschn. 11.1.3. Zusammenhangsmaße für quantitative Merkmale werden in ▶ Kap. 5 erörtert.

3.3.4 Ausblick auf die induktive Statistik***

Die in diesem Kapitel vorgestellten Methoden dienen dazu, eine Häufigkeitsverteilung zu quantifizieren und optisch darzustellen. Die Beschreibung einer Stichprobe ist – für sich allein genommen – jedoch unbefriedigend. Bisher wurde die Frage ausgeklammert, inwieweit sich die Ergebnisse verallgemeinern lassen. Bei der Betrachtung der Beispiele drängen sich folgende Fragen auf:

- In ▶ Beispiel 3.1 werden relative Häufigkeiten bezüglich der 4 Blutgruppen genannt. Sind diese Angaben verallgemeinerbar, oder sind die Schätzungen dafür zu unpräzise?
- Wie aus der Vierfeldertafel in ▶ Beispiel 3.4 hervorgeht, rauchen 22,5% der männlichen und nur 11% der weiblichen Studenten. Rauchen männliche Studenten generell häufiger? Oder ist dieser Schluss zu gewagt?
- Nur 16 von 75 Studenten (das sind 21%) beurteilen homöopathische Heilverfahren tendenziell positiv, 17 neutral und 42 negativ. Lässt sich daraus schlussfolgern, dass Medizinstudenten homöopathische Heilverfahren eher ablehnen? Oder sind diese Zahlen nur zufallsbedingt und haben ansonsten keine tiefere Bedeutung?

Auf derlei Fragen kann die deskriptive Statistik keine befriedigenden Antworten geben. Intuitiv würde man kaum annehmen, dass 75 Studenten ausreichen, um die Wahrscheinlichkeiten einzelner Blutgruppen präzise zu schätzen. Andererseits legen die ermittelten Häufigkeiten durchaus die Vermutung nahe, dass Medizinstudenten gegenüber homöopathischen Heilverfahren eher skeptisch eingestellt sind. Dabei handelt es sich jedoch nur um Annahmen, die nicht statistisch abgesichert sind. Zu diesem Zweck bedarf es Methoden der induktiven Statistik, die wir in ▶ Kap. 8 bis ▶ Kap. 11 behandeln.

Kapitelzusammenfassung

Die geeignete grafische Darstellung einer Häufigkeitsverteilung hängt von der Art der Daten ab:

- **Kreisdiagramm:** nominal skalierte Merkmale
- **Balkendiagramm:** diskrete Merkmale
- **Histogramm, Häufigkeitspolygon:** klassierte Daten
- **Empirische Verteilungsfunktion:** Summenhäufigkeiten

Bei quantitativen Merkmalen sind folgende Eigenschaften erkennbar:

- **Lage:**
  - In welchem Bereich konzentrieren sich die Werte?
  - Welche Ausprägungen sind häufig, welche selten oder gar nicht vertreten?
- **Streuung:**
  - Streuen die Werte weit um den Mittelwert?
  - Welches ist der größte, welches der kleinste Wert?
  - Gibt es Ausreißer?
- **Form:**
  - Hat die Verteilung eine besondere Form?
  - Ist sie symmetrisch oder schief?
  - Wie viele Gipfel gibt es?

Beschreibung eines Merkmals

C. Weiß, *Basiswissen Medizinische Statistik*,
DOI 10.1007/978-3-642-34261-5_4, © Springer-Verlag Berlin Heidelberg 2013

> Wenn man den Kopf in der Sauna hat und die Füße im Kühlschrank, sprechen Statistiker von einer angenehmen mittleren Temperatur.
> (Franz Josef Strauß, Politiker, 1915–1988)

4.1 Methoden der univariablen Statistik

In diesem Kapitel werden Methoden vorgestellt, mit denen sich die charakteristischen Eigenschaften eines einzelnen Merkmals beschreiben lassen. Diese Methoden werden zusammenfassend als »univariable« Statistik bezeichnet. Sie sind abhängig von der Art des jeweiligen Merkmals, insbesondere von dessen Skalenniveau.

In ▶ Kap. 3 wurden Häufigkeiten behandelt. Absolute und relative Häufigkeiten können bei jedem Skalenniveau angegeben werden; bei ordinalen und quantitativen Merkmalen lassen sich außerdem kumulative Häufigkeiten berechnen. Diagramme bieten einen Überblick bezüglich der Häufigkeitsverteilung eines Merkmals. Zur quantitativen Analyse eines Merkmals bedarf es darüber hinaus aussagekräftiger **statistischer Kenngrößen** (oder **Maßzahlen**). Man unterscheidet hierbei:

- **Lagemaße** (oder **Lokationsmaße**): Sie informieren, in welchem Bereich sich die Stichprobenwerte konzentrieren (▶ Abschn. 4.2).
- **Streuungsmaße** (oder **Dispersionsmaße**): Sie geben Auskunft über die Variabilität der Werte (▶ Abschn. 4.3).
- **Formmaße:** Sie dienen dazu, die Verteilungsform quantitativ zu beschreiben (▶ Abschn. 4.4).

Abschließende Bemerkungen zum Vergleich mehrerer Stichproben finden sich in ▶ Abschn. 4.5.

Die Daten einer Stichprobe werden allgemein mit $x_1, \ldots, x_n$ bezeichnet. Diese Werte bilden die sog. Urliste. Die tiefgestellten Indizes geben normalerweise die Reihenfolge an, in der die Daten erhoben wurden; sie haben darüber hinaus keine Bedeutung. Die Zahl n symbolisiert den Stichprobenumfang. Die Kenngrößen werden aus den Daten der Stichprobe ermittelt und dienen als Schätzwerte für die entsprechenden Parameter der Grundgesamtheit. Man nennt sie deshalb **empirische Größen**.

4.2 Lagemaße

4.2.1 Arithmetisches Mittel

Siehe auch ► Anhang, Mathematische Abhandlung 4.1.

Das bekannteste Lagemaß ist der **Mittelwert** (**arithmetisches Mittel** oder **Durchschnitt**). Er wird mit $\bar{x}$ (sprich: x quer) bezeichnet und nach folgender Formel berechnet:

$$\bar{x} = \frac{\sum_{i=1}^{n} x_i}{n} \tag{4.1}$$

Es werden also alle Stichprobenwerte addiert und deren Summe durch den Stichprobenumfang n dividiert.

Beispiel 4.1: Mittelwerte

Von den Merkmalen der ◘ Tab. 2.2 lassen sich Mittelwerte für die Körpergröße, das Körpergewicht und die geschätzte Anzahl von Weinbeeren berechnen. Für die mittlere Körpergröße erhält man:

$\bar{x}_m$ = 181,63 cm (männliche Studenten, $n = 40$)
$\bar{x}_w$ = 170,09 cm (weibliche Studenten, $n = 35$)
$\bar{x}_{ges}$ = 176,24 cm (alle Studenten, $n = 75$)

Es fällt auf, dass die weiblichen Studenten im Durchschnitt wesentlich kleiner sind als ihre männlichen Kommilitonen. Ob dieser Unterschied nur zufällig bedingt ist oder ein Hinweis darauf, dass weibliche Studenten generell kleiner sind, kann an dieser Stelle nicht beurteilt werden. Die induktive Statistik stellt Methoden zur Verfügung, die eine Entscheidung diesbezüglich gestatten (► Kap. 10).

Der Mittelwert hat dieselbe Maßeinheit wie die Daten der Stichprobe. Bei einem kleinen Stichprobenumfang bis $n = 10$ sollte er mit nur einer zusätzlichen Kommastelle angegeben werden; bis $n = 100$ erscheinen zwei Stellen und erst ab $n = 1000$ drei zusätzliche Stellen sinnvoll (auch wenn Taschenrechner oder PCs wesentlich mehr Kommastellen berechnen). Ansonsten täuscht man eine höhere Messgenauigkeit vor, als in Wirklichkeit gegeben ist.

Der Mittelwert ist sicherlich die bekannteste Kenngröße der deskriptiven Statistik; allerdings wird seine Bedeutung häufig überschätzt. Viele Anwender wissen nicht, dass dessen Berechnung nicht in jedem Fall sinnvoll ist und andere Lagemaße existieren, die sich zur Beschreibung einer Verteilung eventuell besser eignen. Ein Nachteil des Mittelwerts besteht darin, dass er von Ausreißern stark beeinflusst wird und daher bei schiefen Verteilungen ein verzerrtes Bild der Verteilung wiedergibt (► Beispiel 4.3).

Aus der mathematischen Herleitung geht hervor, dass der Mittelwert nur dann berechnet werden darf, wenn die Differenz zwischen zwei Ausprägungen definiert ist. Dies setzt quantitative Merkmale voraus. Ein Mittelwert, der einem ordinalen oder gar einem nominalen Merkmal zugeordnet wird, ist nicht sinnvoll interpretierbar (► Beispiel 4.4). Ob ein Merkmal annähernd symmetrisch verteilt ist, kann anhand einer grafischen Darstellung (z. B. Histogramm) oder am Wert der Schiefe beurteilt werden.

4.2.2 Median

Siehe auch ► Anhang, Mathematische Abhandlung 4.2.

Der **empirische Median** (oder **Zentralwert**) teilt die Stichprobenwerte in zwei Hälften: Die eine Hälfte der Daten ist höchstens so groß wie der Median, die andere Hälfte ist mindestens so groß. Um diese Kenngröße, die üblicherweise mit $\tilde{x}$ (sprich: x Schlange) bezeichnet wird, zu ermitteln, sind die Stichprobenwerte der Größe nach zu sortieren. Die geordneten Werte werden mit tiefgestellten, in Klammern gesetzten Indizes versehen, sodass gilt:

$$x_{(1)} \leq x_{(2)} \leq \ldots \leq x_{(n)}$$

Demnach ist $x_{(1)}$ der kleinste Wert der Stichprobe, also das Minimum (er wird auch als x_{min} bezeichnet); $x_{(n)}$ oder x_{max} ist der größte Wert, das Maximum. Die sortierten Stichprobenwerte nennt man **Rangliste**. Das dazugehörende Merkmal muss mindestens ordinalskaliert sein, da für nominal skalierte Daten keine natürliche Reihenfolge gegeben ist. Der empirische Median $\tilde{x}$ wird in Abhängigkeit vom Stichprobenumfang n nach folgender Formel ermittelt:

$$\tilde{x} = \begin{cases} x_{\left(\frac{n+1}{2}\right)} & \text{f r } n \text{ ungerade} \\ \dfrac{x_{\left(\frac{n}{2}\right)} + x_{\left(\frac{n}{2}+1\right)}}{2} & \text{f r } n \text{ gerade} \end{cases} \tag{4.2}$$

Aus ► Formel (4.2) folgt, dass $\tilde{x}$ entweder ein Wert der Urliste ist (falls n ungerade) oder der Durchschnittswert der beiden mittleren Werte (falls n gerade). Deshalb hat der empirische Median dieselbe Maßeinheit wie die x_i-Werte und höchstens eine Stelle mehr nach dem Dezimalkomma.

Beispiel 4.2: Mediane

Die Daten in ◘ Tab. 2.2 sind nach Geschlecht und Körpergröße sortiert; deshalb lassen sich die Mediane leicht ermitteln. Nach ► Formel (4.2) ergeben sich für die Körpergröße folgende Werte:

$\tilde{x}_m = (x_{m(20)} + x_{m(21)})/2 = 182{,}0$ cm (männliche Studenten, $n = 40$)

$\tilde{x}_w = x_{w(18)} = 170{,}0$ cm (weibliche Studenten, $n = 35$)

$\tilde{x}_{ges} = x_{ges(38)} = 175{,}0$ cm (alle Studenten, $n = 75$)

Beim ordinal skalierten Merkmal »Beurteilung homöopathischer Heilverfahren« bietet sich ebenfalls die Angabe des Medians an. Er beträgt –2 (Rang 38, ► Beispiel 3.3).

Da bei ordinal skalierten Daten die Berechnung des Mittelwerts nicht statthaft ist, wird stattdessen gerne der Median als Lagemaß benutzt. Ein weiterer Vorteil des Medians liegt darin, dass er gegenüber Ausreißern robust ist. Ausreißer bewirken, dass Mittelwert und Median stark voneinander abweichen. In diesen Fällen ist die Verteilung schief. Wenn Mittelwert und Median in etwa übereinstimmen, ist dies ein Hinweis darauf, dass die Verteilung symmetrisch ist. Ein Vergleich der beiden Lagemaße liefert demnach Hinweise auf die Form der zugrunde liegenden Verteilung.

Beispiel 4.3: Vergleich Mittelwert und Median

Die postoperative Krankenhausaufenthaltsdauer von vier Patienten nach Appendektomie betrug 4, 5, 5 und 6 Tage. Bei einem weiteren Patienten traten Komplikationen ein; er blieb 20 Tage im Krankenhaus. Aus diesen fünf Werten ergibt sich eine mittlere Aufenthaltsdauer von 8 Tagen; der Median beträgt dagegen nur 5 Tage. Der Mittelwert wird wesentlich vom Ausreißer bestimmt; er gibt die tatsächlichen Verhältnisse verzerrt wieder. Der Median ist dagegen von diesem Ausreißer weitgehend unbeeinflusst.

Beispiel 4.4: Median bei ordinal skaliertem Merkmal

Wir betrachten das ordinal skalierte Merkmal »Therapieerfolg« mit den Ausprägungen 0 (Patient verstorben), 1 (Zustand verschlechtert), 2 (keine Veränderung eingetreten), 3 (Zustand verbessert) und 4 (Patient vollständig geheilt). Wenn jeweils die eine Hälfte der Patienten verstorben und die andere vollständig geheilt ist, besagt der Median $\tilde{x} = 2$, dass bei der Hälfte der Patienten keine Veränderung oder ein schlechterer Zustand eingetreten ist, während bei der anderen Hälfte der Zustand unverändert geblieben ist oder sich gebessert hat. Es ist jedoch vollkommen sinnlos, aus den Kodierungen einen Mittelwert von 2 zu berechnen und zu behaupten, »keine Veränderung« sei der Durchschnitt zwischen »tot« und »vollständig geheilt«.

Bei Überlebenszeitanalysen hat der Median den Vorteil, dass er bereits berechnet werden kann, nachdem die Hälfte der Studienteilnehmer verstorben ist. Um einen Mittelwert zu berechnen, müsste man den Tod aller Untersuchungseinheiten abwarten. Bei Studien zur Dosisfindung eines Pharmakons entspricht der Median der Dosis, die bei der Hälfte der Untersuchungseinheiten einen Effekt erkennen lässt.

4.2.3 Quartile und Quantile

Während der Median die Stichprobe in zwei Hälften einteilt, unterteilen die Quartile die Stichprobe in vier Viertel.

- **Unteres** oder **1. Quartil** Q_1: Es besagt, dass 25% der Stichprobenwerte kleiner als oder gleich Q_1 sind, während dementsprechend 75% der Werte größer als oder gleich Q_1 sind.
- **Oberes** oder **3. Quartil** Q_3: Analog gilt, dass 75% der Werte maximal so groß wie Q_3 und die Werte des restlichen Viertels mindestens so groß wie Q_3 sind.
- **Mittleres** oder **2. Quartil** Q_2: Es entspricht dem Median $\tilde{x}$.

Eine weitere Verfeinerung der Häufigkeitsverteilung gestatten die **Quantile** (oder **Fraktile**) $\tilde{x}_\alpha$, die für alle reellen Zahlen α mit $0 < \alpha < 1$ definiert sind. Ein α-Quantil wird folgendermaßen berechnet: Man ermittelt zunächst den Wert $\alpha \cdot n$ und davon abhängig eine Rangzahl k und das Quantil $\tilde{x}_\alpha$ nach folgenden Formeln:

- Falls $\alpha \cdot n$ *keine* ganze Zahl ist, sei k die direkt auf $\alpha \cdot n$ folgende ganze Zahl und

$$\tilde{x}_\alpha = x_{(k)} \tag{4.3}$$

- Falls $\alpha \cdot n$ eine ganze Zahl ist, sei $k = \alpha \cdot n$ und

$$\tilde{x}_\alpha = \frac{x_{(k)} + x_{(k+1)}}{2} \tag{4.4}$$

Spezielle Quantile sind der Median ($\alpha = 0{,}50$) sowie die beiden Quartile ($\alpha = 0{,}25$ bzw. $\alpha = 0{,}75$). Von **Dezilen** spricht man, falls $\alpha = 0{,}1,\ 0{,}2,\ \ldots,\ 0{,}9$; von **Perzentilen** bei 2-stelligen Kommazahlen $\alpha = 0{,}01,\ \ldots,\ 0{,}99$.

Median, Quartile und alle sonstigen Quantile lassen sich über die empirische Verteilungsfunktion $F(x)$ beschreiben und grafisch abschätzen (◘ Abb. 3.6). Aus deren Definition folgt nämlich, dass der Median der kleinste Wert ist, für den gilt: $F(\tilde{x}) \geq 0{,}5$. Analog sind die beiden Quartile und die anderen Perzentile definiert. So lässt sich aus der Verteilungsfunktion für das Merkmal »Einstellung zu homöopathischen Heilverfahren« (► Beispiel 3.3), direkt entnehmen, dass der Wert −2 den Median, −4 das untere Quartil und +2 das 9. Dezil repräsentieren.

Die Angabe eines Perzentils kann sehr hilfreich sein, um einen Messwert größenmäßig einzuordnen. So werden etwa in der Kinderheilkunde die individuellen Werte eines Kindes bezüglich Größe, Gewicht oder Kopfumfang mit den altersgemäßen

5%- und 95%-Perzentilen verglichen, um zu beurteilen, ob es Auffälligkeiten in der Entwicklung gibt.

Beispiel 4.5: Quartile und Dezile

Wir bestimmen mit Hilfe der Rangliste in ◘ Tab. 2.2 einige Quantile bezüglich der Körpergröße weiblicher Studenten nach ▶ Formel (4.3):
1. Quartil: $\alpha \cdot n = 0{,}25 \cdot 35 = 8{,}75$; also $k = 9$ und $Q_1 = x_{(9)} = 168$ cm
3. Quartil: $\alpha \cdot n = 0{,}75 \cdot 35 = 26{,}25$; also $k = 27$ und $Q_3 = x_{(27)} = 173$ cm
9. Dezil: $\alpha \cdot n = 0{,}90 \cdot 35 = 31{,}5$; also $k = 32$ und $\tilde{x}_{0,90} = x_{(32)} = 176$ cm

Daraus folgt, dass eine 164 cm große Studentin bezüglich ihrer Körpergröße im unteren Viertel liegt, während eine 180 cm große Kommilitonin den oberen 10% angehört.

Cave
In der Literatur werden teilweise etwas andere Berechnungsarten vorgeschlagen, die jedoch ähnliche Werte wie ▶ Formel (4.3) und ▶ Formel (4.4) liefern. In jedem Fall ist zu beachten, dass derlei Angaben nur bei einem entsprechend hohen Stichprobenumfang sinnvoll sind. Aufgrund der Berechnungsvorschriften ist jedes Quantil identisch mit einem Stichprobenwert oder dem Durchschnitt aus zwei benachbarten Werten.

4.2.4 Modus

Der **Modus** (auch **Modalwert** oder **Dichtemittel** genannt) ist die Ausprägung mit der größten Häufigkeit. Er wird mit dem Buchstaben *D* (oder *M*) abgekürzt und kann bei allen Skalenniveaus ermittelt werden. Bei Daten, die in Klassen eingeteilt sind, gibt man gerne die **modale Klasse** an (das ist die Klasse mit der größten Besetzungszahl) und bezeichnet deren Mitte als Modus.

Beispiel 4.6: Modalwerte

Der Modus bei der Beurteilung homöopathischer Heilverfahren ist 0 (also neutral). Die entsprechende Häufigkeit ist 17 (23%). Die modale Klasse bei der Körpergröße der Studenten ist theoretisch die 4. Klasse (167,5 cm; 172,5 cm) mit dem Modus 170 cm (▶ Beispiel 3.2).

Anhand der grafischen Darstellung ist erkennbar, ob die Verteilung eingipflig (unimodal), zweigipflig (bimodal) oder mehrgipflig (multimodal) ist. Zwei- und mehrgipflige Verteilungen beobachtet man in der Regel bei heterogenen Populationen, wenn sich mehrere Verteilungen überlappen. U-förmige Verteilungen sind durch zwei Modalwerte an ihren Rändern und einen Tiefpunkt in der Mitte charakterisiert (◘ Abb. 4.1e). Der Mittelwert einer solchen Verteilung repräsentiert einen atypischen Wert. Ein Beispiel ist das Merkmal »Einstellung zu homöopathischen Heilmethoden«. Es gibt in der

Gesamtbevölkerung viele Ablehnende, viele Zustimmende, aber wenig Neutrale mit Werten in der Mitte der Skala. Die Daten in ◘ Tab. 2.2 legen allerdings nahe, dass die befragten Studenten tendenziell eine negative Einstellung haben.

4.2.5 Geometrisches Mittel***

Das geometrische Mittel wird bei *relativen* Änderungen verwendet, bei denen sich der Unterschied zweier Merkmalswerte sinnvoller durch einen Quotienten als durch eine Differenz beschreiben lässt. Dies ist der Fall bei Verdünnungsreihen (z. B. bei Antikörpertitern in der Immunologie) oder Wachstumserscheinungen. Wenn x_i die relativen Änderungen bezeichnen (wobei $x_i > 0$ und dimensionslos), berechnet sich das geometrische Mittel als:

$$\bar{x}_G = \sqrt[n]{x_1 \cdot \ldots \cdot x_n} \tag{4.5}$$

Beispiel 4.7: Geometrisches Mittel

Die Titer von fünf Kaninchenseren sind: 1/100, 1/200, 1/400, 1/800 und 1/1000. Dann berechnet man für das geometrische Mittel:

$$\bar{x}_G = \sqrt[5]{\frac{1}{100} \cdot \frac{1}{200} \cdot \frac{1}{400} \cdot \frac{1}{800} \cdot \frac{1}{1000}} \approx \frac{1}{364}$$

4.2.6 Harmonisches Mittel***

Das harmonische Mittel dient als Lagemaß, wenn die Beobachtungswerte x_i Quotienten sind, die sich bezüglich ihrer Nenner unterscheiden. Damit lässt sich etwa eine Durchschnittsgeschwindigkeit oder eine durchschnittliche Dichte berechnen. Das harmonische Mittel ist definiert als:

$$\bar{x}_H = \frac{n}{\sum_{i=1}^{n} \frac{1}{x_i}} \tag{4.6}$$

Beispiel 4.8: Harmonisches Mittel

Derselbe Weg s wird einmal mit der Geschwindigkeit $v_1 = 20$ km/h und ein anderes Mal mit $v_2 = 30$ km/h zurückgelegt. Die Geschwindigkeiten sind definiert als Quotienten $v_1 = s/t_1$ bzw. $v_2 = s/t_2$ (wobei t_1 und t_2 die benötigten Zeiten darstellen). Zur Berechnung der Durchschnittsgeschwindigkeit verwendet man das harmonische Mittel nach ► Formel (4.6):

$$\bar{v}_H = \frac{2}{\frac{1}{20} + \frac{1}{30}} = 24$$

4.3 Streuungsmaße

4.3.1 Varianz und Standardabweichung

Siehe auch ▶ Anhang, Mathematische Abhandlung 4.3.

Ein Mittelwert gibt zwar an, in welchem Bereich sich die Stichprobenwerte konzentrieren. Über die Einzelwerte sagt er jedoch wenig aus, da diese mehr oder weniger stark vom Mittelwert abweichen (wie Franz Josef Strauß durchaus richtig erkannt hat). Deshalb ist es sinnvoll, ein Streuungsmaß anzugeben, um die Variabilität der Daten zu quantifizieren.

Bei quantitativen Merkmalen ist der Mittelwert das am häufigsten benutzte Lagemaß. Es liegt deshalb nahe, ein Streuungsmaß zu definieren, das die Abweichungen der Stichprobenwerte vom Mittelwert quantifiziert. Ein solches Maß ist die **Varianz** – das ist die mittlere quadratische Abweichung der Daten vom Mittelwert.

Wenn man nun (wie es naheliegend erscheint) die Varianz berechnet, indem man die Summe der Abstandsquadrate $(x_i - \bar{x})^2$ durch n dividiert, erhält man die **Varianz der Stichprobe**. Allerdings ist diese Stichprobenvarianz im Durchschnitt etwas kleiner als die Varianz der Grundgesamtheit. Wie später (▶ Abschn. 8.2.3) gezeigt wird, erhält man aus den Messwerten der Stichprobe einen optimalen Schätzwert für die Varianz der Grundgesamtheit, wenn man die **empirische Varianz** nach folgender Formel ermittelt:

$$\mathrm{Var} = \frac{\sum_{i=1}^{n}(x_i - \bar{x})^2}{n-1} = \frac{\sum_{i=1}^{n}x_i^2 - n\bar{x}^2}{n-1} \tag{4.7}$$

Wegen der quadratischen Dimension ist die Varianz schwer zu interpretieren. Um ein Streuungsmaß mit gleicher Dimension wie die der Stichprobendaten zu erhalten, zieht man die Wurzel aus der Varianz und erhält die **Standardabweichung** s:

$$s = \sqrt{\mathrm{Var}} \tag{4.8}$$

Die Standardabweichung stellt ein Maß für die Homogenität bzw. Heterogenität der Stichprobe dar. Sie ist wie der Mittelwert nur bei quantitativen Merkmalen sinnvoll. Im Allgemeinen ist diese Maßzahl positiv; nur im Extremfall – wenn alle Werte identisch sind und die Stichprobe vollkommen homogen ist – nimmt sie den Wert 0 an.

Beispiel 4.9: Standardabweichungen

Für die Standardabweichungen der »Körpergröße« berechnet man:
$s_m = 6{,}41$ cm (männliche Studenten, $n = 40$)
$s_w = 5{,}24$ cm (weibliche Studenten, $n = 35$)
$s_{ges} = 8{,}24$ cm (alle Studenten, $n = 75$)

Die »gemischte« Gruppe ist also bezüglich der Körpergröße wesentlich heterogener als die beiden Gruppen der männlichen und der weiblichen Studenten.

Es ist üblich, quantitative, annähernd symmetrisch verteilte Daten durch den Mittelwert und die Standardabweichung in der Form $\bar{x} \pm s$ unter Angabe des Stichprobenumfangs n zu charakterisieren, wie z. B. für die Körpergröße der männlichen Studenten: $\bar{x} \pm s = (181{,}63 \pm 6{,}41)$ cm ($n = 40$). Die Standardabweichung erlaubt folgende grobe Abschätzungen:

- Bei Normalverteilungen liegen etwa 2/3 aller Werte zwischen $\bar{x} - s$ und $\bar{x} + s$; zwischen den Grenzen $\bar{x} - 2s$ und $\bar{x} + 2s$ liegen ungefähr 95% aller Werte.
- Wenn man von einer Verteilung nur weiß, dass sie symmetrisch und eingipflig ist, lässt sich angeben: Mindestens 8/9 aller Werte liegen innerhalb der Grenzen $\bar{x} \pm 2s$; 95% befinden sich im Bereich $\bar{x} \pm 3s$.
- Generell findet man bei allen (also auch bei schiefen) Verteilungen mindestens 3/4 aller Werte im Intervall $\bar{x} \pm 2s$ und 8/9 im Intervall $\bar{x} \pm 3s$.

Außerdem ist die Standardabweichung geeignet, um Einzelwerte größenmäßig einzuordnen und Werte aus unterschiedlichen Stichproben zu vergleichen. Dies geschieht mit der z-Transformation:

$$z_i = \frac{x_i - \bar{x}}{s} \tag{4.9}$$

Damit erhält man dimensionslose Werte, die angeben, um wie viele Standardabweichungen ein Einzelwert vom Mittelwert abweicht. Man würde beispielsweise die Körpergröße eines 180 cm großen Studenten als durchschnittlich einschätzen, seine Kommilitonin mit der gleichen Körpergröße als eher groß. Dies wird durch die transformierten Werte $z_1 = (180 - 181{,}63)/6{,}41 = -0{,}25$ und $z_2 = (180 - 170{,}09)/5{,}24 = +1{,}90$ bestätigt.

4.3.2 Variationskoeffizient

Siehe auch ▶ Anhang, Mathematische Abhandlung 4.4.

Eine Standardabweichung von 6,41 cm bezogen auf die Körpergröße männlicher Studenten mit einem Durchschnittswert von 181,63 cm wiegt wesentlich weniger als dieselbe Standardabweichung bezogen auf eine Gruppe von Kleinkindern mit einer mittleren Größe von 90 cm. Dieser Sachverhalt lässt sich durch den **Variationskoeffizienten** quantitativ beschreiben:

$$V = s / \bar{x} \text{ (falls } \bar{x} > 0) \tag{4.10}$$

Dieses Maß ist dimensionslos und nur für verhältnisskalierte Merkmale geeignet. Ein relativer Variationskoeffizient bis zu 0,30 ist in den Biowissenschaften keine Seltenheit. Ist er jedoch wesentlich höher, so weist dies darauf hin, dass die Verteilung extrem schief ist, oder dass zwei inhomogene Gruppen gemeinsam untersucht werden.

Beispiel 4.10: Variationskoeffizienten

Für die Daten in ▣ Tab. 2.2 berechnet man folgende Kenngrößen bezogen auf die gesamte Stichprobe ($n = 75$):
Körpergröße: $\bar{x} \pm s_x = (176{,}24 \pm 8{,}24)$ cm; Gewicht: $\bar{y} \pm s_y = (70{,}67 \pm 12{,}22)$ kg. Daraus ergeben sich die Variationskoeffizienten $V_x = 0{,}047$ und $V_y = 0{,}173$.
Dies zeigt, dass die Daten des Gewichts wesentlich stärker um den Mittelwert streuen als die Daten der Körpergröße.

Das Maximum des Variationskoeffizienten beträgt $\sqrt{n}$. Der **relative Variationskoeffizient**

$$V_r = \frac{s / \bar{x}}{\sqrt{n}} \tag{4.11}$$

kann also nur Werte zwischen 0 und 1 annehmen.

Beispiel 4.11: Relative Variationskoeffizienten

Ein einfaches Anwendungsbeispiel: 75 Euro werden an 75 Studenten verteilt. Wenn jeder Student 1 Euro erhält, ist $V_r = 0$. Wenn dagegen ein einziger Student 75 Euro erhält und alle anderen leer ausgehen, stellt dies die größtmögliche Variabilität dar mit $V_r = 1$.
Außerdem wird der relative Variationskoeffizient verwendet, wenn (wie bei unpräzisen Messverfahren üblich) eine Messung mehrmals wiederholt und der Mittelwert der Einzelmessungen als endgültiger Messwert angesehen wird. Diese Mittelwerte haben die Standardabweichung $s/\sqrt{n}$ (n = Anzahl der Messungen; ► Abschn. 6.4.2). Also bietet sich der relative Variationskoeffizient als Präzisionsmaß an.

4.3.3 Spannweite

Das am einfachsten zu berechnende Streuungsmaß ist die **Spannweite** oder **Variationsbreite** R:

$$R = x_{max} - x_{min} = x_{(n)} - x_{(1)} \tag{4.12}$$

Ebenso wie die Standardabweichung ist die Spannweite nur dann gleich 0, wenn alle Stichprobenwerte identisch sind; ansonsten ist sie positiv. Die Spannweite ist wesentlich leichter zu berechnen als die Standardabweichung; allerdings berücksichtigt sie nur die beiden extremsten Werte und ist daher sehr stark von Ausreißern beeinflusst. Deshalb verwendet man diese Maßzahl hauptsächlich bei diskreten Merkmalen mit wenigen Ausprägungen. Meist wird man die Spannweite zusammen mit dem Maximum und dem Minimum angeben. Mit diesen Werten lassen sich einfache Plausibilitätsprüfungen vornehmen: Übertragungs- oder Dokumentationsfehler werden am ehesten durch das Minimum bzw. Maximum offensichtlich.

Die Spannweite ist streng genommen nur bei quantitativen Merkmalen erlaubt, da bei niedrigeren Skalenniveaus Differenzen nicht sinnvoll sind. Vielfach wird R jedoch auch bei ordinal skalierten Merkmalen berechnet. Dies ist dann zu vertreten, wenn die Ausprägungen mit natürlichen, aufeinander folgenden Zahlen kodiert sind. Die Spannweite ist in diesem Fall nicht als Differenz, sondern als die Anzahl der Abstufungen zwischen dem größten und dem kleinsten Wert zu verstehen.

4.3.4 Weitere Streuungsmaße***

Dezilabstand: Ein Streuungsmaß, das weniger empfindlich ist als die Spannweite, erhält man, wenn man an beiden Rändern der Verteilung jeweils 10% abschneidet und die Länge dieses sog. **Interdezilbereichs** I_{80} berechnet:

$$I_{80} = \tilde{x}_{0,90} - \tilde{x}_{0,10} \tag{4.13}$$

Quartilabstand: Dies ist die Länge des **Interquartilbereichs** $[Q_1, Q_3]$, der die mittleren 50% der Stichprobenwerte enthält:

$$I_{50} = Q_3 - Q_1 = \tilde{x}_{0,75} - \tilde{x}_{0,25} \tag{4.14}$$

Mittlere Abweichung vom Median: Auch dieses Streuungsmaß wird – zusammen mit dem Median als Lagemaß – gelegentlich bei ordinal skalierten oder schief verteilten Daten verwendet:

$$MA_{\tilde{x}} = \frac{\sum_{i=1}^{n} |x_i - \tilde{x}|}{n} \tag{4.15}$$

Beispiel 4.12: Quartilabstände und mittlere Abweichung vom Median

Für das Merkmal »Körpergröße« (Daten aus ◻ Tab. 2.2) berechnet man:
Männliche Studenten: $I_{50,m} = (187 - 175{,}5)$ cm = 11,5 cm; $MA_{\tilde{x},m} = 5{,}33$ cm
Weibliche Studenten: $I_{50,w} = (173 - 168)$ cm = 5 cm; $MA_{\tilde{x},w} = 3{,}80$ cm
Alle Studenten: $I_{50,ges} = (183 - 170)$ cm = 13 cm; $MA_{\tilde{x},ges} = 6{,}73$ cm

Auch diese Werte zeigen, dass die Gruppe aller Studenten heterogener ist als die Gruppen der Männer oder Frauen.

Variation Ratio: Es gibt sogar ein Streuungsmaß für nominal skalierte Merkmale: die Variation Ratio *VR*. (Ein deutscher Begriff hat sich dafür noch nicht etabliert.) *VR* ist die relative Häufigkeit der Beobachtungen, die *nicht* in die modale Kategorie fallen:

$$VR = 1 - h_{modal}, \tag{4.16}$$

wobei h_{modal} die relative Häufigkeit des Modalwerts ist. Die Variation Ratio nimmt den Wert 0 an, falls alle Beobachtungen identisch sind; ansonsten liegt *VR* zwischen 0 und 1. Eine Vielzahl von Ausprägungen trägt dazu bei, dass die Variation Ratio gering wird.

Beispiel 4.13: Variation Ratio

Wie aus ▶ Beispiel 3.1 hervorgeht, ist die Blutgruppe A mit 43% relativer Häufigkeit der Modus. Demnach ist $VR = 0{,}57$. Bei der Einstellung zu alternativen Heilverfahren ist $VR = 0{,}77$, da bei diesem Merkmal der Modus 0 eine relative Häufigkeit von $17/75 \approx 23\%$ hat.

4.4 Formmaße

4.4.1 Schiefe***

Einige statistische Methoden setzen eine bestimmte Verteilungsform (z. B. Normalverteilung) voraus. Einen ersten Eindruck diesbezüglich liefert ein Histogramm. Daran erkennt man, ob eine Verteilung einen oder mehrere Gipfel hat, ob sie symmetrisch ist und ob sie stark oder eher schwach gewölbt ist. Die **Schiefe** ist ein Formmaß, das die Symmetrie bzw. Asymmetrie einer Verteilung kennzeichnet. Sie ist definiert als:

$$g_1 = \frac{\frac{1}{n} \cdot \sum_{i=1}^{n} (x_i - \bar{x})^3}{s^3} \tag{4.17}$$

Die Schiefe ist dimensionslos und kann sowohl positive als auch negative Werte annehmen. Große Abweichungen der Werte vom Mittelwert werden der 3. Potenz wegen stark betont; kleinere Abweichungen fallen dagegen kaum ins Gewicht.

▼

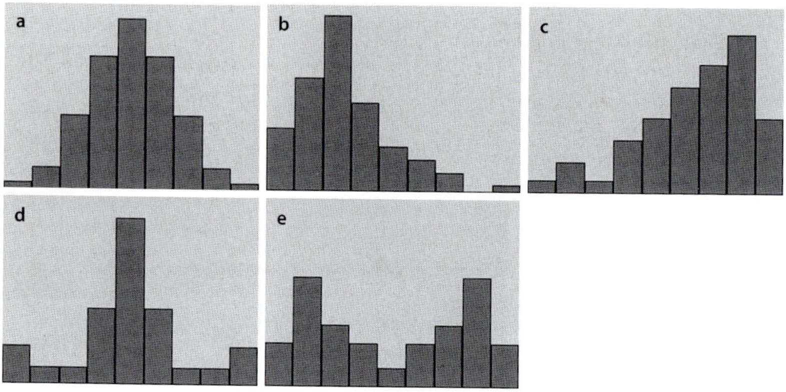

■ **Abb. 4.1a–e** Empirische Verteilungen mit unterschiedlicher Schiefe und unterschiedlicher Wölbung.
a Symmetrische Verteilung (normalgipflig; Schiefe = 0 und Wölbung = 0);
b linksgipflige Verteilung (Schiefe > 0);
c rechtsgipflige Verteilung (Schiefe < 0);
d symmetrische Verteilung (steilgipflig; Schiefe = 0 und Wölbung > 0);
e symmetrische Verteilung (flachgipflig; Schiefe = 0 und Wölbung < 0)

Falls sich positive und negative Abweichungen ausgleichen, ergibt sich für die Schiefe der Wert 0. Die Verteilung ist dann symmetrisch bezüglich des Mittelwerts (■ Abb. 4.1a). Das bekannteste Beispiel einer symmetrischen Verteilung ist wohl die Normalverteilung. Einige, aber bei weitem nicht alle Merkmale in der Medizin sind annährend normalverteilt – etwa die Körpergröße erwachsener Männer oder erwachsener Frauen. Die eigentliche Bedeutung dieser Verteilung werden wir in ▶ Kap. 7 kennenlernen.
Viele medizinisch relevante Merkmale sind **linksgipflig** (linkssteil oder rechtsschief) verteilt (z. B. das Körpergewicht erwachsener Männer). Die Dichtefunktion hat einen Gipfel an der linken Seite und einen langen Ausläufer rechts (■ Abb. 4.1b). **Rechtsgipflige** (rechtssteile oder linksschiefe) Verteilungen (■ Abb. 4.1c) findet man in den Biowissenschaften eher selten. Beispiele sind die Schwangerschaftsdauer oder die Tragezeit von Säugetieren.

Für eingipflige Verteilungen gilt:
- Bei symmetrischen Verteilungen ist $g_1 = 0$ und $\bar{x} = \tilde{x} = D$.
- Bei linksgipfligen Verteilungen ist $g_1 > 0$ und $\bar{x} > \tilde{x} > D$.
- Bei rechtsgipfligen Verteilungen ist $g_1 < 0$ und $\bar{x} < \tilde{x} < D$.

Cave
Die Begriffe »linksgipflig«, »linkssteil« und »rechtsschief« (bzw. »rechtsgipflig«, »rechtssteil«, und »linksschief«) sind in ihrer Vielfalt verwirrend. Die einprägsamsten Ausdrücke sind wohl »rechtsgipflig« und »linksgipflig«. Sie besagen, wo der Gipfel ist, während aus den anderen Bezeichnungen nicht eindeutig hervorgeht, wie die Verteilung beschaffen ist.

Wesentlich einfachere, dafür etwas gröbere Abschätzungen für die Schiefe unimodaler Verteilungen lassen sich nach den **Formeln von Pearson** ermitteln:

$$g_1 \approx \frac{3 \cdot (\bar{x} - \tilde{x})}{s} \qquad (4.18)$$

$$g_1 \approx \frac{\bar{x} - D}{s} \qquad (4.19)$$

Auf eine schiefe Verteilung kann nur dann geschlossen werden, wenn das empirisch ermittelte g_1 stark von 0 abweicht und der Stichprobenumfang hinreichend groß ist. Kleinere Abweichungen von 0 können zufallsbedingt sein und sind insofern kein Hinweis auf eine schiefe Verteilung der Grundgesamtheit. Um eine »echte« Schiefe einigermaßen sinnvoll abschätzen zu können, sollte ein Stichprobenumfang von mindestens $n \geq 100$ vorliegen.

4.4.2 Wölbung***

Die **Wölbung** (auch **Kurtosis** oder **Exzess** genannt) beschreibt die Massenanhäufungen an den Enden bzw. um den Mittelwert der Verteilung. Sie ist definiert als:

$$g_2 = \frac{\frac{1}{n} \cdot \sum_{i=1}^{n} (x_i - \bar{x})^4}{s^4} - 3 \qquad (4.20)$$

Für symmetrische Verteilungen gilt:

- Falls $g_2 = 0$, sind die Daten normalverteilt (normalgipflig oder mesokurtisch).
- Falls $g_2 > 0$, ist die Verteilung schmaler und steilgipfliger als die Glockenkurve der Normalverteilung mit gleicher Standardabweichung, das Maximum ist größer (positiver Exzess, starke Wölbung). Die Werte häufen sich in der Umgebung des Mittelwerts und an den Rändern (■ Abb. 4.1d). Man nennt die Verteilung »steilgipflig« oder »leptokurtisch«.
- Falls $g_2 < 0$, ist die Verteilung flacher als die Glockenkurve der Normalverteilung, und das Maximum ist kleiner (negativer Exzess, schwache Wölbung). Eine solche Verteilung hat »ausgeprägte Schulterpartien« (■ Abb. 4.1e). Sie wird als »flachgipflig« oder »platykurtisch« bezeichnet.

Beispiel 4.14: Schiefe und Kurtosis

Für die Körpergröße der weiblichen Studenten ergibt sich $g_1 = -0{,}270$. Dieser Wert weicht nur geringfügig von 0 ab; es spricht also nichts gegen die Symmetrie der Verteilung. Ein Vergleich der Lagemaße $\bar{x}_w = 170{,}1$ cm und $\tilde{x}_w = 170{,}0$ cm bestätigt dies. Der Wert der Kurtosis beträgt $g_2 = 0{,}738$. Dieser Wert nahe bei 0 ist ein Hinweis darauf, dass dieses Merkmal nicht nur symmetrisch, sondern annähernd normalverteilt ist.

Auch bei der Kurtosis ist zu beachten: Nur größere Abweichungen von 0 lassen den Schluss zu, dass die Daten der Grundgesamtheit nicht normalverteilt sind. Kleinere Abweichungen sind in der Regel zufallsbedingt und haben keine tiefe Bedeutung, insbesondere bei nicht allzu großen Stichproben.

4.5 Vergleich mehrerer Stichproben

4.5.1 Beispiele für Gruppenvergleiche

In diesem Kapitel sind zahlreiche Methoden vorgestellt worden, mit denen sich die charakteristischen Eigenschaften eines einzelnen Merkmals numerisch beschreiben lassen. Oft ist es erforderlich, zwei oder mehrere Stichproben zu untersuchen und diese miteinander zu vergleichen.

Das Ziel der statistischen Analyse besteht in der Regel darin, einen Unterschied zwischen diesen Gruppen nachzuweisen. In der medizinischen Forschung finden sich dafür vielfältige Anwendungsmöglichkeiten, wie die folgenden Beispiele zeigen:

- Zwei Therapieformen (z. B. eine neue Therapie und eine Standardtherapie) werden bezüglich ihrer Wirkung miteinander verglichen (klinisch kontrollierte Studie, ► Abschn. 15.1).
- Eine Gruppe erkrankter Patienten wird zur Klärung eines ätiologischen Faktors einer Gruppe gesunder Personen gegenübergestellt (Fall-Kontroll-Studie, ► Abschn. 13.3).
- Personen, die einem bestimmten Risiko ausgesetzt sind, und Personen, die diesem Risiko nicht ausgesetzt sind, werden eine Zeitlang gemeinsam beobachtet (Kohortenstudie, ► Abschn. 13.4).

4.5.2 Grafische Darstellungen

Auch bei Stichprobenvergleichen liefern grafische Darstellungen erste Hinweise: Unterschiede bezüglich der Häufigkeitsverteilung eines bestimmten Merkmals erkennt man daran, dass man für jede Stichprobe ein Diagramm anfertigt und diese gemeinsam betrachtet. Bei quantitativen Merkmalen eignen sich **Box-Whisker-Plots** (kurz:

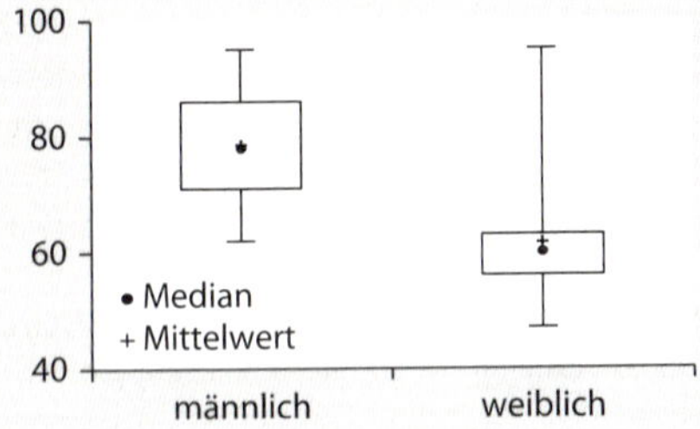

■ **Abb. 4.2** Box-Whisker-Plots bezüglich des Merkmals »Körpergewicht« (Daten aus ■ Tab. 2.2)

Box-Plots) besonders gut. Dabei wird jede Stichprobe durch eine rechteckige Box repräsentiert, die unten und oben (bzw. links und rechts) vom 1. und 3. Quartil begrenzt wird. Innerhalb der Box wird der Median gekennzeichnet; der Mittelwert kann ebenfalls eingezeichnet werden (er muss nicht notwendigerweise *in* der Box liegen). Die von der Box ausgehenden Striche (engl. »whisker« für Schnurrhaar) zeigen die Lage des Minimums und des Maximums der jeweiligen Stichprobe an (■ Abb. 4.2).

Die Plots liefern Hinweise zu Lagemaßen (Mittelwerte, Mediane, Quartile, Maxima und Minima) und Streuungsmaßen (Spannweite, Quartilabstand). Sie enthalten sogar Informationen bezüglich der Schiefe: Je weiter Mittelwert und Median voneinander entfernt sind, desto schiefer ist die Verteilung. Als Darstellung eignet sich ferner ein abgewandeltes Säulendiagramm, bei dem die Höhe einer Säule dem jeweiligen Mittelwert entspricht. Dabei kann die Standardabweichung als senkrechter Strich auf eine Säule gesetzt werden (■ Abb. 4.3).

Die Striche bei einem Box-Whisker-Plot können sich auch zwischen dem 10%- und dem 90%-Perzentil oder dem 1%- und dem 99%-Perzentil erstrecken. Damit vermeidet man, dass die »whiskers« wegen eines Ausreißers extrem in die Länge gezogen werden.

Cave

Eine grafische Darstellung sollte informieren und nicht manipulieren! Es gibt zahlreiche Tricks, harmlose Effekte durch geschickte Grafiken zu dramatisieren. Wertvolle Hinweise dazu finden sich in Dubben u. Beck-Bornholdt (2006; ▶ Anhang). An dieser Stelle sei lediglich erwähnt, dass der Wertebereich der Achsen dabei eine wichtige Rolle spielt (■ Abb. 4.3). Es ist in jedem Fall wichtig, sich als Leser nicht nur von Grafiken beeindrucken zu lassen, sondern zusätzlich einen Blick auf die Daten zu werfen.

■ Tab. 4.1 bietet eine Übersicht zur univariablen Datenbeschreibung.

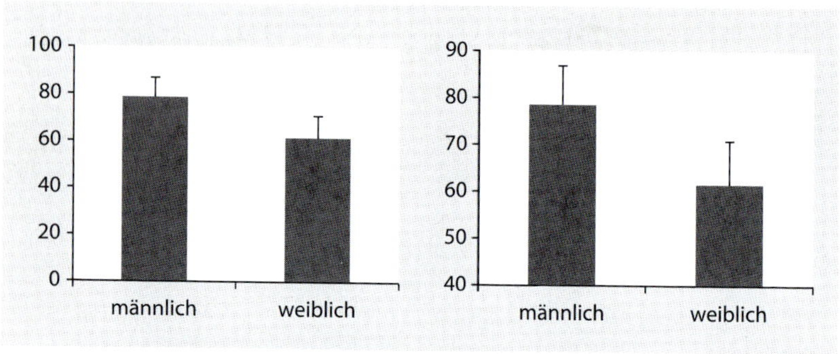

Abb. 4.3 Körpergewichte männlicher und weiblicher Studenten (abgewandeltes Säulendiagramm).
a Die *y*-Achse beginnt bei 0. Diese Darstellung vermittelt den Eindruck, der Unterschied zwischen den Gruppen sei gering.
b Hier beginnt die *y*-Achse erst bei 40. Der Unterschied tritt dadurch deutlicher hervor als in **a**.

4.5.3 Anforderungen an die Stichproben

Die empirischen Kenngrößen haben eine doppelte Funktion: Einerseits beschreiben sie die Charakteristika der Stichprobe, andererseits dienen sie als Schätzwerte für die entsprechenden Parameter der Grundgesamtheit. Man kann freilich nicht erwarten, dass die Kenngrößen der Stichprobe und die der Grundgesamtheit identisch sind oder dass die empirisch ermittelte Verteilungsfunktion mit der Verteilungsfunktion der Grundgesamtheit exakt übereinstimmt. In jedem Fall ist man jedoch daran interessiert, dass die empirischen Kenngrößen in brauchbarer Weise die Eigenschaften der Grundgesamtheit beschreiben. Dazu muss die Stichprobe zwei Bedingungen erfüllen:

- Sie muss repräsentativ für die jeweilige Grundgesamtheit sein.
- Ihr Umfang muss hinreichend groß sein.

Bei einer sehr kleinen Stichprobe kann es vorkommen, dass einem der Zufall einen Streich spielt und die empirischen Kenngrößen wesentlich beeinflusst, sodass die Eigenschaften der Grundgesamtheit verzerrt wiedergegeben werden. Dies kann bei einer größeren Stichprobe nicht so leicht passieren; Ausreißer werden hier eher ausgeglichen. Daher leuchtet ein, dass eine große Stichprobe bessere Schätzungen ermöglicht als eine kleine.

Andererseits bereitet eine umfangreiche Stichprobe in der Medizin oft erhebliche Probleme. Deshalb sollte der Stichprobenumfang nicht größer sein als nötig. Die optimale Stichprobengröße muss daher *vor* der Datenerhebung festgelegt werden. Sie hängt von zahlreichen Faktoren ab, unter anderem von den Skalenniveaus der Merk-

Tab. 4.1 Übersicht: Univariable Datenbeschreibung – geeignete Maßzahlen und grafische Darstellungen

Skala	Lagemaße	Streuungsmaße	Formmaße	Grafische Darstellungen
Nominalskala	Modus	Variation Ratio	–	Kreisdiagramm Rechteckdiagramm Balkendiagramm
Ordinalskala	Modus Median Quartile Quantile	Variation Ratio Spannweite Quartilabstand Interdezilabstand	–	Rechteckdiagramm Balkendiagramm
Intervallskala	Modus Median Quartile Quantile Mittelwert	Spannweite Quartilabstand Interdezilabstand Standardabweichung	Schiefe (bei allen quantitativen Merkmalen) Wölbung (nur bei symmetrischen Verteilungen)	diskrete Daten: Balkendiagramm, Rechteckdiagramm
Verhältnisskala		Spannweite Quartilabstand Interdezilabstand Standardabweichung Variationskoeffizient		stetige Daten: Histogramm, Häufigkeitspolygon

male, den Kenngrößen, die geschätzt werden sollen, und der erforderlichen Genauigkeit der Schätzung.

4.5.4 Ausblick auf die induktive Statistik***

Ein Vergleich zwischen mehreren Stichproben wird nach folgendem Prinzip durchgeführt: Zunächst werden für jede Stichprobe getrennt geeignete Kenngrößen berechnet, die den interessierenden Effekt beschreiben (etwa relative Häufigkeiten, Mittelwerte und Standardabweichungen). Diese Kenngrößen und geeignete grafische Darstellungen ermöglichen einen direkten Vergleich. Dies ist allerdings nicht ausreichend, um einen Unterschied statistisch abzusichern. In einem zweiten Schritt wird deshalb mittels eines statistischen Tests überprüft, ob die Unterschiede nur zufällig bedingt oder ob sie »signifikant« sind. In ► Kap. 9, ► Kap 10 und ► Kap. 11 wird ausführlich auf dieses Thema eingegangen.

Kapitelzusammenfassung

Mittelwert

- Er darf nur für quantitative Merkmale (nicht für ordinal skalierte) berechnet werden.
- Er ist vor allem bei symmetrischen, eingipfligen Verteilungen sinnvoll.
- Er nutzt im Gegensatz zu anderen Lagemaßen *alle* Informationen der Stichprobenwerte.

Median

Die Angabe des Medians ist sinnvoll:
- bei ordinal skalierten Daten;
- bei quantitativen Merkmalen, die schief verteilt sind;
- bei vorhandenen Ausreißern;
- bei Überlebenszeitstudien.

Modus

Modalwerte werden hauptsächlich angegeben:
- bei nominal skalierten Merkmalen, da andere Lagemaße bei diesem Skalenniveau nicht zulässig sind;
- bei ordinal skalierten und quantitativen Merkmalen, wenn es sich um einen »ausgeprägten« Gipfel handelt;
- bei einer U-förmigen Verteilung.

Die Angabe eines Modalwertes ist nicht empfehlenswert:
- bei Alternativmerkmalen (etwa Geschlecht oder Rhesusfaktor);
- wenn es keinen »ausgeprägten« Gipfel gibt.

Lagemaße und Streuungsmaße müssen zusammenpassen

- **Mittelwert und Standardabweichung**
  bei symmetrisch verteilten Daten;
- **Median und Quartilabstand (Dezilabstand oder mittlere Abweichung vom Median)**
  bei schief verteilten Daten oder vorhandenen Ausreißern;
- **Modus und Spannweite**
  bei diskreten Merkmalen mit wenigen Ausprägungen;
- **Modus und eventuell Variation Ratio**
  bei nominal skalierten Merkmalen.

Beschreibung eines Zusammenhangs

C. Weiß, *Basiswissen Medizinische Statistik*,
DOI 10.1007/978-3-642-34261-5_5,

> » Wenn einer nur Zahlen und Zeichen im Kopf hat,
> kann er nicht dem Kausalzusammenhang auf die Spur kommen.
> (Arthur Schopenhauer, Philosoph, 1788–1860)

5.1 Methoden der bivariablen Statistik

Das Ziel einer klinischen oder einer epidemiologischen Studie besteht darin, Zusammenhänge zwischen zwei oder mehreren Merkmalen zu untersuchen. Aus Erfahrung oder aufgrund theoretischer Überlegungen ist ein solcher Zusammenhang oft bekannt oder kann zumindest vermutet werden. So weiß man beispielsweise, dass das Auftreten bestimmter Krankheiten von diversen Risikofaktoren abhängig ist; der Blutdruck eines Patienten wird unter anderem beeinflusst von dessen Alter und dem BMI; das Körpergewicht eines Menschen wird von dessen Größe mitbestimmt. Manche Zusammenhänge sind besonders stark ausgeprägt (z. B. zwischen dem Geschlecht einer Person und der Erkrankung an Hämophilie), andere dagegen eher schwach (z. B. zwischen Körpergröße und Gewicht).

Aus Mathematik und Physik sind Zusammenhänge zwischen zwei oder mehreren Größen hinlänglich bekannt. So besteht beispielsweise zwischen dem Umfang U und dem Radius r eines Kreises die lineare Beziehung $U = 2\pi \cdot r$; der Weg s, den ein aus dem Ruhezustand frei fallender Körper nach der Zeit t zurückgelegt hat, lässt sich ausdrücken durch $s = 1/2 \cdot gt^2$ (wobei die Konstante $g = 9{,}81 m/sec^2$ die Erdbeschleunigung bezeichnet). Diese Art von Zusammenhängen nennt man **funktional**: Eine Größe kann aus einer anderen mittels einer mathematischen Gleichung exakt berechnet werden.

Die Zusammenhänge in der Medizin sind **stochastisch**, weil dabei bekanntlich auch der Zufall eine Rolle spielt. Es ist deshalb nicht möglich, exakte Aussagen oder Vorhersagen zu treffen. Man kann jedoch angeben, welchen Wert (bei bekannter Ausprägung des einen Merkmals) das andere Merkmal am ehesten annehmen wird. Besteht beispielsweise ein gesicherter Zusammenhang zwischen der Dosis eines Medikaments und dessen Wirkung und ist die Art dieses Zusammenhangs bekannt, kann man aufgrund der Dosis einen Effekt abschätzen, ehe dieser eingetreten ist. Wenn man von einem Patienten weiß, dass bei ihm mehrere Risikofaktoren vorliegen, die das Auftreten eines Herzinfarkts begünstigen, wird man eher auf entsprechende Symptome achten als bei Patienten ohne diese Risikofaktoren. So erlaubt die Kenntnis über einen Zusammenhang, bereits im Vorfeld zu intervenieren.

Die Aufgaben der bivariablen Statistik bestehen darin, den Zusammenhang zwischen zwei Merkmalen aufzuzeigen und zu beschreiben. Welche Methoden im Einzelfall geeignet sind, hängt von den Skalenniveaus der beiden Merkmale ab:

- Der Zusammenhang zwischen zwei quantitativen Merkmalen wird mit Methoden der **Korrelationsanalyse** (► Abschn. 5.2) und der **Regressionsanalyse** (► Abschn. 5.3) untersucht.

- In ▶ Abschn. 5.4 werden Techniken vorgestellt, die sich eignen, wenn nicht beide Merkmale quantitativ sind.

Der Begriff »Korrelation« bezieht sich im Allgemeinen auf den Zusammenhang zwischen quantitativen oder ordinal skalierten Merkmalen. Falls eines der beiden Merkmale qualitativ ist, spricht man auch von »Assoziation« oder »Kontingenz«. Allerdings werden diese Begriffe häufig sehr allgemein und unabhängig von den Skalenniveaus der beiden Merkmale verwendet.

5.2 Korrelationsanalyse

5.2.1 Punktwolke

Um einen Zusammenhang zwischen zwei quantitativen Merkmalen (▶ Beispiel 5.1) zu untersuchen, sollte man – um einen ersten Überblick zu erhalten – eine grafische Darstellung anfertigen. Es bietet sich an, jeder Beobachtungseinheit ein Wertepaar (x_i, y_i) zuzuordnen und diese Punkte in ein rechtwinkeliges Koordinatensystem einzutragen. Auf diese Weise erhält man eine **Punktwolke** (oder **Punkteschar**).

Beispiel 5.1: Zusammenhang zwischen Körpergröße und Gewicht

Wir untersuchen den Zusammenhang zwischen Körpergröße und Gewicht von 40 männlichen Medizinstudenten anhand der Daten in ◘ Tab. 2.2. Es erscheint sinnvoll, die Körpergröße als das unabhängige und das Gewicht als das abhängige Merkmal aufzufassen. Das Körpergewicht kann nämlich in gewisser Weise beeinflusst werden, während die Körpergröße bei jungen Erwachsenen quasi konstant ist. Somit repräsentieren die Werte x_i die Körpergröße der Studenten und die Werte y_i deren Gewicht.

Es hängt weitgehend von sachlogischen Überlegungen ab, welches Merkmal man mit x und welches mit y bezeichnet. Wie bei mathematischen Gleichungen üblich, sollte x das unabhängige und y das abhängige Merkmal sein. Ist eine Entscheidung diesbezüglich nicht möglich, dienen die Buchstaben x und y lediglich zur Unterscheidung der beiden Merkmale.

Anhand der Punktwolke sind zwei charakteristische Eigenschaften eines Zusammenhangs auf einen Blick erkennbar:

- **Die Stärke des Zusammenhangs:** Je dichter die Punkte beieinander liegen, desto stärker ist der Zusammenhang. Die Punktwolke in ◘ Abb. 5.1 macht deutlich, dass ein Zusammenhang zwischen Größe und Gewicht zwar besteht, dass dieser jedoch von anderen Faktoren überlagert wird. Der Korrelationskoeffizient nach Pearson (▶ Abschn. 5.2.4) ist ein geeignetes Maß, um diese Stärke zu quantifizieren.

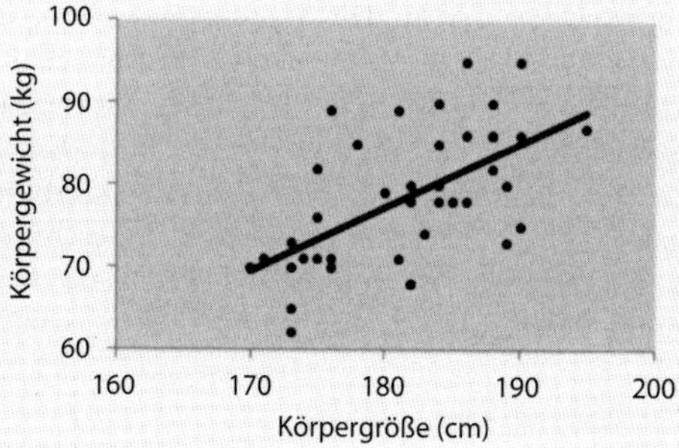

Abb. 5.1 Punktwolke resultierend aus den Daten der Merkmale Körpergröße und Körpergewicht von 40 männlichen Studenten (► Beispiel 5.1 und ► Beispiel 5.2)

- **Die Art des Zusammenhangs:** Sie wird durch eine mathematische Funktion angegeben, die den Zusammenhang optimal beschreibt. Es ist Aufgabe der Regressionsanalyse, diese Funktion zu finden. Lässt sich – wie in ► Beispiel 5.1 – der Zusammenhang durch eine Gerade charakterisieren, spricht man von einem **linearen Zusammenhang**; dieser wird durch eine **Regressionsgerade** beschrieben (► Abschn. 5.3).

Die positive Steigung der Regressionsgeraden in Abb. 5.1 besagt, dass zwischen Körpergröße und Körpergewicht ein **gleichsinniger Zusammenhang** besteht. Das heißt: Große Studenten haben tendenziell ein höheres Gewicht, während kleine Studenten eher weniger wiegen. Auch der Zusammenhang zwischen Pulsfrequenz und Körpertemperatur ist gleichsinnig.

Ein Beispiel für einen **gegensinnigen Zusammenhang** findet sich bei der Anwendung volatiler Anästhetika. Je höher die inspiratorische Konzentration des Anästhetikums (z. B. Isofluran) gewählt wird, desto niedriger wird der arterielle Blutdruck (und umgekehrt).

5.2.2 Voraussetzungen der Korrelationsanalyse

Ehe man einen Korrelationskoeffizienten berechnet, sollte man überprüfen, ob die dafür notwendigen Voraussetzungen erfüllt sind. Es muss gelten:

- Beide Merkmale x und y sind quantitativ.
- Der Zusammenhang ist annähernd linear.
- Die Beobachtungseinheiten sind unabhängig voneinander.

Ob der Zusammenhang als linear angesehen werden kann, sollte vorab durch sachlogische Überlegungen geklärt werden. Hilfreich zur Beurteilung dieser Frage ist außerdem die Punktwolke (◼ Abb. 5.1): Sie muss so geartet sein, dass sich mitten durch sie eine Gerade legen lässt, um die die Punkte ellipsenförmig liegen.

Die Unabhängigkeit der Beobachtungseinheiten lässt sich ebenfalls durch logische Überlegungen prüfen. In ▶ Beispiel 5.1 ist diese Voraussetzung erfüllt. Die Daten wären jedoch *nicht* unabhängig, wenn sich unter den Studenten Geschwister befänden oder wenn man die Daten einzelner Studenten mehrfach erfasst hätte. Bei Abhängigkeit der Merkmalspaare könnte ein stärkerer Zusammenhang als tatsächlich vorhanden vorgetäuscht werden.

Wenn die empirischen Maßzahlen der Stichprobe als Schätzer für die entsprechenden Parameter der Grundgesamtheit dienen, müssen außerdem die beiden Merkmale bivariat normalverteilt sein (▶ Abschn. 8.3.4).

5.2.3 Kovarianz

Der Korrelationskoeffizient nach Pearson und die Parameter der Regressionsgeraden bauen auf der sog. Kovarianz auf. Sie wird mit s_{xy} bezeichnet und – basierend auf den Mittelwerten $\bar{x}$ und $\bar{y}$ – folgendermaßen berechnet:

$$s_{xy} = \frac{\sum_{i=1}^{n}(x_i - \bar{x}) \cdot (y_i - \bar{y})}{n-1} = \frac{\sum_{i=1}^{n} x_i y_i - n \cdot \bar{x} \cdot \bar{y}}{n-1} \tag{5.1}$$

Formel (5.1) ähnelt ▶ Formel (4.7) zur Berechnung der Varianz. Während die Varianz das durchschnittliche Abweichungsquadrat $(x_i - \bar{x})^2$ quantifiziert, erfasst die Kovarianz das durchschnittliche Produkt der Abweichungen $(x_i - \bar{x})$ und $(y_i - \bar{y})$. Die Division durch $n - 1$ gewährleistet, dass man einen optimalen Schätzwert für die Kovarianz der Grundgesamtheit erhält.

Die Kovarianz ist ein Maß für das »Miteinander-Variieren« zweier Merkmale. Sie kann positive und negative Werte annehmen:

- Eine **positive Kovarianz** $s_{xy} > 0$ impliziert einen **gleichsinnigen** Zusammenhang. Wenn beide Messwerte einer Beobachtungseinheit größer oder beide kleiner sind als der jeweilige Mittelwert, haben die Terme $(x_i - \bar{x})$ und $(y_i - \bar{y})$ dasselbe Vorzeichen, sodass deren Produkt *positiv* ist (◼ Abb. 5.2a).
- Eine **negative Kovarianz** $s_{xy} < 0$ ergibt sich, wenn sich die beiden Merkmale **gegensinnig** verhalten. Dann haben die Abweichungen $(x_i - \bar{x})$ und $(y_i - \bar{y})$ unterschiedliche Vorzeichen, sodass deren Produkt *negativ* ist (◼ Abb. 5.2b).
- Eine **Kovarianz nahe bei 0** signalisiert, dass nahe beieinander liegende x-Werte sowohl mit positiven als auch mit negativen Abweichungen $(y_i - \bar{y})$ korrelieren,

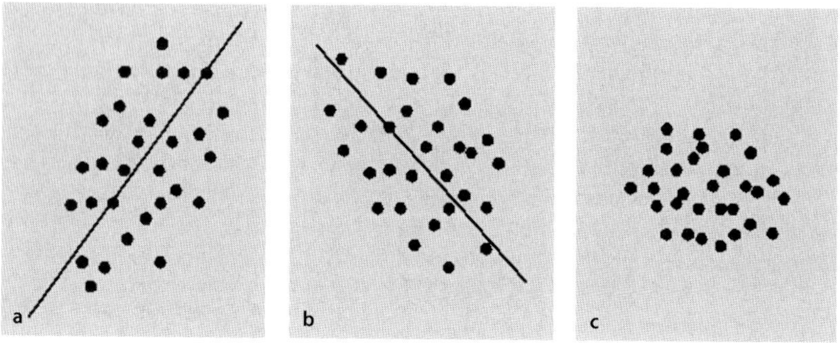

Abb. 5.2 **a** Gleichsinniger Zusammenhang, positive Kovarianz. **b** Gegensinniger Zusammenhang, negative Kovarianz. **c** Kein linearer Zusammenhang, Kovarianz ≈ 0

sodass sich die Produkte $(x_i - \bar{x}) \cdot (y_i - \bar{y})$ ausgleichen und in ihrer Summe einen Wert nahe bei 0 annehmen (Abb. 5.2c). Falls $s_{xy} \approx 0$, bedeutet dies jedoch keineswegs, dass generell kein Zusammenhang besteht. Dies zeigt lediglich, dass kein *linearer* Zusammenhang nachzuweisen ist.

Die Einheit der Kovarianz ist das Produkt der Einheiten der beiden zugrunde liegenden Merkmale. Sowohl der Zahlenwert als auch die Einheit sind abhängig von den verwendeten Maßstäben und deshalb schwer zu interpretieren. Die Kovarianz ist – für sich allein betrachtet – wenig informativ zur Beurteilung der Frage, ob ein Zusammenhang besonders eng oder eher lose ist. Sie informiert lediglich anhand des Vorzeichens darüber, ob der Zusammenhang gleich- oder gegensinnig ist.

5.2.4 Korrelationskoeffizient nach Pearson

Siehe auch ► Anhang, Mathematische Abhandlung 5.1.

Der **Korrelationskoeffizient nach Pearson**; auch **Produkt-Moment-Korrelationskoeffizient** genannt; ► Beispiel 5.2) stellt ein normiertes Maß zur Quantifizierung eines linearen Zusammenhangs dar. Man erhält diesen Koeffizienten, indem man die Kovarianz s_{xy} durch die beiden Standardabweichungen s_x und s_y dividiert:

$$r = \frac{s_{xy}}{s_x \cdot s_y} \tag{5.2}$$

Der Korrelationskoeffizient kann nur Werte zwischen −1 und +1 annehmen; er ist dimensionslos. Der Buchstabe *r* weist darauf hin, dass Korrelations- und Regressionsanalyse eng miteinander verbunden sind. Das Vorzeichen von r ist identisch mit dem Vorzeichen der Kovarianz s_{xy}: Ein positives Vorzeichen steht demnach für einen gleichsinnigen, ein negatives Vorzeichen für einen gegensinnigen Zusammenhang.

Beispiel 5.2: Korrelationskoeffizient nach Pearson

Aus den Daten der Körpergröße und des Körpergewichts von 40 männlichen Studenten ergibt sich eine Kovarianz von 31,862 cm · kg. Dividiert man nun durch die Standardabweichungen $s_x = 6{,}41$ cm und $s_y = 8{,}34$ kg, erhält man den Korrelationskoeffizienten nach Pearson $r = 0{,}596$. Die Stärke des Zusammenhangs ist also mittelmäßig. Einerseits ist r deutlich größer als 0 – daher besteht durchaus ein Zusammenhang zwischen den beiden Merkmalen. Andererseits ist r kleiner als 1, weil das Gewicht nicht nur von der Größe, sondern von zahlreichen weiteren Faktoren abhängt.

Der Betrag von r hat folgende Bedeutung:

- Je näher r bei 0 liegt, desto schwächer ist der Zusammenhang und desto weiter streut die Punktwolke um die Gerade.
- Je näher der Betrag von r bei 1 liegt, desto stärker ist der Zusammenhang und desto dichter liegen die Punkte (x_i, y_i) an der Regressionsgeraden.
- Die Extremfälle $r = 1$ und $r = -1$ ergeben sich bei einem funktionalen Zusammenhang, der sich durch eine lineare Gleichung der Form $y = a + bx$ exakt beschreiben lässt. Alle Punkte (x_i, y_i) liegen dann *auf* der Regressionsgeraden.

5.2.5 Interpretation eines Korrelationskoeffizienten

Häufig wird ein Korrelationskoeffizient falsch interpretiert, oder seine Bedeutung wird überschätzt. Schopenhauers Ausspruch mag hier als Mahnung dienen: Ein empirischer Koeffizient, dessen Betrag größer als 0 ist, besagt lediglich, dass ein Zusammenhang nicht auszuschließen ist. Diese Zahl besagt jedoch nichts darüber, worauf dieser Zusammenhang zurückzuführen ist, ob er kausal bedingt ist und welche Schlussfolgerungen zu ziehen sind.

Geeignete Statistiksoftware ermöglicht auch bei umfangreichem Datenmaterial problemlos die Berechnung eines Korrelationskoeffizienten. Die Software berechnet diese Maßzahl jedoch auch dann, wenn die Voraussetzungen *nicht* erfüllt sind; und sie überprüft auch nicht, ob sachliche Gründe für den Zusammenhang sprechen. So kommt es, dass hin und wieder Zusammenhänge beschrieben werden, die zwar formal korrekt, aber sachlogisch in keiner Weise nachvollziehbar oder sinnvoll sind. Es gibt diverse Beispiele für derartige **Schein**- oder **Nonsens-Korrelationen**:

Formale Korrelation Sie entsteht beispielsweise dann, wenn zwei relative Anteile miteinander in Beziehung gesetzt werden, die sich zu 100% addieren. Wenn etwa x und y die relativen Anteile von Eiweiß und Fett in Nahrungsmitteln darstellen (sodass

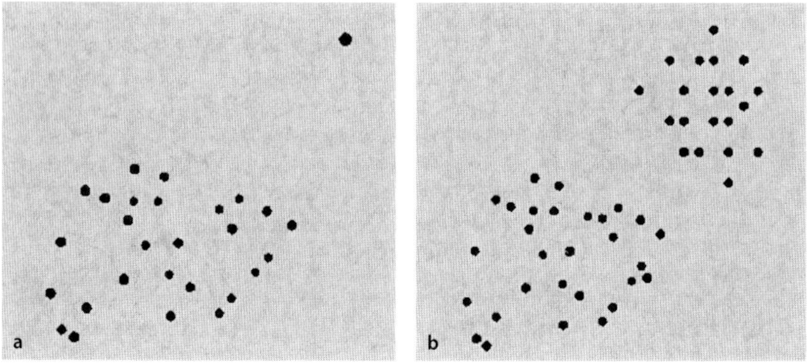

Abb. 5.3 **a** Korrelation, die durch einen Ausreißer verursacht ist. **b** Inhomogenitätskorrelation

die Summe 100% beträgt), ergibt sich rein mathematisch ein funktionaler Zusammenhang mit einem Korrelationskoeffizienten von −1. (Abweichungen wären allein durch Messfehler zu erklären.)

Selektionskorrelation In der Stichprobe muss die gesamte Variationsbreite der zu untersuchenden Merkmale repräsentiert sein. Wird jedoch bei der Wahl der Beobachtungseinheiten selektiert, ergibt sich eine Korrelation, die nicht die Verhältnisse in der Grundgesamtheit widerspiegelt. Ein Beispiel ist gegeben, wenn der in ▶ Beispiel 5.2 nachgewiesene Zusammenhang (der sich auf männliche Medizinstudenten bezieht) auf Kinder, Frauen oder alte Menschen übertragen wird. Eine Selektion wird auch dann vorgenommen, wenn einzelne Werte aus der Stichprobe eliminiert werden, um einen stärkeren Zusammenhang künstlich zu erzeugen. (Selbstverständlich ist dieses Vorgehen höchst unwissenschaftlich.)

Korrelation durch Ausreißer Ein Ausreißer ist ein Punkt, der sehr weit vom Punkteschwarm entfernt liegt (Abb. 5.3a). Ein solcher kann mitunter einen betragsmäßig hohen Korrelationskoeffizienten verursachen. Die Punktwolke lässt Ausreißer auf einen Blick erkennen.

Inhomogenitätskorrelation Sie ergibt sich, wenn für zwei inhomogene Gruppen ein gemeinsamer Korrelationskoeffizient berechnet wird. Die grafische Darstellung besteht dann aus zwei Punktwolken, die sich nicht oder nur wenig überlappen (Abb. 5.3b), und die – isoliert betrachtet – keinen Zusammenhang offenbaren. Vergleicht man beispielsweise die Schuhgrößen und die Gehälter der Angestellten eines Klinikums miteinander, ist ein Korrelationskoeffizient zu erwarten, der deutlich größer als

0 ist. Er kommt dadurch zustande, dass Männer im Allgemeinen größere Füße als Frauen haben und gleichzeitig Positionen mit höheren Einkommen innehaben.

Gemeinsamkeitskorrelation Sie liegt vor, wenn zwei Merkmale durch ein drittes beeinflusst werden. So ergibt sich beispielsweise rechnerisch eine positive Korrelation, wenn man die Entwicklung des Storchenbestands in Deutschland mit der Entwicklung der Geburtenrate vergleicht – obwohl allgemein bekannt sein dürfte, dass diese Größen nicht kausal zusammenhängen. Die Korrelation wird durch einen Confounder – nämlich die allgemeine zeitliche Tendenz – künstlich erzeugt. Sie beeinflusst gleichermaßen den Storchenbestand und die Geburtenrate und täuscht somit eine typische Nonsens-Korrelation vor.

Wie diese Ausführungen belegen, reicht es in keinem Fall aus, einen Korrelationskoeffizienten kritik- und kommentarlos als Maß für die Stärke eines Zusammenhangs anzugeben. Auf zwei weit verbreitete Fehlinterpretationen sei an dieser Stelle hingewiesen:

- Ein betragsmäßig hoher Korrelationskoeffizient allein ist *kein* Beleg für eine kausale Beziehung, sondern allenfalls ein Hinweis auf eine mögliche Kausalität. Er besagt nichts darüber,
  - welches der beiden Merkmale das andere kausal bedingt,
  - ob die Merkmale wechselseitig aufeinander einwirken oder
  - ob möglicherweise beide Merkmale durch ein drittes beeinflusst sind.
- Beim Vergleich zweier quantitativer Messverfahren ist ein hoher Korrelationskoeffizient *kein* Beleg dafür, dass die Messergebnisse annähernd übereinstimmen. Um dies zu beurteilen, sollte man die Differenzen mittels einer **Bland-Altman-Analyse** untersuchen. Als grafische Darstellung eignet sich der Bland-Altman-Plot, bei dem man die Mittelwerte $(x_i + y_i)/2$ gegen die Differenzen $(x_i - y_i)$ aufträgt.

5.3 Regressionsanalyse

5.3.1 Herleitung der Regressionsgeraden

Siehe auch ► Anhang, Mathematische Abhandlung 5.2.

Die Regressionsanalyse ist ein flexibles und häufig eingesetztes Verfahren, das in der Medizin unter anderem für Ursachen- und Wirkungsanalysen und Zeitreihenanalysen angewandt wird. Ihre Aufgabe besteht darin, eine mathematische Gleichung herzuleiten, die die Art des Zusammenhangs zwischen zwei quantitativen Merkmalen optimal beschreibt. Anhand dieser Gleichung lässt sich dann aus einem bekannten Wert für das x-Merkmal ein entsprechender Wert für das y-Merkmal prognostizieren.

Das Wort »Regression« geht zurück auf den englischen Naturforscher *Francis Galton* (1822–1911; ein Cousin Charles Darwins), der die Beziehung zwischen den Körpergrößen von Vätern und ihren Söhnen untersuchte. Wie er herausfand, haben die Söhne großer Väter und die Söhne kleiner Väter eine Körpergröße, die weniger vom Durchschnittswert abweicht als die Größe der Väter. Dieses Phänomen bezeichnete er als »Regression« (Rückschritt zum Mittelwert). Galtons Freund *Karl* Pearson hat in 1.078 Familien die Größen von Vätern und Söhnen verglichen und seine Ergebnisse zusammen mit dem nach ihm benannten Korrelationskoeffizienten im Jahre 1903 veröffentlicht. Im Laufe der Zeit wurde der Begriff »Regression« allgemein verwendet, um den stochastischen Zusammenhang zwischen zwei oder mehr Merkmalen zu beschreiben.

Aufgrund sachlogischer Überlegungen sollte man vorab klären, welches der beiden Merkmale man sinnvollerweise als das unabhängige x-Merkmal bzw. als das abhängige y-Merkmal bezeichnet. Für praktische Zwecke ist es naheliegend, dasjenige Merkmal als das x-Merkmal anzusehen, das sich einfacher, billiger oder früher erfassen lässt. Ist diesbezüglich keine Entscheidung möglich, ist die Herleitung einer Regressionsgleichung nicht sinnvoll. In diesem Fall sollte man sich darauf beschränken, den Zusammenhang durch einen Korrelationskoeffizienten zu beschreiben.

Die einfachste Form der Regressionsanalyse ist die Darstellung des Zusammenhangs durch eine Gerade. Dies ist erlaubt, nachdem man sich davon überzeugt hat, dass der zu beschreibende Zusammenhang annähernd linear ist. Wie ein Blick auf die Punktwolke (◘ Abb. 5.1) deutlich macht, kann es bei stochastischen Zusammenhängen keine Gerade geben, auf der *alle* Punkte liegen. Dies ist dadurch begründet, dass das y-Merkmal nicht nur vom x-Merkmal, sondern auch von anderen Faktoren beeinflusst wird, die in der Geradengleichung nicht berücksichtigt sind.

Die **Regressionsgerade** ist so konstruiert, dass das durchschnittliche Abstandsquadrat der Beobachtungspunkte von der Geraden minimal ist. Sie ist eindeutig bestimmt durch die Steigung

$$b = \frac{s_{xy}}{s_x^2} \tag{5.3}$$

und den y-Achsenabschnitt

$$a = \overline{y} - b\overline{x}. \tag{5.4}$$

Dabei sind s_{xy} die in ► Abschn. 5.2.3 eingeführte Kovarianz, und s_x^2 ist die Varianz der x-Werte. Der Parameter b wird als **Regressionskoeffizient** bezeichnet. Aus ► Formel (5.3) geht hervor, dass der Wertebereich von b nicht beschränkt ist. Wie ein Vergleich mit ► Formel (5.2) zeigt, stimmen die Vorzeichen der Steigung b und des Korrelationskoeffizienten r überein. Das bedeutet: Bei einem gleichsinnigen Zusammenhang ist die Steigung der Regressionsgeraden positiv, bei einem gegensinnigen Zusammenhang ist sie negativ. Der Punkt $(\bar{x}/\bar{y})$ liegt auf der Regressionsgeraden; es ist der Schwerpunkt der Punktwolke.

Mit den Parametern a und b lässt sich bei Vorliegen eines Wertes x_i nach folgender Formel ein Wert $\hat{y}_i$ für das abhängige Merkmal prognostizieren:

$$\hat{y}_i = a + bx_i = \bar{y} + \frac{s_{xy}}{s_x^2}(x_i - \bar{x}) \tag{5.5}$$

Beispiel 5.3: Regressionsgerade

Bezüglich des Zusammenhangs zwischen Körpergröße und Gewicht von 40 Studenten ergibt sich folgende Regressionsgerade: $y = -62{,}361 + 0{,}766 \cdot x$.
Für einen 185 cm großen Studenten würde man ein Gewicht von 81,2 kg prognostizieren. Aus dieser Gleichung geht auch hervor, dass das Gewicht pro cm Körpergröße um durchschnittlich 776 g zunimmt. Der y-Achsen-Abschnitt –62,361 hat keine praktische Bedeutung.

Cave
Es ist wichtig zu beachten, dass eine Extrapolation über den Beobachtungsbereich hinaus problematisch ist. In ► Beispiel 5.3 wurden bei der Berechnung der Regressionsgeraden Körpergrößen zwischen 170 und 195 cm zugrunde gelegt. Würde man mit dieser Geraden das Gewicht eines 90 cm großen Kindes bestimmen, erhielte man 7,5 kg. Dies zeigt, dass eine Extrapolation unsinnige Werte liefern kann. Wenn man trotzdem extrapoliert, sollte man dies mit der gebotenen Vorsicht tun.

Wird das y-Merkmal von mehreren x-Variablen bestimmt, verwendet man die **multiple Regressionsanalyse**. Die Regressionsgleichung enthält dann mehrere x-Variablen, die die y-Zielgröße beeinflussen, und entsprechend viele Regressionskoeffizienten. Ausführliche Informationen hierzu findet man in Fahrmeir et al. (2009); Sachs u. Hedderich (2009); Bortz u. Schuster (2010) (► Anhang).

5.3.2 Bestimmtheitsmaß***

Siehe auch ► Anhang, Mathematische Abhandlung 5.3.

Ein Problem der Regressionsanalyse liegt in der Verlässlichkeit der Schätzung. Meistens wird der zu einem Messwert x_i gehörende Wert $\hat{y}_i$, der durch die Gleichung der Regressionsgeraden prognostiziert wird, vom Beobachtungswert y_i abweichen. Ein einfaches Maß für diese Abweichung ist das **Residuum**:

$$e_i = y_i - \hat{y}_i \tag{5.6}$$

▼

Um die Güte der Schätzung durch die Regressionsgerade generell zu beurteilen, bedarf es eines Maßes, das *alle* Residuen berücksichtigt. Da sich die Residuen gegenseitig ausgleichen, sodass deren Summe gleich 0 ist, legt man die Summe der Abweichungsquadrate e_i^2 zugrunde. Diese Summe ist ein Teil des Zählers der Varianz der y_i-Werte, die sich aus zwei Komponenten zusammensetzt:

$$\sum_{i=1}^{n}(y_i - \bar{y})^2 = \sum_{i=1}^{n}(y_i - \hat{y}_i)^2 + \sum_{i=1}^{n}(\hat{y}_i - \bar{y})^2 \tag{5.7}$$

Der Einfachheit halber sind in dieser Gleichung die Nenner $(n-1)$ weggelassen. Der Term auf der linken Seite des Gleichheitszeichens steht für die Gesamtvarianz der Beobachtungswerte y_i. Der erste Summand rechts vom Gleichheitszeichen bezieht sich auf die Varianz der Residuen e_i (mit dem Mittelwert 0), der zweite Summand auf die Varianz der aufgrund der Regressionsgleichung berechneten Werte $\hat{y}_i$. Den zweiten Teil der Gesamtvarianz bezeichnet man auch als die **erklärte Varianz**. (Diese lässt sich nämlich durch die Gleichung der Regressionsgeraden erklären.) Der erste Summand (die **Residualvarianz**) ist dagegen auf die Abweichung der Beobachtungswerte von der Regressionsgeraden zurückzuführen. ► Gleichung (5.7) lässt sich also verbal folgendermaßen formulieren:

$$\text{Gesamtvarianz} = \text{Residualvarianz} + \text{erklärte Varianz}$$

Es ist offensichtlich, dass die Schätzung durch die Regressionsgerade dann besonders gut ist, wenn der Anteil der Residualvarianz möglichst klein und die erklärte Varianz entsprechend groß ist. Andererseits gilt: Je kleiner die erklärte Varianz ist, desto schlechter können die y-Werte über das Regressionsmodell geschätzt werden. Aus diesen Überlegungen ergibt sich, dass die erklärte Varianz im Verhältnis zur Gesamtvarianz ein geeignetes Maß für die Güte des statistischen Modells darstellt. Es lässt sich nachweisen, dass dieser Quotient mit r^2 übereinstimmt:

$$r^2 = \frac{s_{\hat{y}}^2}{s_y^2} = \frac{\sum_{i=1}^{n}(\hat{y}_i - \bar{y})^2}{\sum_{i=1}^{n}(y_i - \bar{y})^2} = \frac{\text{erkl rte Varianz}}{\text{Gesamtvarianz}} \tag{5.8}$$

Man bezeichnet r^2 als das **Bestimmtheitsmaß** oder den **Determinationskoeffizienten**. Der Wertebereich des Bestimmtheitsmaßes r^2 erstreckt sich zwischen 0 und 1 (► Beispiel 5.4). Im Extremfall $r^2 = 1$ ist die Residualvarianz gleich 0.

Beispiel 5.4: Bestimmtheitsmaß

Aus $r = 0{,}596$ (► Beispiel 5.2) ergibt sich für den Determinationskoeffizienten: $r^2 = 0{,}355$. Diese Zahl besagt, dass etwa 36% der Varianz des Gewichts durch das Modell der Regressionsgeraden (also durch die Körpergröße) bedingt sind. 64% sind demnach durch andere nicht im Modell berücksichtigte Einflüsse verursacht.

5.3.3 Nichtlineare Regression***

Nicht jeder Zusammenhang wird durch eine Gerade optimal beschrieben: Es gibt exponentielle Zusammenhänge (die beispielsweise durch Wachstumsprozesse bedingt sind) oder Zusammenhänge, die sich besser durch eine logarithmische Funktion darstellen lassen.
Ehe man einen nichtlinearen Zusammenhang genauer untersucht, sollte man darüber nachdenken, ob es eine Theorie gibt, die diesen Trend erklärt. Danach versucht man, die Art des Zusammenhangs zu finden und eine allgemeine Regressionsgleichung mit Parametern a, b etc. aufzustellen. Diese Wahl ist oft recht schwierig und erfordert sehr viel Erfahrung sowie genaue Kenntnisse der theoretischen Hintergründe. Wertvolle Hinweise liefert auch hier die grafische Darstellung der Wertepaare als Punktwolke. Generell gibt es zwei Möglichkeiten, geeignete Werte für die Regressionsparameter zu finden:

- Manchmal ist es möglich, die nichtlineare Regressionsgleichung in eine lineare zu transformieren. Anstelle der Gleichung $y = a \cdot e^{bx}$ würde man die Funktion $\ln y = \ln a + bx$ betrachten und nach der Methode der kleinsten Quadrate optimale Werte für $\ln a$ (und damit auch für a) sowie für b erhalten.
- Man verwendet – ähnlich wie bei der linearen Regression – die Methode der kleinsten Quadrate. So würde man etwa bei der Funktion $f(x) = a \cdot e^{bx}$ die Summe der Abstandsquadrate $\sum (y_i - a \cdot e^{bx})^2$ nach a und b ableiten und die Ableitungen gleich 0 setzen.

Die Güte eines multiplen oder eines nichtlinearen Modells lässt sich ebenfalls mit dem Determinationskoeffizienten r^2 (der das Verhältnis der erklärten zur Gesamtvarianz wiedergibt) abschätzen.

5.4 Weitere Techniken

5.4.1 Korrelationskoeffizient nach Spearman

Siehe auch ▶ Anhang, Mathematische Abhandlung 5.4.

Die Berechnung des Korrelationskoeffizienten nach Pearson ist an einige Bedingungen geknüpft. Es muss sich um quantitative Merkmale handeln, und der Zusammenhang muss annähernd linear sein. Als Alternative bietet sich der **Korrelationskoeffizient nach Spearman** an (*Charles Spearman*, 1863–1945, brit. Psychologe). Dieser ist ein Maß für die Stärke eines monotonen Zusammenhangs. Er wird auch als **Rangkorrelation** bezeichnet, da er auf den Rangzahlen der Beobachtungswerte (x_i, y_i) basiert.

Spearman untersuchte den Zusammenhang zwischen intellektuellen Leistungen und einem allgemeinen Intelligenzfaktor. Er veröffentlichte seine Ergebnisse etwa zeitgleich mit Pearson im Jahr 1904. In dieser Publikation wurde die Rangkorrelation erstmals erwähnt.

Um den Spearman-Koeffizienten zu berechnen, werden alle x-Werte sortiert und mit Rangzahlen versehen. Der kleinste Wert erhält den Rang 1, der größte den Rang n. Stimmen mehrere Werte einer Datenreihe überein, ermittelt man mittlere Rangzahlen (indem man für die übereinstimmenden Werte anstelle der aufsteigenden Rangzahlen deren Mittelwert einsetzt). Man spricht dann von **verbundenen Rängen**. Mit den Daten des y-Merkmals verfährt man ebenso. Jeder Beobachtungseinheit wird also eine Rangzahl für das x-Merkmal und eine für das y-Merkmal zugeordnet.

Die Differenz dieser beiden Rangzahlen sei d_i. Aus diesen Differenzen wird der Spearman-Korrelationskoeffizient berechnet:

$$r_s = 1 - \frac{6 \cdot \sum_{i=1}^{n} d_i^2}{n \cdot (n^2 - 1)} \tag{5.9}$$

Beispiel 5.5: Korrelationskoeffizient nach Spearman

Bei zehn Frauen wird der BMI-Wert zu Beginn ihrer Schwangerschaft gemessen; später wird der Apgar-Wert des Neugeborenen ermittelt. Zum Nachweis eines Zusammenhangs eignet sich der Korrelationskoeffizient nach Spearman, da es sich beim Apgar-Score um ein ordinal skaliertes Merkmal handelt. Es ergeben sich folgende Werte (wobei x_i der Apgar-Score, y_i der BMI, $R(x_i)$ und $R(y_i)$ die Ränge und $d_i = R(x_i) - R(y_i)$ deren Differenzen bezeichnen):

x_i	4	5	6	6	7	8	8	8	9	10
y_i	27,1	24,9	26,4	25,9	25,3	23,2	21,0	22,4	19,6	20,1
$R(x_i)$	1	2	3,5	3,5	5	7	7	7	9	10
$R(y_i)$	10	6	9	8	7	5	3	4	1	2
d_i	−9	−4	−5,5	−4,5	−2	2	4	3	8	8
d_i^2	81	16	30,25	20,25	4	4	16	9	64	64

Für die Summe der d_i^2 berechnet man 308,5. Nach ► Formel (5.9) ist dann $r_s = -0{,}87$. Bei der kleinen Stichprobe ist also ein gegensinniger Zusammenhang erkennbar: Je höher der BMI-Wert der Mutter, desto geringer der Apgar-Score des Kindes.

Ebenso wie der Korrelationskoeffizient nach Pearson erstreckt sich auch der Korrelationskoeffizient nach Spearman r_s zwischen −1 und +1. r_s nimmt den maximalen Betrag 1 an, wenn der Zusammenhang streng monoton ist (dies umfasst den Begriff »streng linear«). Ein positives Vorzeichen symbolisiert einen gleichsinnigen, ein negatives Vorzeichen einen gegensinnigen Zusammenhang. $r_s = 0$ bedeutet, dass kein monotoner Zusammenhang nachweisbar ist.

Cave
Die Voraussetzungen, die zur Berechnung des Spearman-Korrelationskoeffizienten erfüllt sein müssen, sind schwächer als jene, die der Berechnung des Pearson-Koeffizienten zugrunde liegen. Soll allerdings zusätzlich eine Regressionsgleichung ermittelt werden, wird nach Möglichkeit dem Korrelationskoeffizienten nach Pearson den Vorzug gegeben.

Streng mathematisch gesehen setzt der Spearman-Koeffizient voraus, dass zwei benachbarte Merkmalsausprägungen äquidistant sind (was bekanntlich bei ordinalen Merkmalen problematisch ist). Die **Rang-Korrelation** τ (griech. Buchstabe tau) **nach Kendall** setzt dies nicht voraus; bei diesem Koeffizienten werden ausschließlich die ordinalen Informationen verwendet. Er ist in Bortz u. Lienert (2008; ► Anhang) ausführlich beschrieben. Der Korrelationskoeffizient nach Spearman ist jedoch bekannter und wird häufiger angewandt.

5.4.2 Zusammenhangsmaße für qualitative Merkmale***

Dieses Kapitel ist der Frage nachgegangen, wie sich der Zusammenhang zwischen zwei quantitativen (z. B. Körpergröße und Gewicht) oder ordinal skalierten Merkmalen beschreiben lässt. Nun hängt das Gewicht bekanntlich nicht nur von der Größe, sondern auch vom Geschlecht einer Person ab. Dieser Zusammenhang kann durch den Vergleich der Mittelwerte grob geschätzt werden. Daraus resultiert jedoch kein Assoziationsmaß, das die Stärke quantifiziert.

Die Stärke des Zusammenhangs zwischen einem quantitativen und einem Alternativmerkmal kann durch die **punktbiseriale Korrelation** ausgedrückt werden. Dabei werden für die Ausprägungen des Alternativmerkmals die Werte 0 oder 1 eingesetzt; damit lässt sich dann nach ► Formel (5.2) ein Koeffizient r_{pb} berechnen. – In ► Abschn. 3.3.3 wurde die Odds Ratio als Assoziationsmaß für zwei Alternativmerkmale erwähnt. Man kann auch den Korrelationskoeffizienten nach Pearson wählen, um zwei Alternativmerkmale in Beziehung setzen, indem man deren Werte mit 0 oder 1 kodiert und dann ► Formel (5.2) anwendet. So erhält man den **Phi-Koeffizienten**. Weitere Assoziationsmaße werden in ► Abschn. 11.1.3 vorgestellt.

Beispiel 5.6: Korrelationskoeffizienten für qualitative Merkmale

Um die Stärke des Zusammenhangs zwischen Geschlecht und Körpergröße zu quantifizieren, kodiert man das Geschlecht mit 0 (männlich) und 1 (weiblich). Die x-Werte nehmen dann entweder den Wert 0 oder 1 an; die y-Werte sind die Messwerte für das Gewicht. Mit den Daten in ◘ Tab. 2.2 erhalten wir einen punktbiserialen Korrelationskoeffizienten $r_{pb} = -0{,}7037$.

▼

Der Zusammenhang ist gegensinnig: Männer (mit dem kleineren x-Wert 0 kodiert) sind größer als Frauen. Aus diesen Angaben folgt außerdem: $r_{pb}^2 = 0{,}495$. Dies besagt, dass – bezogen auf alle Studenten – etwa 50% der Körpergröße durch den Einfluss des Geschlechts erklärbar ist.
Für die Assoziation zwischen Geschlecht und Rauchen (Häufigkeiten in ► Beispiel 3.4) erhält man den Phi-Koeffizienten $r_{pb} = -0{,}145$ (wobei Männer und Nichtraucher jeweils mit 0, Frauen und Raucher jeweils mit 1 kodiert werden). Dieser Wert nahe bei 0 zeigt, dass hier offensichtliche keine Assoziation nachweisbar ist.

Allgemein gilt: Je höher das Skalenniveau der zugrunde liegenden Merkmale ist, desto präziser lassen sich Stärke und Art eines Zusammenhangs beschreiben.

5.4.3 Ausblick auf die induktive Statistik***

Zur sinnvollen Interpretation eines Korrelationskoeffizienten, einer Regressionsgleichung oder eines Assoziationskoeffizienten ist es wichtig, dass der Stichprobenumfang hinreichend groß ist. Allgemein gilt: Je näher ein Korrelationskoeffizient bei 0 liegt und je kleiner der Stichprobenumfang ist, umso weniger kann auf einen real existierenden Zusammenhang geschlossen werden. In diesen Fällen muss man davon ausgehen, dass die empirisch ermittelte Korrelation zufallsbedingt ist.
Um abschätzen zu können, ob und inwieweit der anhand der Stichprobe ermittelte Zusammenhang auf die Grundgesamtheit übertragbar ist, erscheint es sinnvoll, Vertrauensbereiche zu ermitteln (► Abschn. 8.3.4) und einen geeigneten statistischen Test durchzuführen (► Abschn. 10.1.6).

Kapitelzusammenfassung

Korrelationskoeffizient nach Pearson

Voraussetzungen:

- Beide Merkmale sind quantitativ.
- Der Zusammenhang ist annähernd linear.

Rangkorrelation nach Spearman

Geeignet sind folgende Konstellationen:

- Beide Merkmale sind ordinal skaliert.
- Ein Merkmal ist quantitativ, das andere ordinal skaliert.
- Beide Merkmale sind quantitativ; der Zusammenhang ist monoton, aber nichtlinear.

Herleitung eines Zusammenhangs

- **Theoretische Herleitung:** Man sollte zunächst darüber nachdenken, ob und wie der zu quantifizierende Zusammenhang begründet werden kann. Das Erarbeiten

▼

eines theoretischen Hintergrundes trägt wesentlich dazu bei, Nonsens-Korrelationen zu vermeiden.

- **Erstellen der Punktwolke:** Die grafische Darstellung ist hilfreich bei der Beurteilung, ob der Zusammenhang linear ist. Außerdem deckt sie Ausreißer und inhomogene Gruppen auf.
- **Berechnen eines Korrelationskoeffizienten**
- **Interpretation:** Nachdem ein Zusammenhang theoretisch hergeleitet und statistisch abgesichert ist, können vorsichtig Schlussfolgerungen gezogen werden. Dazu bedarf es überwiegend medizinisch-fachlicher Überlegungen. Folgende Möglichkeiten sind zu prüfen:
  - x beeinflusst y.
  - y beeinflusst x.
  - x und y bedingen sich gegenseitig.
  - Beide Merkmale werden durch eine dritte Größe beeinflusst.
  - Der Zusammenhang kam zufällig zustande.
- **Berechnen der Regressionsgerade:** Dies ist sinnvoll, wenn der Zusammenhang linear ist und das x-Merkmal y beeinflusst.

Wahrscheinlichkeitsrechung

Grundlagen

C. Weiß, *Basiswissen Medizinische Statistik*,
DOI 10.1007/978-3-642-34261-5_6,

» Das, wobei unsere Berechnungen versagen, nennen wir Zufall. (Albert Einstein)

6.1 Aufgaben der Wahrscheinlichkeitsrechnung

Unser Alltag ist bestimmt von unendlich vielen Zufälligkeiten und Irregularitäten. Wir haben gelernt, Wahrscheinlichkeiten intuitiv abzuschätzen, um unseren Alltag regeln zu können – ansonsten würden wir im Überangebot der auf uns einströmenden Informationen zugrunde gehen. Wir verlassen uns beispielsweise darauf, dass wir sicher am Ziel ankommen, wenn wir ein Fahrzeug besteigen, und wir kalkulieren bei unseren Zukunftsplänen keinen Lottogewinn ein. Ein Arzt vertraut darauf, dass die von ihm verordnete Therapie den gewünschten Erfolg erzielt oder dass ein Patient durch eine Impfung einer möglichen Epidemie entgeht. Mit einem unwahrscheinlichen Ereignis befassen wir uns erst dann, wenn dieses – entgegen unseren Erwartungen – eingetreten ist. Wir orientieren uns also nicht nach Sicherheiten, sondern geben uns meistens notgedrungen mit Wahrscheinlichkeiten zufrieden.

Der Begriff »wahrscheinlich« und davon abgeleitete Ausdrücke entstammen unserer Umgangssprache. Mit Sätzen wie »Morgen scheint wahrscheinlich die Sonne« oder »Es ist unwahrscheinlich, dass nach einer Impfung dauerhafte Schäden zurückbleiben« drücken wir Vermutungen aus bezüglich Ereignissen, die wir nicht vorhersehen können. Dabei handelt es sich um **subjektive Wahrscheinlichkeiten**, die auf alltäglichen Erfahrungen basieren. Diese können wir nach unserem persönlichen Empfinden grob als hoch oder eher niedrig einstufen; es ist jedoch nicht möglich, sie exakt zu quantifizieren. Manchmal sind derlei Einschätzungen vollkommen unrealistisch, weil wir uns bei subjektiven Beurteilungen gern von Wunschdenken oder anderen psychisch bedingten, intellektuell kaum nachvollziehbaren Einflüssen täuschen lassen.

Auch die Prozesse und Entwicklungen in den Biowissenschaften unterliegen dem Zufall. Man bezeichnet sie als **probabilistisch** – im Gegensatz zu deterministischen Vorgängen, die sich exakt berechnen lassen. Für wissenschaftliche Untersuchungen ist es notwendig, den Begriff der Wahrscheinlichkeit zu präzisieren und quantitativ zu beschreiben. Diese Zahlenangaben bezeichnet man als **objektive Wahrscheinlichkeiten**. Die Aufgaben der Wahrscheinlichkeitsrechnung und der induktiven Statistik bestehen darin, die Realität durch ein statistisches Modell hinreichend genau zu beschreiben und anhand dieses Modells Gesetzmäßigkeiten herzuleiten.

Dabei ist es unerheblich, ob die zu beschreibenden Vorgänge prinzipiell nicht erfassbar sind (wie z. B. der Zerfall eines radioaktiven Atoms), oder ob sie (wie bei den meisten medizinischen Vorgängen) so komplex sind, dass sie sich einer deterministischen Beschreibung entziehen und deshalb als probabilistisch angesehen werden. Dies hat Albert Einstein erkannt und treffend formuliert.

Die mathematisch-theoretischen Aussagen, die in der Wahrscheinlichkeitsrechnung hergeleitet werden, bilden die Basis der induktiven Statistik. Bei Schätzverfahren und statistischen Tests ist der Begriff der **Irrtumswahrscheinlichkeit** fundamental: Er quantifiziert die Unsicherheit, mit der die aus der Stichprobe gewonnenen Erkenntnisse behaftet sind. Für den praktischen Anwender sind Kenntnisse aus der Wahrscheinlichkeitsrechnung hilfreich und notwendig, um die Methoden der induktiven Statistik zu verstehen und sinnvoll mit ihnen umgehen zu können.

6.2 Rechnen mit Wahrscheinlichkeiten

6.2.1 Zufallsexperimente

Um einen probabilistischen Vorgang zu untersuchen und relevante Wahrscheinlichkeiten herzuleiten, genügt es nicht, ihn ein einziges Mal durchzuführen. Es erscheint vielmehr angebracht, diesen Vorgang mehrmals zu wiederholen, die Ergebnisse der einzelnen Experimente zu dokumentieren und auszuwerten. Diese Art von Untersuchungen bezeichnet man als **Zufallsexperimente**. Ein Zufallsexperiment ist durch folgende Eigenschaften charakterisiert:

- Es wird nach einer bestimmten Vorschrift durchgeführt.
- Es ist (zumindest prinzipiell) beliebig oft wiederholbar.
- Mehrere Ausgänge oder Ergebnisse sind möglich.
- Das Ergebnis eines einzelnen Experiments ist vorab ungewiss.

So stellt beispielsweise das Würfeln oder das Werfen einer Münze ein Zufallsexperiment dar. Beim Würfeln gibt es 6 mögliche Ausgänge, beim Münzwurf 2. Auch das Erfassen der Blutgruppe oder des Rhesusfaktors einer Person lässt sich als Zufallsexperiment auffassen mit den möglichen Ergebnissen 0, A, B und AB bzw. »Rhesusfaktor positiv« und »Rhesusfaktor negativ«.

Zur Beschreibung von Zufallsexperimenten bedient sich die Wahrscheinlichkeitsrechnung der Mengentheorie. Die Menge aller möglichen Ergebnisse bildet die **Ergebnismenge**. Diese Menge wird mit dem griechischen Großbuchstaben Ω (Omega) bezeichnet.

Teilmengen von Ω nennt man **Ereignisse**, 1-elementige Teilmengen **Elementarereignisse**. Ereignisse werden üblicherweise mit großen lateinischen Buchstaben A, B usw. angegeben. Spezielle Ereignisse sind die Ergebnismenge Ω, die als das **sichere Ereignis** bezeichnet wird, und die leere Menge $\varnothing$, die dem **unmöglichen Ereignis** entspricht.

Beispiel 6.1: Ergebnismenge und Ereignis

Der Ergebnismenge für das Zufallsexperiment »Würfeln« ist die 6-elementige Menge $\Omega = \{1,2,3,4,5,6\}$. Das Ereignis »gerade Zahl« lässt sich durch die Teilmenge $A = \{2,4,6\}$ darstellen. Man sagt: »Das Ereignis *A* ist eingetreten«, falls ein Elementarereignis aus der Menge *A* eingetreten ist.

An ▶ Beispiel 6.1 wird der Zusammenhang zwischen Wahrscheinlichkeitsrechung und deskriptiver Statistik deutlich. Das Analogon zur Ergebnismenge ist die Ausprägungsliste; einzelne Merkmalsausprägungen sind vergleichbar mit Elementarereignissen. Der grundlegende Unterschied ist folgender: Die deskriptive Statistik befasst sich mit Stichproben; die Wahrscheinlichkeitsrechnung untersucht die Eigenschaften von Grundgesamtheiten.

6.2.2 Ermitteln einer Wahrscheinlichkeit

Theoretische Herleitung Um eine Wahrscheinlichkeit quantitativ anzugeben, ist es notwendig, diesen Begriff zu objektivieren. Eine erste Definition geht zurück auf den französischen Mathematiker *Pierre Simon Marquis de Laplace*, der sich für die Zufallsgesetze bei Glücksspielen interessierte. Er definierte basierend auf dem Begriff des Zufallsexperiments die Wahrscheinlichkeit, dass ein bestimmtes Ereignis *A* eintritt, folgendermaßen:

$$P(A) = \frac{\text{Anzahl der g nstigen Ergebnisse}}{\text{Anzahl der m glichen Ergebnisse}} \tag{6.1}$$

Mit der Mengenschreibweise sieht diese Formel so aus:

$$P(A) = \frac{\text{Anzahl der Elemente von } A}{\text{Anzahl der Elemente von } \Omega} \tag{6.2}$$

Die **Laplace'sche Definition** ordnet demnach jedem Ereignis eine Zahl zwischen 0 und 1 zu. Der Buchstabe *P* leitet sich ab vom englischen »probability«. Die Wahrscheinlichkeit eines Ereignisses ist vergleichbar mit der relativen Häufigkeit einer Merkmalsausprägung.

Beispiel 6.2: Wahrscheinlichkeit nach Laplace

Mit der Definition von Laplace lässt sich berechnen, wie groß die Chance ist, eine gerade Zahl zu würfeln. Unter 6 möglichen Ergebnissen gibt es 3 »günstige« (die Augenzahlen 2, 4 und 6). Damit erhält man: $P(A) = 3/6 = 1/2$. Für das unmögliche Ereignis (beispielsweise die Zahl 7) ergibt sich $P(\emptyset) = 0$, da die Anzahl der günstigen Ereignisse gleich 0 beträgt. Für das sichere Ereignis (Augenzahl zwischen 1 und 6) erhält man $P(\Omega) = 1$, da die Anzahl der günstigen der Anzahl der möglichen Ereignisse entspricht.

Mit der Laplace'schen Definition lassen sich auch kompliziertere Wahrscheinlichkeiten herleiten – so z. B. die Wahrscheinlichkeit, 6 Richtige im Lotto zu erzielen. Dennoch ist diese Definition nur eingeschränkt anwendbar: Sie setzt nämlich voraus, dass alle Elementarereignisse mit gleicher Wahrscheinlichkeit eintreten. Für das Würfeln und den Münzwurf trifft dies auch zu. So ist beispielsweise leicht nachvollziehbar, dass man bei einem idealen Würfel jeder Augenzahl die Wahrscheinlichkeit 1/6 zuordnet oder dass die Wahrscheinlichkeit, beim Münzwurf »Wappen« oder »Zahl« zu erhalten, jeweils ½ beträgt. Für Ereignisse im medizinischen Bereich ist dieser Ansatz jedoch im Allgemeinen unbrauchbar.

Empirische Herleitung Bei Studien in der medizinischen Forschung wird eine Wahrscheinlichkeit in der Regel empirisch ermittelt. Dazu wird eine hinreichend große Stichprobe untersucht; der Wert der relativen Häufigkeit einer Merkmalsausprägung wird dann als Näherungswert für die entsprechende Wahrscheinlichkeit zugrunde gelegt. Dieses Vorgehen lässt sich durch das »Gesetz der großen Zahlen« rechtfertigen (▶ Abschn. 6.4.2).

Beispiel 6.3: Empirische Herleitung von Wahrscheinlichkeiten

Aus den Daten aus ◘ Tab. 2.2 ergeben sich folgende Häufigkeiten: 30 (Blutgruppe 0), 32 (A), 9 (B) und 4 (AB). 63 Studenten haben Rhesusfaktor positiv (R+), 12 Rhesusfaktor negativ (R–). Daraus ergeben sich die Schätzwerte:

$$\hat{P}(0) = 40\%,\ \hat{P}(A) = 43\%,\ \hat{P}(B) = 12\%,\ \hat{P}(AB) = 5\%,\ \ \hat{P}(R+) = 84\%,\ \ \hat{P}(R-) = 16\%.$$

Die exakten Wahrscheinlichkeiten sind (bezogen auf Mitteleuropa):

$$P(0) = 40\%,\ P(A) = 45\%,\ P(B) = 10\%,\ P(AB) = 5\%,\ \ P(R+) = 85\%,\ \ P(R-) = 15\%.$$

Computersimulation Bei sehr komplexen Problemen, insbesondere aus dem technisch-wissenschaftlichen Bereich, ist die empirische Vorgehensweise nicht brauchbar. Um beispielsweise die Wahrscheinlichkeit zu ermitteln, dass ein Flugzeug abstürzt oder dass eine Region von einem Erdbeben heimgesucht wird, kann man keine Zufallsexperimente durchführen. In diesen Fällen ist es sinnvoll, das Problem im Computer zu simulieren und mit Hilfe dieses Modells Wahrscheinlichkeiten zu ermitteln. – Computersimulationen werden auch in der Wahrscheinlichkeitsrechnung verwendet, um basierend auf einer großen, künstlich erzeugten Datenmenge theoretische Verteilungen zu simulieren und daraus Wahrscheinlichkeiten zu berechnen, die sich weder theoretisch noch empirisch herleiten lassen. Dank leistungsfähiger Rechner und adäquater Software werden Computersimulationen zunehmend angewandt. Im Rahmen dieses Buches wird jedoch nicht näher auf diese Thematik eingegangen.

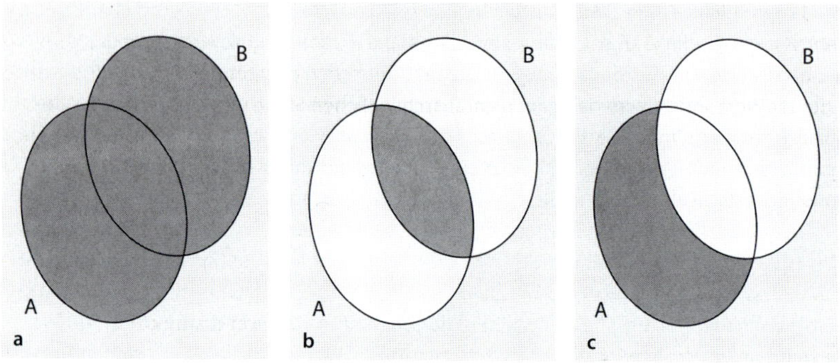

Abb. 6.1 Venn-Diagramme. **a** Vereinigung. **b** Schnitt. **c** Differenz

6.2.3 Verknüpfung zweier Ereignisse

Im vorigen Abschnitt wurden Methoden vorgestellt, mit denen sich die Wahrscheinlichkeit für das Auftreten eines bestimmten Ereignisses A ermitteln lässt. Bei vielen Fragestellungen interessieren jedoch nicht nur einzelne Ereignisse, sondern bestimmte Ereigniskonstellationen. Fragen dieser Art lauten z. B.: Wie groß ist die Wahrscheinlichkeit, dass eine Person Blutgruppe A und gleichzeitig Rhesusfaktor positiv hat? Oder auch: Wie groß ist die Wahrscheinlichkeit, dass ein bestimmtes Ereignis *nicht* eintritt? Wie groß ist die Wahrscheinlichkeit, dass ein Patient an Krebs erkrankt ist, nachdem ein diagnostischer Test einen positiven Befund ergeben hat?

Verbindungen zwischen 2 Ereignissen lassen sich durch mengentheoretische Operationen beschreiben (▶ Beispiel 6.4). Zur grafischen Darstellung dieser Beziehungen eignen sich die **Venn-Diagramme** (■ Abb. 6.1; benannt nach dem britischen Mathematiker *John Venn*, 1834–1923):

- **Vereinigungsmenge** $A \cup B$ (sprich: A vereinigt B):
  Sie bezeichnet das Ereignis, dass A allein oder B allein oder beide Ereignisse gemeinsam eintreten (■ Abb. 6.1a).
- **Schnittmenge** $A \cap B$ (sprich: A Schnitt B):
  Sie bezeichnet das Ereignis, dass A und B gemeinsam eintreten (■ Abb. 6.1b).
- **Differenzmenge** $A - B$ (sprich: A minus B):
  Sie bezeichnet das Ereignis, dass A eintritt, B aber nicht (■ Abb. 6.1c).

Beispiel 6.4: Vereinigungs-, Schnitt- und Differenzmenge

Wenn A das Ereignis »Blutgruppe A« bezeichnet und $R+$ das Ereignis »Rhesusfaktor positiv«, dann bedeutet $A \cup R+$ das Ereignis, dass Blutgruppe A *oder* Rhesusfaktor positiv vorliegt. Das Wort »oder« wird dabei im nichtausschließlichen Sinne verwendet: $A \cup R+$ beinhaltet, dass nur das Ereignis A (Blutgruppe A, Rhesusfaktor negativ) oder nur das Ereignis $R+$ (andere Blutgruppe als A, Rhesusfaktor positiv) eintritt oder dass beide Ereignisse gemeinsam (Blutgruppe A und Rhesusfaktor negativ) eintreten.

Zwei Ereignisse A und B, deren Durchschnitt die leere Menge bildet, heißen **disjunkt** (oder **unvereinbar**). Als Beispiel seien »männliches Geschlecht« und »schwanger« genannt. Formal gilt für disjunkte Ereignisse: $A \cap B = \varnothing$. Zwei disjunkte Ereignisse, die sich zur Ergebnismenge Ω ergänzen, nennt man **komplementär**. Das zu A komplementäre Ereignis wird üblicherweise mit $\bar{A}$ (sprich: A quer) bezeichnet. Für A und $\bar{A}$ gelten:

- $A \cup \bar{A} = \Omega$ (die Ereignisse ergänzen sich) und
- $A \cap A = \varnothing$ (die Ereignisse sind disjunkt)

Beispiele für komplementäre Ereignisse sind: gerade und ungerade Augenzahl beim Würfeln, »Rhesusfaktor positiv« und »Rhesusfaktor negativ« oder »Laborwert pathologisch« und »Laborwert physiologisch«. Komplementäre Ereignisse sind vergleichbar mit Alternativmerkmalen, bei denen es nur zwei Ausprägungen gibt.

6.2.4 Rechenregeln

Siehe auch ► Anhang, Mathematische Abhandlung 6.1.

Um mit Wahrscheinlichkeiten zu rechnen, ist es notwendig, deren mathematische Eigenschaften zu präzisieren. Der russische Mathematiker *Andrej Kolmogoroff* hat im Jahre 1930 drei Axiome aufgestellt, die diese Eigenschaften definieren. Demnach heißt eine Funktion $P(A)$, die einem Ereignis A eine reelle Zahl zuordnet, **Wahrscheinlichkeit**, falls die folgenden Axiome erfüllt sind (► Beispiel 6.5):

1. $0 \leq P(A) \leq 1$
2. $P(\Omega) = 1$
3. $P(A \cup B) = P(A) + P(B)$ für disjunkte Ereignisse A und B

Axiome sind einfache mathematische Aussagen, die nicht beweisbar sind. Sie werden aufgestellt, um einen Begriff zu definieren oder eine Theorie aufzubauen. Mittels der Axiome lassen sich weitere Aussagen deduktiv herleiten.

Beispiel 6.5: Wahrscheinlichkeit nach Kolmogoroff

Wir betrachten die Funktion P, die den Blutgruppen folgende Wahrscheinlichkeiten zuordnet (► Beispiel 6.3): $P(0) = 0{,}40$, $P(A) = 0{,}45$, $P(B) = 0{,}10$ und $P(AB) = 0{,}05$. Der Ergebnismenge Ω ist $\{0, A, B, AB\}$. Wie man leicht nachprüfen kann, sind die Axiome von Kolmogoroff erfüllt. Jede Wahrscheinlichkeit liegt zwischen 0 und 1 (Axiom 1), außerdem ist $P(\Omega) = 1$ – denn eine der 4 Blutgruppen liegt mit Sicherheit vor (Axiom 2).
Die Wahrscheinlichkeit, dass eine der Blutgruppen A oder B gegeben ist, beträgt: $P(A \cup B) = P(A) + P(B) = 0{,}45 + 0{,}10 = 0{,}55$; Analoges gilt für die anderen Ereignispaare. (Demnach ist Axiom 3 erfüllt.) Somit handelt es sich bei der Funktion P um eine Wahrscheinlichkeit im Sinne von Kolmogoroff.

Die Definition der Wahrscheinlichkeit nach Kolmogoroff schließt die Definition von Laplace ein; sie ist jedoch wesentlich allgemeiner: Während Laplace davon ausgeht, dass alle Elementarereignisse mit gleicher Wahrscheinlichkeit eintreten, verlangt Kolmogoroff lediglich, dass die Wahrscheinlichkeit jedes Elementarereignisses eine Zahl zwischen 0 und 1 ist und dass deren Summe 1 ergibt. Aus den drei Axiomen lassen sich folgende Rechenregeln herleiten:

Wahrscheinlichkeit für das komplementäre Ereignis Aus $P(A)$ ergibt sich sehr einfach die Wahrscheinlichkeit für das Ereignis $\bar{A}$:

$$P(\bar{A}) = 1 - P(A) \tag{6.3}$$

Daraus und aus Axiom 2 folgt für das unmögliche Ereignis:

$$P(\emptyset) = 0 \tag{6.4}$$

Satz von der totalen Wahrscheinlichkeit Er besagt, dass ein Ereignis A entweder zusammen mit dem Ereignis B oder mit $\bar{B}$ auftritt:

$$P(A) = P(A \cap B) + P(A \cap \bar{B}) \tag{6.5}$$

Das Ereignis $A \cap \bar{B}$ ist identisch mit der Differenzmenge $A - B$. Deshalb folgt aus ► Formel (6.5) sofort:

$$P(A - B) = P(A) - P(A \cap B) \tag{6.6}$$

Additionssatz Für die Vereinigung zweier Ereignisse gilt:

$$P(A \cup B) = P(A) + P(B) - P(A \cap B) \tag{6.7}$$

Sind die beiden Ereignisse disjunkt, gilt $A \cap B = \emptyset$. Dann hat der Additionssatz eine einfachere Form:

$$P(A \cup B) = P(A) + P(B) \tag{6.8}$$

Beispiel 6.6: Additionssatz

Seien A und $R+$ die Ereignisse »Blutgruppe A« bzw. »Rhesusfaktor positiv«. Dann entspricht $R-$ dem Ereignis »Rhesusfaktor negativ«. Der Satz von der totalen Wahrscheinlichkeit [▶ Formel (6.5)] besagt, dass eine Person mit Blutgruppe A entweder »Rhesusfaktor positiv« oder »Rhesusfaktor negativ« hat. Die Wahrscheinlichkeit $P(A) = 0{,}45$ ist die Summe aus $P(A \cap R+) = 0{,}3825$ und $P(A \cap R-) = 0{,}0675$. (Die Wahrscheinlichkeiten der Schnittmengen werden im nächsten Abschnitt hergeleitet.) Die Wahrscheinlichkeit für Rhesusfaktor positiv *oder* Blutgruppe A beträgt nach dem Additionssatz [▶ Formel (6.7)]:

$$P(A \cup R+) = P(A) + P(R+) - P(A \cap R+) = 0{,}45 + 0{,}85 - 0{,}3825 = 0{,}9175$$

6.2.5 Bedingte Wahrscheinlichkeiten

Es ist nicht immer zweckmäßig, Wahrscheinlichkeiten anzugeben, die sich auf die gesamte Population beziehen. Dass trifft beispielsweise zu für Krankheiten, die in Zusammenhang mit dem Geschlecht der Patienten stehen (etwa Hämophilie, Rotgrünblindheit oder Brustkrebs) oder abhängig sind von bestimmten Risiken. In diesen Fällen ist es sinnvoll, die Erkrankungswahrscheinlichkeiten für bestimmte Subgruppen separat zu anzugeben – etwa für Männer und für Frauen oder für Patienten mit und ohne Risikofaktor. Man spricht dann von einer **bedingten Wahrscheinlichkeit** und bezeichnet diese als $P(A|B)$ (sprich: »P von A gegeben B« oder »P von A unter der Bedingung B«). Sie ist folgendermaßen definiert:

$$P(A|B) = \frac{P(A \cap B)}{P(B)} \tag{6.9}$$

Beispiel 6.7: Bedingte Wahrscheinlichkeiten

Die Wahrscheinlichkeit, an Diabetes mellitus zu erkranken, beträgt für einen Mann $P(D|M) \approx 0{,}07$ und für eine Frau $P(D|W) \approx 0{,}02$. Das Risiko ist für Männer deutlich höher als für Frauen. Die Wahrscheinlichkeit $P(D) \approx 0{,}045$, die sich auf die gesamte Population bezieht, ist wenig informativ.

▶ Formel (6.9) quantifiziert die Wahrscheinlichkeit für das Eintreten des Ereignisses A eingeschränkt auf die Menge, die dem Ereignis B entspricht. Durch einfaches Umschreiben der Formel erhält man den **Multiplikationssatz**, mit dem sich die Wahrscheinlichkeit berechnen lässt, dass zwei Ereignisse A und B gemeinsam eintreten:

$$P(A \cap B) = P(A|B) \cdot P(B) \tag{6.10}$$

Wenn die beiden Ereignisse A und B **unabhängig** sind, hat das Eintreten von B keinerlei Einfluss auf das Eintreten von A. Formal gilt also: $P(A|B) = P(A)$. Damit erhält man als Spezialfall von ▶ Formel (6.10) den **Multiplikationssatz für unabhängige Ereignisse**

$$P(A \cap B) = P(A) \cdot P(B) \tag{6.11}$$

sowie als Spezialfall von ▶ Formel (6.7) den **Additionssatz für unabhängige Ereignisse** (▶ Beispiel 6.8):

$$P(A \cup B) = P(A) + P(B) - P(A) \cdot P(B) \tag{6.12}$$

Beispiel 6.8: Multiplikationssatz

Die Ereignisse in ▶ Beispiel 6.6 »Blutgruppe A« und »Rhesusfaktor positiv« sind unabhängig. Die Wahrscheinlichkeit, dass eine Person Blutgruppe A *und* Rhesusfaktor positiv hat, berechnet sich dann sehr einfach nach ▶ Formel (6.11):
$P(A \cap R+) = P(A) \cdot P(R+) = 0{,}45 \cdot 0{,}85 = 0{,}3825.$
Ein historisches Anwendungsbeispiel: In der Mitte des 19. Jahrhunderts erkrankten in Wien in der Entbindungsklinik, an der Ignaz Semmelweis tätig war, 24% der Frauen während ihres Klinikaufenthalts an Kindbettfieber. Diese Wahrscheinlichkeit $P(K)$ nennt man **Inzidenz**. Von den Erkrankten verstarben 80%; diese bedingte Wahrscheinlichkeit $P(T|K)$ ist die **Letalität**. Mit dem Multiplikationssatz [▶ Formel (6.10)] ergibt sich für die **Mortalität**:

$$P(K \cap T) = P(T|K) \cdot P(K) = 0{,}80 \cdot 0{,}24 = 0{,}192.$$

6.2.6 Bayes-Theorem

Siehe auch ▶ Anhang, Mathematische Abhandlung 6.2.

Das **Bayes-Theorem** geht zurück auf den englischen Geistlichen *Thomas Bayes* (1702–1761), der sich unter anderem mit Glücksspielen befasste. Es erlaubt die Berechnung der bedingten Wahrscheinlichkeit $P(A|B)$, wenn außer der Wahrscheinlichkeit $P(A)$ auch die bedingten Wahrscheinlichkeiten $P(B|A)$und $P(B|\bar{A})$ bekannt sind:

$$P(A|B) = \frac{P(A) \cdot P(B|A)}{P(A) \cdot P(B|A) + P(\bar{A}) \cdot P(B|\bar{A})} \quad (6.13)$$

Das Bayes-Theorem ermöglicht also Rückschlüsse von der **A-priori-Wahrscheinlichkeit** $P(A)$ auf die **A-posteriori-Wahrscheinlichkeit** $P(A|B)$. ► Formel 6.13 wird in der Medizin bei diagnostischen Tests benutzt: Wenn A das Ereignis »Vorliegen einer bestimmten Krankheit« symbolisiert und B das Ereignis »Testergebnis positiv«, lässt sich mit ► Formel 6.13 die Wahrscheinlichkeit $P(A|B)$ berechnen, mit der ein Patient erkrankt ist, falls der Testbefund positiv ist (► Beispiel 6.9).

Beispiel 6.9: Sensitivität, Spezifität und Vorhersagewerte

Ein HIV-Test habe eine Sensitivität von 99% und eine Spezifität von 99,5%. Dann werden 99% der infizierten und 99,5% der nichtinfizierten Personen richtig befundet. Die Wahrscheinlichkeit, dass eine infizierte Person fälschlicherweise ein negatives Ergebnis erhält, ist also 1%. Die Wahrscheinlichkeit, dass sich bei einer nichtinfizierten Person ein falsch positives Ergebnis ergibt, berechnet sich als 0,5%. Wird dieser Test bei einer Risikogruppe von 100.000 Personen mit einer Prävalenz von 1/1000 angewandt, erwartet man theoretisch folgende Häufigkeiten:

	Positiver Befund	Negativer Befund	Summe
Infiziert	99	1	100
Nichtinfiziert	500	99.400	99.900
Summe	599	99.401	100.000

Mit der Prävalenz $P(H) = 0{,}001$, der Sensitivität $P(T+|H) = 0{,}99$ und der Spezifität $P(T-|\bar{H}) = 0{,}995$ ergeben sich die Vorhersagewerte mit ► Formel (6.13). Sie lassen sich auch aus den obigen Häufigkeiten herleiten als:

$$P(H|T+) = 99/599 = 0{,}165 \quad \text{und} \quad P(\bar{H}|T-) = 99.400/99.401 = 0{,}99999.$$

Demnach ist nur etwa 1/6 der positiven Ergebnisse auf eine Infektion zurückzuführen; der Rest ist falsch positiv. Die negativen Befunde sind dagegen fast alle korrekt.

Cave

Diagnostische Tests werden in ► Abschnitt 14.1 ausführlich behandelt.

6.3 Zufallsvariable

6.3.1 Bedeutung einer Zufallsvariablen

Der Begriff des Merkmals ist fundamental für die deskriptive Statistik. Die Beschreibung einer Stichprobe beruht im Wesentlichen auf den Häufigkeiten der Merkmalsausprägungen und auf statistischen Kenngrößen wie etwa Mittelwert und Standardabweichung. In der Wahrscheinlichkeitsrechnung benutzt man anstelle des konkreten Begriffs »Merkmal« den abstrakten Begriff »**Zufallsvariable**«:

Theoretisch handelt es sich dabei um eine Funktion, die jedem möglichen Ergebnis eines Zufallsexperiments eine reelle Zahl zuordnet. Diese Zahlenwerte entsprechen den Merkmalswerten und werden mit Kleinbuchstaben vom Ende des Alphabets (z. B. x_i) symbolisiert. Die Zufallsvariable selbst bezeichnet man in der Regel mit dem entsprechenden Großbuchstaben (z. B. X). Für das Verständnis der Wahrscheinlichkeitsrechnung ist es sehr hilfreich, sich die Analogie der Begriffe »Merkmal« und »Zufallsvariable« vor Augen zu halten.

Die x_i werden **Realisationen** (oder **Realisierungen**) von X genannt. Bei quantitativen Merkmalen sind die x_i die Mess- oder Zählwerte; bei ordinal skalierten Merkmalen handelt es sich um numerisch kodierte Beobachtungswerte (die einer natürlichen Anordnung unterliegen). Nominal skalierte Merkmale lassen sich durch die Einführung von Dummy-Variablen numerisch kodieren (▶ Beispiel 2.4). Ebenso wie ein Merkmal lässt sich auch eine Zufallsvariable einem bestimmten Skalenniveau zuordnen; ferner lassen sich unterscheiden:

- Diskrete Zufallsvariablen (▶ Abschn. 6.3.2)
- Stetige Zufallsvariablen (▶ Abschn. 6.3.3)

6.3.2 Diskrete Zufallsvariablen

Diskrete Zufallsvariable ergeben sich bei der Beobachtung von Zufallsexperimenten, bei denen abzählbar viele Ergebnisse möglich sind. So lassen sich beispielsweise die Ergebnisse beim Münzwurf, das Merkmal »Blutgruppe« oder die Anzahl der Schwangerschaften einer Frau durch diskrete Zufallsvariablen beschreiben (▶ Beispiel 6.10). Ein Elementarereignis A wird dargestellt durch $X = x_i$; das heißt: Die Zufallsvariable X nimmt den Wert x_i an. Für die Wahrscheinlichkeit $P(X = x_i)$ sind folgende Schreibweisen gebräuchlich:

$$P(A) = P(X = x_i) = P(x_i) = p_i \tag{6.14}$$

Beispiel 6.10: Diskrete Zufallsvariable

Beim Münzwurf gibt es 2 Möglichkeiten: Wappen oder Zahl. *A* sei das Ereignis »Zahl«. Dieses Merkmal lässt sich durch eine diskrete Zufallsvariable *X* beschreiben, die die beiden Werte 0 (Wappen) oder 1 (Zahl) annehmen kann. Es gilt:

$$P(A) = P(X = 1) = 1/2 \quad \text{und} \quad P(\bar{A}) = P(X = 0) = 1/2.$$

Die Wahrscheinlichkeiten aller Elementarereignisse (deren Anzahl sei k) summieren sich – ebenso wie die relativen Häufigkeiten – zu 1:

$$\sum_{i=1}^{k} p_i = \sum_{i=1}^{k} f(x_i) = 1 \tag{6.15}$$

Die **Wahrscheinlichkeitsfunktion** $f(x)$ ordnet jedem Wert x_i dessen Wahrscheinlichkeit p_i zu; sie ist definiert als:

$$f(x) = \begin{cases} p_i & \text{f r } x = x_i \quad (i = 1, \ldots k) \\ 0 & \text{sonst} \end{cases} \tag{6.16}$$

Die grafische Darstellung ist ein Stabdiagramm mit 1-dimensionalen senkrechten Linien. Für ordinal skalierte und quantitative Variable lässt sich die **Verteilungsfunktion** bestimmen: $F(x) = P(X \leq x)$ gibt die Wahrscheinlichkeit an, dass X einen Wert annimmt, der kleiner als x oder gleich x ist.

6.3.3 Stetige Zufallsvariablen

Eine stetige Zufallsvariable X (z. B. Körpergewicht oder Körpergröße) kann theoretisch alle Zahlenwerte innerhalb eines bestimmten Intervalls annehmen. Die Wahrscheinlichkeitsverteilung wird durch die **Dichtefunktion** (oder **Dichte**) beschrieben. Diese Funktion ordnet jedem Wert x_i der Zufallsvariablen einen Funktionswert $f(x_i) > 0$ zu. Die Gesamtfläche unter der Kurve $f(x)$ ist gleich 1:

$$\int_{-\infty}^{+\infty} f(x)dx = 1 \tag{6.17}$$

Diese Gleichung drückt aus, dass die Zufallsvariable X mit Sicherheit einen Wert zwischen $-\infty$ und $+\infty$ annimmt. Sie ist vergleichbar mit ▶ Formel (6.15); das Σ-Zeichen ist ersetzt durch das Integral.

Die empirische Dichte wurde in ▶ Abschn. 3.1.4 eingeführt. Deren grafische Darstellung ist ein Histogramm mit der Gesamtfläche 1. Die **Verteilungsfunktion** einer stetigen Zufallsvariablen ist das Integral über der Dichte:

$$F(x) = P(X \leq x) = \int_{-\infty}^{x} f(t)dt \quad (6.18)$$

Daraus folgt für das komplementäre Ereignis $X > x$:

$$P(X > x) = \int_{x}^{+\infty} f(t)dt = 1 - F(x) \quad (6.19)$$

Cave

Die Dichte in ▶ Gleichung (6.18) und ▶ Gleichung (6.19) wird mit $f(t)$ bezeichnet, weil x eine Grenze des Integrals darstellt, während sich die Variable t zwischen den Grenzen $-\infty$ und x bzw. zwischen x und $+\infty$ bewegt.

Aus ▶ Formel (6.18) und ▶ Formel (6.19) lassen sich folgende allgemeine Eigenschaften der Verteilungsfunktion $F(x)$ herleiten (▶ Abschn. 3.2):

- $F(x)$ ist eine monoton wachsende Funktion.
- $F(x)$ hat die Grenzwerte $F(-\infty) = 0$ und $F(+\infty) = 1$.
- Die Dichte $f(x)$ ist die Ableitung der Verteilungsfunktion; es gilt nämlich: $f(x) = F'(x)$.

Die Wahrscheinlichkeit, dass X einen Wert zwischen a und b annimmt, wird folgendermaßen berechnet:

$$P(a \leq X \leq b) = \int_{a}^{b} f(x)dx = F(b) - F(a) \quad (6.20)$$

Das Integral in ▶ Formel (6.20) beschreibt eine Fläche, die von der x-Achse, der Kurve $f(x)$ und den Parallelen zur y-Achse $x = a$ und $x = b$ begrenzt wird (◘ Abb. 6.2). Dies entspricht einem Teil der Gesamtfläche unter der Dichtefunktion, deren Wert nach ▶ Formel (6.17) 1 beträgt. Infolgedessen hat das Integral in ▶ Formel (6.20) immer einen Wert zwischen 0 und 1. Für die Wahrscheinlichkeit, dass X einen bestimmten Wert a annimmt, berechnet man:

$$P(X = a) = F(a) - F(a) = 0 \quad (6.21)$$

Dieses Ergebnis mag manchen Leser überraschen. Es sei an einem konkreten Beispiel erläutert: Wir betrachten die Zufallsvariable X, die das Merkmal »Körpergröße« symbolisiert. Dann ist es sinnlos, nach der Wahrscheinlichkeit zu fragen, mit der X einen

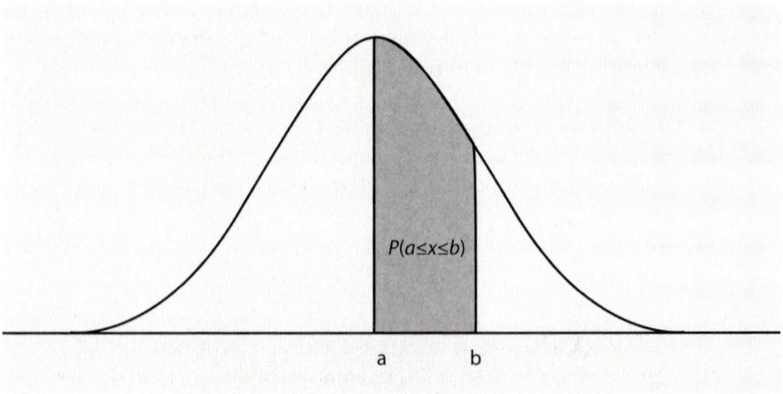

Abb. 6.2 Dichte einer stetigen Zufallsvariablen. Die eingezeichnete Fläche entspricht $P(a \leq X \leq b)$

Wert von beispielsweise 178 cm annimmt. Dieser scheinbare Widerspruch zur Realität wird dadurch erklärt, dass die gemessene Körpergröße nicht exakt 178 cm beträgt, sondern sich – bei einer Messgenauigkeit von 1 cm – zwischen 177,5 und 178,5 cm bewegt.

6.3.4 Lageparameter

Erwartungswert Das bekannteste Lagemaß einer Stichprobe ist der Mittelwert; das Analogon zur Charakterisierung einer Grundgesamtheit wird Erwartungswert genannt. Während man die Parameter einer Stichprobe gewöhnlich mit lateinischen Buchstaben darstellt, bezeichnet man die Parameter einer Grundgesamtheit mit griechischen Buchstaben. Der Erwartungswert wird mit dem griechischen μ (sprich: mü) symbolisiert; dies entspricht dem lateinischen *m*. Bei einer diskreten Zufallsvariablen mit *k* möglichen Realisationen gilt:

$$\mu = \sum_{i=1}^{k} x_i \cdot p_i \tag{6.22}$$

Der Erwartungswert einer stetigen Zufallsvariablen ist definiert als:

$$\mu = \int_{-\infty}^{+\infty} x \cdot f(x) dx \tag{6.23}$$

Der Begriff »Erwartungswert« wurde bereits 1657 vom niederländischen Mathematiker *Christiaan Huygens* in dessen Buch »De Ratiociniis in Aleae Ludo« eingeführt. Dies war das erste Lehrbuch der Wahrscheinlichkeitsrechnung und hatte großen Einfluss auf deren weitere Entwicklung.

Der Erwartungswert von X wird auch mit EX, $E(X)$ oder μ_X bezeichnet. Diese Schreibweisen bevorzugt man, wenn der Variablenname X hervorgehoben werden soll. Zwei unmittelbar einleuchtende Rechenregeln seien an dieser Stelle genannt:

$$E(aX+b) = a \cdot EX + b \tag{6.24}$$

$$E(X_1 + \ldots + X_n) = \sum_{i=1}^{n} EX_i \tag{6.25}$$

► Gleichung (6.25) beschreibt die **Additivität der Erwartungswerte**.

Abgesehen von den Begriffen »Mittelwert« bzw. »Erwartungswert« (im Englischen einheitlich als »mean value« bezeichnet) stimmen bei den anderen Parametern die Bezeichnungen für die Stichprobe und die Grundgesamtheit überein.

Median und Quantile Der Median $\tilde{\mu}$ (sprich: mü Schlange) einer Grundgesamtheit ist durch die Verteilungsfunktion bestimmt. Bei einer diskreten Zufallsvariablen ist der Median $\tilde{\mu}$ die kleinste Zahl, für die gilt: $F(\tilde{\mu}) \geq 0{,}5$. Analog dazu ist ein beliebiges **α-Quantil** (mit $= 0 < \alpha$ 1) definiert als die kleinste Zahl $\tilde{\mu}_\alpha$ mit $F(\tilde{\mu}_\alpha \geq \alpha)$. Bei einer stetigen Variablen X sind der **Median** und die **α-Quantile** definiert als: $F(\tilde{\mu}) = 0{,}5$ bzw. $F(\tilde{\mu}_\alpha) = \alpha$.

Modus Der Modus der Grundgesamtheit ist der Wert mit der größten Wahrscheinlichkeit p_i. Bei stetigen X ist der Modus der Wert, an dem die Dichtefunktion $f(x)$ ein Maximum aufweist. Bei bi- oder multimodalen Verteilungen existieren eventuell mehrere Werte, die bezüglich ihrer unmittelbaren Umgebung Modalwerte darstellen.

6.3.5 Streuungsparameter

Siehe auch ► Anhang, Mathematische Abhandlung 6.3.

Varianz In der deskriptiven Statistik ist die empirische Varianz definiert als die mittlere quadratische Abweichung der Stichprobendaten vom Mittelwert. Das Analogon in der Wahrscheinlichkeitsrechnung ist der Erwartungswert der quadratischen Abweichung der Zufallsvariablen X von μ:

$$\sigma^2 = E\big((X-\mu)^2\big) = E(X^2) - \mu^2 \tag{6.26}$$

Der griechische Buchstabe σ (sigma) entspricht dem lateinischen *s* und bezeichnet die **Standardabweichung** der Grundgesamtheit. Für diskrete bzw. stetige Zufallsvariable ist die Varianz äquivalent zu:

$$\sigma^2 = \sum_{i=1}^{k} (x_i - \mu)^2 \, p_i \tag{6.27}$$

$$\sigma^2 = \int_{-\infty}^{+\infty} (x - \mu)^2 f(x) dx \tag{6.28}$$

Wegen der quadratischen Dimension einer Varianz gilt:

$$\mathrm{Var}(aX + b) = a^2 \cdot \mathrm{Var}(X) \tag{6.29}$$

Daraus folgt sofort (für $a = 0$): $\mathrm{Var}(b) = 0$. Dies beinhaltet die triviale Feststellung: Eine Konstante hat keine Varianz. Für die Summe zweier Zufallsvariablen gilt allgemein:

$$\mathrm{Var}(X + Y) = \mathrm{Var}(X) + \mathrm{Var}(Y) + 2 \cdot \mathrm{Cov}(X,Y) \tag{6.30}$$

Die **Kovarianz** ist definiert als:

$$\mathrm{Cov}(X,Y) = E\big((X - \mu_x) \cdot (Y - \mu_y)\big) = E(XY) - \mu_x \cdot \mu_y \tag{6.31}$$

Die Kovarianz ist 0, wenn *X* und *Y* **unabhängige Variable** sind. Für die Summe mehrerer unabhängiger Zufallsvariablen gilt:

$$\mathrm{Var}\Big(\sum_{i=1}^{n} X_i\Big) = \sum_{i=1}^{n} \mathrm{Var}(X_i) \tag{6.32}$$

6.3.6 Zentrale Momente***

Weitere Charakterisierungen einer quantitativen Zufallsvariablen gestatten die sog. **Momente** EX^k und die **zentralen Momente** $E(X - EX)^k$ (wobei *k* eine natürliche Zahl ist). Das 1. Moment *EX* haben wir bereits als den Erwartungswert μ kennen gelernt. Das 2. zentrale Moment $E(X - EX)^2$ ist die Varianz. Aus dem 3. zentralen Moment lässt sich die Schiefe γ_1 (gamma) herleiten (► Formel 4.17):

$$\gamma_1 = E(X - EX)^3 / \sigma^3 \tag{6.33}$$

Da sich wegen der 3. Potenz negative und positive Abweichungen der *x*-Werte vom Erwartungswert ausgleichen, ergibt sich bei symmetrischen Verteilungen für die Schiefe der Wert 0. Bei linksgipfligen Verteilungen ist $\gamma_1 > 0$, bei rechtsgipfligen ist $\gamma_1 < 0$. Mit dem 4. zentralen Moment wird die Wölbung definiert als (► Formel 4.20):

▼

$$\gamma_2 = E(X - EX)^4 / \sigma^4 - 3 \tag{6.34}$$

Das 4. zentrale Moment der Normalverteilung ist $3\sigma^4$. (Dies sei ohne Beweis erwähnt.) Mit der Definition nach ► Formel (6.34) erreicht man, dass die Wölbung einer normalverteilten Zufallsvariablen den Wert 0 annimmt.

6.4 Sätze der Wahrscheinlichkeitsrechnung

6.4.1 Tschebyscheff-Ungleichung***

Siehe auch ► Anhang, Mathematische Abhandlung 6.4.

Der russische Mathematiker *Pafnutij Tschebyscheff* (1821–1879) leitete im Jahr 1874 die nach ihm benannte **Tschebyscheff-Ungleichung** her. Sie erlaubt eine Abschätzung der Wahrscheinlichkeit, mit der die Zufallsvariable *X* um mehr als eine feste Zahl vom Erwartungswert μ abweicht. Es gilt:

$$P(|X - \mu| > k\sigma) \leq \frac{1}{k^2} \text{ f r alle } k > 0 \tag{6.35}$$

Diese Ungleichung lässt sich auch in einer anderen Form schreiben, indem man den Faktor $k\sigma$ durch ε (epsilon) ersetzt:

$$P(|X - \mu| > \varepsilon) \leq \frac{\sigma^2}{\varepsilon^2} \text{ f r alle } \varepsilon > 0 \tag{6.36}$$

Die Tschebyscheff-Ungleichung setzt keine besondere Verteilungsform voraus – sie gilt generell für alle, also für symmetrische sowie für schiefe Verteilungen. Allerdings sind die daraus hergeleiteten Abschätzungen recht grob. Für $k = 1$ ergibt sich aus ► Formel (6.35) lediglich die triviale Feststellung:

$$P(|X - \mu| > \sigma) \leq 1$$

Für $k = 2$ und $k = 3$ berechnet man:

$$P(|X - \mu| > 2\sigma) \leq \frac{1}{4}, P(|X - \mu| > 3\sigma) \leq \frac{1}{9}$$

Demnach liegen bei jeder Verteilung mindestens 8/9 aller Werte innerhalb der Grenzen $\mu \pm 3\sigma$. (Darauf wurde bereits in ► Abschn. 4.3.1 bei der Einführung der empirischen Standardabweichung hingewiesen.) Liegen genauere Informationen bezüglich der Verteilungsform vor, sind bessere Abschätzungen möglich. Für symmetrische, eingipflige Verteilungen hat Gauß eine schärfere Ungleichung nachgewiesen:

$$P(|X - \mu| > k\sigma) \leq \frac{4}{9k^2} \text{ f r alle } k \geq 2/\sqrt{3} \approx 1{,}155 \tag{6.37}$$

▼

Für $k = 2$ oder $k = 3$ erhält man damit folgende Abschätzungen:

$$P(|X-\mu|>2\sigma)\le\frac{1}{9}\approx 0{,}111,\quad P(|X-\mu|>3\sigma)\le\frac{4}{81}\approx 0{,}049$$

6.4.2 Gesetz der großen Zahlen***

Siehe auch ► Anhang, Mathematische Abhandlung 6.5.
Es ist intuitiv klar, dass sich der Erwartungswert einer Grundgesamtheit durch einen Stichprobenmittelwert umso genauer schätzen lässt, je größer der zugrunde liegende Stichprobenumfang ist. Das **Gesetz der großen Zahlen** ist die mathematisch präzise Formulierung dieses Sachverhalts.
Vorab einige Überlegungen: Wie wir wissen, wird der Mittelwert aus *n* Werten berechnet, die zufällig in die Stichprobe gelangen. Würde man aus derselben Grundgesamtheit eine andere Stichprobe des Umfangs *n* ziehen, erhielte man andere Stichprobenwerte und damit auch einen anderen Mittelwert. Bei einer großen Grundgesamtheit sind eine enorme Vielzahl von Stichproben des Umfangs *n* und fast ebenso viele verschiedene Mittelwerte denkbar. Demzufolge ist jeder Mittelwert vom Zufall abhängig und lässt sich insofern auffassen als die Realisation einer Zufallsvariablen:

$$\bar{X}=\frac{\sum_{i=1}^{n}X_i}{n}$$

Alle Variablen X_i haben den Erwartungswert μ und die Varianz σ^2. Für die Funktionalparameter der Mittelwerte $\bar{X}$ gilt:

$$E(\bar{X})=\mu \qquad (6.38)$$

$$\mathrm{Var}(\bar{X})=\frac{\sigma^2}{n} \qquad (6.39)$$

$$\sigma_{\bar{X}}=\frac{\sigma}{\sqrt{n}} \qquad (6.40)$$

In ► Abschn. 7.2.5 wird gezeigt, dass diese Mittelwerte normalverteilt sind. Diese Betrachtung der Zufallsvariablen $\bar{X}$ ist für jemanden, der sich erstmals mit Wahrscheinlichkeitsrechnung befasst, eine eigenartige Sichtweise. Normalerweise liegt *eine* konkrete Stichprobe vor, aus der *ein einziger* Mittelwert resultiert. Wieso spricht man nun von der **Verteilung der Mittelwerte**, und was bedeuten in diesem Zusammenhang der Erwartungswert und die Standardabweichung von $\bar{X}$?
Um einen Mittelwert beurteilen zu können, muss man sich darüber im Klaren sein, dass dieser Wert zufällig zustande gekommen ist und dass sich ebenso gut ein anderer aus einer immensen Vielzahl von Möglichkeiten hätte ergeben können. Die Variabilität dieser möglichen Mittelwerte

▼

wird durch die Standardabweichung $\sigma_{\bar{X}}$ quantifiziert. Man bezeichnet sie deshalb auch als **Standardfehler des Mittelwerts.** Dieser ist umso geringer, je kleiner die Standardabweichung der Grundgesamtheit σ und je größer der Stichprobenumfang n ist. Aus diesem Grund ermöglichen homogene Grundgesamtheiten mit kleinem σ-Wert bessere Schätzungen als heterogene Populationen mit großem σ. Wir werden in ► Kap. 8 bei der Behandlung von Schätzverfahren darauf zurückkommen.

Nach diesen theoretischen Überlegungen lässt sich nun das **schwache Gesetz der großen Zahlen** herleiten. Es beinhaltet die Aussage, dass sich ein Mittelwert mit wachsendem Stichprobenumfang dem Erwartungswert μ nähert:

$$\bar{X} = \frac{1}{n}\sum_{i=1}^{n} X_i \underset{n\to\infty}{\to} \mu \tag{6.41}$$

Man sagt auch: Der Mittelwert **konvergiert** gegen den Erwartungswert. Die schärfere Form – das **starke Gesetz der großen Zahlen** – besagt, dass diese Annäherung mit einer Wahrscheinlichkeit von nahezu 1 erfolgt. Sei $\varepsilon > 0$ eine beliebige positive Zahl; dann gilt:

$$P\left(|\bar{X} - \mu| < \varepsilon\right) \underset{n\to\infty}{\to} 1 \tag{6.42}$$

Verbal formuliert bedeutet ► Formel (6.42), dass die Differenz ε zwischen einem Mittelwert und dem Erwartungswert beliebig klein gehalten werden kann, wenn n hinreichend groß ist. Einerseits rechtfertigt dieses Gesetz einen hohen Stichprobenumfang. Andererseits besagt es auch, dass ab einer gewissen Größe von n die Differenz so gering ist, dass ein größerer Stichprobenumfang nicht mehr sinnvoll ist.

Kapitelzusammenfassung

Rechenregeln für Wahrscheinlichkeiten

Satz für das komplementäre Ereignis $\bar{A}$:

$$P(\bar{A}) = 1 - P(A)$$

Satz von der totalen Wahrscheinlichkeit:

$$P(A) = P(A \cap B) + P(A \cap \bar{B})$$

Additionssatz:

$$\textit{Allgemein:}\ P(A \cup B) = P(A) + P(B) - P(A \cap B)$$

$$A \text{ und } B \textit{ disjunkt} \Rightarrow P(A \cup B) = P(A) + P(B)$$

$$A \text{ und } B \textit{ unabhängig} \Rightarrow P(A \cup B) = P(A) + P(B) - P(A) \cdot P(B)$$

▼

Rechenregeln für statistische Parameter

Erwartungswert:

$$E(aX+b)=a\cdot EX+b,\ E(X_1+...+X_n)=\sum_{i=1}^{n}EX_i$$

Varianz:

$$\operatorname{Var}(aX+b)=a^2\cdot\operatorname{Var}(X)$$

$$\operatorname{Var}(X+Y)=\operatorname{Var}(X)+\operatorname{Var}(Y)+2\cdot\operatorname{Cov}(X,Y)$$

$$X \text{ und } Y \text{ unabhängig} \Rightarrow \operatorname{Var}(X+Y)=\operatorname{Var}(X)+\operatorname{Var}(Y)$$

Verteilungen

C. Weiß, *Basiswissen Medizinische Statistik*,
DOI 10.1007/978-3-642-34261-5_7,

> Man darf nicht das, was uns unwahrscheinlich und unnatürlich erscheint, mit dem verwechseln, was absolut unmöglich ist. (Carl Friedrich Gauß)

7.1 Diskrete Verteilungen

7.1.1 Bernoulli-Experiment

Im Rahmen medizinischer Fragestellungen befasst man sich häufig mit Beobachtungen, bei denen nur zwei Ergebnisse möglich sind: So interessiert man sich beispielsweise dafür, ob eine Therapie erfolgreich ist oder nicht, oder man beurteilt einen Laborwert danach, ob er physiologisch oder pathologisch ist.

Zufallsexperimente einfachster Art mit nur zwei möglichen Ausgängen bezeichnet man als **Bernoulli-Experimente**, benannt nach dem Schweizer Mathematiker *Jakob Bernoulli* (1654–1705). Dieses Modell ist anwendbar bei allen qualitativen und quantitativen Merkmalen, deren Ausprägungen in zwei Gruppen oder Klassen eingeteilt sind.

Um ein Bernoulli-Experiment formal zu beschreiben, betrachten wir zwei komplementäre Ereignisse A und $\bar{A}$. Wir führen eine Zufallsvariable X ein, die die Werte 1 (falls A eintritt) und 0 (falls $\bar{A}$ eintritt) annehmen kann. Die zugehörigen Wahrscheinlichkeiten seien:

$$P(A) = P(X = 1) = p$$
$$P(\bar{A}) = P(X = 0) = q$$

Nach ▶ Formel (6.3) erhalten wir für die Wahrscheinlichkeit des komplementären Ereignisses $\bar{A}$:

$$q = 1 - p \tag{7.1}$$

Die Wahrscheinlichkeit p kann – wie bereits in ▶ Abschn. 6.2.2 erwähnt – empirisch geschätzt werden, indem man ein Bernoulli-Experiment hinreichend oft wiederholt und dann die relative Häufigkeit des Ereignisses A als Schätzwert für p verwendet.

ⓘ Diese Variante des Gesetzes der großen Zahlen (▶ Abschn. 6.4.2) findet sich bereits in Bernoullis Schrift »Ars conjectandi«, die erst nach seinem Tod im Jahr 1713 veröffentlicht wurde. Das Neue und Besondere an diesem Werk ist die Idee, die Statistik auf wirtschaftliche und gesellschaftliche Probleme anzuwenden.

Die in den folgenden Abschnitten vorgestellten diskreten Verteilungen beschreiben Wahrscheinlichkeitsverteilungen, die sich ergeben, wenn man mehrere Bernoulli-Experimente nacheinander durchführt. Fragestellungen dieser Art treten bei medizinischen Studien häufig auf. Als Beispiele seien genannt:

- Zehn Patienten werden behandelt; die Wahrscheinlichkeit für einen Therapieerfolg liegt im Einzelfall bei 80%. Wie hoch ist dann die Wahrscheinlichkeit, dass eine bestimmte Anzahl von Erfolgen eintritt? → Binomialverteilung, ► Abschn. 7.1.2
- In einer Notfallzentrale gehen durchschnittlich 3 Meldungen pro Nacht ein. Mit welchen Wahrscheinlichkeiten wird in einer Nacht kein Notfall, einer oder eine andere Anzahl gemeldet? → Poisson-Verteilung, ► Abschn. 7.1.3
- Bei einer Frau wird eine In-vitro-Fertilisation durchgeführt. Wie hoch ist die Wahrscheinlichkeit, dass eine Frau nach einem oder nach 2 Versuchen oder erst später schwanger wird, wenn die Erfolgswahrscheinlichkeit jedes Mal 40% beträgt? → Geometrische Verteilung, ► Abschn. 7.1.4
- Aus einer Menge von 75 Studenten bestehend aus 40 Männern und 35 Frauen wird ein 5-köpfiges Gremium gewählt. Wie hoch ist die Wahrscheinlichkeit, dass sich dieses aus 2 Frauen und 3 Männern zusammensetzt? → Hypergeometrische Verteilung, ► Abschn. 7.1.5

7.1.2 Binomialverteilung

Siehe auch ► Anhang, Mathematische Abhandlung 7.1.

Wird ein Bernoulli-Experiment mehrfach wiederholt und sind diese Wiederholungen unabhängig voneinander, bezeichnet man dies als einen **Bernoulli-Prozess**. Wenn beispielsweise im Rahmen einer klinischen Studie eine bestimmte Anzahl von Patienten behandelt wird und das Endereignis »Therapieerfolg« mit den Ausprägungen »ja« und »nein« erfasst wird, dann handelt es sich bei dieser Beobachtungsserie formal um einen Bernoulli-Prozess. Dieser ist folgendermaßen charakterisiert:

- Es werden n unabhängige Bernoulli-Experimente durchgeführt, die durch gleich verteilte Zufallsvariablen X_i ($i = 1, \ldots, n$) beschrieben werden.
- Jedes X_i nimmt mit der Wahrscheinlichkeit p den Wert 1 (bei Eintreten des Ereignisses A) und mit der Wahrscheinlichkeit $q = 1 - p$ den Wert 0 (bei Eintreten von $\bar{A}$) an.
- Dann quantifiziert die Zufallsvariable $X = X_1 + \ldots + X_n$, wie häufig bei n Experimenten das Ereignis A eingetreten ist. X wird durch eine **Binomialverteilung** beschrieben.

Eine binomialverteilte Zufallsvariable X ist durch die Parameter n und p eindeutig festgelegt und wird mit $X \sim B(n, p)$ angegeben. Der Erwartungswert und die Varianz von X sind berechenbar als:

$$E(X) = \sum_{i=1}^{n} EX_i = n \cdot p \tag{7.2}$$

$$\mathrm{Var}(X) = \sum_{i=1}^{n} \mathrm{Var}(X_i) = n \cdot p \cdot q \tag{7.3}$$

Beispiel 7.1: Binomialverteilung (Erwartungswert und Varianz)

Eine Therapie hat eine Erfolgswahrscheinlichkeit von 80%. 10 Patienten werden behandelt. Formal lässt sich dieses Vorgehen auffassen als ein Prozess bestehend aus $n = 10$ Bernoulli-Experimenten mit den möglichen Ergebnissen A (Erfolg) und $\bar{A}$ (Misserfolg). Die Wahrscheinlichkeiten sind:

$$p = P(A) = 0{,}80 \text{ und } q = P(\bar{A}) = 0{,}20.$$

Die Zufallsvariable $X \sim B(10; 0{,}8)$ quantifiziert die Anzahl der Erfolge. Für Erwartungswert und Varianz ergeben sich:

$\mu = 10 \,.\, 0{,}8 = 8{,}0$ nach ▶ Formel (7.2)
$\sigma^2 = 10 \,.\, 0{,}8 \cdot 0{,}2 = 1{,}6$ nach ▶ Formel (7.3)

Etwas komplizierter ist die Berechnung der Wahrscheinlichkeiten. Die Zufallsvariable $X \sim B(n, p)$ kann theoretisch jede natürliche Zahl zwischen 0 und n annehmen. Diese Zahl gibt an, wie oft bei n Zufallsexperimenten das Ereignis A eingetreten ist. Die entsprechenden Wahrscheinlichkeiten berechnet man nach folgender Formel:

$$P(X = k) = \binom{n}{k} \cdot p^k \cdot q^{n-k} \text{ f r } k = 0, \ldots, n \tag{7.4}$$

Der Ausdruck $\binom{n}{k}$ (sprich: n über k) ist ein **Binomialkoeffizient.** Er quantifiziert die Anzahl der Möglichkeiten, aus einer Menge von n Elementen genau k Elemente auszuwählen, und ist definiert als:

$$\binom{n}{k} = \frac{n!}{k! \cdot \leq (n-k)!} = \frac{1 \cdot 2 \cdot \ldots \cdot n}{(1 \cdot \ldots \cdot k) \cdot ((1 \cdot \ldots \cdot (n-k))} \tag{7.5}$$

Der Zähler $n!$ (sprich: n Fakultät) bezeichnet das Produkt, das aus allen natürlichen Zahlen von 1 bis n gebildet wird. Entsprechend werden $k!$ und $(n - k)!$ im Nenner berechnet.

Beispiel 7.2: Binomalverteilung (Wahrscheinlichkeiten)

Wir greifen zurück auf ▶ Beispiel 7.1 und berechnen die Wahrscheinlichkeit dafür, dass genau 7 von 10 Patienten erfolgreich therapiert werden. Die Wahrscheinlichkeit, bei den ersten 7 Patienten einen Erfolg und bei den restlichen 3 einen Misserfolg zu erzielen, ist:

▼

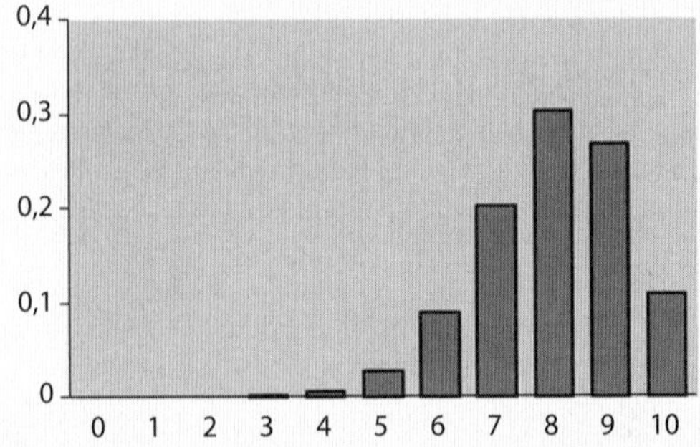

Abb. 7.1 Binomialverteilung mit $n = 10$ und $p = 0{,}8$

$p^7 \cdot q^3 = 0{,}8^7 \cdot 0{,}2^3 \approx 0{,}0017$. Es gibt jedoch nicht nur eine, sondern insgesamt $\binom{10}{7} = 120$ Möglichkeiten, von 10 Patienten genau 3 auszuwählen. Nach ► Formel (7.4) beträgt die gesuchte Wahrscheinlichkeit: $P(X = 7) = 120 \cdot 0{,}8^7 \cdot 0{,}2^3 \approx 0{,}2013$. Für die anderen Wahrscheinlichkeiten ergibt sich (Abb. 7.1):

k	$P(X = k)$	$P(X \le k)$
0	$1 \cdot 0{,}8^0 \cdot 0{,}2^{10} = 0{,}2^{10} = 10^{-7}$	10^{-7}
1	$10 \cdot 0{,}8^1 \cdot 0{,}2^9 = 4 \cdot 10^{-6}$	$4 \cdot 10^{-6}$
2	$45 \cdot 0{,}8^2 \cdot 0{,}2^8 = 7 \cdot 10^{-5}$	$8 \cdot 10^{-5}$
3	$120 \cdot 0{,}8^3 \cdot 0{,}2^7 = 0{,}0008$	0,0009
4	$210 \cdot 0{,}8^4 \cdot 0{,}2^6 = 0{,}0055$	0,0064
5	$252 \cdot 0{,}8^5 \cdot 0{,}2^5 = 0{,}0264$	0,0328
6	$210 \cdot 0{,}8^6 \cdot 0{,}2^4 = 0{,}0881$	0,1209
7	$120 \cdot 0{,}8^7 \cdot 0{,}2^3 = 0{,}2013$	0,3222
8	$45 \cdot 0{,}8^8 \cdot 0{,}2^2 = 0{,}3020$	0,6242
9	$10 \cdot 0{,}8^9 \cdot 0{,}2^1 = 0{,}2684$	0,8926
10	$1 \cdot 0{,}8^{10} \cdot 0{,}2^0 = 0{,}8^{10} = 0{,}1074$	1

Die Wahrscheinlichkeit, dass bei weniger als 6 Patienten ein Erfolg zu verzeichnen ist, beträgt demnach 3,28%. Anders formuliert: Wenn dieser Fall eintritt, wäre es sinnvoll, nach den Ursachen zu forschen.

Bezüglich ► Formel (7.5) sind folgende Regeln zu beachten:

- Jeder Binomialkoeffizient ist eine natürliche Zahl.
- Einen Binomialkoeffizienten berechnet man am einfachsten als Bruch mit k natürlichen Zahlen im Zähler (beginnend bei n in absteigender Reihenfolge) und k Zahlen im Nenner (beginnend bei 1 in aufsteigender Reihenfolge). So ist z. B.

$$\binom{10}{3} = \frac{10 \cdot 9 \cdot 8}{1 \cdot 2 \cdot 3} = 120 \,.$$

- Für alle p gilt generell:

$$p^0 = 1 \text{ und } p^1 = p.$$

- Für alle $k = 0, \ldots, n$ gilt:

$$\binom{n}{k} = \binom{n}{n-k}; \text{ z.B. } \binom{10}{3} = \binom{10}{7}$$

- Per definitionem ist:

$$\binom{n}{0} = \binom{n}{n} = 1$$

Ein Sonderfall stellt die **symmetrische Binomialverteilung** dar mit $p = q = 0{,}5$. Dann vereinfachen sich die obigen Formeln zu:

$$E(X) = 0{,}5 \cdot n \tag{7.6}$$

$$\mathrm{Var}(X) = 0{,}25 \cdot n \tag{7.7}$$

$$P(X = k) = P(X = n - k) = \binom{n}{k} \cdot 0{,}5^n \tag{7.8}$$

Die Schiefe einer Binomialverteilung berechnet sich als $\gamma_1 = (q - p)/\sigma$. Also ist die Verteilung genau dann symmetrisch, wenn $p = q$.

Beispiel 7.3: Symmetrische Binomialverteilung

Wir betrachten Familien mit 4 Kindern, X sei die Anzahl der Jungen. Wir nehmen an, dass ein Junge mit der Wahrscheinlichkeit von 0,5 geboren wird. Nach ► Formel (7.6) und ► Formel (7.7) ergeben sich $E(X) = 2$ und $\mathrm{Var}(X) = 1$. Für die Wahrscheinlichkeiten berechnet man nach ► Formel (7.8) (■ Abb. 7.2):

▼

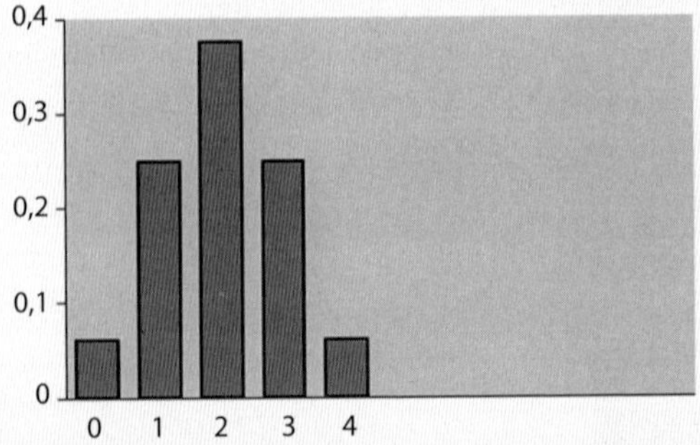

Abb. 7.2 Binomialverteilung mit $n = 4$ und $p = 0{,}5$

k	$P(X = k)$	$P(X \leq k)$
0	$1 \cdot 0{,}5^4 = 1/16 = 0{,}0625$	0,0625
1	$4 \cdot 0{,}5^4 = 1/4 = 0{,}25$	0,3125
2	$6 \cdot 0{,}5^4 = 3/8 = 0{,}375$	0,6875
3	$4 \cdot 0{,}5^4 = 1/4 = 0{,}25$	0,9375
4	$1 \cdot 0{,}5^4 = 1/16 = 0{,}0625$	1

Dieses Modell ist auch beim Münzwurf anwendbar. (Diese Wahrscheinlichkeiten lassen sich in der Praxis leichter überprüfen.)

7.1.3 Poisson-Verteilung

Siehe auch ▶ Anhang, Mathematische Abhandlung 7.2.

Der französische Mathematiker *Siméon Denis Poisson* (1781–1840) hat die Binomialverteilung für den speziellen Fall untersucht, dass die Anzahl der Wiederholungen n groß und die Wahrscheinlichkeit p für das Eintreten des Ereignisses A klein ist. Fragestellungen dieser Art treten in der Medizin häufig auf:

- So beobachtet man bei epidemiologischen Untersuchungen häufig eine umfangreiche Population, bei der die Wahrscheinlichkeit für ein bestimmtes Endereignis (etwa Krankheit oder Tod) bei einem Individuum sehr gering ist.
- Ein anderes Beispiel stellt der radioaktive Zerfall dar: In einer bestimmten Zeiteinheit zerfällt nur ein minimaler Anteil von Millionen radioaktiven Isotopen.

Wie Poisson nachwies, lässt sich für $n \geq 30$ und $p \leq 0{,}1$ die Binomialverteilung durch folgende Grenzverteilung approximieren:

$$P(X = k) = \frac{\lambda^k}{k!} \cdot e^{-\lambda} \tag{7.9}$$

Der Buchstabe e symbolisiert die **Euler-Zahl**, deren Wert ungefähr 2,718 beträgt (▶ Anhang, Mathematische Abhandlung 7.2). ▶ Formel (7.9) hat gegenüber ▶ Formel (7.4) den Vorteil, dass sie für große n und kleine k wesentlich leichter zu handhaben ist. Der griechische Buchstabe λ (lambda) repräsentiert den Erwartungswert der Verteilung, für den nach ▶ Formel (7.2) gilt:

$$E(X) = \lambda = n \cdot p \tag{7.10}$$

Nach ▶ Formel (7.3) und ▶ Formel (7.10) lässt sich die Varianz approximieren durch:

$$\text{Var}(X) = n \cdot p \cdot q = n \cdot \frac{\lambda}{n} \cdot (1 - \frac{\lambda}{n}) \underset{n \to \infty}{\to} \lambda \tag{7.11}$$

Demnach stimmen bei der Poisson-Verteilung Erwartungswert und Varianz überein. Durch den Parameter λ ist eine Poisson-verteilte Zufallsvariable eindeutig festgelegt; sie wird als $X \sim P(\lambda)$ angegeben. Wegen des kleinen Wertes für p bezeichnet man diese Verteilung auch als die »Verteilung der seltenen Ereignisse«.

! Cave

Für die Berechnung einer Wahrscheinlichkeit nach ▶ Formel (7.9) benötigt man nur den Erwartungswert λ. Weitere Angaben (der Parameter *n* oder die Wahrscheinlichkeit *p* für das Eintreten eines Ereignisses im Einzelfall) sind nicht erforderlich. Daher ist die Poisson-Verteilung auch anwendbar, wenn nur der Erwartungswert bekannt ist (▶ Beispiel 7.5).

Beispiel 7.4: Poisson-Verteilung mit bekanntem *p*

In einer Geburtsklinik werden jährlich $n = 2000$ Kinder geboren. Die Wahrscheinlichkeit, dass ein Neugeborenes mit einem Down-Syndrom zur Welt kommt, beträgt $p = 0{,}001$. Unter der Annahme, dass die Ereignisse unabhängig sind, lässt sich die Anzahl der Neugeborenen mit Down-Syndrom durch eine Poisson-verteilte Zufallsvariable X beschreiben. Für den charakteristischen Parameter gilt: $\lambda = n \cdot p = 2.000 \cdot 0{,}001 = 2$. Mit ▶ Formel (7.9) berechnet man:

k	$P(X = k)$	$F(k) = P(X \leq k)$
0	$e^{-2} = 0{,}135$	0,135
1	$2 \cdot e^{-2} = 0{,}271$	0,406

▼

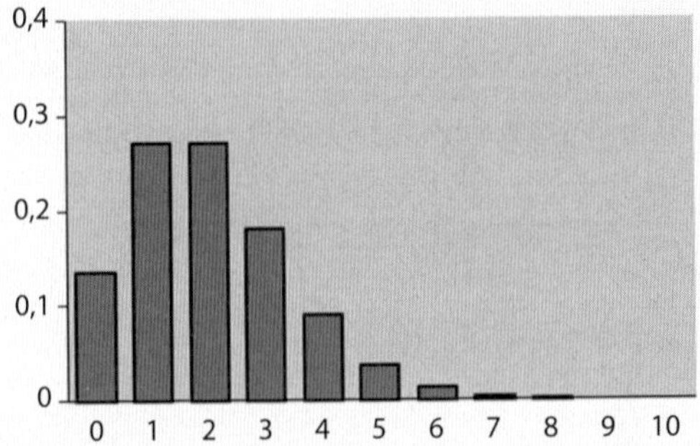

Abb. 7.3 Poisson-Verteilung mit $\lambda = 2$

2	$\frac{4}{2} \cdot e^{-2} = 0{,}271$	0,677
3	$\frac{8}{6} \cdot e^{-2} = 0{,}180$	0,857
4	$\frac{16}{24} \cdot e^{-2} = 0{,}090$	0,947
5	$\frac{32}{120} \cdot e^{-2} = 0{,}036$	0,983
6	$\frac{64}{720} \cdot e^{-2} = 0{,}012$	0,995

Man erkennt, dass die Wahrscheinlichkeiten für wachsendes *k* sehr schnell abnehmen (Abb. 7.3). Die Wahrscheinlichkeit, dass pro Jahr mehr als 6 Kinder mit Down-Syndrom geboren werden, ist nahezu 0.

Beispiel 7.5: Poisson-Verteilung ohne bekanntes *p*

In einem Notfallzentrum werden durchschnittlich 3 Notfälle pro Nacht gemeldet. Dann folgt die Anzahl *X* der Notfälle pro Nacht einer Poisson-Verteilung mit dem Erwartungswert $\lambda = 3$. Mit ► Formel (7.9) berechnet man:

$P(X = 0) = e^{-3} = 0{,}050$
$P(X = 1) = 3 \cdot e^{-3} = 0{,}149$
$P(X = 2) = 4{,}5 \cdot e^{-3} = 0{,}224$
$P(X = 3) = 4{,}5 \cdot e^{-3} = 0{,}224$
$P(X = 4) = 3{,}375 \cdot e^{-3} = 0{,}168$
$P(X = 5) = 2{,}025 \cdot e^{-3} = 0{,}101$
$P(X = 6) = 1{,}0125 \cdot e^{-3} = 0{,}050$
$P(X > 6) = 0{,}034$

▼

Für *X* gibt es theoretisch keine obere Grenze. Es ist jedoch unwahrscheinlich, dass in einer Nacht mehr als 6 Notfallmeldungen eingehen.

Die Poisson-Verteilung ist immer linksgipflig, da für die Schiefe gilt:

$$\gamma_1 = (q-p)/\sigma \underset{n\to\infty}{\to} (1-0)/\sqrt{\lambda} = 1/\sqrt{\lambda} > 0 \quad .$$

7.1.4 Geometrische Verteilung***

Die **geometrische Verteilung** *NB*(1,*p*) wird häufig zur Analyse von Wartezeiten verwendet (▶ Beispiel 7.6). Sie beschreibt, mit welcher Wahrscheinlichkeit ein Ereignis *A* in einer Serie von Bernoulli-Experimenten bei der *j*-ten Beobachtung erstmals eintritt. Diese Wahrscheinlichkeit berechnet sich als:

$$P(X=j) = q^{j-1} \cdot p \tag{7.12}$$

Dabei wird zugrunde gelegt, dass bei den ersten $j-1$ Beobachtungen jeweils das Ereignis $\bar{A}$ (mit der Wahrscheinlichkeit $q = 1 - p$) und bei der *j*-ten Beobachtung das Ereignis *A* (mit der Wahrscheinlichkeit *p*) eintritt. Die Anzahl der Einzelexperimente ist also *nicht* von vornherein festgelegt. Man beachte: Die Erfolgsaussichten bleiben nach jedem Experiment konstant. Mit ▶ Formel (6.9) und ▶ Formel (7.12) leitet man her: $P(X = n + k \mid X > n) = P(X = k)$. Die geometrische Verteilung ist also eine **gedächtnislose Verteilung** und insofern das diskrete Pendant zur Exponentialverteilung (▶ Abschn. 7.3.2).

Beispiel 7.6: Geometrische Verteilung

Bei einer In-vitro-Fertilisation liege die Wahrscheinlichkeit, dass eine Schwangerschaft eintritt, im Einzelfall bei $p = 0{,}40$. Dann ist die Anzahl der benötigten Zyklen *X* geometrisch verteilt. Mit ▶ Formel (7.12) berechnet man:

$P(X) = 0) = p = 0{,}40$	$P(X=3) = q^3 \cdot p = 0{,}0864$
$P(X=1) = q \cdot p = 0{,}24$	$P(X=4) = q^4 \cdot p = 0{,}05184$
$P(X=2) = q^2 \cdot p = 0{,}144$	$P(X>4) = 0{,}07776$

Die Wahrscheinlichkeit, dass eine Frau mehr als 4 Zyklen benötigt, um schwanger zu werden, beträgt also etwa 8%.

Die geometrische Verteilung lässt sich verallgemeinern zur **negativen Binomialverteilung** *NB*(*r*, *p*). Diese beschreibt, mit welcher Wahrscheinlichkeit das Ereignis *A* bei der *j*-ten Beobachtung zum *r*-ten Mal eintritt. Unter der Annahme, dass unter den ersten $(j-1)$ Beobachtungen das Ereignis *A* genau $(r-1)$-mal gezählt wird, gilt für die negative Binomialverteilung:

$$P(X=j) = \binom{j-1}{r-1} \cdot q^{j-r} \cdot p^r \text{ f r} j \geq r \tag{7.13}$$

Beispiel 7.7: Negative Binomialverteilung

Eine Blutbank benötigt Blut von 10 Personen mit dem Rhesusfaktor positiv.
Wie groß ist die Wahrscheinlichkeit, dass man nach der Blutentnahme bei maximal 14 Personen 10 positive Konserven hat? Nach ► Formel (7.13) berechnet man für $X \sim NB(10; 0{,}85)$ (also $r = 10$ und $p = 0{,}85$):

$$P(X=10)=\binom{9}{9}\cdot 0{,}85^{10}=0{,}1969$$

$$P(X=11)=\binom{10}{9}\cdot 0{,}15\cdot 0{,}85^{10}=0{,}2953$$

$$P(X=12)=\binom{11}{9}\cdot 0{,}15^{2}\cdot 0{,}85^{10}=0{,}2436$$

$$P(X=13)=\binom{12}{9}\cdot 0{,}15^{3}\cdot 0{,}85^{10}=0{,}1462$$

$$P(X=14)=\binom{13}{9}\cdot 0{,}15^{4}\cdot 0{,}85^{10}=0{,}0713$$

Durch Addition erhält man: $P(X \leq 14) = 0{,}9533$. Das bedeutet, dass mit 95%-iger Wahrscheinlichkeit 14 Entnahmen für 10 positive Konserven ausreichen.

7.1.5 Hypergeometrische Verteilung***

Die **hypergeometrische Verteilung** beschreibt n Beobachtungen, bei denen jeweils alternativ die Ereignisse A und $\bar{A}$ eintreten können. Im Gegensatz zur Binomialverteilung sind diese Beobachtungen jedoch *nicht* unabhängig voneinander – das Auftreten eines Ereignisses beeinflusst die Wahrscheinlichkeiten aller nachfolgenden Ereignisse. Dieser Verteilung liegen folgende Annahmen zugrunde:

- Insgesamt stehen N Objekte (also endlich viele) zur Verfügung, von denen genau M die Eigenschaft A aufweisen und $(N - M)$ die Eigenschaft $\bar{A}$.
- Von den N Objekten werden n zufällig ausgewählt.

Die Zufallsvariable $X \sim HG(n; N, M)$ gibt an, wie häufig Ereignis A bei n Beobachtungen auftritt. Die Wahrscheinlichkeiten sind:

$$P(X=k)=\frac{\binom{M}{k}\cdot\binom{N-M}{n-k}}{\binom{N}{n}} \tag{7.14}$$

Der Quotient $p = M/N$ wird auch als **Anteilswert** bezeichnet. Damit ist der Erwartungswert der hypergeometrischen Verteilung ähnlich wie bei der Binomialverteilung [► Formel (7.2)]:

$$E(X) = np = n \cdot \frac{M}{N} \tag{7.15}$$

Für die Varianz gilt:

$$\mathrm{Var}(X) = \frac{N-n}{N-1} \cdot n \cdot p \cdot (1-p) \tag{7.16}$$

Der Faktor $(N-n)/(N-1)$ entspricht der **Endlichkeitskorrektur**. Falls N im Vergleich zu n sehr groß ist, kann die hypergeometrische Verteilung durch die Binomialverteilung approximiert werden.

Beispiel 7.8: Hypergeometrische Verteilung

Von den 75 Studenten in ◘ Tab. 2.2 sind 35 weiblich. Wie groß ist die Wahrscheinlichkeit, dass unter 5 zufällig ausgewählten Studenten 2 Frauen sind? Nach ► Formel (7.14) ergibt sich mit $N = 75$, $M = 35$, $n = 5$ und $k = 2$:

$$P(X=2) = \frac{\binom{35}{2} \cdot \binom{40}{3}}{\binom{75}{5}} = \frac{595 \cdot 9.880}{17.259.390} = 0{,}3406$$

Die Binomial- und die hypergeometrische Verteilung lassen sich durch zwei unterschiedliche Urnenmodelle veranschaulichen. Gegeben sei eine Urne mit roten und weißen Kugeln; der Anteil roter Kugeln betrage p.

- Zieht man aus dieser Urne nacheinander n Kugeln und legt nach jeder Ziehung die Kugel zurück in die Urne, sind die Ziehungen unabhängig voneinander. Die Wahrscheinlichkeit, eine rote Kugel zu ziehen, beträgt bei jedem Zug p. Ein solcher Prozess lässt sich durch eine Binomialverteilung beschreiben.
- Legt man jedoch die gezogenen Kugeln nicht zurück, ändern sich bei jedem Zug die Wahrscheinlichkeiten. Die Ziehungen sind voneinander abhängig und werden durch eine hypergeometrische Verteilung charakterisiert.

◘ Tab. 7.1 fasst die wichtigsten Informationen zu den diskreten Verteilungen in einer Übersicht zusammen. (Einen entsprechenden Überblick über die stetigen Verteilungen findet man in ◘ Tab. 7.3.)

7.2 Normalverteilung

7.2.1 Allgemeine Eigenschaften

Siehe auch ► Anhang, Mathematische Abhandlung 7.3.

Die **Normalverteilung** ist für die Statistik und deren praktische Anwendung von grundlegender Bedeutung. Ihre Dichtefunktion wird durch die **Gauß'sche Glocken-**

Tab. 7.1 Übersicht: Diskrete Verteilungen

Name und Bezeichnung der Verteilung	Anzahl und Art der Beobachtungen	Ereignisse im Einzelexperiment
Binomialverteilung $B(n, p)$ (▶ Abschn. 7.1.2)	*n* unabhängige	*A* mit der Wahrscheinlichkeit *p* $\bar{A}$ mit der Wahrscheinlichkeit $q = 1 - p$
Poisson-Verteilung $P(\lambda)$ (▶ Abschn. 7.1.3)	*n* unabhängige $n \geq 30, p \leq 0{,}1$	
Geometrische Verteilung $NB(1, p)$ (▶ Abschn. 7.1.4)	bis *A* erstmals eintritt	
Negative Binomialverteilung $NB(r, p)$ (▶ Abschn. 7.1.4)	bis *A* zum *r*-ten Mal eintritt	
Hypergeometrische Verteilung $HG(n; N, M)$ (▶ Abschn. 7.1.5)	*n* abhängige	*A* und $\bar{A}$

kurve dargestellt. (Diese war ehemals zusammen mit dem Konterfei von *Carl Friedrich Gauß* auf dem 10-Mark-Schein abgebildet.) Die zugrunde liegende mathematische Funktion lautet:

$$f(x) = \frac{1}{\sqrt{2\pi} \cdot \sigma} \cdot e^{\frac{-(x-\mu)^2}{2\sigma^2}} \tag{7.17}$$

Eine normalverteilte Zufallsvariable *X* ist durch den Erwartungswert μ und die Standardabweichung σ eindeutig charakterisiert. Sie wird deshalb allgemein als $X \sim N(\mu, \sigma^2)$ angegeben (so auch in diesem Buch); andere Autoren verwenden die Schreibweise $X \sim N(\mu, \sigma)$. Aus ▶ Formel (7.17) lassen sich folgende Eigenschaften der Normalverteilung herleiten:

- Die Glockenkurve ist symmetrisch um den Erwartungswert μ; es gilt also: $f(\mu + x) = f(\mu - x)$.
- Sie hat zwei Wendepunkte bei $x = \mu - \sigma$ und $x = \mu + \sigma$.
- Ihr Maximum ist an der Stelle $x = \mu$.
- Erwartungswert μ, Median und Modalwert von *X* stimmen überein.
- Die Dichte $f(x)$ ist für jede reelle Zahl definiert und größer als 0. Für $x \to \pm\infty$ nähert sie sich asymptotisch der *x*-Achse.

Der Ausdruck »asymptotisch« bedeutet in diesem Zusammenhang, dass die Glockenkurve für hinreichend große *x*-Beträge beliebig nahe an die *x*-Achse herankommt,

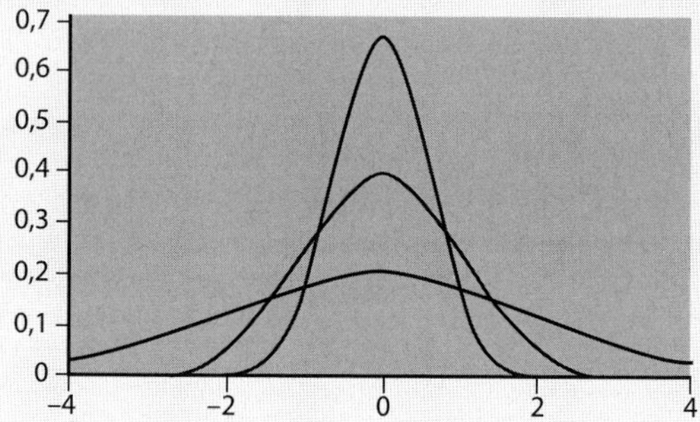

Abb. 7.4 Normalverteilungen mit gleichem Erwartungswert $\mu = 0$ und unterschiedlicher Streuung. Obere Kurve: $\sigma = 0{,}6$, mittlere Kurve: $\sigma = 1$, untere Kurve: $\sigma = 2$

ohne diese jedoch zu erreichen. Eine normalverteilte Zufallsvariable kann also theoretisch jeden beliebigen Wert annehmen – nichts ist unmöglich (nach Gauß)!

Die spezielle Form der Glockenkurve hängt von der Standardabweichung σ ab: Bei kleinem σ-Wert ist sie schmal und hoch; bei großem σ ist sie dagegen breit und niedrig (Abb. 7.4). In jedem Fall ist die Gesamtfläche unter der Kurve gleich 1. Die Schiefe γ_1 ist – wie bei jeder symmetrischen Verteilung – gleich 0. Auch die Wölbung γ_2 ist nach ► Formel (6.34) so definiert, dass sie den Wert 0 annimmt.

Die Wahrscheinlichkeit, dass eine normalverteilte Zufallsvariable X einen Wert zwischen 2 Grenzwerten a und b annimmt, berechnet man nach ► Formel (6.20):

$$P(a \le X \le b) = \frac{1}{\sqrt{2\pi} \cdot \sigma} \cdot \int_a^b e^{\frac{-(x-\mu)^2}{2\sigma^2}} dx = F(b) - F(a) \qquad (7.18)$$

Diese Wahrscheinlichkeit entspricht der Fläche, die von der Glockenkurve, der x-Achse und den Parallelen zur y-Achse $x = a$ und $x = b$ begrenzt wird (Abb. 6.2). Die Bestimmung eines solchen Intervalls ist allerdings problematisch: Es ist nicht möglich, die Funktion $F(x)$ analytisch aufzulösen, und ein Taschenrechner hilft hier im Allgemeinen auch nicht weiter. Man kann sich jedoch heutzutage – wenn man Zugang zu einem Rechner mit geeigneter Software hat – die gewünschten Werte einfach und schnell berechnen lassen.

7.2.2 Standardnormalverteilung

Die Standardnormalverteilung ist eine spezielle Normalverteilung mit dem Erwartungswert 0 und der Varianz 1. Jede normalverteilte Zufallsvariable $X \sim N(\mu, \sigma^2)$ lässt sich in die Standardnormalverteilung $Z \sim N(0,1)$ transformieren durch:

$$Z = \frac{X - \mu}{\sigma} \tag{7.19}$$

Durch diese Transformation wird die Glockenkurve entlang der x-Achse so verschoben, dass der Erwartungswert 0 wird. Außerdem wird die Kurve aufgrund der Division durch σ in ihrer Form so angepasst, dass die Standardabweichung den Wert 1 annimmt. Wozu kann eine solche Transformation sinnvoll sein?

- Wie bereits in ▶ Abschn. 4.3.1 (z-Transformation; ▶ Formel 4.9) erwähnt, lassen sich transformierte Werte bezüglich ihrer relativen Lage zum Erwartungswert besser einschätzen. So besagt beispielsweise ein einzelner Messwert des Körpergewichts von $x_i = 52$ kg allein nichts darüber aus, ob dieser Wert als normal, hoch oder niedrig einzustufen ist. Wenn jedoch bekannt ist, dass dieser Wert aus einer Population mit $\mu = 60$ kg und $\sigma = 6{,}5$ kg stammt, kann x_i in $z_i = (52 - 60)/6{,}5 = -1{,}23$ transformiert werden. Aus z_i geht nun hervor, dass der Messwert x_i um 1,23 Standardabweichungen unterhalb des Erwartungswertes liegt.
- Um eine bestimmte Wahrscheinlichkeit für eine normalverteilte Zufallsvariable nach ▶ Formel (7.18) zu berechnen, ist man ohne geeignete Statistiksoftware auf Tabellen angewiesen, in denen die Funktionswerte der Dichte- und der Verteilungsfunktion aufgelistet sind (und die auch heute noch in quasi jedem Statistikbuch zu finden sind). Diesen Tabellen liegt generell die Standardnormalverteilung zugrunde.

Dichte und Verteilungsfunktion der Standardnormalverteilung werden üblicherweise mit $\varphi(z)$ und $\Phi(z)$ bezeichnet. Die griechischen Buchstaben φ (phi) und Φ (Phi) entsprechen den lateinischen Buchstaben f bzw. F. (◘ Tab. A.1) Im ▶ Anhang dieses Buches sind diverse z-Perzentile zusammen mit den Funktionswerten $\varphi(z)$ und $\Phi(z)$ aufgelistet.

ⓘ Eine Tabelle mit Funktionswerten der Standardnormalverteilung wurde erstmals 1812 von Laplace in »Théorie Analytique des Probabilités« publiziert. Ihr Umgang erfordert einige Übung, da man die gesuchten Werte nicht immer direkt ablesen kann. Aus Platzgründen enthalten derlei Tabellen nämlich im Allgemeinen nur Funktionswerte für $z \geq 0$. Dann gilt für negative Werte $(-z)$: $\Phi(-z) = P(Z \leq -z) = P(Z \geq z) = 1 - \Phi(z)$ aufgrund der Symmetrie der Glockenkurve. Heutzutage lassen sich jedoch mit einer geeigneten Software derlei Wahrscheinlichkeiten für jede beliebige Normalverteilung leicht ermitteln.

Tab. 7.2 Intervalle und Wahrscheinlichkeiten der Normalverteilung

Intervallgrenzen für $X: N(\mu, \sigma^2)$	**Intervallgrenzen für $Z: N(0,1)$**	**Bezeichnung des Intervalls**	**Wahrscheinlichkeit p**
$\mu - \sigma \le X \le \mu + \sigma$	$-1 \le Z \le 1$	1σ-Bereich	0,6827
$\mu - 2\sigma \le X \le \mu + 2\sigma$	$-2 \le Z \le 2$	2σ-Bereich	0,9545
$\mu - 3\sigma \le X \le \mu + 3\sigma$	$-3 \le Z \le 3$	3σ-Bereich	0,9973
$\mu - 1{,}96\sigma \le X \le \mu + 1{,}96\sigma$	$-1{,}96 \le Z \le 1{,}96$	95%-Referenzbereich	0,95
$\mu - 2{,}58\sigma \le X \le \mu + 2{,}58\sigma$	$-2{,}58 \le Z \le 2{,}58$	99%-Referenzbereich	0,99

7.2.3 σ-Bereiche und Referenzbereiche

Obwohl die Normalverteilung theoretisch für alle x zwischen $-\infty$ und $+\infty$ definiert ist, konzentrieren sich die Werte in unmittelbarer Umgebung des Erwartungswertes μ. Einige oft benutzte Intervalle und deren Wahrscheinlichkeiten lassen sich generell für jede Normalverteilung angeben. Wie aus Tab. 7.2 hervorgeht, liegen etwa ⅔ aller Messwerte innerhalb der Grenzen $\mu + \sigma$ (► Beispiel 7.9); innerhalb $\mu + 2\sigma$ liegen 95%. Darauf wurde bereits bei der Einführung der empirischen Standardabweichung in ► Abschn. 4.3.1 hingewiesen. Die Wahrscheinlichkeit, einen Wert außerhalb des 3σ-Bereichs zu finden, beträgt nahezu 0. Deshalb wird die Normalverteilung gern verwendet, um stetige, symmetrisch verteilte, eingipflige Merkmale zu beschreiben – auch wenn der Wertebereich in der Praxis immer eine obere und eine untere Grenze aufweist.

Für klinische Fragestellungen sind sog. **Normbereiche** oder **Referenzbereiche** (Abb. 7.5) wichtig, die 95 oder 99% aller Werte enthalten. So legt man bei normalverteilten Daten zugrunde, dass ein Wert außerhalb eines bestimmten Referenzbereichs überprüft werden sollte (etwa auf Messfehler, pathologische Besonderheiten etc.). Allerdings muss darauf hingewiesen werden, dass sich anhand eines Normbereichs keine Entscheidung wie etwa »pathologisch/nichtpathologisch« treffen lässt.

Beispiel 7.9: Normalverteilung

Das Körpergewicht einer Population X sei normalverteilt mit $\mu = 60$ kg und $\sigma = 6{,}5$ kg. Gesucht ist das Intervall um den Erwartungswert, in dem sich mit einer Wahrscheinlichkeit von 95% ein Messwert befindet. Tab. 7.2 ist zu entnehmen, dass dieses

▼

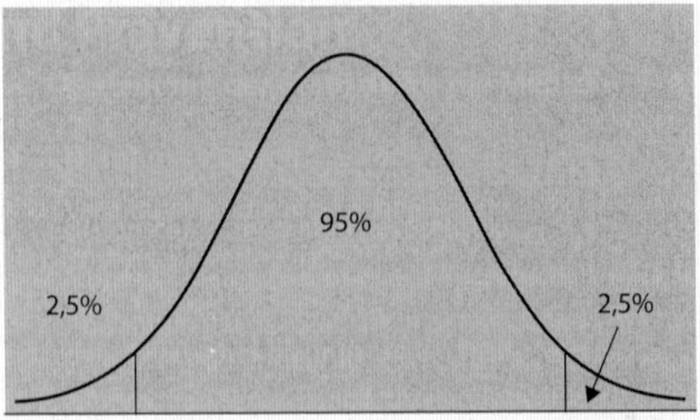

Abb. 7.5 95%-Referenzbereich einer Normalverteilung

Intervall durch $\mu + 1{,}96\sigma$ begrenzt ist. Damit berechnet man für die untere bzw. obere Grenze:
$x_1 = \mu - 1{,}96\sigma = 47{,}26$ kg und $x_2 = \mu + 1{,}96\sigma = 72{,}74$ kg. Also gilt:
$P(-1{,}96 \leq Z \leq +1{,}96) = P(47{,}26 \text{ kg} \leq X \leq 72{,}74 \text{ kg}) = 0{,}95$.
Diese Wahrscheinlichkeit lässt sich grafisch darstellen als die Fläche unter der Glockenkurve, bei der an beiden Seiten 2,5% »abgeschnitten« sind. Jeweils 2,5% aller Personen, die dieser Population angehören, wiegen weniger als 47,26 bzw. mehr als 72,74 kg.

7.2.4 Normalisierende Transformationen***

Bei den Anwendern der Statistik ist die Normalverteilung aus verschiedenen Gründen recht beliebt. Zum einen lassen sich Referenzbereiche (auch ohne Computer) sehr leicht berechnen; zum anderen setzen – wie wir später sehen werden – viele Verfahren der induktiven Statistik normalverteilte Daten voraus.
Leider sind jedoch etliche Merkmale in der Medizin **linksgipflig** (rechtsschief) verteilt. Das heißt: Die Dichtefunktion hat einen Gipfel am linken Rand und einen langen Ausläufer an der rechten Seite. Bei empirischen Daten ist dies visuell erkennbar am Histogramm (◘ Abb. 4.1b). Rechnerisch lässt sich dies über die empirische Schiefe nach ► Formel (4.17) nachprüfen; sie ist bei einer linksgipfligen Verteilung größer als 0.
Eine solche Verteilung entsteht dadurch, dass ein Merkmal nach unten eine natürliche Grenze aufweist, während im oberen Wertebereich die Einflussfaktoren multiplikativ zusammenwirken. Dadurch ist die Variabilität der Messwerte am unteren Rand eingeschränkt, wohingegen im oberen Bereich die Werte durch zufällige Änderungen stark beeinflusst werden.

▼

Als Beispiele seien das Körpergewicht der erwachsenen Bevölkerung, systolischer und diastolischer Blutdruck oder die Senkungsgeschwindigkeit von Erythrozyten genannt (jeweils mit 0 als untere Grenze). In diesen Fällen ist es eventuell möglich, durch eine logarithmische Transformation der Originaldaten eine angenäherte Normalverteilung zu erhalten. Man betrachtet also anstelle der *X*-Variablen die transformierte *Y*-Variable:

$$Y = \ln X \tag{7.20}$$

Ist $Y = \ln X$ normalverteilt, heißt *X* **logarithmisch normalverteilt** (oder **lognormalverteilt**). Dabei ist »ln« der natürliche Logarithmus zur Basis *e* (Euler-Zahl; ▶ Abschn. 7.1.3). Man schreibt abkürzend $X \sim LN(\mu, \sigma^2)$, wobei μ den Erwartungswert und σ^2 die Varianz von *Y* bezeichnen. Eine lognormalverteilte Zufallsvariable *X* muss positiv sein, da andernfalls die Transformation $X \to \ln X$ nicht möglich ist. Auf diese Weise werden kleine *x*-Werte zwischen 0 und 1 in negative *y*-Werte abgebildet; große *x*-Werte am rechten Rand der Verteilung werden gestaucht. Die Rücktransformation erfolgt über:

$$X = e^Y \tag{7.21}$$

Die Umrechnung von ▶ Formel (7.20) oder ▶ Formel (7.21) ist mühelos mit einem Taschenrechner zu bewältigen. Da die *e*-Funktion streng monoton wachsend ist, gilt für jede Zahl $c > 0$: $Y \le c$ ist gleichbedeutend mit $X = e^Y \le e^c$. Daraus folgt:

$$P(Y \le c) = P(X \le e^c) \tag{7.22}$$

Aus dieser Eigenschaft lassen sich folgende Aussagen herleiten:

- Allgemein lassen sich aus den Quantilen von $Y = \ln X$ nach Rücktransformation die entsprechenden Quantilen von *X* bestimmen.
- Aus den Grenzen des Referenzbereichs von *Y* ergeben sich durch Rücktransformation nach ▶ Formel (7.21) die Grenzen des Referenzbereichs von *X*.
- Der Median der transformierten Variablen *Y* ist gleich deren Erwartungswert μ (da *Y* normalverteilt ist). Dann ist der Median der lognormalen Verteilung *X* gleich e^μ; denn wegen ▶ Formel (7.22) gilt: $P(X \le e^\mu) = P(Y \le \mu) = 0{,}5$.
- Der Erwartungswert von *X* ist nicht einfach zu bestimmen; bei dieser Verteilung ist jedoch das geometrische Mittel (▶ Abschn. 4.2.5) ohnedies das sinnvollere Lagemaß.
- Aus ▶ Formel (4.5) lässt sich mit elementaren Berechnungen herleiten: Das geometrische Mittel der *x*-Werte entspricht dem Median e^μ.

Befinden sich die 0 oder negative Werte unter den Originaldaten, bietet sich eine Transformation der Form $Y = \ln(X + a)$ an (wobei *a* eine konstante, positive Zahl ist). Bei sehr schiefen Verteilungen mit extrem großen Werten erreicht man eine Normalverteilung eventuell durch zweifaches Logarithmieren: $Y = \ln \ln(X)$. Die optimale Art der Transfomation muss empirisch bestimmt werden.

Beispiel 7.10: Lognormalverteilung

In einer Population von Kleinkindern werden Konzentrationswerte von Serum-IgM in g/l gemessen. Die Originalwerte X haben folgende Kenngrößen:
$\bar{x} = 0{,}8$; $\tilde{x} = 0{,}7$; $s_x = 0{,}49$; $g_x = 2{,}6$; $x_{min} = 0{,}1$; $x_{max} = 4{,}2$.
Aufgrund der Schiefe g_x ist davon auszugehen, dass diese Daten linksgipflig (rechtsschief) verteilt sind. Durch Logarithmieren der x-Werte erhält man eine Zufallsvariable Y mit folgenden Kenngrößen:
$\bar{y} = -0{,}37$; $\tilde{y} = -0{,}36$; $s_y = 0{,}56$; $g_y = -0{,}34$; $y_{min} = -2{,}303$; $y_{max} = 1{,}435$.
Aufgrund der Schiefe g_y (die nahe bei 0 liegt) und der Tatsache, dass Mittelwert und Median ähnlich sind, darf man annehmen, dass Y normalverteilt ist mit dem Erwartungswert $\mu_Y = -0{,}37$ und der Standardabweichung $\sigma_y = 0{,}56$. Dann ergibt sich für den Median und das geometrische Mittel von X: $\tilde{\mu}_x = e^{-0{,}37} = 0{,}69$ g/l.
Für den 95%-Referenzbereich von Y berechnet man folgende Grenzwerte:
$y_1 = \mu - 1{,}96\sigma = -0{,}37 - 1{,}96 \cdot 0{,}56 = -1{,}47$ und $y_2 = \mu + 1{,}96\sigma = -0{,}37 + 1{,}96 \cdot 0{,}56 = 0{,}73$
Innerhalb der Grenzen $x_1 = e^{-1{,}47} = 0{,}23$ g/l und $x_2 = e^{0{,}73} = 2{,}07$ g/l liegen demnach 95% aller IgM-Werte. Nur 2,5% sind kleiner als 0,23 g/l und 2,5% sind größer als 2,07 g/l.

Weit seltener beobachtet man in den Biowissenschaften **rechtsgipflige** (linksschiefe) Verteilungen. Sie zeichnen sich aus durch einen langen Anlauf links und einen Gipfel am rechten Rand (◘ Abb. 4.1c). Ihre Schiefe ist kleiner als 0. Bei diesen Verteilungen ist der untere Wertebereich gestreckt, während nach oben eine natürliche Grenze existiert. Beispiele sind die Schwangerschaftsdauer oder der Kopfumfang von Neugeborenen. Eine Normalisierung dieser Verteilungen erreicht man durch eine Potenztransformation wie z. B.:

$$Y = X^{1{,}5} \tag{7.23}$$

Dadurch wird der Gipfel am rechten Rand in die Breite gezogen. Bei besonders stark ausgeprägter Rechtsgipfligkeit potenziert man mit einem höheren Wert.

7.2.5 Zentraler Grenzwertsatz***

Der **zentrale Grenzwertsatz** sagt aus, dass – unter sehr allgemeinen Bedingungen – die Summe einer großen Anzahl von Zufallsvariablen normalverteilt ist. Mathematisch präzise formuliert lautet dieser Satz: Seien X_i $(i = 1, \ldots, n)$ unabhängige, identisch verteilte Zufallsvariablen mit dem Erwartungswert μ und der Varianz σ^2. Dann ist die Summe der X_i asymptotisch normalverteilt mit dem Erwartungswert $n \cdot \mu$ und der Varianz $n \cdot \sigma^2$. Dann ist also die Variable

$$Z_n = \frac{\sum_{i=1}^{n} X_i - n \cdot \mu}{\sqrt{n} \cdot \sigma} = \frac{\bar{X} - \mu}{\sigma / \sqrt{n}}$$

asymptotisch standardnormalverteilt. Daraus ergeben sich unmittelbar einige wichtige Konsequenzen bezüglich der

- Verteilung von Zufallsvariablen
- Verteilung von Mittelwerten
- Binomialverteilung

Verteilung von Zufallsvariablen: Der zentrale Grenzwertsatz rechtfertigt die Annahme, dass eine Zufallsvariable normalverteilt ist, wenn zahlreiche Einflüsse additiv und unabhängig voneinander zusammenwirken. Aus diesem Grund sind beispielsweise Messfehler normalverteilt. *Carl Friedrich Gauß* hat dies bereits im Jahre 1794 erkannt und beschrieben; deshalb wird die Normalverteilung ihm zu Ehren auch Gauß-Verteilung genannt.
Verteilung von Mittelwerten: Wie aus dem Gesetz der großen Zahlen (▶ Abschn. 6.4.2) hervorgeht, hat die Gesamtheit aller theoretisch denkbaren Mittelwerte, die aus Stichproben des Umfangs n derselben Grundgesamtheit resultieren, den Erwartungswert μ und die Varianz σ^2/n. Aus dem zentralen Grenzwertsatz folgt nun, dass – falls der Stichprobenumfang n hinreichend groß ist (etwa $n \geq 25$) – diese Mittelwerte normalverteilt sind (auch wenn die Grundgesamtheit nicht normalverteilt ist). Diese Aussage hat weitreichende Folgen für die Methoden der induktiven Statistik (▶ Beispiel 7.11).
Binomialverteilung: Eine binomialverteilte Zufallsvariable $X \sim B(n, p)$ lässt sich auffassen als die Summe von n identisch verteilten, unabhängigen Variablen X_i, die jeweils die Werte 1 oder 0 (mit den Wahrscheinlichkeiten p bzw. $q = 1 - p$) annehmen können. Nach dem zentralen Grenzwertsatz lassen sich eine Binomialverteilung sowie eine Poisson-Verteilung für ein hinreichend großes n durch eine Normalverteilung X mit dem Erwartungswert $\mu = np$ und der Varianz $\sigma^2 = npq$ approximieren. Als Faustregel gilt, dass dazu die Ungleichung $npq \geq 9$ erfüllt sein muss.

Beispiel 7.11: Verteilung von Mittelwerten

Das Körpergewicht weiblicher Studenten habe einen Erwartungswert von $\mu = 60$ kg und eine Standardabweichung von $\sigma = 6{,}5$ kg. Wir führen nun folgendes Gedankenexperiment durch:
Aus der Grundgesamtheit werden mehrere zufällige Stichproben vom Umfang $n = 30$ entnommen, und jeweils der Mittelwert wird bestimmt. Nach dem zentralen Grenzwertsatz sind diese Mittelwerte normalverteilt mit einem Erwartungswert von $\mu_{\bar{x}} = 60$ kg und einer Standardabweichung von $\sigma_{\bar{x}} = 6{,}5 / \sqrt{30}\ \text{kg} = 1{,}19\ \text{kg}$. Wegen der Normalverteilung der $\bar{x}$ definieren $\mu_{\bar{x}} \pm 1{,}96 \cdot \sigma_{\bar{x}} = (60 \pm 1{,}96 \cdot 1{,}19)$ kg einen 95%-Referenzbereich, das heißt: $P(57{,}7\ \text{kg} \leq \bar{x} \leq 62{,}3\ \text{kg}) = 0{,}95$.
Man wird also bei einer Stichprobe des Umfangs $n = 30$ mit 95%-iger Wahrscheinlichkeit einen Mittelwert zwischen 57,7 und 62,3 kg erhalten; die Wahrscheinlichkeiten, dass der Mittelwert kleiner ist als 57,7 oder größer als 62,3 kg, betragen jeweils 2,5%.

ⓘ Den Zusammenhang zwischen Binomial- und Normalverteilung erkannte der französische Mathematiker *Abraham de Moivre* (1667–1754) im Jahre 1718 und be-

▼

schrieb ihn in seinem Werk »The doctrine of chances«. De Moivre hat die Normalverteilung sozusagen »entdeckt«. Gauß entdeckte sie einige Jahrzehnte später bei der Erarbeitung seiner Fehlertheorie wieder. Schon früh wurde vermutet, dass die Aussage des zentralen Grenzwertsatzes gilt. Der Beweis für diesen Satz wurde jedoch erst im Jahre 1920 erbracht.

7.2.6 Bedeutung der Normalverteilung***

Die zentrale Bedeutung der Normalverteilung für die Statistik und deren Anwendung in den Biowissenschaften muss unter verschiedenen Aspekten beurteilt werden. Sie lässt sich ansehen als:
- empirische Verteilung
- approximative Verteilung
- Verteilung für statistische Kennwerte
- Basisverteilung für Prüfverteilungen

Empirische Verteilung: Der belgische Astronom und Physiker *Adolphe Quetelet* (1796–1874) gab ein frühes Beispiel für die Normalverteilung eines Merkmals menschlicher Individuen: Ihm war aufgefallen, dass die Daten des Brustumfangs von 5.738 schottischen Soldaten angenähert normalverteilt waren. Den Begriff »Normalverteilung« führte Francis Galton im Jahr 1880 ein. Einige Wissenschaftler vertraten damals die Auffassung, dass die belebte Natur bei jedem Merkmal die Normalverteilung anstrebe. »Normal« wird dabei im Sinne von »allgemein üblich« oder »physiologisch« verwendet. Wie wir heute wissen, stimmt dieser Ansatz nicht. Es gibt zwar medizinisch relevante Merkmale, die angenähert normalverteilt sind (z. B. die Körpergröße erwachsener Männer oder erwachsener Frauen). Andere wichtige Merkmale sind jedoch nicht symmetrisch verteilt (z. B. Überlebenszeiten, ► Abschn. 7.3).
Approximative Verteilung: Schiefe Verteilungen lassen sich eventuell in eine Normalverteilung transformieren (► Abschn. 7.2.4). Binomial- sowie Poisson-Verteilung lassen sich unter gewissen Bedingungen durch die Normalverteilung approximieren (► Abschn. 7.2.5).
Verteilung für statistische Kennwerte: Nach dem zentralen Grenzwertsatz sind die Mittelwerte aus Stichproben des Umfangs n beliebiger Verteilungen normalverteilt. Bei normalverteilten Grundgesamtheiten sind auch andere Kenngrößen wie z. B. empirischer Median oder Varianz normalverteilt. Ansonsten können jedoch die Verteilungen statistischer Kennwerte von der Normalverteilung abweichen.
Basisverteilung für Prüfverteilungen: Die Normalverteilung bildet die Grundlage für die wichtigsten Prüfverteilungen, die in der induktiven Statistik Anwendung finden (► Abschn. 7.4).

7.3 Verteilung von Überlebenszeiten

7.3.1 Wichtige Begriffe***

Siehe auch ► Anhang, Mathematische Abhandlung 7.4

In der Folge werden zwei wichtige Verteilungen vorgestellt, die bei Überlebenszeitanalysen benutzt werden: die Exponentialverteilung (► Abschn. 7.3.2) und die Weibull-Verteilung (► Abschn. 7.3.3). Vorab werden einige wichtige Begriffe erläutert.

Überlebenszeit: Bei diesen Studien wird die Zeitspanne zwischen einem definierten Anfangsereignis und dem Eintritt eines zufallsbedingten Endereignisses analysiert. Diese wird im statistischen Sinne allgemein als »Überlebenszeit« bezeichnet. Die Anfangsereignisse sind beispielsweise die Geburt eines Individuums oder der Beginn einer therapeutischen Maßnahme; bei den Endereignissen handelt es sich z. B. um den Tod eines Patienten, das Ende der Beschwerdefreiheit, das Auftreten eines bestimmten Symptoms oder das Versagen eines transplantierten Organs. Wenn ein Lebewesen vom Zeitpunkt der Geburt bis zu seinem Tod beobachtet wird, spricht man von **Lebensdauer**. Dieser Begriff wird auch in der Technik verwendet, wo er die Zeit zwischen dem Betriebsbeginn und dem Ausfall eines Objekts bezeichnet. – Eine »Überlebenszeit« bei statistischen Analysen ist also nicht unbedingt gleichbedeutend mit der Zeit, die bis zum Tod eines Individuums vergeht. Wenn wir im Folgenden das Endereignis dennoch mit »Tod« oder »Sterben« gleichsetzen, dann geschieht dies deshalb, weil diese Begriffe anschaulicher und prägnanter sind als Formulierungen wie »das Eintreten des kritischen Endereignisses«.

Überlebensfunktion: T sei eine Zufallsvariable zur Beschreibung einer Überlebenszeit. T kann sinnigerweise nur positive Werte annehmen, die im Folgenden – da es sich um Zeiten handelt – mit dem Buchstaben t (von lat. tempus) symbolisiert werden. Die zugehörige Verteilungsfunktion $F(t)$ gibt die Wahrscheinlichkeit an, mit der ein Individuum vor dem Zeitpunkt t stirbt. Daraus ergibt sich die Überlebenswahrscheinlichkeit oder **Überlebensfunktion:**

$$S(t) = P(T > t) = 1 - F(t) \tag{7.24}$$

$S(t)$ ist also die Wahrscheinlichkeit, dass ein Individuum den Zeitpunkt t überlebt. Der Buchstabe S ist abgeleitet vom englischen »survival function«.

Bedingte Überlebenswahrscheinlichkeit: Sie quantifiziert die Wahrscheinlichkeit für ein Individuum, das den Zeitpunkt t erreicht hat, eine weitere Zeitspanne der Länge Δt (Delta t) zu überleben. Sie lässt sich nach ► Formel (6.9) berechnen als:

$$P(T > t + \Delta t \mid T > t) = \frac{P(T > t + \Delta t)}{P(T > t)} \tag{7.25}$$

Momentane Sterberate $r(t)$ (auch **Hazard-Rate** oder im technischen Bereich Ausfallrate genannt). Sie ist durch folgende Beziehung charakterisiert:

$$r(t) = \frac{f(t)}{S(t)} \tag{7.26}$$

▼

Dabei ist $f(t)$ die Dichtefunktion der Variablen T. Die momentane Sterberate kann für jeden Zeitpunkt t im Beobachtungszeitraum angegeben werden. In der mathematischen Herleitung 7.4 im ▶ Anhang wird gezeigt, dass dieses etwas seltsam anmutende Maß tatsächlich geeignet ist, die momentane Sterberate zu quantifizieren.

7.3.2 Exponentialverteilung***

Im einfachsten Fall lässt sich die Überlebensfunktion modellieren als (wobei $\lambda > 0$, λ = griech. Buchstabe lambda):

$$S(t) = P(T > t) = e^{-\lambda t} \tag{7.27}$$

Die Wahrscheinlichkeit, mit der ein Individuum *vor* dem Zeitpunkt t stirbt, ist demnach:

$$F(t) = 1 - S(t) = P(T \leq t) = 1 - e^{-\lambda t} \tag{7.28}$$

Eine solche Zufallsvariable T nennt man **exponentialverteilt:** $T \sim Exp(\lambda)$. Für die Dichtefunktion ergibt sich:

$$f(t) = F'(t) = \lambda e^{-\lambda t} \tag{7.29}$$

Die Exponentialverteilung hat einige bemerkenswerte Eigenschaften. Für die bedingte Überlebenswahrscheinlichkeit folgt mit ▶ Formel (7.27):

$$P(T > t + \Delta t \mid T > t) = \frac{e^{-\lambda(t+\Delta t)}}{e^{-\lambda t}} = e^{-\lambda \cdot \Delta t} \tag{7.30}$$

Die Wahrscheinlichkeit, noch eine Zeitspanne der Länge Δt zu leben, ist also unabhängig vom Alter (von der Überlebenszeit t). Deshalb wird die Exponentialverteilung auch **gedächtnislose Verteilung** genannt. Wegen dieser Eigenschaft ist die Sterberate über die Zeit konstant; mit ▶ Formel (7.26), ▶ Formel (7.27) und ▶ Formel (7.29) berechnet man nämlich:

$$r(t) = \frac{f(t)}{S(t)} = \frac{\lambda e^{-\lambda t}}{e^{-\lambda t}} = \lambda \tag{7.31}$$

Deshalb eignet sich die Exponentialverteilung zur Beschreibung von Lebensdauern nichtalternder Objekte oder von Überlebenszeiten bei Individuen, deren Tod unabhängig vom aktuellen Alter eintritt (▶ Beispiel 7.12). Typische Beispiele sind die Lebensdauern radioaktiver Teilchen oder das Überleben nach einer schweren Erkrankung mit kurzer Lebenserwartung. Weitere wichtige Kenngrößen sind der Median $\tilde{\mu}$ (bei Überlebenszeitstudien auch **mediane Überlebenszeit** genannt), der Erwartungswert μ (auch **mittlere Lebensdauer** genannt) und die Varianz σ^2:

$$\tilde{\mu} = \frac{1}{\lambda} \cdot \ln 2 \tag{7.32}$$

▼

$$\mu = \frac{1}{\lambda} \tag{7.33}$$

$$\sigma^2 = \frac{1}{\lambda^2} \tag{7.34}$$

Der Median der Exponentialverteilung entspricht der **Halbwertszeit** – das ist die Zeit, in der sich die Ausgangsmenge halbiert.
Diese Maßzahlen sind umso größer, je kleiner die momentane Sterberate λ ist. Die Schiefe beträgt grundsätzlich 2 – demnach ist die Exponentialverteilung linksgipflig.

Beispiel 7.12: Exponentialverteilung

Unter Exposition mit einem bestimmten Risikofaktor sterben pro Jahr 20 von 1000 Personen. Nach ► Formel (7.27) ist dann die Wahrscheinlichkeit, 1 Jahr zu überleben: $S(1) = e^{-\lambda} = 0{,}98$. Daraus ergeben sich (unter der Annahme, dass die Sterberate konstant bleibt): $\lambda = -\ln(0{,}98) = 0{,}0202$; $\tilde{\mu} = 34{,}3$ [nach ► Formel (7.32)] und $\mu = 49{,}5$ [nach ► Formel (7.33)].
Ein anderes Beispiel: Die mittlere Lebensdauer von Neugeborenen mit einem Gendefekt betrage 20 Jahre. Nach ► Formel (7.33) ist also $\lambda = 0{,}05$. Mit ► Formel (7.27) lässt sich für einen Betroffenen die Wahrscheinlichkeit berechnen, eine bestimmte Zeitspanne zu überleben, etwa:
$S(10) = 0{,}61$; $S(20) = 0{,}37$; $S(30) = 0{,}22$.

Die ► Formel (7.32) für den Median erhält man, indem man die Funktion $F(\tilde{\mu}) = 0{,}5$ in ► Formel (7.28) nach $\tilde{\mu}$ auflöst. Erwartungswert, Varianz und Schiefe ergeben sich durch aufwendige Integralrechnungen.

7.3.3 Weibull-Verteilung***

Die Weibull-Verteilung ist nach dem schwedischen Ingenieur *Waloddi Weibull* (1887–1979) benannt, der damit die Bruchfestigkeit von Werkzeugen beschrieb. Im medizinischen Umfeld dient sie hauptsächlich zur Analyse von Überlebenszeiten. Eine Zufallsvariable T heißt Weibull-verteilt mit den Parametern $\lambda > 0$ und $\gamma > 0$, wenn für ihre Verteilungsfunktion gilt:

$$F(t) = 1 - e^{-\lambda \cdot t^{\gamma}} \quad \text{f r } t > 0 \tag{7.35}$$

Durch die beiden Parameter λ (lambda) und γ (gamma) ist die Verteilung eindeutig festgelegt; man schreibt: $T \sim WB(\lambda, \gamma)$. Im Vergleich mit ► Formel (7.28) wird deutlich, dass die Weibull-Verteilung eine Verallgemeinerung der Exponentialverteilung darstellt. Durch den zusätzlichen Parameter γ ist sie wesentlich flexibler; Dichte- und Überlebensfunktion sowie die Parameter sind allerdings erheblich komplizierter zu berechnen. Aus der ► Verteilungsfunktion (7.35) leitet man für die Überlebenswahrscheinlichkeit und die Dichte her:

▼

$$S(t) = P(X > t) = 1 - F(t) = e^{-\lambda \cdot t^{\gamma}} \quad (7.36)$$

$$f(t) = F'(t) = \lambda\gamma \cdot t^{(\gamma-1)} \cdot e^{-\lambda \cdot t^{\gamma}} \quad (7.37)$$

Daraus ergibt sich für die momentane Sterberate:

$$r(t) = \frac{f(t)}{S(t)} = \lambda\gamma \cdot t^{\gamma-1} \quad (7.38)$$

Nun lassen sich drei Fälle unterscheiden:
- **Sterberate konstant** ($\gamma = 1$): Dieser Spezialfall ist die Exponentialverteilung mit $r(t) = \lambda$.
- **Sterberate monoton wachsend** ($\gamma > 1$): Eine Weibull-Verteilung mit $\gamma > 1$ ist geeignet, ein Überleben mit Altern zu beschreiben.
- **Sterberate monoton fallend** ($0 < \gamma < 1$): Diese Verteilung beschreibt ein Überleben mit Regeneration, bei dem mit wachsendem Alter die Sterberate abnimmt.

Den Median einer Weibull-Verteilung berechnet man, indem man die Gleichung $F(\tilde{\mu}) = 0{,}5$ auflöst; aus ▶ Formel (7.35) ergibt sich unter Anwendung elementarer Rechenregeln:

$$\tilde{\mu} = \left(\frac{\ln 2}{\lambda}\right)^{1/\gamma} \quad (7.39)$$

Dieser Parameter gibt an, nach welcher Zeit die Hälfte der Beobachtungseinheiten verstorben ist.

Die Berechnung anderer Parameter (Erwartungswert, Varianz) erfordert die Kenntnis einer speziellen Funktion (Gamma-Funktion). Ausführliche Informationen zu diesem Thema findet man in Hartung et al. (2009; ▶ Anhang).

◘ Tab. 7.3 fasst wichtige Informationen zu den stetigen Verteilungen in einer Übersicht zusammen. (Einen entsprechenden Überblick über die diskreten Verteilungen findet man in ◘ Tab. 7.1.)

7.4 Prüfverteilungen

Wir wissen, dass nicht nur einzelne Messwerte x_i, sondern auch statistische Kennwerte wie etwa der Mittelwert $\bar{x}$ oder die empirische Standardabweichung s dem Zufall unterliegen und sich damit als Realisierungen einer Zufallsvariablen $\bar{X}$ bzw. S auffassen lassen. Prüfverteilungen dienen dazu, die Verteilung statistischer Kenngrößen zu beschreiben.

Die Prüfverteilungen bilden die Grundlage für die Methoden der induktiven Statistik. Deren Anwendung setzt zwar nicht unbedingt spezielle Kenntnisse bezüglich deren Eigenschaften voraus. Mathematisch weniger interessierte Leser können daher

■ **Tab. 7.3** Übersicht: Stetige Verteilungen

Name und Bezeichnung der Verteilung	***X* beschreibt**	**Beispiele**
Normalverteilung $N(\mu, \sigma^2)$ (► Abschn. 7.2.1 bis ► Abschn. 7.2.3)	symmetrisch verteilte Daten, Dichte glockenförmig	Messfehler, Körpergröße
Logarithmische Normalverteilung $LN(\mu, \sigma^2)$ (► Abschn. 7.2.4)	linksgipflig verteilte Daten	Körpergewicht, Blutdruck
Exponentialverteilung $Exp(\lambda)$ (► Abschn. 7.3.2)	Lebensdauern mit konstanter Sterberate	Zerfall radioaktiver Teilchen
Weibull-Verteilung $WB(\lambda, \gamma)$ (► Abschn. 7.3.3)	Lebensdauern mit nicht konstanter Sterberate	Überleben mit Altern, Überleben mit Regeneration

diesen Abschnitt überschlagen. Allerdings erscheinen die Verfahren der induktiven Statistik logischer und leichter nachvollziehbar, nachdem man sich mit dem theoretischen Hintergrund etwas näher befasst hat.

7.4.1 *t*-Verteilung***

Diese Verteilung wurde 1908 von dem Engländer *William Sealy Gosset* (1876–1937) veröffentlicht. Gosset befasste sich mit der Schätzung von Mittelwerten, deren Verteilung nach dem zentralen Grenzwertsatz durch die standardnormalverteilte Zufallsvariable

$$Z = \frac{\bar{X} - \mu}{\sigma / \sqrt{n}}$$

beschrieben wird. In der Praxis ist jedoch der Parameter σ meist unbekannt. Deshalb ist die Verteilung von *Z* zwar theoretisch interessant, aber für praktische Untersuchungen wenig aufschlussreich. Aus diesem Grund ersetzte Gosset das σ durch die empirische Standardabweichung *s* und betrachtete anstelle von *Z* die Variable

$$T = \frac{\bar{X} - \mu}{S / \sqrt{n}} \qquad (7.40)$$

Diese Verteilung ging als **Student-** oder ***t*-Verteilung** in die Literatur ein. Sie ist für alle $n \geq 2$ (also auch für kleine Stichprobenumfänge) definiert. Dabei muss allerdings vorausgesetzt werden, dass die Einzelbeobachtungen X_i, aus denen $\bar{X}$ und *S* berechnet werden, normalverteilt mit dem

▼

Erwartungswert μ und der Varianz σ^2 sind. Die t-Verteilung hat ähnliche Eigenschaften wie die Standardnormalverteilung:

- Sie ist symmetrisch um 0, stetig und glockenförmig.
- Sie ist für alle Werte zwischen $-\infty$ und $+\infty$ definiert.
- Der Erwartungswert ist 0.

Es gibt allerdings zwei wesentliche Unterschiede:

- Die t-Verteilung ist nicht direkt abhängig von σ (sondern nur von s).
- Sie ist aber abhängig vom Parameter f (das ist die Anzahl der **Freiheitsgrade**). Die t-Verteilung hat $f = n - 1$ Freiheitsgrade, weil in die Berechnung der t-Größe n Beobachtungen einfließen, die (durch die Vorgabe des Mittelwertes $\bar{x}$) *einer* einschränkenden Bedingung unterliegen.

Es existiert also für jeden Freiheitsgrad f eine spezielle t-Verteilung. Die Varianz beträgt $f/(f-2)$ für alle $f \geq 3$ und ist damit größer als 1. Demzufolge hat die t-Verteilung für kleine Freiheitsgrade einen flacheren Verlauf als die Standardnormalverteilung. Für hohe Werte von f geht sie in die Normalverteilung über.
Die t-Verteilung spielt eine wichtige Rolle bei der Schätzung und dem Vergleich von Lagemaßen (▶ Kap. 8 bis ▶ Kap. 10). Einige Quantile, die für Schätz- und Testverfahren wichtig sind, sind im ▶ Anhang (◘ Tab. A.2) aufgelistet.

Gosset war eigentlich als Chemiker bei der bekannten Bierbrauerei Guinness angestellt und betrieb Statistik als Hobby. Weil er als Angestellter seiner Firma nicht unter seinem Namen veröffentlichen wollte, benutzte er das Pseudonym »Student«.

7.4.2 Chi²-Verteilung***

Die Chi²-Verteilung (sprich: Chi-Quadrat; auch mit griech. Buchstaben χ^2 geschrieben) ist wichtig, wenn man statistische Tests zum Vergleich von Häufigkeiten durchführt (▶ Kap. 11). Sie beschreibt in ihrer einfachsten Form die Verteilung des Quadrats einer standardnormalverteilten Zufallsvariablen $Z \sim N(0,1)$. Für den Erwartungswert von $\chi_1^2 = Z^2$ gilt:

$$EZ^2 = \mathrm{Var}Z + (EZ)^2 = 1 \tag{7.41}$$

Diese Gleichung leitet man aus der Definition der Varianz nach ▶ Formel (6.26) her, indem man X durch Z ersetzt.
Falls nun mehrere Variablen $Z_1, \ldots, Z_n$ unabhängig voneinander nach $N(0,1)$ verteilt sind, ist deren Quadratsumme $\sum z_i^2$, χ^2-verteilt mit n Freiheitsgraden oder (anders ausgedrückt): χ_n^2-verteilt. Wegen ▶ Formel (7.41) ist der Erwartungswert dieser Zufallsvariablen gleich n, die Varianz beträgt $2n$ und die Schiefe $\gamma_1 = \sqrt{8/n}$. Die χ_n^2-Verteilung ist also immer linksgipflig (◘ Abb. 7.6). Mit wachsendem n nähert sie sich einer Normalverteilung.
Wir betrachten nun n unabhängige, normalverteilte Variablen $X_i \sim N(\mu, \sigma^2)$. Dann sind die $(X_i - \mu)/\sigma$ standardnormalverteilt, und demnach gilt für deren Quadratsumme:

▼

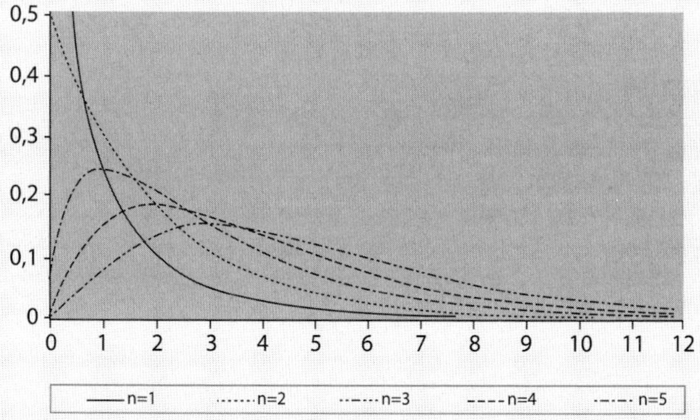

Abb. 7.6 Dichtefunktionen von Chi²-Verteilungen mit unterschiedlicher Anzahl von Freiheitsgraden *n*

$$\sum_{i=1}^{n}\left(\frac{X_i-\mu}{\sigma}\right)^2 \sim \chi_n^2 \tag{7.42}$$

Wenn wir in diesem Ausdruck den Erwartungswert μ durch die Variable $\overline{X}$ ersetzen, erhalten wir eine χ^2-Verteilung mit $n-1$ Freiheitsgraden, da die X_i wegen des Mittelwerts $\overline{X}$ einer einschränkenden Bedingung unterliegen. Daraus folgt:

$$\sum_{i=1}^{n}\left(\frac{X_i-\overline{X}}{\sigma}\right)^2 = \frac{(n-1)\cdot S^2}{\sigma^2} \sim \chi_{n-1}^2 \tag{7.43}$$

Der Erwartungswert dieser Variablen ist $n-1$, die Varianz beträgt $2(n-1)$. Diese Eigenschaften sind fundamental für die Schätzung der Varianz aus einer Stichprobe vom Umfang *n*. Wichtige Quantile findet man im ► Anhang (Tab. A.5).

Die Chi²-Verteilung verdanken wir Forschungen auf dem Gebiet der Astronomie. Sie geht einerseits zurück auf den Physiker und Astronomen *Ernst Abbe* (1840–1905), der sie erstmals 1863 erwähnte. Abbe war Professor an der Universität in Jena und Direktor der dortigen Sternwarte. Unabhängig von Abbe entdeckte andererseits der Astronom und Mathematiker *Friedrich Robert Helmert* (1843–1917) die Chi²-Verteilung. Diese geriet dann in Vergessenheit, bis sie von *Karl Pearson* Jahre später wiederentdeckt wurde und seither vielfältige Anwendung bei den Verfahren der induktiven Statistik findet.

7.4.3 *F*-Verteilung***

Als dritte Prüfverteilung sei die *F*-Verteilung (benannt nach *Sir Ronald Aylmer Fisher*) erwähnt. Sie wird zum Vergleich von Varianzen benötigt.
Seien S_1^2 und S_2^2 die Varianzen zweier unabhängiger Stichproben der Umfänge *m* bzw. *n* aus 2 normalverteilten Grundgesamtheiten mit derselben Varianz σ^2. Dann folgt die Variable

$$F_{m,n} = \frac{S_1^2}{S_2^2} \tag{7.44}$$

einer *F*-Verteilung mit $m - 1$ Freiheitsgraden im Zähler und $n - 1$ Freiheitsgraden im Nenner. Auf dieser Prüfgröße basiert der sog. *F*-Test, mit dem sich die Gleichheit zweier Varianzen überprüfen lässt. Der *F*-Test findet unter anderem Anwendung bei Varianzanalysen.

Kapitelzusammenfassung

Binomialverteilung

$$\mu = n \cdot p, \quad \sigma = n \cdot p \cdot q$$

Poisson-Verteilung

$$\lambda = \mu = \sigma^2 = n \cdot p, \quad \sigma^2 = n \cdot p$$

Normalverteilung

$\mu \pm 1{,}96 \cdot \sigma$ (95%-Referenzbereich)
Wichtige Bedeutungen der Normalverteilung:
- **Empirische Verteilung** (Körpergrößen, Messfehler etc.)
- **Verteilung von Mittelwerten** (mit Standardfehler $\sigma_{\bar{x}} = \sigma / \sqrt{n}$)

Induktive Statistik

Schätzverfahren

C. Weiß, *Basiswissen Medizinische Statistik*,
DOI 10.1007/978-3-642-34261-5_8, © Springer-Verlag Berlin Heidelberg 2013

> » Es ist mir heute noch rätselhaft, dass man herausbringt,
> was 60 Millionen Menschen denken, wenn man 2000 Menschen befragt.
> Erklären kann ich das nicht. Es ist eben so.
> (Elisabeth Noelle-Neumann, Kommunikationswissenschaftlerin, 1916–2010)

8.1 Grundlagen

Wir haben im vorangegangenen Kapitel Zufallsvariablen X und deren Verteilungen kennengelernt und durch charakteristische Parameter beschrieben. Diese Betrachtungen waren allerdings rein theoretischer Natur. Die Eigenschaften von X lassen sich in der Regel nicht exakt bestimmen, da man sich bei empirischen Untersuchungen nur auf eine Stichprobe stützen kann. Man ist also darauf angewiesen, anhand einzelner Stichprobenwerte Informationen bezüglich der Grundgesamtheit zu gewinnen. Dazu dienen die Methoden der **induktiven Statistik** (auch schließende, analytische oder beurteilende Statistik genannt). Bei diesen Verfahren wird grundsätzlich vorausgesetzt, dass eine Stichprobe vorliegt, die repräsentativ für ein übergeordnetes Kollektiv (die Grundgesamtheit) ist.

Oft sind gewisse Eigenschaften von X (etwa der Verteilungstyp) aus Erfahrung bekannt, oder sie ergeben sich aus der Fragestellung, die der Studie zugrunde liegt. Die charakteristischen Parameter sind dagegen meist unbekannt. So kann man beispielsweise leicht nachvollziehen, dass sich bei einer klinischen Studie die Anzahl der Patienten, bei denen ein Therapieerfolg zu verzeichnen ist, durch eine Binomialverteilung beschreiben lässt. Es liegt jedoch in der Natur der Sache, dass eine exakte Angabe der Erfolgswahrscheinlichkeit p a priori nicht möglich ist. Man ist daher bestrebt, anhand der Stichprobe den oder die unbekannten Parameter der Grundgesamtheit zu schätzen.

Bisher haben wir kaum Gedanken darüber angestellt, welche Anforderungen an ein Schätzverfahren zu stellen sind und wie die Güte eines Schätzwertes zu beurteilen ist. Diesen Fragen werden wir in der Folge nachgehen.

8.2 Punktschätzungen

8.2.1 Begriff der Punktschätzung

Es liegt intuitiv nahe, die Funktionalparameter einer Grundgesamtheit durch die entsprechenden Kenngrößen der Stichprobe zu schätzen. So erscheint der Mittelwert als Schätzwert für den Erwartungswert geeignet; eine Wahrscheinlichkeit wird durch eine relative Häufigkeit geschätzt. Man nennt ein solches Verfahren, bei dem ein unbekannter Parameter durch einen einzigen Wert geschätzt wird, eine **Punktschätzung**. Die

Schätzfunktion (oder der **Schätzer**) ist eine Vorschrift, nach der aus den Daten einer Stichprobe des Umfangs n ein angenäherter Wert für den unbekannten Parameter der Grundgesamtheit berechnet wird. So lautet z. B. die Schätzfunktion für den Erwartungswert:

$$\bar{X} = \frac{\sum_{i=1}^{n} X_i}{n} \tag{8.1}$$

Die Werte, die die Schätzfunktion annehmen kann, nennt man **Schätzwerte**.

8.2.2 Kriterien zur Güte einer Schätzung***

Die oben erwähnten Punktschätzungen sind nicht so selbstverständlich, wie es auf den ersten Blick scheinen mag. Niemand bezweifelt zwar, dass der Erwartungswert durch den Mittelwert optimal geschätzt wird. Was aber spricht dagegen, bei symmetrischen Verteilungen den Erwartungswert durch den empirischen Median zu schätzen – zumal dies mit weniger Rechenaufwand verbunden wäre? Außerdem ist bisher nicht eindeutig geklärt, weshalb bei der empirischen Varianz oder der Kovarianz durch $n - 1$ dividiert wird (und nicht durch den Stichprobenumfang n).
Um diese Fragen zu beantworten, bedarf es objektiver und nachprüfbarer Eigenschaften, nach denen sich die Güte einer Schätzung beurteilen lässt. Hierzu orientiert man sich an den folgenden vier Kriterien, die *Sir Ronald Aylmer Fisher* aufgestellt hat:

- **Erwartungstreue:** Man kann nicht erwarten, dass eine einzelne Stichprobenkenngröße den unbekannten Parameter exakt wiedergibt. Allerdings sollte die Schätzvorschrift nicht systematisch einen zu hohen oder zu niedrigen Wert liefern. Das Kriterium der Erwartungstreue fordert daher, dass der Durchschnitt (oder genauer: der Erwartungswert) aller theoretisch denkbaren Schätzwerte aus Stichproben des Umfangs n mit dem unbekannten Parameter übereinstimmt. Eine erwartungstreue Schätzung heißt unverzerrt (oder »unbiased«).
- **Konsistenz:** Außerdem ist es plausibel, von einem guten Schätzer Folgendes zu verlangen: Je größer der Stichprobenumfang n, desto genauer sollte die Schätzung sein. Ein Schätzer ist immer dann konsistent, wenn dessen Varianz für große n gegen 0 geht.
- **Effizienz:** Die Varianz des Schätzers sollte möglichst gering sein. Je geringer sie ist, desto präziser ist die Schätzung. Eine hohe Effizienz bedeutet, dass auch eine kleine Stichprobe einen brauchbaren Schätzwert liefert. Die Effizienz ist insbesondere dann ein wichtiges Kriterium, wenn man verschiedene Schätzverfahren vergleicht.
- **Exhaustivität:** Ein Schätzer ist exhaustiv (oder erschöpfend), wenn er alle Informationen, die in den Daten einer Stichprobe enthalten sind, berücksichtigt.

Alle diese Forderungen scheinen plausibel und wünschenswert zu sein; wir werden jedoch sehen, dass sie nicht unbedingt bei allen bekannten Schätzfunktionen erfüllt sind.

8.2.3 Spezielle Schätzfunktionen***

Erwartungswert: Wir wollen die oben genannten Kriterien zunächst an dem wohl bekanntesten Parameter überprüfen und betrachten dazu den Mittelwert $\bar{x}$ einer Stichprobe, der den Erwartungswert μ der Grundgesamtheit schätzt. Wir wissen durch das Gesetz der großen Zahlen (▶ Abschn. 6.4.2), dass gilt:

$$E(\bar{X}) = \mu \text{ und } \operatorname{Var}(\bar{X}) = \frac{\sigma^2}{n} \underset{n \to \infty}{\to} 0$$

Demnach ist diese Schätzung erwartungstreu und konsistent. Sie ist auch exhaustiv, da alle Originalwerte x_i bei der Schätzung berücksichtigt werden.
Median: Etwas komplizierter liegen die Dinge beim empirischen Median. Man kann zeigen: Falls die Verteilung stetig und symmetrisch ist (z. B. die Normalverteilung), ist $\tilde{X}$ ein erwartungstreuer Schätzer für $\tilde{\mu}$. Da aber in diesem Fall Erwartungswert und Median übereinstimmen, ist auch der empirische Median ein erwartungstreuer Schätzer für den Erwartungswert μ. Für die Varianz des Medians gilt (dies sei ohne Beweis angeführt):

$$\operatorname{Var}(\tilde{X}) = \frac{\pi}{2} \cdot \frac{\sigma^2}{n} \underset{n \to \infty}{\to} 0 \tag{8.2}$$

Somit ist $\tilde{X}$ auch eine konsistente Schätzung für μ. Allerdings ist die Varianz von $\tilde{X}$ größer als die Varianz von $\bar{X}$; deshalb ist der Mittelwert der effizientere Schätzer für μ. Die Schätzung durch $\tilde{X}$ ist nicht erschöpfend, weil nicht alle Stichprobenwerte in dessen Berechnung einfließen. Der Mittelwert hat also im Vergleich zum empirischen Median die günstigeren Schätzeigenschaften.
Varianz: Die daraus berechnete Standardabweichung ist bei quantitativen Merkmalen das am häufigsten benutzte Streuungsmaß. Die Varianz wird bekanntlich nach folgender Vorschrift geschätzt:

$$S^2 = \frac{\sum_{i=1}^{n} (X_i - \bar{X})^2}{n-1} \tag{8.3}$$

Wie sich nachweisen lässt (siehe auch ▶ Anhang, Mathematische Abhandlung 8.1), gilt:

$$E(S^2) = \sigma^2 \tag{8.4}$$

$$\operatorname{Var}(S^2) = \frac{2\sigma^4}{n-1} \underset{n \to \infty}{\to} 0 \tag{8.5}$$

Demnach ist diese Schätzung erwartungstreu, konsistent und exhaustiv. Die Schätzung der Standardabweichung σ durch S ist zwar konsistent, aber merkwürdigerweise nicht erwartungstreu.
Wahrscheinlichkeit: Die Wahrscheinlichkeit p wird über eine relative Häufigkeit geschätzt. Mit Zufallsvariablen $X_i \sim B(1, p)$ ergibt sich für den Erwartungswert:

$$E\left(\sum_{i=1}^{n} X_i / n\right) = \frac{1}{n} E\left(\sum_{i=1}^{n} X_i\right) = \frac{np}{n} = p \tag{8.6}$$

▼

Die Schätzung ist also erwartungstreu. Die Konsistenz ergibt sich aus dem Gesetz der großen Zahlen.

Parameter der bivariablen Statistik: Die Schätzung der Kovarianz ist erwartungstreu und konsistent, ebenso die Schätzung der Parameter der Regressionsgeraden. Die Schätzfunktion für den Pearson'schen Korrelationskoeffizient ist dagegen nicht erwartungstreu, wohl aber konsistent.

8.3 Intervallschätzungen

8.3.1 Bedeutung eines Konfidenzintervalls

Wie wir wissen, haben die gängigen Schätzverfahren günstige Eigenschaften, und wir wenden sie an in der Hoffnung, einen brauchbaren Schätzwert zu erhalten. Dennoch sind diese Punktschätzungen in gewisser Weise unbefriedigend. Ein einzelner Schätzwert enthält nämlich keine Information darüber, wie sehr er vom »wahren« Parameter der Grundgesamtheit abweicht. Prinzipiell kann man darüber auch keine exakten Angaben machen, da der gesuchte Parameter letztlich unbekannt ist. Wir dürfen jedoch bei einem geeigneten Schätzverfahren vermuten, dass er sich in der näheren Umgebung des Schätzwertes befindet. In diesem Abschnitt geht es nun darum, diesen unscharfen Ausdruck »nähere Umgebung« zu präzisieren.

In ▶ Beispiel 4.1 wurde für 40 männliche Medizinstudenten eine mittlere Körpergröße $\bar{x}_m = 181{,}63$ cm berechnet. Wenn wir diese Gruppe als eine Stichprobe auffassen, dann ist der Mittelwert eine Schätzung für den Erwartungswert der Grundgesamtheit. Wir wissen, dass dieser Mittelwert zufallsbedingt ist. Eine andere Stichprobe des Umfangs $n = 40$ würde andere Daten und damit einen anderen Mittelwert liefern.

Die konkrete Frage, die sich nun stellt, lautet: Welcher Erwartungswert μ könnte dem besagten Mittelwert zugrunde liegen? Es erscheint durchaus möglich, dass er aus einer Grundgesamtheit mit $\mu = 180$ cm oder mit $\mu = 182$ cm resultiert. Wir glauben jedoch nicht, dass der wahre Parameter nur $\mu = 175$ cm beträgt – obwohl sich auch diese Möglichkeit nicht ganz ausschließen lässt.

Um Anhaltspunkte bezüglich der Genauigkeit der Schätzung zu gewinnen, konstruiert man nach einem speziellen mathematischen Algorithmus aus den Daten der Stichprobe ein sog. **Konfidenzintervall** (einen **Vertrauensbereich**). Man hofft, bei diesem Verfahren ein Intervall zu erhalten, das den gesuchten Parameter überdeckt. Es ist allerdings möglich, dass die Daten der Stichprobe ein Konfidenzintervall erzeugen, das »daneben liegt« und den gesuchten Parameter *nicht* enthält. Die entsprechende **Irrtumswahrscheinlichkeit** wird vor der Bestimmung des Konfidenzintervalls festgelegt. Sie wird mit α bezeichnet und beträgt üblicherweise 5%, in besonderen Fällen auch 1 oder 0,1%. Generell gibt es bei der Konstruktion eines Konfidenzintervalls also zwei Möglichkeiten:

- Mit der Wahrscheinlichkeit 1 – α erhält man ein Intervall, das den unbekannten Parameter enthält. Der Wert 1 – α wird als **Konfidenzwahrscheinlichkeit** (oder **Konfidenzniveau**) bezeichnet. Für die Irrtumswahrscheinlichkeit α = 5% beträgt die Konfidenzwahrscheinlichkeit 1 – α = 95%.
- Mit der Wahrscheinlichkeit α erhält man ein Intervall, das den unbekannten Parameter *nicht* enthält.

Das Konfidenzintervall selbst liefert leider keinen Anhaltspunkt dafür, welche dieser beiden Möglichkeiten eingetreten ist. Es ist deshalb immer notwendig und wichtig, die Irrtumswahrscheinlichkeit α mit anzugeben. – In den folgenden Abschnitten wird anhand mehrerer Beispiele das Konstruktionsprinzip eines Konfidenzintervalls erläutert.

8.3.2 Konfidenzintervalle für einen Erwartungswert

Siehe auch ▶ Anhang, Mathematische Abhandlung 8.2.

Der Erwartungswert ist bei quantitativen Daten in der Regel der wichtigste Parameter. Er wird über den Mittelwert $\bar{x}$ geschätzt. Ein Konfidenzintervall auf dem Niveau 1 – α = 95% ist gegeben durch:

$$\left[\bar{x} - \frac{1{,}96 \cdot \sigma}{\sqrt{n}}; \bar{x} + \frac{1{,}96 \cdot \sigma}{\sqrt{n}}\right] \qquad (8.7)$$

Die Wahrscheinlichkeit, dass ein Erwartungswert, der kleiner als die linke oder größer als die rechte Intervallgrenze ist, zu $\bar{x}$ geführt hat, beträgt jeweils 2,5% – also insgesamt α = 5%.

Cave

Die plausibel klingende und häufig verwendete Aussage »Der Erwartungswert μ liegt mit einer Wahrscheinlichkeit von 95% innerhalb des Konfidenzintervalls« ist irreführend. Der Erwartungswert ist zwar unbekannt – er ist jedoch eine feste Größe und nicht vom Zufall abhängig. Dagegen ist das Konfidenzintervall abhängig von der Stichprobe und deshalb vom Zufall mitbestimmt. Eine korrekte Formulierung lautet: »Man erhält mit einer Wahrscheinlichkeit von 95% ein Konfidenzintervall, das den unbekannten Erwartungswert μ überdeckt.«

Bei einer Irrtumswahrscheinlichkeit von α = 1% ist der Wert 1,96 in ▶ Formel (8.7) durch 2,58 zu ersetzen. Theoretisch ist natürlich jede beliebige Irrtumswahrscheinlichkeit denkbar; die Quantilen der Standardnormalverteilung sind dementsprechend anzugleichen (◻ Tab. A.1 im ▶ Anhang). Wegen der Symmetrie dieser Verteilung unterscheiden sich die Quantilen, die die beiden Intervallgrenzen bestimmen, nur bezüglich ihres Vorzeichens. Allgemein ist ein **zweiseitiges Konfidenzintervall** auf dem Niveau (1 – α) definiert durch die Intervallmitte $\bar{x}$ und die Grenzen:

$$\left[\bar{x} - z_{1-\alpha/2} \cdot \frac{\sigma}{\sqrt{n}}; \bar{x} + z_{1-\alpha/2} \cdot \frac{\sigma}{\sqrt{n}}\right] \tag{8.8}$$

Dabei bezeichnet der Index 1 – α/2 das jeweilige Quantil der Standardnormalverteilung. Für α = 5% ist $z_{1-\alpha/2} = z_{0,975} = 1{,}96$.

Bei ▶ Formel (8.7) und ▶ Formel (8.8) wurde stillschweigend vorausgesetzt, dass die Standardabweichung σ der Grundgesamtheit bekannt ist. Dies ist aber bei praktischen Untersuchungen fast nie der Fall. Man könnte notgedrungen σ durch die empirische Standardabweichung *s* ersetzen. Dies würde aber insbesondere bei kleinen Stichproben – die in den Biowissenschaften eher die Regel als die Ausnahme sind – zu einer weiteren Ungenauigkeit der Schätzung führen.

Vor diesem Problem stand Sealy Gosset, als er zu Beginn des 20. Jahrhunderts Mittelwerte für Bier-Ingredenzien schätzen wollte und dabei nur auf kleine Stichproben zurückgreifen konnte. Dies war die Ausgangssituation für die Entwicklung der *t*-Verteilung. Wenn die Zufallsvariable *X* normalverteilt ist, lassen sich die Standardabweichung σ und die Quantilen der Standardnormalverteilung in ▶ Formel (8.8) durch *s* bzw. die entsprechenden *t*-Werte ersetzen, und man erhält folgendes Konfidenzintervall:

$$\left[\bar{x} - \frac{t_{n-1;1-\alpha/2} \cdot s}{\sqrt{n}}; \bar{x} + \frac{t_{n-1;1-\alpha/2} \cdot s}{\sqrt{n}}\right] \tag{8.9}$$

Ohne geeignete Software müssen die Quantilen $t_{n-1;1-\alpha/2}$ in Tabellen nachgeschlagen werden (◘ Tab. A.2 im ▶ Anhang). Der Faktor $s/\sqrt{n}$ in ▶ Formel (8.9) ist eine Schätzung für den **Standardfehler des Mittelwerts** $\sigma/\sqrt{n}$. Es sind auch einseitige Konfidenzintervalle konstruierbar, die an einer Seite offen sind (hier ist nur die obere bzw. nur die untere Grenze interessant):

$$\left(-\infty; \bar{x} + \frac{t_{n-1;1-\alpha} \cdot s}{\sqrt{n}}\right] \text{ oder } \left[\bar{x} - \frac{t_{n-1;1-\alpha} \cdot s}{\sqrt{n}}; +\infty\right) \tag{8.10}$$

ⓘ Der Ausdruck $t_{n-1;1-\alpha/2}$ ist für Anfänger gewöhnungsbedürftig. Die beiden Angaben im Index sind notwendig, um den speziellen *t*-Wert exakt zu kennzeichnen. Der Index *f* = *n* – 1 bezeichnet die Anzahl der Freiheitsgrade (es gibt nämlich für jedes *f* eine spezielle *t*-Verteilung), 1 – α/2 gibt das Quantil an.

Beispiel 8.1: Konfidenzintervalle für Erwartungswerte

Körpergrößen männlicher Studenten ($n = 40$):

Aus $\bar{x}_m \pm s_m = (181{,}63 \pm 6{,}41)$ ergibt sich für die Konfidenzintervalle:

[179,58 cm ; 183,68 cm] ($\alpha = 0{,}05$) mit $t_{20;0,975} = 2{,}023$

[178,89 cm ; 184,37 cm] ($\alpha = 0{,}01$) mit $t_{39;0,995} = 2{,}708$

Körpergrößen weiblicher Studenten ($n = 35$):

Aus $\bar{x}_w \pm s_w = (170{,}09 \pm 5{,}24)$ berechnet man:

[168,29 cm ; 171,89 cm] ($\alpha = 0{,}05$) mit $t_{34;0,975} = 2{,}032$

[167,67 cm ; 172,51 cm] ($\alpha = 0{,}01$) mit $t_{34;0,995} = 2{,}728$

Man erkennt:

- Die Konfidenzintervalle der Frauen sind schmaler als die der Männer. Das liegt an der geringeren Streuung der Daten. Der Stichprobenumfang ist hier weniger ausschlaggebend, da er nur als $\sqrt{n}$ in den Nenner eingeht (während die Standardabweichung s im Zähler berücksichtigt wird).
- Die 95%-Intervalle sind schmaler als die 99%-Intervalle. Das liegt an den t-Quantilen, die für $\alpha = 0{,}05$ betragsmäßig kleiner sind als für $\alpha = 0{,}01$.

8.3.3 Konfidenzintervall für eine Wahrscheinlichkeit

Siehe auch ► Anhang, Mathematische Abhandlung 8.3.

Als Punktschätzer für eine Wahrscheinlichkeit p dient bekanntlich eine relative Häufigkeit:

$$\hat{p} = \frac{X}{n} \tag{8.11}$$

Dabei bezeichnet X die Häufigkeit des Ereignisses A bei n Zufallsexperimenten. Die Grenzen eines Konfidenzintervalls für die unbekannte Wahrscheinlichkeit p sind:

$$\hat{p} \pm \left(\frac{1}{2n} + z_{1-\alpha/2} \cdot \sqrt{\frac{\hat{p}\,(1-\hat{p})}{n}} \right) \tag{8.12}$$

Dabei muss vorausgesetzt werden, dass $n\hat{p} > 5$ und $n(1 - \hat{p}) > 5$. Das bedeutet: Der Stichprobenumfang darf nicht zu klein und die relativen Häufigkeiten sollten nicht zu extrem sein. Das in ► Formel (8.12) definierte Intervall ist vergleichbar mit dem Konfidenzintervall für den Erwartungswert nach ► Formel (8.8): $\hat{p}$ entspricht dem Mittelwert, die Wurzel dem Standardfehler der Schätzung. Der Term $1/2n$ in ► Formel (8.12) ist die **Stetigkeitskorrektur**. (Für Interessierte: Diese Korrektur ist notwendig, weil hier die diskrete Binomialverteilung durch die stetige Normalverteilung approximiert wird. Dadurch wird das Konfidenzintervall ein wenig breiter.)

Beispiel 8.2: Konfidenzintervall für eine Wahrscheinlichkeit

Der Anteil männlicher Studenten wird mit $\hat{p}$=40/75 = 0,53 geschätzt. Kann man davon ausgehen, dass mehr als die Hälfte der Medizinstudenten männlich sind? Wohl kaum! Für dass 95%-Konfidenzintervalls erhalten wir nach ► Formel (8.12):

$$\frac{40}{75} \pm \left(\frac{1}{150} + 1{,}96 \cdot \sqrt{\frac{40/75 \cdot 35/75}{75}} \right)$$. Das Intervall ist also: [0,414; 0,653].

Der höhere »männliche« Anteil ist offensichtlich nur zufällig bedingt. Es gab allerdings Zeiten, in denen ein solcher Unterschied tatsächlich abgesichert werden konnte (in die eine oder zuweilen auch die andere Richtung).

8.3.4 Konfidenzintervalle für Zusammenhangsmaße***

Die Berechnung eines Konfidenzintervalls für den Korrelationskoeffizienten nach Pearson wird hier nicht im Detail beschrieben (zumal diese Berechnungen kaum manuell durchgeführt werden). Der Anwender muss lediglich wissen, dass X und Y bivariabel (also zweidimensional) normalverteilte Zufallsvariable sein sollten. Die Berechnung eines solchen Intervalls ist auch für den Korrelationskoeffizienten nach Spearman bei einem Stichprobenumfang $n \geq 10$ möglich.

Beispiel 8.3: Konfidenzintervalle für Korrelationskoeffizienten

Für den Zusammenhang zwischen Körpergröße und Gewicht männlicher Studenten ermittelten wir $r = 0{,}5959$ ($n = 40$, ► Beispiel 5.2). Mit einer Statistiksoftware lässt sich folgendes 95%-Konfidenzintervall bestimmen: (0,4125 ; 0,7792). Was besagt dies?
Da beide Intervallgrenzen deutlich größer als 0 sind, können wir einigermaßen sicher sein, dass ein gleichsinniger Zusammenhang existiert. Allerdings wissen wir nicht, ob dieser schwach oder eher stark ist. Für die Studentinnen gilt $r = 0{,}5333$ ($n = 35$); das Konfidenzintervall ist (0,3033 ; 0,7634). Dieses ist breiter; die Schätzung ist also unpräziser.

Mit einer leistungsstarken Software lassen sich auch für die Steigung der Regressionsgeraden und den y-Achsen-Abschnitt Konfidenzintervalle berechnen. Falls (wie in obigem Beispiel) X und Y Zufallsvariablen darstellen, kann man ferner für jeden X-Wert ein Prognoseintervall für das zugehörige Y angeben. Man spricht hier von »Regression 2. Art«.
Spezielle Voraussetzungen gelten, wenn die Werte der X-Variablen exakt vorgegeben werden und nur die Y-Werte zufällig bedingt sind (Regression 1. Art). Dies ist beispielsweise der Fall, wenn die Wirkung eines Medikaments Y in Abhängigkeit von der Dosis X untersucht wird. Dann existieren zu jedem X-Wert x_j mehrere Y-Werte y_{ij}. Bei derlei Konstellationen lässt sich für jedes x_j ein Konfidenzintervall für den zugehörigen Mittelwert y_j berechnen, falls folgende Voraussetzungen erfüllt sind:

▼

- Die Residuen $y_{ij} - y_j$ müssen normalverteilt sein mit dem Erwartungswert 0.
- Die Varianzen der zu den einzelnen x_j-Werten gehörenden y_{ij} sollten gleich sein. (Diese Eigenschaft bezeichnet man als **Homoskedastizität**.)

Das Berechnen von Prognose- oder Konfidenzintervallen ist sinnvoll, um die Vorhersagepräzision und -verlässlichkeit zu beurteilen.

8.4 Abschließende Bemerkungen

8.4.1 Bedeutung des Stichprobenumfangs

Die Präzision einer Schätzung wird ausgedrückt durch die Breite des Konfidenzintervalls. Je schmaler dieses Intervall ist, desto genauer ist die Schätzung. Ein sehr breites Konfidenzintervall ist dagegen für praktische Zwecke unbrauchbar. So beträgt die Breite des nach ▶ Formel (8.9) berechneten zweiseitigen Konfidenzintervalls für den Erwartungswert:

$$BK = \frac{2 \cdot t_{n-1;1-\alpha/2} \cdot s}{\sqrt{n}} \tag{8.13}$$

Generell sind also drei Faktoren für die Präzision der Schätzung von Bedeutung (▶ Beispiel 8.1):

- **Irrtumswahrscheinlichkeit α:** Für $\alpha = 5\%$ ergibt sich ein schmaleres Intervall als für $\alpha = 1\%$. Ein schmales Intervall lässt sich also erreichen durch eine höhere Irrtumswahrscheinlichkeit und damit zu Lasten der Sicherheit.
- **Standardabweichung s:** Je homogener die Grundgesamtheit, desto kleiner sind Standardabweichung und Breite des Konfidenzintervalls.
- **Stichprobenumfang n:** Die Schätzung ist umso präziser, je höher der Stichprobenumfang.

Der Anwender hat also die Möglichkeit, über den Stichprobenumfang und die Irrtumswahrscheinlichkeit die Breite eines Konfidenzintervalls zu beeinflussen. Wie aus ▶ Formel (8.13) hervorgeht, lässt sich bei vorgegebener Breite der Mindeststichprobenumfang berechnen – allerdings nur theoretisch. In der Praxis ist die Standardabweichung σ nicht bekannt; der empirische Schätzwert s ergibt sich erst, nachdem die Daten der Stichprobe vorliegen. Außerdem kann der (von n abhängige) t-Wert nicht explizit angegeben, sondern allenfalls grob geschätzt werden (er beträgt für $\alpha = 5\%$ und $n \geq 10$ ungefähr 2). Aus ▶ Formel (8.13) ist außerdem ersichtlich, dass bei gleicher Standardabweichung der vierfache Stichprobenumfang erforderlich ist, um die Breite des Intervalls zu halbieren (da der Stichprobenumfang nur mit $\sqrt{n}$ in den Nenner eingeht).

Schließlich sei noch die Breite des Konfidenzintervalls für die Wahrscheinlichkeit p angegeben. Aus ▶ Formel (8.12) ergibt sich:

$$BK = 2 \cdot z_{1-\alpha/2} \cdot \sqrt{\frac{\hat{p}\,(1-\hat{p})}{n}} + \frac{1}{n} \tag{8.14}$$

Auch diese Breite wird durch Irrtumswahrscheinlichkeit und Stichprobenumfang bestimmt. Um einen Mindestumfang festlegen zu können, ist zumindest eine grobe Abschätzung der Wahrscheinlichkeit p erforderlich. Analoge Überlegungen gelten für andere Parameter: In jedem Fall sind die Breite des Konfidenzintervalls und die Genauigkeit der Schätzung abhängig vom Stichprobenumfang n und von der Irrtumswahrscheinlichkeit α.

Beispiel 8.4: Konfidenzintervalle in Abhängigkeit vom Stichprobenumfang

Von 75 Studenten haben 30 (das sind 40%) die Blutgruppe 0. Daraus berechnet sich nach ▶ Formel (8.12) das Konfidenzintervall (mit $\alpha = 0{,}05$):

$$\frac{30}{75} \pm \left(\frac{1}{150} + 1{,}96 \cdot \sqrt{\frac{30/75 \cdot 45/75}{75}} \right) = [0{,}282; 0{,}518]$$

Dieses Intervall hat eine Breite von 0,236; die Schätzung ist extrem unpräzise. Würde man den 4-fachen, 20-fachen oder 100-fachen Stichprobenumfang zugrunde legen, erhielte man (unter Annahme gleich bleibender Verhältnisse) folgende 95%-Konfidenzintervalle:
4-facher Umfang ($n = 300$): [0,343 ; 0,457] Breite: 0,114
20-facher Umfang ($n = 1500$): [0,375 ; 0,425] Breite: 0,050
100-facher Umfang ($n = 7500$): [0,389 ; 0,411] Breite: 0,022

Wie die Überlegungen in ▶ Beispiel 8.4 zeigen, sind zur Schätzung von Wahrscheinlichkeiten hohe Stichprobenumfänge notwendig, um brauchbare Schätzwerte zu erhalten. Andererseits muss man sich vergegenwärtigen, dass man auch mit einer großen Stichprobe nur einen minimalen Teil der Gesamtpopulation abbildet. Dieses Phänomen hat nicht nur Frau Noelle-Neumann fasziniert!

Auf ein besonderes Problem sei an dieser Stelle hingewiesen: Bisher wurde vorausgesetzt, dass die Grundgesamtheit unendlich groß ist. Wird nun eine Stichprobe des Umfangs n aus einer endlichen Grundgesamtheit des Umfangs N gezogen, muss man den Standardfehler korrigieren. Diese **Endlichkeitskorrektur** ergibt sich aus der Varianz der hypergeometrischen Verteilung (▶ Abschn. 7.1.5): Der Standardfehler ist mit dem Faktor $\sqrt{(N-n)/(N-1)}$ zu multiplizieren. Die Grenzen des Konfidenzintervalls für den Erwartungswert bei einer endlichen Grundgesamtheit sind demnach:

$$\bar{x} \pm t_{n-1;1-\alpha/2} \cdot s \cdot \sqrt{\frac{N-n}{n \cdot (N-1)}} \tag{8.15}$$

Bei großen Grundgesamtheiten mit $N/n \geq 100$ nimmt die Endlichkeitskorrektur einen Wert nahe bei 1 an und kann vernachlässigt werden.

8.4.2 Zu den Voraussetzungen***

Wie die Beispiele in diesem Kapitel deutlich machen, erlaubt die Angabe eines Konfidenzintervalls eine wesentlich bessere Beurteilung des Schätzwertes als eine Punktschätzung. Während aber ein Punktschätzer einfach aus den Daten der Stichprobe zu berechnen ist, kann die Bestimmung eines Konfidenzintervalls äußerst kompliziert sein. Sie setzt nämlich voraus, dass die Verteilung der Stichprobenkenngrößen bekannt ist. So wird beispielsweise bei der Berechnung eines Konfidenzintervalls für den Erwartungswert zugrunde gelegt, dass die Zufallsvariable $\bar{X}$ normalverteilt ist.

Es gibt statistische Kenngrößen (z. B. Schiefe oder Wölbung), deren Verteilungen bis heute nicht explizit bekannt sind. In diesen Fällen helfen Computersimulationen weiter. Mit **Monte-Carlo-Studien** werden aus einer bekannten Grundgesamtheit zahlreiche Zufallsstichproben des Umfangs *n* gezogen und jeweils die interessierende Kenngröße berechnet. Aus all diesen Werten wird dann deren Verteilung simuliert. Mit dieser Technik lässt sich auch überprüfen, ob und inwieweit Verletzungen der Voraussetzungen tolerierbar sind. So kann man beispielsweise zeigen, dass die Schätzung eines Konfidenzintervalls basierend auf der *t*-Verteilung robust ist gegenüber Abweichungen von der Normalverteilung.

Es ist für den Anwender nicht notwendig, die mathematischen Hintergründe genau zu kennen, zumal die Intervalle in aller Regel von einer Statistiksoftware ermittelt werden. Er sollte allerdings in der Lage sein, ein Konfidenzintervall sinnvoll zu interpretieren.

Häufig werden die Bedingungen zur Konstruktion eines Konfidenzintervalls nicht überprüft, sondern stillschweigend als erfüllt vorausgesetzt – sei es aus Bequemlichkeit oder Nichtwissen oder schlicht aus Not, weil keine anderen Schätzverfahren zur Verfügung stehen. Nun bedeutet dieses laxe Vorgehen nicht unbedingt, dass die Schätzung insgesamt unbrauchbar ist – es kommt eben darauf an, wie das Schätzverfahren auf eine Verletzung der Voraussetzungen reagiert. Das Konfidenzintervall liefert Anhaltspunkte bezüglich der Größenordnung eines unbekannten Parameters – nicht mehr und nicht weniger.

Die Verfahren der induktiven Statistik sind wesentlich komplexer als die Methoden der deskriptiven Statistik. Eine geeignete Software ist hierbei ein sinnvolles Mittel, ohne das manche Berechnungen gar nicht oder nur mit größter Mühe zu bewältigen wären. Es darf jedoch keineswegs dazu führen, dass man allzu sorglos die Voraussetzungen eines Verfahrens ignoriert. Man sollte in jedem Fall darauf achten, dass sie nicht in extremer Weise verletzt sind, und die Ergebnisse mit der gebotenen Vorsicht interpretieren.

Kapitelzusammenfassung

Konfidenzintervall für den Erwartungswert:

$$\left[\bar{x} - \frac{t_{n-1;1-\alpha/2} \cdot s}{\sqrt{n}}; \bar{x} + \frac{t_{n-1;1-\alpha/2} \cdot s}{\sqrt{n}}\right]$$

Konfidenzintervall für die Wahrscheinlichkeit:

$$\hat{p} \pm \left(\frac{1}{2n} + z_{1-\alpha/2} \cdot \sqrt{\frac{\hat{p}(1-\hat{p})}{n}}\right)$$

Je schmaler das Konfidenzintervall, desto präziser die Schätzung. Vorteilhaft sind:
- Hoher Stichprobenumfang
- Geringe Streuung
- Irrtumswahrscheinlichkeit α = 0,05 (anstelle α = 0,01)

Prinzip eines statistischen Tests

C. Weiß, *Basiswissen Medizinische Statistik*,
DOI 10.1007/978-3-642-34261-5_9,

» Klug fragen zu können ist die halbe Weisheit.
(Francis Bacon, Philosoph)

9.1 Durchführung eines Tests

9.1.1 Funktion eines statistischen Tests

Der Fortschritt in einer empirischen Wissenschaft wie der Medizin beruht im Wesentlichen auf Beobachtungen, die ein Arzt bei der Patientenbehandlung oder im Labor macht. Möglicherweise entwickelt er dabei eine Therapie, von der er glaubt, dass sie der herkömmlichen Standardtherapie in irgendeiner Weise überlegen sei, oder er gewinnt neue wissenschaftliche Erkenntnisse. Aus einer Vielzahl von Beobachtungen gepaart mit fachlich-theoretischen Überlegungen entsteht so eine Vermutung und – wenn diese präzise formuliert wird – eine Hypothese.

In der Regel ist es nicht möglich, derlei Hypothesen zu beweisen. Ein Forscher wird zwar meist von der Richtigkeit seiner Vermutung überzeugt sein – dies allein kann jedoch kein objektives Kriterium darstellen. Die Überprüfung einer Hypothese hat in zweifacher Hinsicht zu erfolgen:

- Zunächst sollte man einen theoretischen Hintergrund erarbeiten, um die Hypothese mit sachlichen Argumenten zu untermauern. Dazu bedarf es überwiegend medizinischer Fachkenntnisse und Erfahrungen. Mit Statistik hat dies vorerst nichts zu tun.
- Darüber hinaus ist es erforderlich, die Hypothese statistisch abzusichern. Zu diesem Zweck müssen relevante Daten erhoben und mit einer geeigneten Testmethode analysiert werden.

In diesem Abschnitt wird das Prinzip eines statistischen Tests anhand eines einfachen Beispiels erläutert, bei dem der *t*-Test für eine Stichprobe herangezogen wird. Wir stellen uns dazu folgende Situation vor: Aus der Fachliteratur ist bekannt, dass das mittlere Geburtsgewicht gesunder Kinder nach einer unauffällig verlaufenden Schwangerschaft 3500 g beträgt. Ein Mediziner hat die Vermutung, dass Babys, deren Mütter während der Schwangerschaft einem bestimmten Risiko ausgesetzt waren, im Durchschnitt weniger wiegen. Er beschließt, das Geburtsgewicht von 20 solchen Risikobabys in seiner Klinik zu messen und den daraus resultierenden Mittelwert mit 3500 g zu vergleichen. Generell sind nun zwei Möglichkeiten bezüglich der (unbekannten) Ausgangssituation denkbar:

- **Es besteht kein Unterschied** zwischen dem mittleren Geburtsgewicht der Risikobabys und dem aus der Literatur bekannten Wert von 3500 g. In diesem Fall würde man bei den 20 Babys ein Durchschnittsgewicht von 3500 g erwarten. Freilich wird man bei einer Stichprobenerhebung niemals einen

Mittelwert von exakt 3500 g erhalten. Kleinere Abweichungen muss man tolerieren.

- **Es besteht ein Unterschied:** Dann ist zu erwarten, dass die 20 Kinder durchschnittlich weniger (oder mehr) als 3500 g wiegen, wobei der Unterschied nicht nur zufällig bedingt ist.

Diese beiden Aussagen sind komplementär: Sie ergänzen sich und schließen sich gegenseitig aus. Genau eine davon muss also richtig sein. Eine Entscheidung aufgrund des aus der Stichprobe berechneten Mittelwertes fällt mitunter schwer. Wenn der Arzt ein mittleres Geburtsgewicht von 3480 g ermittelt, wird er kaum schlussfolgern, dass sich das Risiko negativ auf das Geburtsgewicht auswirkt. Erhält er dagegen einen Mittelwert von weniger als 3000 g, wird er seine Vermutung bestätigt finden. Wo aber ist die Grenze? Welche Abweichungen vom Sollwert 3500 g sind als zufällig bedingt einzustufen, und ab welchem Punkt muss man davon ausgehen, dass sich die Abweichung nicht allein durch den Zufall erklären lässt?

In solchen Situationen hilft ein statistischer Test weiter. Er funktioniert nach folgendem Prinzip: Man stellt zwei komplementäre Hypothesen auf (▶ siehe oben), wählt einen für die Fragestellung passenden Test und berechnet dann aus den Stichprobendaten nach einem bestimmten mathematischen Algorithmus eine sog. **Testgröße** (**Prüfgröße** oder **Teststatistik**) und daraus den ***p*-Wert** (▶ Abschn. 9.2.2). Dieser *p*-Wert erlaubt es, eine objektive und nachvollziehbare Entscheidung zugunsten von einer der beiden Hypothesen zu treffen.

9.1.2 Formulieren der Hypothesen

Es ist wichtig, die beiden Hypothesen *vor* der Durchführung des Tests inhaltlich so präzise wie möglich zu formulieren (Schritt 1 in ◘ Tab. 9.1). Erst dadurch wird die konkrete Fragestellung klar definiert. Dies hat der englische Philosoph Francis Bacon bereits im 17. Jahrhundert erkannt (obgleich damals keine statistischen Tests bekannt waren).

Diejenige Hypothese, die eine innovative Aussage beinhaltet und Althergebrachtes infrage stellt, bezeichnet man als **Alternativhypothese**. In unserem Beispiel lautet sie: »Das mittlere Geburtsgewicht der 20 Risikobabys hat einen Erwartungswert μ, der sich von 3500 g unterscheidet.« Die konkurrierende Aussage nennt man **Nullhypothese**: »Das mittlere Geburtsgewicht hat einen Erwartungswert μ von 3500 g.« Diese inhaltlichen Aussagen werden nun in statistische Hypothesen übersetzt. In unserem Beispiel lauten sie:

$$H_0: \mu = 3.500\,;\; H_1: \mu \neq 3.500$$

Tab. 9.1 Entscheidungsfindung bei einem statistischen Test

Schritt	Beschreibung	
1	Formulieren der Null- und der Alternativhypothese (einseitig oder zweiseitig)	▶ Abschn. 9.1.2
2	Wahl des Signifikanzniveaus (meist $\alpha = 0{,}05$)	▶ Abschn. 9.1.3
3	Berechnen der Prüfgröße und Ermitteln des *p*-Werts	▶ Abschn. 9.1.3, ▶ Abschn. 9.2.2
4	Testentscheidung: $p < \alpha$: Alternativhypothese $p \geq \alpha$: Nullhypothese	▶ Abschn. 9.2.1, ▶ Abschn. 9.2.2
5	Interpretation des Testergebnisses	▶ Abschn. 9.2.3, ▶ Abschn. 9.2.4

Die Nullhypothese H_0 beinhaltet ein Gleichheitszeichen; sie ist also eindeutig formuliert. Die üblicherweise mit H_1 (oder H_A) bezeichnete Alternativhypothese ist dagegen sehr allgemein gehalten: Sie vereinigt in sich *alle* Hypothesen außer der Nullhypothese.

Diese Art von Hypothesen, bei denen nichts über die Richtung eines Unterschieds ausgesagt wird, nennt man **zweiseitig** (oder **ungerichtet**). Liegen aufgrund inhaltlicher Überlegungen bereits Kenntnisse über die Richtung eines möglichen Unterschiedes vor, ist es eventuell sinnvoll, **einseitige** (oder **gerichtete**) Hypothesen zu formulieren. Hat der Arzt berechtigten Grund zur Annahme, dass die Risikobabys auf keinen Fall mehr, sondern weniger als 3500 g wiegen, und möchte dies statistisch absichern, wird er folgende Hypothesen aufstellen:

$$H_0: \mu = 3.500; \; H_1: \mu < 3.500$$

Eine Testentscheidung lässt nur diese beiden Alternativen zu. Die Möglichkeit $\mu > 3.500$ wird bei dieser Fragestellung gar nicht in Betracht gezogen.

Cave

Oft wird die Nullhypothese bei einseitiger Fragestellung komplementär zur Alternativhypothese formuliert (in unserem Beispiel: $H_0: \mu \geq 3.500$). Welche Formulierung das inhaltliche Problem beser beschreibt, bleibt dem Anwender überlassen. Für die Durchführung des Tests ist dies irrelevant: Die Berechnung der Prüfgröße und die Testentscheidung basieren in jedem Fall auf einer eindeutig formulierten Nullhypothese.

Ob eine Fragestellung einseitig oder zweiseitig formuliert wird, hat der Versuchsleiter *vor* der Durchführung des Tests festzulegen. Diese Entscheidung muss auf spezifisch-fachlichen Überlegungen beruhen. Sie ist unter anderem abhängig von den Konsequenzen einer Fehlentscheidung (▶ Abschn. 9.1.3). Falls der Versuchsleiter nicht sicher ist, ob die Voraussetzungen für eine einseitige Fragestellung gegeben sind, wählt er zweckmäßigerweise die zweiseitige.

9.1.3 Fehlerarten

Die Testentscheidung hängt von der Prüfgröße ab; diese wird ihrerseits aus den Stichprobenwerten ermittelt (Schritt 3 in ◘ Tab. 9.1). Es ist nicht ausgeschlossen, dass das Testverfahren im Einzelfall zu einer Fehlentscheidung führt.

Ist in Wirklichkeit die Nullhypothese richtig und entscheidet man sich fälschlicherweise für die Alternativhypothese, liegt ein **α-Fehler** (oder **Fehler 1. Art**) vor (◘ Tab. 9.2). Auch wenn sich die Risikobabys bezüglich ihres Geburtsgewichts von den anderen nicht unterscheiden würden (wenn also die Nullhypothese tatsächlich zuträfe), könnten allein aufgrund des Zufalls nur leichtgewichtige Babys in die Stichprobe gelangen, deren durchschnittliches Gewicht weit unter 3500 g läge. Der Arzt würde dann annehmen, dass diese Kinder weniger wiegen und sich irrtümlicherweise für die Alternativhypothese entscheiden. Damit würde er einen α-Fehler begehen (freilich ohne dies zunächst zu bemerken).

Ein α-Fehler ist nicht generell vermeidbar – aber er ist kontrollierbar. Dieser Fehler kann nämlich nur bei Gültigkeit der Nullhypothese auftreten, und diese ist eindeutig formuliert. Deshalb ist es möglich, die Wahrscheinlichkeitsverteilung der Prüfgröße explizit anzugeben: Es ist bekannt, dass unter H_0 die Zufallsvariable

$$T = \frac{\bar{X} - \mu_0}{S / \sqrt{n}}$$

t-verteilt ist (▶ Abschn. 7.4.1). Nach dieser Vorschrift berechnet man aus den Daten der Stichprobe die **Prüfgröße *t***:

$$t = \frac{\bar{x} - \mu_0}{s / \sqrt{n}} \tag{9.1}$$

Die Prüfgröße t kann generell Werte zwischen $-\infty$ und $+\infty$ annehmen. Ihre Verteilung unter der Nullhypothese ist bekannt; es gilt (für $\alpha = 0{,}05\%$):

- Mit 95%-iger Wahrscheinlichkeit erhält man einen Wert der Prüfgröße zwischen $t_{n-1;\alpha/2} = t_{n-1;0,025}$ und $t_{n-1;1-\alpha/2} = t_{n-1;0,975}$. Wegen der Symmetrie der t-Verteilung gilt: $t_{n-1;\alpha/2} = -t_{n-1;1-\alpha/2}$.
- Mit einer Wahrscheinlichkeit von $\alpha/2 = 2{,}5\%$ nimmt die Prüfgröße einen (positiven) Wert an, der größer ist als $t_{n-1;1-\alpha/2}$.

- Mit einer Wahrscheinlichkeit von $\alpha/2 = 2{,}5\%$ nimmt die Prüfgröße einen (negativen) Wert an, der kleiner ist als $t_{n-1;\alpha/2} = -t_{n-1;1-\alpha/2}$.

Daraus leitet man für zweiseitige Fragestellungen folgende objektive Entscheidungsregel her:
- Falls $t_{n-1;\alpha/2} \leq t \leq t_{n-1;1-\alpha/2}$, behält man die Nullhypothese bei. Diesen Bereich von t bezeichnet man als »**Annahmebereich** für die Nullhypothese«.
- Falls $t < t_{n-1;\alpha/2}$ oder falls $t > t_{n-1;1-\alpha/2}$, lehnt man die Nullhypothese ab und nimmt die Alternativhypothese an. Diese beiden Bereiche werden zusammen als »**kritischer Bereich**« oder als »**Ablehnungsbereich** für die Nullhypothese« bezeichnet.

Im kritischen Bereich hat die Prüfgröße also einen Betrag $|t| > t_{n-1;1-\alpha/2}$. Die Werte $\pm t_{n-1;1-\alpha/2}$ trennen den Annahmebereich vom kritischen Bereich und werden deshalb als **kritische Werte** bezeichnet (◘ Abb. 9.1). Bei einseitiger Fragestellung ist der kritische Bereich mit der Fläche α zusammenhängend auf einer Seite der Dichtefunktion der t-Verteilung. Die Alternativhypothese

$$H_1: \mu > \mu_0$$

wird angenommen, falls $t > t_{n-1;1-\alpha}$. Formuliert man dagegen die Alternativhypothese als

$$H_1: \mu < \mu_0,$$

muss die Prüfgröße t negativ und kleiner als $t_{n-1;\alpha}$ sein, damit die Alternativhypothese angenommen werden kann. Der kritische Wert und damit die Testentscheidung sind also abhängig von der Anzahl der Freiheitsgrade $f = n-1$ der Irrtumswahrscheinlichkeit α und davon, ob man einseitig oder zweiseitig testet. Diese Vorgehensweise gewährleistet, dass – falls die Nullhypothese wahr ist – mit einer Wahrscheinlichkeit von mindestens 95% eine richtige Entscheidung getroffen wird. Das Risiko einer Fehlentscheidung (also der α-Fehler) beträgt demnach maximal 5%.

Theoretisch kann der Anwender eines statistischen Tests die maximale Größe des α-Fehlers nach Belieben festlegen (Schritt 2 in ◘ Tab. 9.1). Um jedoch eine Vergleichbarkeit statistisch abgesicherter Entscheidungen zu ermöglichen, hat sich in den Biowissenschaften ein Schwellenwert von 5% eingebürgert. Diesen Wert bezeichnet man als das **α-Niveau** oder **Signifikanzniveau**. Bei besonderen Fragestellungen wählt man $\alpha = 1\%$ oder $\alpha = 0{,}1\%$, hin und wieder auch $\alpha = 10\%$. Die maximale Größe des α-Fehlers sollte *vor* der Durchführung des Tests festgelegt werden.

Nun ist es auch umgekehrt möglich, dass in Wirklichkeit die Alternativhypothese richtig ist und man fälschlicherweise die Nullhypothese beibehält. In diesem Fall be-

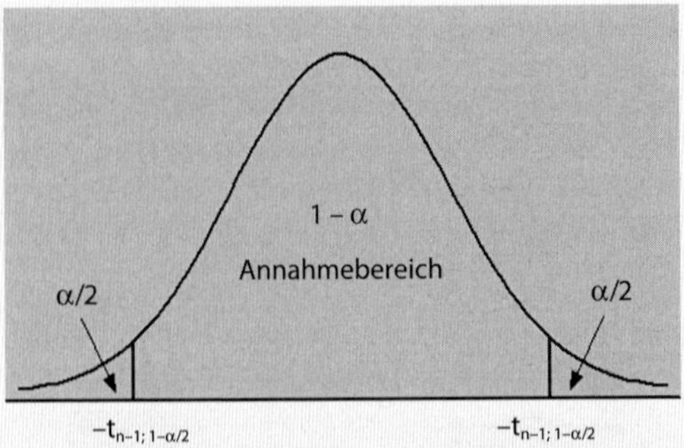

Abb. 9.1 Annahme- und Ablehnungsbereich beim t-Test (zweiseitige Fragestellung)

Tab. 9.2 Wahrheitstafel: Entscheidungen bei einem statistischen Test

Testentscheidung	Wirklichkeit	
	H_0 wahr	H_1 wahr
Für H_0	richtige Entscheidung $1-\alpha$	Fehler 2. Art β
Für H_1	Fehler 1. Art α	richtige Entscheidung $1-\beta$
Summe	1	1

geht man einen **β-Fehler** oder **Fehler 2. Art** (Tab. 9.2). Dieser lässt sich im Gegensatz zum α-Fehler kaum abschätzen, da die Alternativhypothese nicht explizit vorgegeben ist. Generell gilt: Je mehr sich der unbekannte Erwartungswert μ und der Sollwert μ_0 unterscheiden und je höher der Stichprobenumfang ist, desto eher lässt sich die Alternativhypothese absichern und desto kleiner ist der β-Fehler.

Man kann den β-Fehler durch die Wahl des α-Fehlers beeinflussen: Je größer der Wert für α angenommen wird, umso größer ist der kritische Bereich und umso kleiner β. Ein kleiner α-Fehler bedeutet also einerseits, dass man seltener eine richtige Nullhypothese ablehnt. Andererseits geht man ein höheres Risiko ein, die Nullhypothese auch dann beizubehalten, wenn in Wirklichkeit die Alternativhypothese richtig ist.

9.1.4 Stichprobenumfang***

Dem Stichprobenumfang ist besondere Beachtung beizumessen, da er das Testergebnis massiv beeinflusst. Je kleiner der Stichprobenumfang ist, desto eher wird die Nullhypothese beibehalten. Andererseits gibt ein extrem großer Stichprobenumfang der Nullhypothese keine Chance. Daraus folgt: Jede Alternativhypothese (auch wenn sie nur minimal von der Nullhypothese abweicht) lässt sich mit einem hinreichend großen Stichprobenumfang absichern.
Demnach könnte man meinen, dass die Testentscheidung bedeutungslos ist. Sie ist es jedoch nicht, wenn der Anwender (der ja in der Regel die Alternativhypothese absichern möchte) vorab darüber nachdenkt, wie groß der Unterschied zwischen Null- und Alternativhypothese sein sollte, damit ihm eine praktische Bedeutung zukommt, und aufgrund dieser Überlegungen den Stichprobenumfang festlegt. Damit kann man verhindern, dass ein Test nur aufgrund eines hohen Stichprobenumfangs kleinste Unterschiede erkennt, die in Wirklichkeit belanglos sind.
Eine Besonderheit stellen **sequenzielle Testverfahren** dar, bei denen der Stichprobenumfang nicht a priori festgelegt wird. Bei diesen Verfahren wird nicht nur die Nullhypothese, sondern auch die Alternativhypothese vorab präzise formuliert. Neben α wird auch ein Wert für β angenommen. (Meist legt man $\beta = 0{,}10$ oder $\beta = 0{,}20$ fest – je nachdem welche Konsequenzen die falsche Annahme der Nullhypothese nach sich zieht.) Da hier beide Hypothesen exakt formuliert sind, lassen sich der mögliche α- bzw. der mögliche β-Fehler exakt quantifizieren. Man führt den Test zunächst mit minimalem Stichprobenumfang durch, erhöht diesen um 1 und wiederholt diese Prozedur so lange, bis eine Testentscheidung zugunsten der Alternativhypothese (falls p kleiner ist als α) oder zugunsten der Nullhypothese (falls der Fehler 2. Art kleiner ist als β) möglich ist. Dieses Verfahren gewährleistet, dass der Stichprobenumfang optimal ist.
Allerdings sind sequenzielle Verfahren in der Praxis nicht immer geeignet. In der medizinischen Forschung werden diese Testverfahren bislang nicht allzu häufig angewandt. Näheres dazu findet man in Bortz u. Lienert (2008; ► Anhang). Die Ausführungen in diesem und den nächsten Kapiteln beziehen sich auf nichtsequenzielle Tests.

9.2 Testentscheidung und Konsequenzen

9.2.1 Basis der Testentscheidung

Ein statistischer Test endet mit einer Entscheidung, die man aufgrund des Testergebnisses trifft (Schritt 4 in ◘ Tab. 9.1). Generell gibt es zwei Möglichkeiten:

- Liegt die Prüfgröße im kritischen Bereich, entscheidet man sich für die Alternativhypothese. Ein solches Ergebnis heißt in Abhängigkeit von α schwach signifikant ($\alpha = 10\%$), **signifikant** ($\alpha = 5\%$), hochsignifikant ($\alpha = 1\%$) oder höchst signifikant ($\alpha = 0{,}1\%$). Theoretisch kann diese Entscheidung zwar falsch sein – wenn nämlich in Wirklichkeit die Nullhypothese richtig ist und man dennoch eine Prüfgröße im kritischen Bereich erhält. Dieser Fehler wird jedoch durch den p-Wert kontrolliert (► Abschn. 9.2.2). Man formuliert die Testentscheidung als: »Die Nullhypothese wird verworfen« oder »Die Alternativhypothese wird angenommen«.

- Liegt die Prüfgröße im Annahmebereich, entscheidet man sich für die Nullhypothese. Diese Entscheidung ist richtig, wenn die Aussage der Nullhypothese in Wirklichkeit zutrifft. Ansonsten ist man einem β-Fehler erlegen. Dieser kann – insbesondere bei kleinem Stichprobenumfang – sehr groß sein. Eine Prüfgröße im Annahmebereich ist deshalb kein Beleg für die Richtigkeit der Nullhypothese, sondern weist lediglich darauf hin, dass man anhand des vorhandenen Datenmaterials die Nullhypothese nicht ablehnen kann. Man formuliert deshalb vorsichtig: »Die Nullhypothese kann auf dem Signifikanzniveau α nicht verworfen werden« oder »Es ergibt sich kein Widerspruch zur Nullhypothese«.

Die Wahrscheinlichkeit eines Tests, eine richtige Alternativhypothese als solche zu erkennen, ist $1 - \beta$. Sie quantifiziert die sog. **Güte**, **Teststärke**, **Trennschärfe** oder **Macht**. Auch der englische Ausdruck **Power** wird im deutschen Sprachgebrauch häufig verwendet.

Aus diesen Ausführungen geht hervor: Die Nullhypothese ist in der Testtheorie die Basis, von der aus entschieden wird. Es ist wichtig, dafür zu sorgen, dass sie nicht leichtfertig oder grundlos abgelehnt wird. Man ist deshalb vorsichtig und akzeptiert die Alternativhypothese nur dann, wenn die Testgröße in den kritischen Bereich fällt – mit anderen Worten: wenn der Wert der Testgröße mit der Nullhypothese nur schwer zu vereinbaren ist.

Cave

Ein Anwender weiß bei Annahme der Alternativhypothese nie genau, ob er eine richtige Entscheidung getroffen hat, oder ob er einem α-Fehler erlegen ist. Deshalb klingen Sätze »Mit 95%-iger Sicherheit trifft die Alternativhypothese zu« oder »Mit einer Wahrscheinlichkeit von weniger als 5% ist die Alternativhypothese falsch« plausibel. Diese Formulierungen sind zwar weit verbreitet, aber dennoch nicht korrekt. Sie würden ja implizieren, dass die Alternativhypothese meistens richtig, aber zufällig auch einmal falsch sein kann. Einer Hypothese haftet jedoch nichts Zufälliges an – sie ist entweder richtig oder falsch. Zufällig sind die Daten, die in die Stichprobe gelangen, damit auch die Testgröße und die davon abhängige Entscheidung.

9.2.2 *p*-Wert und Konfidenzintervall

Vor noch nicht allzu langer Zeit war es üblich, eine Prüfgröße per Hand oder mit einem Taschenrechner zu berechnen. Um zu beurteilen, ob das Ergebnis signifikant war, hatte man den berechneten Wert mit einem kritischen Wert zu vergleichen. In fast jedem Statistiklehrbuch findet man auch heute noch Tabellen, in denen kritische Werte aufgelistet sind (► Anhang, ◘ Tab. A.1 bis ◘ Tab. A.6). Wenn beispielsweise die Prüfgröße, die aus einem t-Test für eine Stichprobe resultiert, betragsmäßig größer ist als $t_{n-1;0,975}$, kann man davon ausgehen, dass das Testergebnis signifikant auf dem Niveau $\alpha = 0{,}05\%$ ist. Ist der Betrag der Prüfgröße sogar größer als $t_{n-1;0,995}$, dann ist der Unterschied auf dem 1%-Niveau abgesichert (jeweils bei zweiseitigem Testen).

Heutzutage führt man einen statistischen Test mit Hilfe geeigneter Software durch. Diese berechnet in Abhängigkeit vom Wert der Prüfgröße den ***p*-Wert** (Schritt 3 in ◘ Tab. 9.1). Dieser quantifiziert die Wahrscheinlichkeit, dass das erhaltene Testergebnis (oder ein noch extremeres Ergebnis) zustande kommt, wenn in Wirklichkeit die Nullhypothese richtig ist. Etwas salopp ausgedrückt ist der p-Wert die Wahrscheinlichkeit dafür, dass das Testergebnis ein reiner Zufallsbefund ist. Ist p kleiner als das Signifikanzniveau α, wird die Alternativhypothese angenommen (Schritt 4 in ◘ Tab. 9.1) – ganz nach dem Motto: Das kann kein Zufall sein!

Grundsätzlich ist Folgendes zu beachten:

- Der p-Wert besagt lediglich, *ob* ein statistisch signifikanter Unterschied existiert. Er enthält jedoch keine Informationen über dessen Größe. Deshalb ist es sinnvoll, zusätzlich zum p-Wert ein Konfidenzintervall für den zu testenden Parameter anzugeben.
- Grundsätzlich sind alle Werte innerhalb des Konfidenzintervalls für die Größe des zu untersuchenden Parameters in Betracht zu ziehen. Je schmaler dieses Intervall, desto präziser ist die Schätzung und desto einfacher die Interpretation des Testergebnisses. Problematisch ist es, wenn ein kleiner Stichprobenumfang zu einem nichtsignifikanten Ergebnis und einem breiten Konfidenzintervall führt. In diesem Fall ist keine Aussage darüber möglich, ob es keinen praktisch relevanten Unterschied gibt oder ob dieser nur nicht nachweisbar ist.

Beispiel 9.1: *t*-Test für eine Stichprobe

Ein Arzt erhält bei einer Beobachtungsstudie mit 20 Babys von Risikopatientinnen für das Geburtsgewicht: $\bar{x} \pm s = (3311{,}5 \pm 410{,}5)$ g. Diese Werte sind zu vergleichen mit dem aus der Literatur bekannten Durchschnittswert 3500 g. Aus den Daten resultiert nach ► Formel (9.1):

$$t = \frac{\bar{x} - \mu_0}{s/\sqrt{n}} = \frac{3311{,}5 - 3500}{410{,}5/\sqrt{20}} = -2{,}0536 \quad \text{und} \quad p = 0{,}0541.$$

Die kritischen Werte sind $t_{19;0,025} = -2{,}093$ und $t_{19;0,975} = +2{,}093$ (für $\alpha = 5\%$; zweiseitiger Test, ◘ Tab. A.2 im ► Anhang). Demnach müsste man die Nullhypothese beibehalten. Für das einseitige Testen hat der kritische Wert den Betrag $t_{19;0,95} = 1{,}729$; der p-Wert halbiert sich auf 0,0271. Dieses Ergebnis ist signifikant. – Das einseitige Konfidenzintervall für den Mittelwert hat nach ► Formel (8.10) die obere Grenze von 3470 g. Dies zeigt, dass die 20 Babys durchschnittlich zwar weniger wiegen als 3500 g; der Unterschied ist aber möglicherweise nicht gravierend.

Beim einseitigen t-Test entspricht der p-Wert dem Integral (also der Fläche) zwischen der nach ► Formel (9.1) berechneten Prüfgröße und dem Ende der Dichtefunktion; beim zweiseitigen t-Test verteilt sich diese Fläche gleichmäßig auf beide Enden der Dichtefunktion. Falls das Ergebnis signifikant ist mit $p < \alpha$, ist diese Fläche ein Teil des kritischen Bereichs (◘ Abb. 9.1). Es ist in der Regel nicht möglich, die p-Werte eines statistischen Tests manuell zu bestimmen. In den Beispielen der ► Kap. 9 bis ► Kap. 11 wurden diese mit der Statistiksoftware SAS ermittelt.

9.2.3 Interpretation eines signifikanten Ergebnisses

Das Ziel eines statistischen Tests besteht meistens darin, die Alternativhypothese abzusichern. Ob das gelingt, hängt vom p-Wert ab. Ein p-Wert kleiner als 0,05 ist häufig Anlass zu großer Freude! Viele Anwender unterliegen aber allzu menschlichen Schwächen und »überinterpretieren« ein Testergebnis subjektiv nach ihren eigenen Vorstellungen (Schritt 5 in ◘ Tab. 9.1). Dies sei an drei Beispielen verdeutlicht.

- Das Ergebnis von ► Beispiel 9.1 erhärtet die These, dass das Geburtsgewicht der Risikobabys geringer ist als der allgemeine Durchschnitt. Das Ergebnis allein ist aber kein hieb- und stichfester Beweis für einen kausalen Zusammenhang. Um die These zu erhärten, sind weitere Überlegungen fachlicher Art notwendig.
- In ► Beispiel 10.1 wird die Wirkung einer Diät an 10 Probanden getestet; der Unterschied bezüglich des durchschnittlichen Körpergewichts vor und nach der Diät ist statistisch signifikant. Dies heißt jedoch keineswegs, dass sich das Körpergewicht allein wegen der Diät verringert hat. Auch andere Ursachen sind in Betracht zu ziehen. (Möglicherweise haben die Probanden generell ihren Lebensstil oder ihre Einstellung zu ihrer Gesundheit verändert.)
- In ► Beispiel 10.7 erhält man mit denselben Daten und einem anderen Testverfahren ein nichtsignifikantes Ergebnis. Hier wäre es leichtfertig, das Ergebnis dahingehend zu interpretieren, als habe die Diät keinen Einfluss auf das Gewicht. Das Ergebnis ist auch bedingt durch die geringe Power des Tests und den kleinen Stichprobenumfang.

Generell gilt: Der p-Wert besagt nichts über die Ursachen eines Unterschieds oder über die Konsequenzen, die sich daraus ergeben. Diese Fragen müssen mit medizinischem Sachverstand geklärt werden; die Statistik hilft dabei nicht weiter. Der Anwender eines statistischen Tests und auch die Leser einer Publikation sollten sich von einem kleinen p-Wert nicht blenden lassen. »Statistische Signifikanz« ist nicht gleichbedeutend mit »klinischer Relevanz« oder »wissenschaftlicher Brisanz«.

9.2.4 Interpretation eines nichtsignifikanten Ergebnisses

Ein nichtsignifikantes Testergebnis kann zweierlei bedeuten:

- Es gibt keinen relevanten Unterschied.
- Oder es gibt einen bedeutsamen Unterschied, der sich aber wegen eines zu geringen Stichprobenumfangs nicht absichern lässt.

Ein Konfidenzintervall ist hilfreich, um zu beurteilen, welche Alternative eher anzunehmen ist.

Der Test in ▶ Beispiel 11.1 wurde durchgeführt, um herauszufinden, ob ein Zusammenhang zwischen Rauchen und Geschlecht besteht. Das Ergebnis »nichtsignifikant« ist mit Vorsicht zu interpretieren. Abgesehen vom nicht allzu hohen Stichprobenumfang ist zu bedenken, dass die Beobachtungseinheiten Medizinstudenten sind. Auf andere Populationen ist das Ergebnis nicht ohne Weiteres übertragbar.

Wenn man keinen Unterschied erwartet hat, ist ein nichtsignifikantes Testergebnis nicht aufsehenerregend. Überrascht das Ergebnis des statistischen Tests jedoch, sollte man nach den Ursachen forschen. Möglich sind ein inhaltlicher Fehler bei der Formulierung der Hypothesen, Mängel des Studiendesigns, ein nichtadäquater Stichprobenumfang oder eine nichteffiziente statistische Analyse.

Nun gibt es auch Fragestellungen, bei denen die Beibehaltung der Nullhypothese explizit erwünscht ist. Dazu zählen Anpassungstests und Äquivalenztests:

- Mit einem **Anpassungstest** soll nachgewiesen werden, dass eine empirische Verteilung mit einer theoretischen Verteilung vereinbar ist. In diesen Fällen ist man bemüht, den β-Fehler möglichst gering zu halten. Dieser lässt sich indirekt durch die Wahl des α-Fehlers beeinflussen. Deshalb setzt man bei einem Anpassungstest meist $\alpha = 0{,}10$ (statt $\alpha = 0{,}05$) und entscheidet sich für die Nullhypothese, falls $p \geq 0{,}10$.
- **Äquivalenztests** werden unter anderem bei Bioverfügbarkeitsstudien angewandt, um die therapeutische Gleichwertigkeit zweier Behandlungen zu prüfen. Für den Nachweis, dass zwei Verfahren übereinstimmend dieselben Ergebnisse liefern (abgesehen von für die Praxis unerheblichen zufällig bedingten Abweichungen), stehen spezielle Methoden zur Verfügung:
  - Für quantitative Messwerte eignet sich die Bland-Altman-Analyse (▶ Abschn. 5.2.5).
  - Bei qualitativen Merkmalen wird üblicherweise ein Kappa-Index berechnet, um den Grad der Übereinstimmung abzuschätzen (▶ Abschn. 14.1.4).

Ein einseitiger Äquivalenztest wird als Test auf Nichtunterlegenheit (non-inferiority) bezeichnet. Weitere Informationen findet man in Schumacher u. Schulgen (2008; ▶ Anhang).

9.2.5 Manipulation des Testergebnisses

Ein signifikantes Ergebnis lässt sich in der Regel leichter publizieren als ein nichtsignifikantes. Um dies zu erreichen, ist einigen Leuten jedes Mittel recht. Einige dieser »Tricks« werden hier aufgezählt (wobei ausdrücklich betont wird, dass sie *nicht* zur Nachahmung empfohlen werden).

Auswahl des Tests Bei vielen Fragestellungen kommen theoretisch mehrere Testmethoden mit unterschiedlichen Voraussetzungen infrage. Die oben behandelte Frage, ob das mittlere Geburtsgewicht der 20 Babys mit dem Sollwert 3500 g zu vereinbaren ist, lässt sich auch mit dem Wilcoxon-Test oder dem Vorzeichentest überprüfen (► Abschn. 10.2.1 und ► Abschn. 10.3.1). Man könnte nun alle infrage kommenden Tests durchprobieren und dann denjenigen auswählen, dessen p-Wert am besten gefällt. (Irgendeine Begründung bezüglich der Voraussetzungen lässt sich sicherlich finden.)

Die Auswahl eines geeigneten Tests muss differenziert erfolgen. Wendet man einen Test an, dessen Voraussetzungen nicht erfüllt sind, nimmt man eine Erhöhung des α-Fehlers in Kauf. Das bedeutet: Der Test lässt mehr Ergebnisse signifikant werden als dem α-Niveau entspricht. Ein solches Testverhalten heißt **progressiv**. Ein signifikantes Ergebnis ist zwar meist erwünscht – es könnte aber peinlich werden, wenn sich herausstellt, dass man den vermeintlichen Effekt mit einer wissenschaftlich unsauberen Methode quasi gewaltsam herbeigeführt hat.

Andererseits sollte man einen Test mit hoher Power bevorzugen, wenn dessen Voraussetzungen erfüllt sind. Ansonsten besteht die Gefahr, dass ein tatsächlich vorhandener Unterschied nicht erkannt wird. Dies ist höchst ärgerlich für einen Forscher, der ja in der Regel etwas Neues etablieren und deshalb die Alternativhypothese absichern will. Einen Test, der zur Beibehaltung der Nullhypothese tendiert, nennt man **konservativ**.

Einseitiges oder zweiseitiges Testen Es mag verlockend sein, einseitig zu testen, nachdem man mit dem zweiseitigen Testen einen p-Wert zwischen 0,05 und 0,10 erhalten hat. Dadurch halbiert sich der p-Wert, und aus einem nichtsignifikanten Ergebnis wird ein signifikantes! Gegen eine einseitige Fragestellung ist nichts einzuwenden, wenn sie sachlich begründet ist und die Richtung eines möglichen Unterschieds *vor* der Datenerhebung festgelegt wird. Es ist aber unehrlich, einseitig zu testen und die Richtung des Unterschieds erst festzulegen, *nachdem* die Daten vorliegen. Man testet einseitig, wenn man die Richtung eines eventuell vorhandenen Unterschieds vorab kennt oder wenn sich Konsequenzen nur bei einer bestimmten Abweichungsrichtung ergeben. Der Anwender sollte sich allerdings fragen, ob wirklich nur eine einzige Abweichungsrichtung interessant ist, oder ob er sich einen Unterschied in einer bestimmten Richtung erhofft und deshalb einseitig testet. Außerdem ist zu berücksichtigen, dass einseitige Tests empfindlicher auf eine Verletzung ihrer Voraussetzungen reagieren als zweiseitige.

Weitere Kniffe, mit denen sich Daten oder Testergebnisse »frisieren« lassen und so zu irreführenden Schlussfolgerungen verleiten, liest man auf unterhaltsame Weise in Dubben u. Beck-Bornholdt (2006; ► Anhang). Man kann zwar mit derlei Tricks gewaltsam ein signifikantes Ergebnis herbeiführen und dieses mit etwas Glück sogar veröffentlichen. Die wissenschaftliche Arbeit ist damit aber wertlos. Fälschungen könnten bei späteren Verifikationen auffallen und sehr unangenehme Folgen für alle Beteiligten haben. Die beste Methode, zu einem signifikanten Testergebnis zu kommen und einen α-Fehler zu vermeiden, besteht immer noch darin, *vor* der Datenerhebung die Fragestellung theoretisch zu überdenken und inhaltlich abzusichern.

9.2.6 Multiples Testen***

Im klinischen Alltag werden in der Regel sehr viele Daten erhoben. Mit einer passenden Software stellen deren Analyse kein nennenswertes Problem dar. So ist man oft geneigt, einen Test nach dem anderen durchzuführen in der Hoffnung, wenigstens ein signifikantes Ergebnis zu erhalten. Aber: Bei mehrmaligem Testen steigt der α-Fehler enorm an. Bei einem einzelnen Test beträgt die Wahrscheinlichkeit, unter der Nullhypothese richtig zu entscheiden, $1 - \alpha$; bei 10 unabhängig durchgeführten Tests liegt diese Wahrscheinlichkeit nur noch bei $(1 - \alpha)^{10}$. Bei $\alpha = 5\%$ sind dies etwa 60% – das heißt, der gesamte Fehler 1. Art liegt bei 40%!

Beim multiplen Testen wird daher häufig eine Korrektur benutzt. Nach der **Bonferroni-Korrektur** wird ein einzelnes Testergebnis erst dann als signifikant gewertet, wenn der *p*-Wert kleiner als α/k ist (k ist die Anzahl der Tests). Der Nachteil dieses Verfahrens liegt allerdings darin, dass dadurch der β-Fehler höher wird.

Das Problem des multiplen Testens lässt sich dadurch entschärfen, dass man nicht wahllos jeden theoretisch denkbaren Test durchführt, sondern vorab die konkrete Fragestellung präzise formuliert und dann überlegt, welche Tests dem inhaltlichen Problem angemessen sind. Häufig ist es sinnvoll, statt mehrerer einfacher Tests ein komplexeres Verfahren zu verwenden (z. B. eine Varianzanalyse statt mehrerer *t*-Tests), da dies eine effizientere Datenanalyse ermöglicht.

Zum Schluss sei betont: Es ist selbstverständlich legitim, ein signifikantes Ergebnis anzustreben und zu veröffentlichen. Dies sollte aber nicht durch Manipulation der Daten oder unsachgemäßer Handhabung der Verfahren, sondern aufgrund einer ordentlichen Versuchsplanung erzielt werden. Die statistische Analyse ist dann nur noch das »Tüpfelchen auf dem i«.

9.3 Klassifikation der Testmethoden

Es gibt diverse Testverfahren für die unterschiedlichsten Fragestellungen. Diese lassen sich nach mehreren Aspekten einteilen:

Anzahl der Stichproben Man unterscheidet Ein-Stichproben-Tests, Zwei-Stichproben- und Mehrstichprobentests. Bei den Ein-Stichproben-Tests wird eine empirische

Kenngröße mit einem vorgegebenen Sollwert verglichen (▶ Beispiel 9.1). Mehrere Stichproben werden bezüglich eines bestimmten Parameters (z. B. des Mittelwerts) miteinander verglichen. In diesem Buch werden hauptsächlich Ein- und Zwei-Stichproben-Tests behandelt.

Art der Stichproben Zwei oder mehrere Stichproben können verbunden oder unverbunden sein:
- **Verbundene** (oder **abhängige**) Stichproben haben immer denselben Umfang; zwei verbundene Stichproben werden auch **paarig** genannt. Jeder Wert der einen Stichprobe bildet mit einem Wert der anderen Stichprobe inhaltlich ein Paar. Verbundene Stichproben liegen z. B. vor, wenn ein bestimmtes Merkmal im Laufe einer Therapie an Patienten zu mehreren Zeitpunkten erfasst wird.
- **Unverbundene** (oder **unabhängige**) Stichproben sind bezüglich ihrer Beobachtungseinheiten unabhängig voneinander; ihre Umfänge können unterschiedlich sein. Solche Stichproben treten bei klinischen Studien auf, in denen mehrere Therapien an unterschiedlichen Patientengruppen angewandt und verglichen werden.

Funktion des Tests Diesbezüglich lassen sich Tests einteilen in:
- **Lagetests** zum Vergleich von Lagemaßen
- **Dispersionstests** zur Prüfung von Streuungsmaßen
- **Wahrscheinlichkeitstests** zum Vergleich einer relativen Häufigkeit mit einer vorgegebenen Wahrscheinlichkeit
- **Homogenitätstests** zum Vergleich mehrerer Stichproben bezüglich einer Häufigkeitsverteilung
- **Unabhängigkeitstests**, um die Unabhängigkeit zweier Merkmale zu überprüfen
- **Anpassungstests** zum Vergleich einer empirischen Verteilung mit einer theoretischen (z. B. Normalverteilung)
- **Tests zum Vergleich von Überlebenszeitkurven**

Prüfgrößen Danach unterscheidet man *t*-Tests, Rangsummentests, Vorzeichentests, Chi^2-Tests, Binomialtests etc.

In ▶ Kap. 10 und ▶ Kap. 11 werden Tests behandelt, die sich zum Nachweis einfacher Zusammenhänge eignen. Damit wird das Basiswissen vermittelt, das zum Verständnis komplexerer Verfahren erforderlich ist. Zu diesen zählen **Mehrstichprobentests** und **multiple Testmethoden**, die den Zusammenhang zwischen einer Zielgröße und mehreren Einflussgrößen untersuchen. Es würde den Rahmen dieses Buches sprengen, derlei Verfahren ausführlich zu behandeln. Interessierten Lesern seien Andreß et al. (1997), Backhaus et al. (2011), Bortz u. Schuster (2010), Fahrmeir et al. (2009) sowie Sachs u. Hedderich (2009) empfohlen (▶ Anhang).

◘ Tab. 9.3 fasst die Informationen zu statistischen Tests in einer Übersicht zusammen.

Tab. 9.3 Übersicht: Statistische Tests (X und Y sind quantitative Zufallsvariablen)

Funktion des Tests	**Bezeichnung**	**Testgegenstand (und Voraussetzungen)**	**Im Text in**
Lagetest für 1 Stichprobe	*t*-Test	*X* (normalverteilt)	▶ Abschn. 10.1.1
	Wilcoxon-Test	*X* (symmetrisch verteilt)	▶ Abschn. 10.2.1
	Vorzeichentest	Variable X	▶ Abschn. 10.3.1
Lagetest für zwei verbundene Stichproben	*t*-Test	Differenz $X-Y$ (normalverteilt)	▶ Abschn. 10.1.2
	Wilcoxon-Test	Differenz $X-Y$ (symmetrisch verteilt)	▶ Abschn. 10.2.2
	Vorzeichentest	Differenz $X-Y$	▶ Abschn. 10.3.2
Lagetest für zwei unverbundene Stichproben	*t*-Test	*X* und *Y* (normalverteilt mit gleicher Varianz)	▶ Abschn. 10.1.3
	Welch-Test	*X* und *Y* (normalverteilt)	▶ Abschn. 10.1.4
	U-Test	*X* und *Y* (gleiche Verteilungsform)	▶ Abschn. 10.2.3
	Mediantest	*X* und *Y* (ordinal skaliert)	▶ Abschn. 11.1.1
	Trendtest	*X* und *Y* (ordinal skaliert)	▶ Abschn. 11.2.3
Dispersionstest	*F*-Test	zwei Varianzen	▶ Abschn. 10.1.5
Unabhängigkeitstest	*t*-Test	Korrelationskoeffizient	▶ Abschn. 10.1.6
Wahrscheinlichkeitstest	Binomialtest	Alternativmerkmal	▶ Abschn. 11.2.1
	Chi^2-Test	Merkmal mit *k* Ausprägungen	▶ Abschn. 11.1.4
Homogenitätstest für zwei unverbundene Stichproben, Unabhängigkeitstest	Vierfeldertest	zwei Alternativmerkmale	▶ Abschn. 11.1.1
	Chi^2-Test	zwei qualitative Merkmale	▶ Abschn. 11.1.2
	Fishers exakter Test	zwei qualitative Merkmale	▶ Abschn. 11.2.2
Homogenitätstest für zwei verbundene Stichproben	McNemar-Test	Alternativmerkmal	▶ Abschn. 11.1.5

Tab. 9.3 (Fortsetzung)

Funktion des Tests	Bezeichnung	Testgegenstand (und Voraussetzungen)	Im Text in
Anpassungstest	Chi^2-Anpassungstest	empirische Verteilung	▶ Abschn. 11.1.6
Vergleich von Überlebenszeiten	Logrank-Test	Überlebenszeitkurven	▶ Abschn. 11.1.7

Kapitelzusammenfassung

Fehler beim statistischen Test

α-Fehler: Nullhypothese ist korrekt; Alternativhypothese wird fälschlicherweise angenommen.

β-Fehler: Alternativhypothese ist korrekt; Nullhypothese wird fälschlicherweise beibehalten.

Optimaler Stichprobenumfang

Er hängt von mehreren Parametern ab:

- Vom α-Fehler (üblich ist $\alpha = 0{,}05$)
- Vom β-Fehler (üblich ist $\beta = 0{,}20$)
- Von der Art der Daten und deren Skalenniveau
- Von der Streuung der Daten
- Vom speziellen Test
- Von der Größe des nachzuweisenden Effekts

Statistische Signifikanz

Ein Testergebnis wird als statistisch signifikant bezeichnet, wenn der *p*-Wert kleiner ist als 0,05. Aber: Der *p*-Wert enthält keine Informationen...

- ... bezüglich der Größe eines Unterschieds oder der Stärke eines Zusammenhangs;
- ... über die Ursachen, die zum Testergebnis geführt haben;
- ... darüber, ob der nachgewiesene Zusammenhang kausal bedingt ist;
- ... über die klinische Relevanz oder die wissenschaftliche Bedeutung des Testergebnisses.

p-Wert versus Konfidenzintervall

- Der *p*-Wert informiert über die statistische Signifikanz.
- Das Konfidenzintervall informiert über die Größe des Effekts.
- Beide Informationen sind wichtig!

Lagetests

C. Weiß, *Basiswissen Medizinische Statistik*,
DOI 10.1007/978-3-642-34261-5_10, © Springer-Verlag Berlin Heidelberg 2013

> Nichts ist trügerischer als eine offenkundige Tatsache.
> (Sherlock Holmes, Detektiv, Kunstfigur von Sir Arthur Conan Doyle, Ende des 19. Jahrhunderts)

10.1 *t*-Tests

Was bedeutet das Bonmot von Sherlock Holmes für statistische Tests? Nun: Wenn man zwei Stichproben bezüglich ihrer Mittelwerte miteinander vergleicht oder (wie in ► Beispiel 9.1) überprüft, ob ein Stichprobenmittelwert mit einem Sollwert irgendwie noch vereinbar ist, könnte man eventuell versucht sein, Unterschiede ab einer gewissen Größenordnung als offenkundig anzusehen. Andererseits muss man sich darüber im Klaren sein, dass ein solcher Unterschied immer auch rein zufällig bedingt sein könnte. Deshalb ist ein statistischer Test erforderlich, der diesbezüglich eine objektive Entscheidung ermöglicht.

t-Tests sind die bekanntesten und beliebtesten Lagetests. Sie eignen sich zum Vergleich von Mittelwerten. Diese Tests setzen theoretisch normalverteilte Grundgesamtheiten voraus. Man bezeichnet sie als **parametrische Tests**, da bei bekannter Verteilung der Zufallsvariablen nur noch bestimmte Parameter (z. B. Erwartungswerte) überprüft werden. Beispiele für Fragestellungen, die sich mit einem *t*-Test bearbeiten lassen:

- ***t*-Test für eine Stichprobe** (► Abschn. 10.1.1): Ein Anwendungsbeispiel findet man in ► Abschn. 9.1: Das mittlere Geburtsgewicht von 20 Risikobabys wird mit einem Sollwert verglichen.
- ***t*-Test für zwei verbundene Stichproben** (► Abschn. 10.1.2): Dieser Test wird gerne für »Vorher-Nachher-Vergleiche« eingesetzt (etwa um zwei Mittelwerte zu vergleichen, die vor und nach einer Therapie bei denselben Patienten ermittelt wurden).
- ***t*-Test für zwei unverbundene Stichproben** (► Abschn. 10.1.3): Damit lassen sich die Mittelwerte zweier unabhängiger Stichproben (z. B. zwei Therapiegruppen) vergleichen. Dieser Lagetest ist eine der am häufigsten angewandten Testmethoden bei medizinischen Fragestellungen.

10.1.1 *t*-Test für eine Stichprobe

Dieser Test vergleicht den Mittelwert $\bar{x}$ einer Stichprobe mit einem vorgegeben Wert μ_0. Er setzt voraus, dass

- die Stichprobenwerte x_i Realisationen einer normalverteilten Zufallsvariablen $X \sim N(\mu, \sigma^2)$ sind.

Dieser Test wurde ausführlich in ► Abschn. 9.1 behandelt. Die Prüfgröße berechnet sich nach ► Formel (9.1) aufgrund des Mittelwerts und der Standardabweichung der Stichprobe als:

$$t = \frac{\overline{x} - \mu_0}{s / \sqrt{n}}$$

10.1.2 *t*-Test für zwei verbundene Stichproben

Dies ist ein Lagetest zum Vergleich der Erwartungswerte zweier verbundener Stichproben. Er setzt formell voraus:

- Zwei verbundene Stichproben des Umfangs n mit Wertepaaren (x_i, y_i), die aus Grundgesamtheiten mit den Erwartungswerten μ_1 und μ_2 stammen
- Differenzen $d_i = x_i - y_i$, die Realisationen einer normalverteilten Zufallsvariablen D mit dem Erwartungswert δ (griech. Buchstabe delta) sind

Die Hypothesen lauten bei zweiseitiger Fragestellung:

$$H_0: \delta = 0; H_1: \delta \neq 0$$

bzw. bei einseitiger Fragestellung:

$$H_1: \delta > 0 \text{ (oder } \delta < 0)$$

Unter der Nullhypothese erwartet man für die Differenzen d_i den Mittelwert $\overline{d} = 0$. Die Prüfgröße berechnet sich analog zu ► Formel (9.1) als

$$t = \frac{\overline{d}}{s_d / \sqrt{n}} \tag{10.1}$$

Dabei bezeichnet s_d die empirische Standardabweichung der Differenzen d_i. Die Nullhypothese wird abgelehnt, falls $|t| > t_{n-1;1-\alpha/2}$ bzw. falls $|t| > t_{n-1;1-\alpha}$ (bei zwei- bzw. einseitiger Fragestellung). Mit einem Konfidenzintervall lässt sich die Größe des »wahren« Unterschieds abzuschätzen (► Formel 8.9):

$$\left[\overline{d} - \frac{t_{n-1;1-\alpha/2} \cdot s_d}{\sqrt{n}}; \overline{d} + \frac{t_{n-1;1-\alpha/2} \cdot s_d}{\sqrt{n}}\right]$$

Falls einseitig getestet wird, benutzt man die Formeln nach (► Formel 8.10), um ein halboffenes Intervall zu konstruieren.

Bei praktischen Anwendungen werden die Prüfgröße, der *p*-Wert und das Konfidenzintervall in aller Regel von einer Statistiksoftware ermittelt (wobei bei Publikationen die Prüfgröße meist gar nicht angegeben wird). Dennoch wird in den Beispielen aus ▶ Kap. 10 und ▶ Kap. 11 die Berechnung der jeweiligen Prüfgröße aus didaktischen Gründen durchgeführt.

Beispiel 10.1: *t*-Test für zwei verbundene Stichproben

In ▶ Beispiel 10.4 sind die Körpergewichte von 10 Personen vor und nach einer Diät aufgelistet. Die Mittelwerte sind 93,9 kg (vorher) und 91,2 kg (nachher). Die mittlere Differenz ist (2,68 ± 3,32) kg. Dies ergibt nach ▶ Formel (10.1) die Prüfgröße $t = 2{,}55$. Aus ◘ Tab. A.2 entnimmt man $t_{9;0,975} = 2{,}262$ als kritischen Punkt (der *p*-Wert beträgt 0,0312). Der Unterschied ist also signifikant auf dem Niveau $\alpha = 0{,}05$. Das Konfidenzintervall für die Differenz ist [0,302 ; 5,058]. Eventuell ist der durchschnittliche Unterschied mit 300 g minimal; er könnte jedoch auch mehrere Kilogramm betragen. Das Testergebnis ist zwar signifikant – ein höherer Stichprobenumfang würde aber zu einem kleineren Konfidenzintervall und zu einer genaueren Schätzung führen.

10.1.3 *t*-Test für zwei unverbundene Stichproben

Siehe auch ▶ Anhang, Mathematische Abhandlung 10.1.

Die Prämissen dieses Tests sind folgende:

- Es liegen zwei unverbundene Stichproben der Umfänge n_1 und n_2 mit den Mittelwerten $\bar{x}$ und $\bar{y}$ vor.
- Die Daten beider Stichproben entstammen normalverteilten Grundgesamtheiten mit derselben Varianz, also $X \sim N(\mu_1, \sigma^2)$ und $Y \sim N(\mu_2, \sigma^2)$.

Beide Verteilungen sollten demnach dieselbe Form aufweisen und sich höchstens bezüglich ihrer Erwartungswerte unterscheiden. Die Nullhypothese lautet:

$$H_0: \mu_1 = \mu_2$$

Die Prüfgröße ist:

$$t = \frac{\bar{x} - \bar{y}}{s \cdot \sqrt{\frac{1}{n_1} + \frac{1}{n_2}}} \tag{10.2}$$

Dabei ist s^2 die »mittlere« Varianz, die aufgrund der Annahme gleicher Varianzen durch eine gewichtete Mittelung aus den beiden empirischen Varianzen s_1^2 und s_2^2 berechnet wird:

$$s^2 = \frac{(n_1 - 1)s_1^2 + (n_2 - 1)s_2^2}{n_1 + n_2 - 2} \tag{10.3}$$

Da in die Berechnung der Prüfgröße t zwei unabhängige Mittelwerte einfließen, beträgt die Anzahl der Freiheitsgrade $f = n_1 + n_2 - 2$. Die Grenzen des zweiseitigen Konfidenzintervalls sind:

$$\bar{x} - \bar{y} \pm t_{n_1+n_2-2;1-\alpha/2} \cdot s \cdot \sqrt{\frac{1}{n_1} + \frac{1}{n_2}}$$

Bei gleichen Stichprobenumfängen $n = n_1 = n_2$ vereinfachen sich die obigen Formeln zu:

$$t = \frac{\bar{x} - \bar{y}}{s \cdot \sqrt{2/n}} \tag{10.4}$$

$$s^2 = \frac{s_1^2 + s_2^2}{2} \tag{10.5}$$

Beispiel 10.2: *t*-Test für zwei unverbundene Stichproben

Für die Körpergrößen männlicher und weiblicher Studierender ergeben sich Mittelwerte von $\bar{x}_m = 181{,}63$ cm bzw. $\bar{x}_w = 170{,}09$ cm. Ist dieser Unterschied nur zufällig bedingt oder kann man ihn als signifikant werten? Mit den Standardabweichungen $s_m = 6{,}41$ cm bzw. $s_w = 5{,}24$ cm und den Stichprobenumfängen $n_1 = 40$ und $n_2 = 35$ berechnet man nach ► Formel (10.3):

$$s^2 = \frac{39 \cdot 6{,}41^2 + 34 \cdot 5{,}24^2}{73}\ \text{cm}^2 = 34{,}740\ \text{cm}^2$$

Daraus ergibt sich für die Prüfgröße nach ► Formel (10.2):

$$t = \frac{181{,}63 - 170{,}09}{\sqrt{\frac{34{,}740}{40} + \frac{34{,}740}{35}}} = 8{,}46$$

Die Anzahl der Freiheitsgrade beträgt $f = 40 + 35 - 2 = 73$. Der kritische Wert $t_{73;0,975} = 1{,}993$ ist wesentlich kleiner als die Prüfgröße. Mit $p < 0{,}0001$ ist das Ergebnis hochsignifikant. Für die mittlere Differenz ergibt sich das Konfidenzintervall: [8,82 cm ; 14,26 cm]. Man beachte, dass – wegen den hohen Werts für f – der kritische Wert dieses Beispiels nahe beim entsprechenden Quantil der Standardnormalverteilung 1,96 liegt.

10.1.4 Welch-Test

Der Welch-Test ist eine Alternative zum *t*-Test für zwei unverbundene Stichproben. Die Voraussetzungen sind dahingehend abgeschwächt, dass die Gleichheit der Varianzen (die sog. **Homoskedazität**) der beiden Grundgesamtheiten *nicht* vorausgesetzt wird. Die empirischen Stichprobenvarianzen s_1^2 und s_2^2 sind Schätzwerte für die Varianzen der Grundgesamtheiten. Die Prüfgröße berechnet sich analog zu ► Formel (10.2) als:

$$t = \frac{\bar{x} - \bar{y}}{\sqrt{\frac{s_1^2}{n_1} + \frac{s_2^2}{n_2}}} \tag{10.6}$$

Die Anzahl der Freiheitsgrade ermittelt man nach:

$$f = \frac{(s_1^2 / n_1 + s_2^2 / n_2)^2}{\frac{(s_1^2 / n_1)^2}{n_1 - 1} + \frac{(s_2^2 / n_2)^2}{n_2 - 1}} \tag{10.7}$$

Meist wird sich mit dieser Formel keine ganze Zahl ergeben; in diesem Fall rundet man auf die nächstkleinere ganze Zahl ab.

In vielen Situationen stellt sich die Frage, ob der *t*-Test oder der Welch-Test geeigneter ist. Da beim Welch-Test weniger Voraussetzungen zu berücksichtigen sind, könnte man geneigt sein, diesen zu bevorzugen (etwa wenn die Varianzen der Grundgesamtheit unbekannt sind oder die Gleichheit aus anderen Gründen nicht angenommen werden kann).

Doch Vorsicht: Wenn die Bedingungen des *t*-Tests erfüllt sind, hat der Welch-Test eine geringere Power. Dann kann es passieren, dass der klassische *t*-Test ein Ergebnis zur Annahme der Alternativhypothese liefert, während der Welch-Test mit denselben Daten zur Beibehaltung der Nullhypothese führt. Außerdem sollte man sich Gedanken bezüglich der Interpretation des Testergebnisses machen. Beim Welch-Test werden ungleiche Varianzen und damit verschiedene Verteilungsformen angenommen. Ein Vergleich der zugehörigen Erwartungswerte erinnert an den berühmten Vergleich zwischen Birnen und Äpfeln.

Eine sinnvollere Strategie besteht in der Regel darin, Fragestellungen zu behandeln, bei denen man annähernd gleichförmige Verteilungen voraussetzen darf, und den Welch-Test nur in begründeten Ausnahmefällen zu verwenden.

ⓘ Die Problematik, Mittelwerte zu vergleichen, ohne dass gleiche Varianzen der Grundgesamtheiten vorausgesetzt werden, beschrieb *B. L. Welch* im Jahre 1937. Dieser Test ist auch unter dem Namen »*t*-Test nach Satterthwaite« bekannt.

10.1.5 Voraussetzungen der *t*-Lagetests

t-Lagetests sind im Allgemeinen recht beliebt, obwohl sie strenge Voraussetzungen beinhalten (Normalverteilung etc.). Leider sind jedoch viele Merkmale in der Medizin nicht normalverteilt; hin und wieder hat man es mit Merkmalen zu tun, deren Verteilung unbekannt ist. Wie lässt sich nun die Normalverteilung überprüfen? Streng genommen gar nicht – denn die Forderung nach Normalverteilung bezieht sich auf die Grundgesamtheit, und diese ist in der Regel nicht konkret vorgegeben. Man kann lediglich anhand der Stichprobe überprüfen, ob gewisse Argumente für oder gegen die Normalverteilung sprechen:

Histogramm Dieses informiert auf einen Blick, ob die Daten der Stichprobe symmetrisch oder schief verteilt sind, und ob die Verteilung eingipflig ist.

Mittelwert und Median Falls diese beiden Parameter stark voneinander abweichen, spricht dies für eine schiefe Verteilung.

Schiefe und Kurtosis Beide Parameter müssten – falls die Daten normalverteilt sind – Werte um 0 annehmen.

Anpassungstest Dieser wird hin und wieder empfohlen, um die Normalverteilung »zur Sicherheit« zu überprüfen. Der Nutzen dieses Vorgehens ist jedoch zweifelhaft. Fällt die mit einem Anpassungstest ermittelte Prüfgröße in den Annahmebereich, ist damit die Normalverteilung keineswegs abgesichert, sondern lediglich nicht ausgeschlossen. Insbesondere bei kleinen Stichproben kann der β-Fehler so groß sein, dass ein solches Ergebnis als Bestätigung für die Normalverteilung höchst unzuverlässig ist.

Allerdings ist der *t*-Test robust (also unempfindlich) gegenüber Abweichungen von der Normalverteilung. Dies bedeutet: Trotz geringfügiger Verletzungen seiner Voraussetzungen ändern sich die Wahrscheinlichkeiten für Fehlentscheidungen (also α-Fehler und β-Fehler) nicht. Folgendes ist zu beachten:

***t*-Test für eine Stichprobe** Er ist mit Vorsicht zu handhaben. Perfekt symmetrische Verteilungen (oder gar Normalverteilungen) gibt es in der Natur eigentlich nicht. Bei Stichproben des Umfangs $n \geq 10$ genügt es, wenn die Daten annähernd symmetrisch verteilt sind. Für $n \geq 25$ kann man davon ausgehen, dass die Stichprobenmittelwerte nach dem zentralen Grenzwertsatz normalverteilt sind (auch wenn die Messwerte anders verteilt sind). Bei kleineren Stichproben sollte man allerdings, wenn keine Normalverteilung vorliegt, auf einen anderen Lagetest ausweichen – etwa auf den Wilcoxon-Test für eine Stichprobe (► Abschn. 10.2.1) oder den Vorzeichentest (► Abschn. 10.3.1).

***t*-Test für zwei verbundene Stichproben** Für $n \geq 10$ ist es ausreichend, wenn die Differenzen d_i annähernd symmetrisch verteilt sind. Diese Einschränkung ist nicht allzu stark. Diese Voraussetzung ist bereits erfüllt, wenn die Variablen X und Y ungefähr die gleiche Verteilungsform haben. Asymmetrien werden nämlich durch Bildung der Differenzen ausgeglichen. Bei kleineren Stichproben empfiehlt sich der Wilcoxon-Test (► Abschn. 10.2.2); für nicht symmetrische Verteilungen steht der Vorzeichentest zur Verfügung (► Abschn. 10.3.2).

***t*-Test für zwei unverbundene Stichproben** Dieser Test zum Vergleich zweier Erwartungswerte ist außerordentlich beliebt, obwohl seine Voraussetzungen formal sehr streng sind. Manche Anwender vermeiden dieses Problem, indem sie die einschränkenden Prämissen schlicht missachten. Andere treffen umfangreiche Vorarbeiten, indem sie mit zwei »Vortests« die Voraussetzungen (Gleichheit der Varianzen und Normalverteilung) überprüfen. Dass mit einem Anpassungstest die Normalverteilung nicht nachzuweisen ist, wurde bereits oben erwähnt. Ähnlich verhält es sich mit dem F-Test, der üblicherweise zur Prüfung der Gleichheit zweier Varianzen herangezogen wird. (Dieser Test ist benannt nach *Sir Ronald Fisher* und basiert auf der F-Verteilung; ► Abschn. 7.4.3.) Bei einem kleinen Stichprobenumfang bedeutet die Beibehaltung der Nullhypothese keineswegs, dass die Varianzen übereinstimmen. Andererseits wird ein hoher Stichprobenumfang fast immer zur Ablehnung der Nullhypothese führen, da sich damit auch geringe Abweichungen der beiden Varianzen nachweisen lassen. Man sollte bei diesem t-Test vor allem darauf achten,

- dass beide Stichprobenumfänge mindestens 10 (bei nichtsymmetrischen Verteilungen mindestens 20) betragen und ähnlich groß sind und
- dass die Zufallsvariablen X und Y ungefähr denselben Verteilungstyp haben. Dies lässt sich über die empirischen Kenngrößen oder eine grafische Darstellung überprüfen.

Bei ungeplanten, wahllos durchgeführten Datensammlungen mag dies schwierig sein – ein sorgfältiges Studiendesign kann jedoch einiges dazu beitragen, dass diese Voraussetzungen erfüllt sind. Was sollte man tun, wenn die Voraussetzungen nicht erfüllt sind? Hier bieten sich zwei Möglichkeiten an:

- Man kann versuchen, nichtnormalverteilte Daten in geeigneter Weise zu transformieren (► Abschn. 7.2.4). Wenn man linksgipflige Daten logarithmiert, ist dies oft doppelt hilfreich: Die logarithmierten Daten sind eher normalverteilt und die Varianzen eher annähernd gleich.
- Man kann auf einen Test mit schwächeren Voraussetzungen ausweichen, wie z. B. U-Test (► Abschn. 10.2.3) oder Mediantest (► Abschn. 11.1.1), die beide keine speziellen Verteilungen voraussetzen.

10.1.6 Weitere Anwendungen des *t*-Tests***

Der *t*-Test ist keineswegs nur als Lagetest nützlich. Um zu testen, ob sich ein empirischer Korrelationskoeffizient nach Pearson signifikant von 0 unterscheidet, berechnet man folgende Prüfgröße:

$$t = \frac{r}{\sqrt{\frac{1-r^2}{n-2}}} \tag{10.8}$$

Dieses t hat $n - 2$ Freiheitsgrade. Falls $|t| > t_{n-2;1-\alpha}$ ist, entscheidet man sich für die Alternativhypothese. In diesen Fällen wird man in der Regel einseitig testen, da die Richtung eines Zusammenhangs vorab bekannt sein dürfte. Darüber hinaus ist es sinnvoll, Konfidenzintervalle für ein empirisch ermitteltes r oder für die Parameter der Regressionsgeraden anzugeben (► Abschn. 8.3.4). – Aus ► Gleichung (10.8) geht hervor: Je größer der Betrag von r und je größer der Stichprobenumfang n, desto größer ist der Betrag der Prüfgröße t und desto eher wird die Alternativhypothese angenommen. Das nach ► Gleichung (10.8) berechnete t dient übrigens gleichzeitig zur Überprüfung des Steigungskoeffizienten der Regressionsgeraden.
Der *t*-Test hat also mehrere Anwendungsmöglichkeiten und dabei einschränkende Voraussetzungen. Glücklicherweise sind *t*-Tests robust: Wie mit Monte-Carlo-Studien nachgewiesen wurde, sind geringfügige Verletzungen der Prämissen (insbesondere der Normalverteilung) tolerierbar.

10.2 Rangsummentests

Diese Tests werden alternativ zu den *t*-Lagetests verwendet. Sie haben weniger strenge Prämissen. Es handelt sich um **verteilungsfreie** (oder **nichtparametrische**) Tests, die keine bestimmte Verteilungsform voraussetzen. Die Prüfgrößen werden nicht aus den Originalmesswerten berechnet, sondern aus deren Rangzahlen. Daher lassen sich diese Tests unter Umständen auch für ordinal-skalierte Merkmale verwenden. Sie basieren auf einer Methode des Mathematikers *Frank Wilcoxon* (1892–1965).

10.2.1 Wilcoxon-Test für eine Stichprobe

Dieser Test überprüft, ob der Median einer Stichprobe von einem vorgegeben Sollwert $\tilde{\mu}_0$ abweicht. Die Nullhypothese lautet also:

$$H_0: \tilde{\mu} = \tilde{\mu}_0$$

Dabei ist $\tilde{\mu}$ der Median der Grundgesamtheit, aus der die Stichprobe entnommen wurde. Die Testdurchführung lässt sich wie folgt beschreiben:

1. Zunächst wird für jeden Stichprobenwert die Differenz zum Sollwert berechnet. Stichprobenwerte, die mit dem Sollwert übereinstimmen, werden eliminiert.

2. Die Differenzen werden nun nach der Größe ihres Betrags in aufsteigender Reihenfolge sortiert und mit Rangzahlen versehen. Die betragsmäßig kleinste Differenz erhält die Rangzahl 1, die größte die Rangzahl n.
3. Wenn zwei oder mehr identische Differenzbeträge auftreten, ordnet man jeder Differenz eine mittlere Rangzahl zu (▶ Beispiel 10.4). Man spricht von **verbundenen Rängen**.
4. Dann werden die Rangzahlen der negativen Differenzen und die Rangzahlen der positiven Differenzen aufaddiert. Diese beiden Rangsummen bezeichnet man mit R^- bzw. R^+.
5. Die Prüfgröße R ist die kleinere der beiden Rangsummen.
6. In ◘ Tab. A.3 (▶ Anhang) findet man kritische Werte in Abhängigkeit vom Stichprobenumfang n und dem α-Niveau. Die Nullhypothese wird abgelehnt, falls die Prüfgröße nicht größer ist als der kritische Wert.

Der Wertebereich von R erstreckt sich zwischen 0 und $n(n+1)/4$. Der Extremfall $R = 0$ besagt, dass sich die beiden Rangsummen maximal unterscheiden. Alle Stichprobenwerte sind dann kleiner (oder alle größer) als der Sollwert. Unter der Nullhypothese erwartet man dagegen gleiche Rangsummen der Größe $n(n + 1)/4$. Bei diesem Test weisen also (anders als beim t-Test) kleine Prüfgrößen auf große Unterschiede hin.

Zu den Voraussetzungen Dieser Test setzt zwar keine Normalverteilung voraus, wohl aber eine symmetrische Verteilung. Falls diese Voraussetzung grob verletzt ist, bietet sich der Vorzeichentest für eine Stichprobe an (▶ Abschn. 10.3.1).

Beispiel 10.3: Wilcoxon-Test für eine Stichprobe

Unsere 75 Studenten wurden gebeten, die Anzahl von Weinbeeren in einem Glas zu schätzen (◘ Tab. 2.2). Mittelwert und Median betrugen 41,3 bzw. 39; die Angaben erstreckten sich zwischen 15 und 107. Im Glas waren 60 Beeren. Lagen die Studenten signifikant daneben? Mit dem Wilcoxon-Test für eine Stichprobe erhält man $p < 0{,}0001$. Im Durchschnitt schätzten die Studenten also die Anzahl der Beeren zu gering.

Dieser Test bietet sich auch an, um zu prüfen, wie die Studenten homöopathische Heilverfahren beurteilen. Dabei handelt es sich um ein ordinal skaliertes Merkmal; der empirische Median beträgt –2. Auch hier ergibt sich $p < 0{,}0001$ (wobei unter der Nullhypothese der Median 0 angenommen wird). Man kann also behaupten, dass die befragten Medizinstudenten diese Therapieform im Durchschnitt negativ beurteilen (wenngleich 16/75 Studenten sie positiv bewerten).

Man könnte auch die Gewichte der Neugeborenen aus ▶ Beispiel 9.1 einem Wilcoxon-Test unterziehen, um sie mit dem Sollwert von 3500 g zu vergleichen. Für den zweiseitigen Test erhält man $p = 0{,}1075$ (mit dem t-Test ergab sich $p = 0{,}0541$). Dies zeigt, dass der Wilcoxon-Test eine geringere Power als der t-Test hat. Wenn die Voraussetzungen des t-Tests erfüllt sind, sollte man deshalb diesen bevorzugen!

10.2.2 Wilcoxon-Test für zwei verbundene Stichproben

Dieser Test ist das Pendant zum *t*-Test für zwei verbundene Stichproben mit jeweils dem Umfang *n*. Es werden die beiden Mediane verglichen; die Nullhypothese lautet:

$$H_0: \tilde{\mu}_1 = \tilde{\mu}_2$$

Das Testverfahren funktioniert ähnlich wie beim Ein-Stichproben-Test:

1. Für jedes Merkmalspaar werden aus den Stichprobenwerten die Differenzen $d_i = x_i - y_i$ gebildet.
2. Differenzen, die gleich 0 sind, werden eliminiert.
3. Die Werte d_i werden nach der Größe ihres Betrags in aufsteigender Reihenfolge sortiert und mit Rangnummern versehen.
4. Dann addiert man separat die Rangzahlen der positiven und die Rangzahlen der negativen Differenzen.
5. Die kleinere Summe ist die Prüfgröße *R*. Die kritischen Werte findet man in ◘ Tab A.3 (► Anhang).

Beispiel 10.4: Wilcoxon-Test für zwei verbundene Stichproben

10 Personen nehmen 6 Monate lang eine Diät zu sich. Die Werte bezüglich des Körpergewichts vor und nach der Diät seien x_i bzw. y_i (in kg). Mit dem Wilcoxon-Test für zwei verbundene Stichproben wird überprüft, ob sich das durchschnittliche Gewicht geändert hat:

i	x_i	y_i	$d_i = x_i - y_i$	Rangzahlen für $d_i > 0$	Rangzahlen für $d_i < 0$
1	92,7	85,8	6,9	9	
2	86,2	83,4	2,8	5,5	
3	102,1	98,3	3,8	7	
4	85,9	83,6	2,3	3	
5	96,3	91,1	5,2	8	
6	90,2	92,7	−2,5		4
7	87,5	88,6	−1,1		2
8	98,0	98,7	−0,7		1
9	89,9	87,1	2,8	5,5	
10	110,2	102,9	7,3	10	
Rangsummen:				$R^+ = 48$	$R^- = 7$

Zur Kontrolle berechnet man die Summe aus R^+ und R^-; sie ergibt 55. Dies stimmt überein mit der Summe der Zahlen 1 bis $n = 10$ (die sich allgemein als $n(n + 1)/2$ berechnet). Weil die Differenzbeträge der Beobachtungseinheiten 2 und 9 übereinstimmen, werden verbundene Ränge zugewiesen. Die Prüfgröße ist $R = 7$. Für $\alpha = 5\%$ und $n = 10$ ermittelt man 8 als kritischen Wert (bei zweiseitiger Fragestellung) (◘ Tab. A.3). Da *R* kleiner ist als 8, wird die Alternativhypothese angenommen ($p = 0{,}0371$).

Wie beim Wilcoxon-Test für eine Stichprobe schwankt auch dieses R zwischen 0 und $n(n+1)/4$. $R = n(n+1)/4$ entsteht, wenn sich die Differenzen symmetrisch um 0 verteilen. (Dann ist kein Unterschied nachweisbar.) $R = 0$ ergibt sich, wenn alle Differenzen größer oder alle kleiner als 0 sind.

Zu den Voraussetzungen Diese sind bei vielen praktischen Anwendungen annähernd erfüllt. Bei zwei verbundenen Stichproben kann man nämlich oft davon ausgehen, dass die Zufallsvariablen X und Y annähernd die gleiche Verteilungsform aufweisen, sodass die Differenzen symmetrisch verteilt sind. Falls die Beträge mehrerer Differenzen übereinstimmen, bildet man verbundene Ränge.

10.2.3 *U*-Test von Mann und Whitney

Siehe auch ► Anhang, Mathematische Abhandlung 10.2.

Dieser Test stellt eine Alternative zum t-Test für zwei unverbundene Stichproben dar. Dabei werden zwei Mediane miteinander verglichen; die Nullhypothese lautet: $H_0: \tilde{\mu}_1 = \tilde{\mu}_2$. Die Stichprobenumfänge seien n_1 und n_2; diese müssen nicht identisch sein.

Der U-Test verlangt Zufallsvariable X und Y, die etwa die gleiche Verteilungsform haben. Symmetrie oder gar Normalverteilung werden nicht vorausgesetzt. Insofern basiert dieser Test auf wesentlich schwächeren Voraussetzungen als der t-Test. Er wird folgendermaßen durchgeführt:

1. Alle Werte aus beiden Stichproben werden in aufsteigender Reihenfolge sortiert und mit Rangzahlen versehen.
2. Danach addiert man für jede Stichprobe separat die entsprechenden Rangzahlen und bezeichnet die Summen als R_1 bzw. R_2. Daraus berechnet man:

$$U_1 = n_1 \cdot n_2 + \frac{n_1(n_1+1)}{2} - R_1$$
$$U_2 = n_1 \cdot n_2 + \frac{n_2(n_2+1)}{2} - R_2 \qquad (10.9)$$

3. Es lässt sich nachweisen, dass gilt: $U_1 + U_2 = n_1 \cdot n_2$.
4. Die Testgröße wird berechnet als $U = \min(U_1, U_2)$.
5. Wenn U kleiner ist als der kritische Wert oder gleich diesem (◘ Tab. A.4, ► Anhang), wird die Nullhypothese abgelehnt.

Die Prüfgröße U erstreckt sich zwischen 0 und $n_1 \cdot n_2/2$. Je näher U bei 0 liegt, umso mehr unterscheiden sich die beiden Stichproben und umso eher wird die Alternativhypothese angenommen.

Verbundene Ränge sind unproblematisch, wenn sie innerhalb einer Stichprobe auftreten. Verbundene Ränge, die beide Stichproben betreffen, reduzieren die Power des Tests. Sie lassen sich bei stetigen Merkmalen durch eine hohe Messgenauigkeit vermeiden. Bei ordinal skalierten oder quantitativ diskreten Merkmalen mit wenigen Ausprägungen bietet sich ein Trendtest an (► Abschn. 11.2.3).

Manche Autoren nennen diesen Test »Wilcoxon test for two samples«. Wilcoxon und die Statistiker Mann und Whitney haben ihre Tests nahezu zeitgleich veröffentlicht. Formal handelt es sich um dasselbe Verfahren.

Beispiel 10.5: U-Test von Mann und Whitney

Es soll nachgewiesen werden, dass männliche Studenten im Durchschnitt ein höheres Körpergewicht haben als weibliche. Dazu werden 12 Studenten und 10 Studentinnen aus dem in ◘ Tab. 2.2 aufgelisteten Personenkreis zufällig ausgewählt. Da man beim Merkmal »Körpergewicht« nicht unbedingt von einer Normalverteilung ausgehen kann, benutzt man den *U*-Test. Die Werte und Ränge der Daten sind in der folgenden Tabelle aufgelistet:

Stichprobe 1 (Männer, $n_1 = 12$)		Stichprobe 2 (Frauen, $n_2 = 10$)	
Gewicht	Rang	Gewicht	Rang
62	7	52	1
68	11	53	2
70	12	55	3
71	13,5	57	4
71	13,5	60	5
75	15	61	6
78	16	63	8
80	17,5	65	9
85	19	67	10
86	20	80	17,5
90	21	–	–
95	22	–	–
Summe:	$R_1 = 187{,}5$	Summe:	$R_2 = 65{,}5$

Mit ► Formel (10.9) ergibt sich: $U_1 = 10{,}5$ und $U_2 = 109{,}5$. Also ist $U = 10{,}5$. ◘ Tab. A.4 entnimmt man für den kritischen Wert 29 (zweiseitiger Test, $\alpha = 5\%$). Da die Prüfgröße wesentlich kleiner ist, ist der Unterschied abgesichert. Der *p*-Wert beträgt 0,0012. Führt man mit denselben Daten einen *t*-Test durch, ergibt sich $p = 0{,}0005$.

10.2.4 Vergleich zwischen Rangsummentests und *t*-Tests

Rangsummentests haben schwächere Voraussetzungen als *t*-Tests und damit ein breiteres Anwendungsspektrum. Die Ränge haben nämlich die günstige Eigenschaft, dass sie von Datenmanipulationen unberührt bleiben, solange dabei die Reihenfolge der Daten nicht verändert wird. Deshalb eignen sich auch Daten, die nur als Prozentangaben vorliegen, für Rangsummentests. Außerdem eignen sich diese Tests für quantitativ-diskrete und ordinal skalierte Merkmale (z. B. klinische Scores). Andererseits sind *t*-Tests außerordentlich beliebt, und zwar aus mehreren Gründen:

- Ein Rangsummentest wertet nur die Reihenfolge der Daten aus. Dies ist nicht für alle Fragestellungen sinnvoll.
- Der *t*-Test nutzt dagegen die in den Daten enthaltenen Informationen vollständig aus; er hat eine höhere Power. Rangsummentests sind dagegen eher konservativ. So kann es vorkommen, dass man mit dem *t*-Test ein statistisch signifikantes Ergebnis erhält, während der entsprechende Rangsummentest mit denselben Daten zur Beibehaltung der Nullhypothese führt.
- Mittels der *t*-Verteilung lassen sich nicht nur *p*-Werte ermitteln, sondern auch **Konfidenzintervalle** berechnen. Diese sind sehr hilfreich, um die Größe eines Unterschieds zu beurteilen.

10.3 Vorzeichentests

10.3.1 Vorzeichentest für eine Stichprobe

Die Nullhypothese ist die gleiche wie beim Wilcoxon-Test: Es wird untersucht, ob der Median einer Stichprobe mit einem vorgegebenen Sollwert vereinbar ist. Das Testverfahren ist einfach:

1. Man beurteilt jeden Stichprobenwert danach, ob er größer oder kleiner als der Sollwert ist, und ordnet ihm dementsprechend ein positives oder ein negatives Vorzeichen zu.
2. Werte, die mit dem Sollwert identisch sind, werden eliminiert.
3. Man zählt die positiven und die negativen Vorzeichen; die kleinere Anzahl ist die Prüfgröße *k*. Falls die Nullhypothese zutrifft, erwartet man, dass die Anzahl der positiven und die der negativen Vorzeichen übereinstimmen.
4. Die Testentscheidung trifft man nach einem Vergleich mit dem kritischen Wert in ■ Tab. A.6 im ► Anhang.

Die Bezeichnung **Vorzeichentest** ist darauf zurückzuführen, dass in die Berechnung der Prüfgröße nur die Vorzeichen der Differenzen einfließen. Es wird also nur die Richtung der Abweichungen vom Sollwert berücksichtigt (nicht deren Betrag wie beim *t*-Test oder deren Rang wie beim Wilcoxon-Test). Daher ist der Vorzeichentest auch bei ordinal skalierten Merkmalen anwendbar.

Die Prüfgröße ist unter der Nullhypothese binomialverteilt mit dem Erwartungswert $n \cdot 0{,}5$. Schranken für den Annahmebereich findet man in ■ Tab. A.6. Notfalls kann man mit einem Taschenrechner bei einem kleinen Stichprobenumfang den Annahmebereich ermitteln, indem man nach ► Formel (7.8) die einzelnen Wahrscheinlichkeiten

$$P(X=k)=\binom{n}{k}\cdot 0,5^n$$

berechnet und damit einen Annahmebereich für die Prüfgröße k (also die Anzahl der positiven oder negativen Vorzeichen) konstruiert. Bei größeren Stichprobenumfängen ($n \geq 36$) lässt sich die Binomialverteilung durch eine Normalverteilung mit dem Erwartungswert $n \cdot 0{,}5$ und der Varianz $n \cdot 0{,}25$ approximieren. Die Schranken für den Annahmebereich sind dann:

$$0,5\cdot n \pm (1,96\cdot\sqrt{0,25\cdot n}+0,5)$$

Beispiel 10.6: Vorzeichentest für eine Stichprobe

Von den 20 Babys aus ► Beispiel 9.1 wiegen 8 Babys mehr und 12 weniger als 3500 g. Mit einem Vorzeichentest ergibt sich $p = 0{,}5034$ – also weit entfernt von einem signifikanten Testergebnis! Dies liegt an der geringen Power des Vorzeichentests. Während der t-Test ($p = 0{,}0541$) jeden Einzelwert explizit berücksichtigt und der Wilcoxon-Test ($p = 0{,}1075$) wenigstens die Ränge auswertet, vergleicht der Vorzeichentest lediglich die Anzahl der Werte, die unter bzw. über dem Sollwert liegen. Auch wenn alle drei p-Werte über dem Signifikanzniveau von 0,05 liegen, so zeigen die Ergebnisse doch deutlich, wie sehr der p-Wert von der Art des Test beeinflusst wird.

10.3.2 Vorzeichentest für zwei verbundene Stichproben

Mit diesem Test führt man Vergleiche einfachster Art durch. Es wird lediglich vorausgesetzt, dass die Zufallsvariablen der beiden Stichproben in irgendeiner Weise vergleichbar sind (etwa: Zustand nach Therapie ist besser als vor Therapie) – ohne dass die Differenz exakt quantifiziert werden müsste. Jedem Beobachtungspaar kann dann ein positives oder ein negatives Vorzeichen zugeordnet werden. Die Nullhypothese lautet:

$$P(X<Y)=P(X>Y)=0{,}5$$

Unter der Nullhypothese müssten etwa gleich viele Beobachtungspaare ein negatives bzw. ein positives Vorzeichen erhalten. Das Testverfahren ist ähnlich wie beim Vorzeichentest für eine Stichprobe:

1. Man ordnet jedem Beobachtungspaar das passende Vorzeichen zu. Paare, deren Stichprobenwerte sich nicht unterscheiden, werden nicht berücksichtigt.

2. Man zählt die Anzahl der positiven und der negativen Vorzeichen. Die kleinere Zahl ist die Prüfgröße.
3. Die Testentscheidung trifft man nach einem Vergleich mit den kritischen Werten in ◘ Tab. A.6.

Beispiel 10.7: Vorzeichentest für zwei verbundene Stichproben

In ► Beispiel 10.1 und ► Beispiel 10.4 wurde das Körpergewicht von $n = 10$ Personen vor und nach einer Diät miteinander verglichen. Mit dem *t*-Test und dem Wilcoxon-Test für zwei verbundene Stichproben ergaben sich signifikante Ergebnisse ($p = 0{,}0312$ bzw. $p = 0{,}0371$).

Wendet man nun den Vorzeichentest an, findet man mit Hilfe von ◘ Tab. A.6 als Annahmebereich das Intervall zwischen den Zahlen 2 und 8. Die Prüfgröße $k = 3$ (es gibt 3 negative und 7 positive Vorzeichen bei den Differenzen) liegt also innerhalb des Annahmebereichs; demnach muss die Nullhypothese beibehalten werden. Der *p*-Wert beträgt 0,3438.

10.3.3 Vergleich mit anderen Lagetests

Ein Vorzeichentest beinhaltet quasi keine Voraussetzungen. Andererseits nutzt er bei weitem nicht alle Informationen der Stichprobendaten aus. Aus diesem Grund hat dieser Test eine wesentlich geringere Power als der entsprechende *t*-Test oder Rangsummentest. Wegen seiner Rechenökonomie findet er häufig als »Schnelltest« Verwendung. Ein Wissenschaftler, dem es ja meist darum geht, die Alternativhypothese abzusichern, sollte daher den Vorzeichentest meiden und stattdessen – sofern die Voraussetzungen erfüllt sind – den passenden *t*-Test oder Wilcoxon-Test anwenden.

Ein Vorzeichentest basiert auf der Analyse von Häufigkeiten. Formal handelt es sich dabei um einen Binomialtest, mit dem getestet wird, ob eine relative Häufigkeit mit der Wahrscheinlichkeit $p = 0{,}5$ vereinbar ist (► Abschn. 11.2.1).

Cave

Als Lagetest für zwei unverbundene Stichproben eignet sich außerdem der auf der Chi²-Verteilung basierende Mediantest (► Abschn. 11.1.1).

10.4 Ausblick auf komplexere Methoden

10.4.1 Mehrstichprobentests***

t-Lagetests und Rangsummentests sind auf eine oder zwei Stichproben beschränkt. In der medizinischen Forschung stellt sich hin und wieder das Problem, dass mehr als zwei Stichproben zu vergleichen sind – etwa wenn man bei einer Therapiestudie zwei unterschiedliche Dosen eines Medikaments mit einem Plazebo vergleicht. Um mehr als zwei unverbundene Stichproben bezüglich einer quantitativen Zielgröße zu vergleichen, bieten sich an:

- **einfaktorielle Varianzanalyse:** Dies ist eine Erweiterung des *t*-Tests für mehr als zwei unverbundene Stichproben. Die Varianzanalyse setzt – ebenso wie der klassische *t*-Test – normalverteilte Grundgesamtheiten mit gleichen Varianzen voraus. Die Methode beruht auf dem Vergleich der Varianz »zwischen den Gruppen« (das ist die Varianz der Mittelwerte) und der Varianz »innerhalb der Gruppen«. Der Quotient dieser Varianzen folgt einer *F*-Verteilung (▶ Abschn. 7.4.3). Je mehr die Mittelwerte voneinander abweichen, desto größer wird *F* und desto eher wird die Alternativhypothese angenommen.
- **Kruskal-Wallis-Test:** Dieser Rangsummentest ist eine Erweiterung des *U*-Tests für mehr als zwei Stichproben.

Diese Verfahren können nur globale Unterschiede nachweisen. Ein signifikantes Ergebnis zeigt lediglich an, dass nicht alle Erwartungswerte identisch sind. Aus dem *p*-Wert geht jedoch nicht hervor, *wo* die Unterschiede liegen. Freilich könnte man mit *t*-Tests (nach einer Varianzanalyse) oder *U*-Tests (nach einem Kruskal-Wallis-Test) beliebig viele Zwei-Stichproben-Vergleiche durchführen. Diese Vergleiche sind jedoch nicht ganz unproblematisch, weil es sich dabei um multiples Testen handelt (▶ Abschn. 9.2.6).
Dennoch ist der Anwender daran interessant, diese Unterschiede herauszufinden und nachzuweisen. Dazu bieten sich folgende Möglichkeiten an:

- Man überlegt sich *vor* der Testdurchführung, welche Stichprobenvergleiche interessant sind und beschränkt die Anzahl der paarweisen Vergleiche auf ein Mindestmaß.
- Man verwendet die **Bonferroni-Korrektur** (▶ Abschn. 9.2.6). Der Nachteil dieser Methode liegt darin, dass die Power gering wird und sich Unterschiede kaum mehr nachweisen lassen.
- Für die Varianzanalyse wurden mehrere Verfahren für paarweise Mittelwertvergleiche entwickelt. Eine bekannte Methode ist der **Scheffé-Test**: Er vergleicht alle Stichproben paarweise miteinander und gewährleistet dabei dennoch, dass bei jedem Vergleich das α-Signifikanzniveau eingehalten wird. Allerdings ist dieses Verfahren eher konservativ.

Für den Vergleich von mehr als zwei *verbundenen* Stichproben bezüglich eines quantitativen Merkmals eignen sich:

- **Varianzanalyse mit Messwiederholungen:** Während der *t*-Test für zwei verbundene Stichproben geeignet ist für einen einfachen Vorher-nachher-Vergleich, lassen sich mit einer Varianzanalyse mehr als zwei Zeitpunkte vergleichen.
- **Friedman-Test:** Dieser Test basiert auf der Analyse von Rangsummen. Er ist eine Verallgemeinerung des Wilcoxon-Tests für mehr als zwei verbundene Stichproben.

10.4.2 Multiple Methoden***

Bei multiplen Methoden wird der Einfluss mehrerer Einflussgrößen auf eine Zielgröße simultan untersucht. Diese Verfahren ermöglichen eine wesentlich effizientere Analyse als univariable Methoden, bei denen nur *eine* Einflussgröße berücksichtigt wird.

- **zwei- oder mehrfaktorielle Varianzanalyse:** Möglicherweise hängt die Zielgröße nicht nur von einer Gruppierungsvariablen (z. B. der Therapieform), sondern darüber hinaus von weiteren *qualitativen* Faktoren (Geschlecht, Schweregrad der Krankheit etc.) ab. Für derlei Fragestellungen eignen sich mehrfaktorielle Varianzanalysen.
- **Varianzanalyse mit Messwiederholungen:** Auch bei diesen Verfahren können mehrere Gruppierungs- und Messwiederholungsfaktoren involviert werden.
- **Multiple Regressionsanalyse:** Diese Methode wird verwendet, wenn die quantitative Zielgröße von mehreren *quantitativen* Einflussgrößen bestimmt wird.
- **Allgemeines lineares Modell:** Mit diesem ist es möglich, den Einfluss mehrerer Faktoren, die sowohl quantitativ als auch qualitativ sein können, zu untersuchen. Am Ende wird eine lineare Gleichung erstellt, mit der sich ein Wert für die Zielgröße in Abhängigkeit der signifikanten Einflussfaktoren schätzen lässt:

$$y = a_0 + a_1 x_1 + a_2 x_2 + \ldots + a_k x_k \qquad (10.10)$$

Bei diesem Ansatz werden qualitative Merkmale durch sog. Dummy-Variablen beschrieben (► Beispiel 2.4). Eine leistungsfähige Software unterstützt den Anwender bei der Wahl der Variablen, die in das Modell aufgenommen werden, und bei der Bestimmung der Regressionskoeffizienten.

Bei allen Varianz- und Regressionsanalysen ist das bereits erwähnte Bestimmtheitsmaß (► Abschn. 5.3.2) geeignet, um die Güte des Modells zu quantifizieren. Dieses Maß ist der prozentuale Anteil der durch das Modell erklärten Varianz bezogen auf die Gesamtvarianz der *y*-Werte. Je größer das Bestimmtheitsmaß, desto besser ist das Modell.

Die technische Anwendung dieser Verfahren stellt mit geeigneter Software kein nennenswertes Problem dar. Dennoch sollte ein Anwender über den mathematischen Hintergrund und auch über deren Grenzen zumindest in Grundzügen Bescheid wissen, um sie sinnvoll anzuwenden und die Ergebnisse interpretieren zu können. Wer sich dafür interessiert, möge auf geeignete Literatur zurückgreifen (Backhaus et al. 2011, Bortz u. Schuster 2010, Fahrmeir et al. 2009 oder Sachs u. Hedderich 2009).

Kapitelzusammenfassung

t-Lagetests

- Setzen normalverteilte Daten voraus.
- Sind jedoch robust gegenüber geringer Verletzungen ihrer Voraussetzungen.

Um einen Unterschied mit einem *t*-Test abzusichern, sind vorteilhaft:

- Hoher Stichprobenumfang.
- Großer Unterschied zwischen den Mittelwerten.
- Geringe Streuung der Daten.
- Berechnung eines Konfidenzintervalls, um die Größe des Unterschieds zu quantifizieren.

Rangsummentests

- Haben eine geringere Power als *t*-Tests.
- Die Angabe eines Konfidenzintervalls ist nicht sinnvoll.

Sie bieten sich in folgenden Fällen an:

- Wenn die Daten nicht normalverteilt sind (insbesondere bei kleinen Stichproben).
- Bei quantitativ diskreten Merkmalen.
- Bei ordinal skalierten Merkmalen.
- Wenn Messwerte ungenau erfasst sind.

Vorzeichentests

- Dienen als Schnelltests.
- Haben eine geringere Power als *t*-Tests oder Rangsummentests.

Tests zum Vergleich von Häufigkeiten

C. Weiß, *Basiswissen Medizinische Statistik*,
DOI 10.1007/978-3-642-34261-5_11,

» Sicher ist, dass nichts sicher ist. Selbst das nicht.
(Joachim Ringelnatz, Schriftsteller und Kabarettist, 1883–1934)

11.1 Chi²-Tests

Chi²-Tests dienen zur Analyse von Häufigkeiten. Da sich Häufigkeiten bei jeder Merkmalsart und jedem Skalenniveau ermitteln lassen, sind diese Tests sehr vielseitig anwendbar, wie die folgenden Beispiele zeigen:

- **Chi²-Vierfeldertest** (▶ Abschn. 11.1.1): Er wird z. B. verwendet, um zwei Therapiegruppen bezüglich ihrer Erfolgsraten zu vergleichen. Wenn die Merkmale mehr als zwei Ausprägungen haben, eignet sich der Chi²-Test in einer allgemeineren Form (▶ Abschn. 11.1.2).
- **Chi²-Test für eine Stichprobe** (▶ Abschn. 11.1.4): Er vergleicht relative Häufigkeiten mit theoretischen Wahrscheinlichkeiten.
- **McNemar-Test** (▶ Abschn. 11.1.5): Dies ist ein Test für zwei verbundene Stichproben. Er bietet sich bei Crossover-Studien an, wenn jeder Patient mit zwei Therapien behandelt wird, die zu vergleichen sind.
- **Chi²-Anpassungstest** (▶ Abschn. 11.1.6). Einige statistische Verfahren setzen eine bestimmte Verteilung voraus (etwa die Normalverteilung bei t-Tests oder Varianzanalysen). Mit einem Anpassungstest lässt sich eine solche Bedingung überprüfen.
- **Logrank-Test** (▶ Abschn. 11.1.7). Damit lassen sich die Überlebenszeiten mehrerer Gruppen vergleichen.

11.1.1 Chi²-Vierfeldertest

Siehe auch ▶ Anhang, Mathematische Abhandlung 11.1.

Im einfachsten Fall untersucht der Chi²-Test die Unabhängigkeit zweier Alternativmerkmale. Er wird deshalb als **Chi²-Unabhängigkeitstest** bezeichnet. Hierfür gibt es in der klinischen und epidemiologischen Forschung zahlreiche Anwendungsbeispiele, wie etwa bei der Frage: Gibt es einen Zusammenhang zwischen Rauchen und Geschlecht (▶ Beispiel 11.1)? Oder: Hängt das Auftreten einer Krankheit von einem speziellen ätiologischen Faktor ab?

Dem Chi²-Vierfeldertest liegen eine Stichprobe des Umfangs n und die Häufigkeiten zugrunde, die sich aus der Betrachtung zweier Alternativmerkmale ergeben. Die Ausprägungen der Merkmale seien A und $\bar{A}$ bzw. B und $\bar{B}$. Insgesamt gibt es dann vier Kombinationsmöglichkeiten mit den Häufigkeiten a, b, c und d, die sich anschaulich in einer Vierfeldertafel darstellen lassen (◘ Tab. 11.1).

Tab. 11.1 Vierfeldertafel beim Chi^2-Vierfeldertest

	A	$\bar{A}$	Randsummen
B	a	b	$a+b$
$\bar{B}$	c	d	$c+d$
Randsummen	$a+c$	$b+d$	$n=a+b+c+d$

Unter der Nullhypothese sind die relevanten Ereignisse unabhängig voneinander; deshalb gilt:

$$H_0 : P(A \mid B) = P(A)$$

Demnach müsste also annähernd gelten:

$$\frac{a}{a+b} = \frac{a+c}{n} \tag{11.1}$$

Dagegen besagt die Alternativhypothese H_1, dass eine Abhängigkeit besteht. Die wesentliche Idee eines Chi^2-Tests ist folgende: Die beobachteten Häufigkeiten *a, b, c* und *d* werden verglichen mit den Häufigkeiten, die unter der Nullhypothese zu erwarten sind. Dazu berechnet man für jede Häufigkeit den Quotienten:

$$\frac{(\text{beobachtete H ufigkeit} - \text{erwartete H ufigkeit})^2}{\text{erwartete H ufigkeit}} = \frac{(B-E)^2}{E}$$

Die Summe dieser vier Quotienten bildet dann die Prüfgröße. Die unter H_0 zu erwartende Häufigkeit für a ergibt sich aus ▶ Formel (11.1) aus den Randsummen $(a + b)$, $(a + c)$ und n; die anderen erwarteten Häufigkeiten leitet man analog her und erhält die Häufigkeiten in ◘ Tab. 11.2. Die Prüfgröße berechnet sich als:

$$\chi^2 = \frac{n \cdot (ad - bc)^2}{(a+b)(a+c)(c+d)(b+d)} \tag{11.2}$$

Diese Prüfgröße ist χ^2-verteilt mit einem Freiheitsgrad. Unter der Nullhypothese erwartet man, dass alle beobachteten Häufigkeiten mit den erwarteten übereinstimmen; in diesem Extremfall wäre $\chi^2 = 0$. In der Praxis ist natürlich immer damit zu rechnen, dass $\chi^2 > 0$. Kleinere Abweichungen von 0 sind mit der Nullhypothese durchaus noch vereinbar; hohe Werte der Prüfgröße sprechen gegen die Nullhypothese. Die Prüfgröße ist umso größer, je mehr die beobachteten von den erwarteten Häufigkeiten abweichen. Das Testverfahren wird wie folgt durchgeführt:

Tab. 11.2 Beobachtete und erwartete Häufigkeiten beim Vierfeldertest

	Beobachtete Häufigkeit *B*	**Unter H_0 erwartete Häufigkeit *E***	**$(B-E)^2/E$**
	a	$(a+b)\,(a+c)/n$	$\frac{(ad-bc)^2}{n\cdot(a+b)(a+c)}$
	b	$(a+b)\,(b+d)/n$	$\frac{(ad-bc)^2}{n\cdot(a+b)(b+d)}$
	c	$(c+d)\,(a+c)/n$	$\frac{(ad-bc)^2}{n\cdot(c+d)(a+c)}$
	d	$(c+d)\,(b+d)/n$	$\frac{(ad-bc)^2}{n\cdot(c+d)(b+d)}$
Summe:	n	n	χ^2

- Aus den absoluten Häufigkeiten wird nach ► Formel (11.2) die Prüfgröße χ^2 berechnet.
- Liegt der Wert der Prüfgröße innerhalb des Intervalls $[0, \chi^2_{1;1-\alpha}]$, wird die Nullhypothese auf dem α-Niveau beibehalten. Falls die Prüfgröße größer ist als $\chi^2_{1;1-\alpha}$, wird die Alternativhypothese angenommen. Für $\alpha = 5\%$ ist $\chi^2_{1;0,95} = 3{,}841$ (Tab. A.5, ► Anhang).

Man kann den Vierfeldertest auch dahingehend interpretieren, dass er bei zwei unabhängigen Stichproben relative Häufigkeiten vergleicht. (Er überprüft, ob ein bestimmtes Merkmal in den beiden Stichproben gleich verteilt ist.) So lässt sich etwa die Situation in ► Beispiel 11.1 auch folgendermaßen beschreiben: Es werden zwei unverbundene Stichproben (bestehend aus männlichen bzw. weiblichen Studenten) hinsichtlich des Merkmals »Rauchgewohnheiten« verglichen. Dies ist ein anderer Ansatz, der jedoch formal mit dem gleichen Testverfahren untersucht wird. Man spricht in diesem Fall vom **Chi²-Homogenitätstest**.

Beispiel 11.1: Chi²-Vierfeldertest

Bei der Stichprobe unserer $n = 75$ Studenten (Tab. 2.2) betrachten wir die Alternativmerkmale Rauchen und Geschlecht. Es ergeben sich folgende Werte:

▼

	Beobachtete Häufigkeiten			Erwartete Häufigkeiten		
Status	Raucher	Nichtraucher	Summe	Raucher	Nichtraucher	Summe
Männer	$a = 9$	$b = 31$	40	6,9	33,1	40
Frauen	$c = 4$	$d = 31$	35	6,1	28,9	35
Summe	13	62	75	13	62	75

Es ist nicht erstaunlich, dass die erwarteten Häufigkeiten keine ganzen Zahlen sind. Es handelt sich um theoretische Häufigkeiten, die aus den Randsummen berechnet werden und zum Vergleich mit den beobachteten Häufigkeiten dienen. Von den Männern rauchen 22,5%, von den Frauen 11,4%. Ist der Unterschied nun so gravierend, dass man die Nullhypothese (»Es besteht kein Zusammenhang zwischen Rauchen und Geschlecht«) verwerfen kann? Die Prüfgröße ist nach ► Formel (11.2):

$$\chi^2 = \frac{75 \cdot (9 \cdot 31 - 31 \cdot 4)^2}{40 \cdot 35 \cdot 13 \cdot 62} = 1{,}5968$$

Dieser Wert ist kleiner als der kritische Wert 3,841. Das heißt: Anhand der Stichprobe ist kein Zusammenhang zwischen den beiden Merkmalen nachzuweisen. Der *p*-Wert beträgt 0,2064. Die Differenz »Anteil Männer minus Anteil Frauen« beträgt 11%; das Konfidenzintervall ist [–0,06 ; 0,28]. Der Raucheranteil der Männer könnte also bis zu 28% über dem der Frauen liegen; er könnte ebenso gut ein wenig geringer sein.

Einseitiges Testen Bisher wurde stillschweigend vorausgesetzt, dass beim Vierfeldertest zweiseitig geprüft wird. Nun sind auch einseitige Fragestellungen denkbar wie etwa: »Rauchen mehr Männer als Frauen?« (oder umgekehrt). Hier wird formal geprüft, ob die Häufigkeit *a* signifikant größer (bzw. kleiner) ist als die unter der Nullhypothese zu erwartende Häufigkeit. Einseitige Testverfahren sind bei Chi²-Tests allerdings problematisch, weil die Richtung eines Unterschieds bei der Berechnung der Prüfgröße durch das Quadrieren der Abstände $(B-E)$ eliminiert wird. Dennoch ist beim Vierfeldertest eine einseitige Prüfung möglich, indem man als kritischen Wert $\chi^2_{1;1-2\alpha}$ zugrunde legt. Man geht bei diesem Ansatz davon aus, dass – grob formuliert – unter der Nullhypothese die beobachtete Häufigkeit *a* mit jeweils 50%-iger Wahrscheinlichkeit größer bzw. kleiner ist als die zugehörige Erwartungshäufigkeit. Das entspricht – falls die Prüfgröße größer ist als $\chi^2_{1;1-2\alpha}$ – jeweils dem Anteil α. Ein einseitiger Test ist allerdings nur dann statthaft, wenn man aufgrund von Vorkenntnissen die Richtung eines Unterschieds genau kennt – sonst hat man eine Irrtumswahrscheinlichkeit von 2α. Theoretisch ist dieser Test interessant; praktisch sollte man ihn meiden.

Anwendung als Mediantest Die Anwendung des Vierfeldertests ist nicht beschränkt auf Alternativmerkmale. Schließlich lässt sich jedes quantitative oder ordinal skalierte Merkmal zu einem Alternativmerkmal transformieren, indem die Stichprobenwerte mit dem Gesamtmedian verglichen werden. (Theoretisch kann man auch einen anderen Schwellenwert wählen, wenn es der Fragestellung angemessen ist.) Diese Tests haben gegenüber *t*-Test und *U*-Test den Vorteil, dass sie quasi keine einschränkenden Voraussetzungen beinhalten. Allerdings werten sie weniger Informationen aus und haben demzufolge eine geringere Power.

Zu den Voraussetzungen Beim Vierfeldertest sollte jede der erwarteten Häufigkeiten mindestens 5 betragen; keine der beobachteten Häufigkeiten darf 0 sein. Falls diese Anforderungen verletzt sind, bietet sich Fishers exakter Test als Alternative an (▶ Abschn. 11.2.2).

Beispiel 11.2: Mediantest

In einer Klausur waren maximal 12 Punkte zu erreichen. Der Median von 74 Teilnehmern lag bei 8,5 Punkten. Vergleicht man die Ergebnisse von Männern und Frauen, ergibt sich folgende Vierfeldertafel:

	< 8,5	> 8,5	Σ
Männer	a = 18	b = 22	40
Frauen	c = 19	d = 15	34
Σ	37	37	74

Aus diesen Häufigkeiten ergibt sich eine Prüfgröße von

$$\chi^2 = \frac{74 \cdot (18 \cdot 15 - 22 \cdot 19)^2}{40 \cdot 34 \cdot 37 \cdot 37} = 0{,}8706$$

Dieser Wert ist wesentlich kleiner als $\chi^2_{1;0,95} = 3{,}841$; der *p*-Wert ist 0,3508. Ein Unterschied ist also nicht nachzuweisen. Wer hätte etwas anderes erwartet? – Übrigens: Zum Bestehen der Klausur waren mindestens 7 Punkte erforderlich. Man könnte also auch die 7 als Schwellenwert wählen und damit testen, ob sich die beiden Gruppen bezüglich ihrer Bestehensquote unterscheiden. Da es sich hierbei um sehr kleine Häufigkeiten handelt (nur 4 Männer und 3 Frauen haben nicht bestanden), sind die Voraussetzungen des Chi^2-Tests nicht erfüllt; als Alternative bietet sich Fishers exakter Test an (▶ Beispiel 11.8).

11.1.2 Chi^2-Test für $k \cdot \ell$ Felder

Der Chi^2-Test für $k \cdot \ell$ Felder ist eine Verallgemeinerung des Vierfelder-Unabhängigkeitstests. Er ist dies insofern, als die beiden betrachteten Merkmale nicht nur jeweils 2, sondern k Ausprägungen $A_1, \ldots, A_k$ bzw. ℓ Ausprägungen $B_1, \ldots, B_\ell$ aufweisen. Dann erhält man bei der Darstellung der Häufigkeiten eine Kontingenztafel mit $k \cdot \ell$ Feldern im Innern. Die Nullhypothese besagt, dass kein Zusammenhang zwischen beiden Merkmalen besteht.

Dieser Test funktioniert nach dem bereits beschriebenen Prinzip: Man vergleicht die beobachteten mit den erwarteten Häufigkeiten. Seien n_{ij} die Anzahl der Stichprobenelemente mit der Ausprägungskombination A_i und B_j und e_{ij} die unter H_0 erwarteten Häufigkeiten. Dann berechnet sich die Prüfgröße als

$$\chi^2 = \sum_{i=1}^{k}\sum_{j=1}^{\ell}\frac{(n_{ij}-e_{ij})^2}{e_{ij}} \tag{11.3}$$

Die Prüfgröße hat $(k-1)\cdot(\ell-1)$ Freiheitsgrade. (Dies bedeutet, dass man im Innern der Kontingenztafel $(k-1)\cdot(\ell-1)$ Häufigkeiten unter Beibehaltung der Randsummen ändern kann.) Die erwarteten Häufigkeiten e_{ij} berechnet man aus den Randsummen. Kritische Werte in Abhängigkeit der Anzahl der Freiheitsgrade findet man in ◘ Tab. A.5 (► Anhang).

Dieser Test lässt sich auch auffassen als ein Homogenitätstest: Er überprüft, ob ein Merkmal mit ℓ Ausprägungen in k Stichproben homogen verteilt ist. In jedem Fall wird vorausgesetzt, dass die erwarteten Häufigkeiten mindestens 5 betragen (oder dass zumindest der Anteil der erwarteten Häufigkeiten, die kleiner als 5 sind, 20% nicht überschreitet). Ist diese Bedingung nicht erfüllt, kann man versuchen, dies durch Zusammenlegen mehrerer Ausprägungen oder Klassen zu erreichen. Ersatzweise kann man Fishers exakten Test (► Abschn. 11.2.2) anwenden.

11.1.3 Assoziationsmaße für qualitative Merkmale***

Mit dem Chi²-Unabhängigkeitstest lässt sich die Existenz einer Assoziation zwischen zwei nominal skalierten Merkmalen nachweisen. Über dessen Stärke macht das Testergebnis jedoch keine Angaben. Mehrere Assoziationskoeffizienten sind entwickelt worden, um die Stärke eines solchen Zusammenhangs zu quantifizieren:

- Phi-Koeffizient (Φ)
- Cramérs Index (*CI*)
- Kontingenzkoeffizient (*CC*) von Pearson

Phi-Koeffizient (Φ): Er eignet sich, um den Zusammenhang zwischen 2 Alternativmerkmalen zu beschreiben, und ist definiert als:

$$\varphi = \sqrt{\frac{\chi^2}{n}} \tag{11.4}$$

Der Phi-Koeffizient ist 0 bei vollkommener Unabhängigkeit der Merkmale. Falls $b = c = 0$, nimmt ϕ den Wert 1 an [wie sich leicht anhand der ► Formel (11.2) nachvollziehen lässt]. In diesem Fall kann man nämlich aufgrund eines Merkmals das andere präzise vorhersagen. Ansonsten ist ϕ kleiner als 1. Der Phi-Koeffizient ist signifikant größer als 0, falls das Ergebnis des Vierfeldertests

▼

signifikant ist. Man kann übrigens nachweisen, dass dieser Koeffizient identisch ist mit dem Korrelationskoeffizient von Pearson, wenn man die Ausprägungen der beiden Alternativmerkmale mit 0 und 1 darstellt und dann ► Formel (5.2) anwendet.

Beispiel 11.3: Chi²-Assoziationsmaße

In einer klinisch kontrollierten Studie werden jeweils 50 Patienten mit einem neuen Medikament bzw. mit dem herkömmlichen Standardmedikament behandelt. Die Therapien sind in $a = 35$ Fällen (neu) bzw. $c = 25$ Fällen (Standard) erfolgreich und demnach in $b = 15$ bzw. $d = 25$ Fällen nicht erfolgreich. Mit einem Chi²-Test erhält man: $\chi^2 = 4{,}1667$ und $p = 0{,}0412$. Die Stärke des Zusammenhangs wird quantifiziert durch $\phi = \sqrt{4{,}1667/100} = 0{,}2041$. Die Odds Ratio ist 2,33 (► Abschn. 3.3.3). Der Zusammenhang ist zwar signifikant, aber eher schwach. Die Differenz der Erfolgsraten beträgt 20%; das 95%-Konfidenzintervall liegt zwischen 1,2 und 38,8%.

Cramérs Index (CI): Dieses Maß (vorgestellt im Jahre 1946) ist eine Verallgemeinerung von ϕ für $k \cdot \ell$-Kontingenztafeln:

$$CI = \sqrt{\frac{\chi^2}{n \cdot (R-1)}} \qquad (11.5)$$

wobei $R = \min(k, \ell)$. Es ist leicht nachvollziehbar, dass der CI für $R = 2$ mit ϕ identisch ist.

Kontingenzkoeffizient (»coefficient of contingency«, CC) von Pearson: Dieser im Jahre 1904 vorgestellte Koeffizient ist das älteste und bekannteste Assoziationsmaß:

$$CC = \sqrt{\frac{\chi^2}{n + \chi^2}} \qquad (11.6)$$

Es lässt sich nachweisen, dass der Maximalwert von CC gleich $C_{max} = \sqrt{(R-1)/R}$ ist. Ein Nachteil dieses Koeffizienten ist, dass er 1 nie erreichen kann und deshalb schwer zu interpretieren ist.

11.1.4 Chi²-Test für eine Stichprobe***

Bei diesem Test wird die Häufigkeitsverteilung einer Stichprobe mit einer vorgegebenen Verteilung verglichen. Seien n_i die beobachteten und e_i die unter der Nullhypothese erwarteten Häufigkeiten. Dann berechnet sich die Prüfgröße als:

$$\chi^2 = \sum_{i=1}^{k} \frac{(n_i - e_i)^2}{e_i} \qquad (11.7)$$

Die Anzahl der Freiheitsgrade beträgt $k - 1$ (wobei k die Anzahl der Ausprägungen ist).

Tab. 11.3 Vierfeldertafel beim McNemar-Test

		Stichprobe 1	
		A	$\bar{A}$
Stichprobe 2	A	a	b
	$\bar{A}$	c	d

Beispiel 11.4: Vergleich von Häufigkeiten mit Wahrscheinlichkeiten

Wir greifen zurück auf ▶ Beispiel 6.3 und prüfen, ob die empirisch ermittelten Häufigkeiten mit den erwarteten übereinstimmen. Die erwarteten Häufigkeiten werden berechnet, indem man den Stichprobenumfang $n = 75$ mit den Wahrscheinlichkeiten multipliziert.

Blutgruppe	Wahrscheinlichkeit	n_i	e_i	$(n_i - e_i)^2/e_i$
0	40%	30	30,00	0
A	45%	32	33,75	0,0907
B	10%	9	7,50	0,3000
AB	5%	4	3,75	0,0167

Die Prüfgröße beträgt also 0,4074; die Anzahl der Freiheitsgrade ist 3. Der p-Wert ist 0,9387; die beobachteten Häufigkeiten sind also in keiner Weise auffällig.

11.1.5 McNemar-Test

Siehe auch ▶ Anhang, Mathematische Abhandlung 11.2.

Dies ist ein Häufigkeitstest für zwei verbundene Stichproben, die hinsichtlich eines Alternativmerkmals verglichen werden. Derlei Fragestellungen treten beispielsweise dann auf, wenn man Patienten mit zwei verschiedenen Therapien nacheinander behandelt und das Merkmal »Therapieerfolg« mit den Ausprägungen »ja« und »nein« untersucht. Der Stichprobenumfang n lässt sich gemäß Tab. 11.3 aufteilen.

Die Nullhypothese besagt: Die Stichproben stimmen bezüglich der Häufigkeitsverteilung überein. Das bedeutet: $a + b = a + c$, oder einfacher: $b = c$. Je mehr die Häufigkeiten b und c vom Durchschnittswert $(b + c)/2$ abweichen, desto mehr spricht für die Alternativhypothese. Der Test wird nach folgendem Prinzip durchgeführt:

1. Zunächst werden die Häufigkeiten der Vierfeldertafel ermittelt.
2. Danach berechnet man die Prüfgröße nach:

$$\chi^2 = \frac{(b-c)^2}{b+c} \qquad (11.8)$$

3. Falls der Wert der Prüfgröße mehr als $\chi^2_{1;1-\alpha}$ beträgt, wird die Alternativhypothese angenommen.

Die Prüfgröße nach ► Formel (11.8) wird für $b + c \leq 30$ durch eine Stetigkeitskorrektur etwas verkleinert:

$$\chi^2 = \frac{(|b-c|-1)^2}{b+c} \tag{11.9}$$

Im Übrigen setzt auch dieser Test voraus, dass die erwartete Häufigkeit $(b + c)/2$ mindestens 5 beträgt.

Die Stetigkeitskorrektur ist erforderlich, weil die Häufigkeiten *b* und *c* diskrete Werte darstellen, während χ^2 eine stetige Variable ist. In der Literatur werden unterschiedliche Stetigkeitskorrekturen vorgeschlagen. In jedem Fall wird dadurch die Prüfgröße etwas verkleinert, um zu verhindern, dass man allzu leichtfertig die Nullhypothese ablehnt.

Beispiel 11.5: McNemar-Test

Bei 20 Patienten wird ein schmerzstillendes Präparat (Verum) mit einem Plazebo verglichen. Jeder Patient wird mit beiden Therapien behandelt, wobei zwischen den Behandlungsphasen eine längere, therapiefreie Phase liegt. Die Patienten wissen nicht, wann sie Plazebo bzw. Verum erhalten. Sie beurteilen die Wirkung folgendermaßen:

		Wirkung des Plazebos	
		Schwach	Stark
Wirkung des Verums	Schwach	$a = 3$	$b = 2$
	Stark	$c = 11$	$d = 4$

Als Prüfgröße berechnet man: $\chi^2 = \frac{(|2-11|-1)^2}{2+11} = 4{,}923 > 3{,}841.$

Der *p*-Wert ist 0,0265. Deshalb wird die Alternativhypothese angenommen. Das Verum zeigt in 15 von 20 Fällen (75%) eine starke Wirkung, das Plazebo nur 6-mal (30%). Die Wirkungsdifferenz beträgt demnach 45% mit dem Konfidenzintervall [0,17 ; 0,73].

Abschließend noch einige Hinweise zum McNemar-Test:

- **Stichprobenumfang:** In die Berechnung der Prüfgröße fließt *nicht* der volle Stichprobenumfang ein, sondern lediglich die Häufigkeiten *b* und *c*. Allerdings kommt beim Konfidenzintervall für die Differenz (► Beispiel 11.5) der gesamte Umfang *n* zur Geltung.
- **Nullhypothese:** Es wird *nicht* behauptet, dass es gar keinen Unterschied zwischen den Stichproben gibt. (In diesem Fall wäre zu erwarten, dass die Häufigkeiten *b*

und c gleich 0 sind.) Die Nullhypothese besagt lediglich, dass unterschiedliche Beurteilungen in beiden Richtungen (»Verum besser« bzw. »Plazebo besser«) gleich häufig sind, sodass man unter der Nullhypothese $b = c$ erwarten würde.
- **Verallgemeinerung auf qualitative Merkmale:** Der McNemar-Test setzt ein Alternativmerkmal voraus. Bei einem Merkmal mit mehr als zwei Ausprägungen entsteht anstelle der Vierfeldertafel eine Matrix. Der **Symmetrietest von Bowker** (Bortz u. Lienert 2008) überprüft, ob diese Matrix symmetrisch ist.
- **Verallgemeinerung auf mehrere verbundene Stichproben:** Werden Patienten mehrfach nacheinander auf ein Alternativmerkmal hin untersucht, bietet sich der **Q-Test von Cochran** an (Bortz u. Lienert 2008, ► Anhang).

11.1.6 Chi²-Anpassungstest***

Mit einem Anpassungstest wird überprüft, ob die empirische Verteilung einer Stichprobe vereinbar ist mit einer vermuteten theoretischen Verteilung. Dabei kann jede Verteilung, die dem inhaltlichen Problem angemessen ist, vorgegeben werden. Wie bei allen Chi²-Tests werden auch bei einem Anpassungstest die beobachteten mit den erwarteten Häufigkeiten verglichen.
Die erwarteten Häufigkeiten werden berechnet, indem man – unter Annahme einer theoretischen Verteilung – für jede Ausprägung (Klasse oder Gruppe) die entsprechende Wahrscheinlichkeit bestimmt und diesen Wert mit dem Stichprobenumfang multipliziert. Die Anzahl der Freiheitsgrade beträgt $f = k - 1 - r$. Dabei ist k die Anzahl der gegebenen Klassen. Diese Anzahl wird um 1 reduziert, weil generell eine Restriktion durch den Stichprobenumfang gegeben ist. Außerdem wird die Anzahl der Freiheitsgrade eingeschränkt durch die Anzahl r der Parameter, die zur Berechnung der erwarteten Häufigkeiten erforderlich sind. Die Anzahl der Freiheitsgrade ist also auch abhängig von der Verteilung, die man unter der Nullhypothese zugrunde legt:
- Gleichverteilung: $f = k - 1$
- Poisson-Verteilung: $f = k - 2$
  Hier wird ein Parameter – nämlich der Erwartungswert λ – über den Mittelwert der Stichprobe geschätzt; daher ist $r = 1$.
- Normalverteilung: $f = k - 3$
  Diese Verteilung ist charakterisiert durch $r = 2$ Parameter – Erwartungswert und Varianz.

Beispiel 11.6: Anpasssungstest

Verdünntes Blut wird in eine Zählkammer gefüllt. Diese ist in zahlreiche Quadrate identischer Fläche eingeteilt. Davon werden 80 Quadrate zufällig ausgewählt, um unter dem Mikroskop die darin enthaltenen Erythrozyten zu zählen. Man findet zwischen 0 und 12 Erythrozyten pro Quadrat. Nun soll überprüft werden, ob diese Häufigkeiten die Annahme einer Poisson-Verteilung rechtfertigen.
Zunächst wird aus den gegebenen Häufigkeiten ein Mittelwert 5,9125 berechnet, der als Schätzer für den Erwartungswert λ dient. Mit ► Formel (7.9) lassen sich dann die theore-
▼

tischen Wahrscheinlichkeiten und daraus (indem man mit 80 multipliziert) die erwarteten Häufigkeiten berechnen. Da diese mindestens 5 betragen müssen, fasst man die ersten und die letzten Klassen zusammen. Die Nullhypothese lautet: Die Anzahl der Erythrozyten folgt einer Poisson-Verteilung.

k	Beobachtete Häufigkeit B	Erwartete Häufigkeit E	$(B - E)^2/E$
0–2	5	5,28	0,01485
3	7	7,46	0,02785
4	11	11,02	0,00004
5	12	13,03	0,08167
6	16	12,84	0,77682
7	10	10,85	0,06607
8	7	8,02	0,12884
9	5	5,27	0,01346
10–12	7	5,61	0,34440
Summe	80	79,37	$\chi^2 = 1{,}45400$

Die Anzahl der Freiheitsgrade ist 9 – 2 = 7. Für den kritischen Wert gilt $\chi^2_{7;0,90} = 12{,}017$ (◘ Tab. A.5, ► Anhang).
Da die berechnete Prüfgröße kleiner ist, wird die Nullhypothese beibehalten. Der *p*-Wert beträgt 0,9839.

Häufig wird ein Anpassungstest vor Anwendung des *t*-Tests eingesetzt, um empirische Daten dahingehend zu überprüfen, ob sie einer normalverteilten Grundgesamtheit entstammen. In diesen besonderen Fällen ist man daran interessiert, die Nullhypothese beizubehalten. Also ist man bemüht, den β-Fehler möglichst klein zu halten. Eine Möglichkeit, indirekt Einfluss auf den β-Fehler zu nehmen, besteht darin, den α-Fehler zu vergrößern. Deshalb ist es üblich, bei einem Anpassungstest $\alpha = 0{,}10$ festzulegen und die Alternativhypothese erst ab $p > 0{,}10$ anzunehmen. Man muss sich klarmachen: Das Testergebnis eines Anpassungstests auf Normalverteilung, das zur Beibehaltung der Nullhypothese führt, ist keinesfalls als Beweis zu werten, dass die Grundgesamtheit wirklich normalverteilt ist. Man sollte hier nur vorsichtige Formulierungen verwenden wie etwa: »Nichts spricht gegen die Normalverteilung der Grundgesamtheit.«

ⓘ Bei stetigen Verteilungen bietet sich als Alternative zum Chi²-Anpassungstest der Kolmogoroff-Smirnoff-Test an. Er beruht auf dem Vergleich einer empirischen Verteilungsfunktion mit der Verteilungsfunktion einer theoretischen Verteilung (z. B. der Normalverteilung). Für kleine Stichproben ist der Kolmogoroff-Smirnoff-Test besser geeignet als der Chi²-Anpassungstest (Sachs u. Hedderich 2009; ► Anhang).

11.1.7 Logrank-Test***

Schließlich sei noch der ebenfalls auf der Chi^2-Verteilung basierende Logrank-Test erwähnt, der zum Vergleich von Überlebenszeiten angewandt wird. Mit diesem vergleicht man die Überlebensfunktionen $S_1(t)$ und $S_2(t)$ zweier unverbundener Stichproben. Das Besondere am Logrank-Test ist, dass sich auch zensierte Daten (die häufig bei Überlebenszeitstudien auftreten) angemessen berücksichtigen lassen.

Mit dem Logrank-Test wird beispielsweise überprüft, ob sich eine Therapie oder ein prognostischer Faktor auf die Überlebenszeit oder allgemein auf die Zeit bis zum Eintreten eines bestimmten Endereignisses auswirkt. Ein Beispiel für die Darstellung einer Überlebenszeitkurve findet man in ▶ Abschn. 15.2.3 (◘ Abb. 15.1). Um zwei Kurven zu vergleichen, ermittelt man zunächst die Anzahl der aufgetretenen Endereignisse b_1 und b_2 in den Stichproben; außerdem berechnet man die Anzahl der Endereignisse e_1 und e_2, die man erwarten würde, wenn beide Kurven identisch wären. Die Teststatistik für den Logrank-Test ist:

$$\chi^2 = \frac{(b_1 - e_1)^2}{e_1} + \frac{(b_2 - e_2)^2}{e_2} \qquad (11.10)$$

Die Häufigkeiten b_1 und b_2 werden durch einfaches Zählen ermittelt. Die Berechnung der Erwartungshäufigkeiten ist komplizierter. Dazu betrachtet man beide Stichproben gemeinsam und notiert die Zeitpunkte t_i ($i = 1, \ldots, k$), zu denen in einer der beiden Stichproben ein Endereignis stattfindet, und die exakte Anzahl der zugehörigen Ereignisse d_i. Dann ist

$$e_1 = \sum_{i=1}^{k} d_i \cdot \frac{n_{1i}}{n_{1i} + n_{2i}} \quad \text{und} \quad e_2 = \sum_{i=1}^{k} d_i \cdot \frac{n_{2i}}{n_{1i} + n_{2i}} \qquad (11.11)$$

n_{1i} und n_{2i} sind die Beobachtungseinheiten der 1. bzw. der 2. Stichprobe, die zum Zeitpunkt t_i noch leben. Die beiden Quotienten $n_{1i}/(n_{1i} + n_{2i})$ und $n_{2i}/(n_{1i} + n_{2i})$ entsprechen den Anteilen in der jeweiligen Stichprobe. Der Logrank-Test ist auch anwendbar auf mehr als zwei Gruppen. Detaillierte Erläuterungen dazu findet man in Schumacher u. Schulgen (2008; ▶ Anhang).

11.2 Andere Testverfahren

11.2.1 Binomialtest für eine Stichprobe***

Die Geschichte dieses Tests begann in den Jahren 1710–1712. Damals stellte der englische Wissenschaftler *John Arbuthnot* beim Studium von Kirchenbüchern fest, dass bei fast allen Jahrgängen Knabengeburten häufiger eingetragen waren als Mädchengeburten. Aufgrund der hohen Fallzahlen kam er zu dem Schluss: Das kann kein Zufall sein! Der **Binomialtest** ist die geeignete Methode, um eine solche Vermutung objektiv zu überprüfen. Arbuthnot hätte dazu folgende Hypothesen aufstellen müssen:

H_0: Die Wahrscheinlichkeit p für eine Knabengeburt ist gleich der Wahrscheinlichkeit für eine Mädchengeburt, oder formal: $p = 1/2$.

▼

H_0: Die Wahrscheinlichkeiten sind unterschiedlich. Es gilt also: $p \neq 1/2$.

Ein Binomialtest basiert auf sehr einfachen Annahmen:

- Es liegt eine Stichprobe mit n Beobachtungseinheiten vor.
- Die Stichprobenwerte sind Ausprägungen eines Alternativmerkmals.

Der Test überprüft, ob die relative Häufigkeit der Ausprägung A mit einer vorgegebenen Wahrscheinlichkeit p_0 vereinbar ist. Die Hypothesen lauten also:

$$H_0:\ p = p_0$$
$$H_1:\ p \neq p_0 \quad \text{(bei zweiseitiger Fragestellung)}$$

Zur Testentscheidung gelangt man folgendermaßen:

- Zunächst werden in der Stichprobe die Beobachtungseinheiten mit der Ausprägung A gezählt; deren Anzahl sei X. Die relative Häufigkeit $\hat{p} = X/n$ ist ein Schätzwert für die Wahrscheinlichkeit p der Grundgesamtheit.
- Unter der Nullhypothese ist diese Anzahl X binomialverteilt mit dem Erwartungswert np_0. Mit ▶ Formel (7.4) lassen sich nun die Wahrscheinlichkeiten $P(X = k)$ berechnen. Damit lässt sich dann ein Bereich konstruieren, in den X bei Gültigkeit der Nullhypothese mit einer Wahrscheinlichkeit von $1 - \alpha = 95\%$ fallen würde. Bei nicht allzu hohem Stichprobenumfang genügt dazu ein Taschenrechner.

Falls n hinreichend groß ist mit $np_0(1 - p_0) \geq 9$, lässt sich die Binomialverteilung von X durch eine Normalverteilung mit dem Erwartungswert np_0 und der Varianz $np_0(1 - p_0)$ approximieren. Dann ist auch $\hat{p} = X/n$ normalverteilt mit dem Erwartungswert p_0 und der Varianz $p_0(1 - p_0)/n$. Daraus folgt, dass die Prüfgröße

$$Z = \frac{\hat{p} - p_0}{\sqrt{\dfrac{p_0(1 - p_0)}{n}}} \qquad (11.12)$$

einer Standardnormalverteilung folgt. Der kritische Punkt ist 1,96 (für $\alpha = 5\%$, zweiseitige Fragestellung). Bei einer anderen Irrtumswahrscheinlichkeit ist dieser Wert durch $z_{1-\alpha/2}$ entsprechend anzupassen; bei einseitiger Fragestellung ist er durch $\pm z_{1-\alpha}$ zu ersetzen (◘ Tab. A.1 im ▶ Anhang).

Beispiel 11.7: Binomialtest

Von $n = 75$ Studenten sind $k = 40$ männlich. Ist diese Häufigkeit vereinbar mit der Hypothese, dass gleich viele Männer und Frauen Medizin studieren? Die Nullhypothese lautet: $p = 0{,}5$. Der Schätzwert ist $\hat{p} = 40/75 = 0{,}53$. Da $np_0\,(1 - p_0) = 75 \cdot 0{,}5 \cdot 0{,}5 = 18{,}75 \geq 9$, kann man die Binomialverteilung von X durch eine Normalverteilung mit dem Erwartungswert $\mu = 75 \cdot 0{,}5 = 37{,}5$ und der Varianz $\sigma^2 = n \cdot 0{,}5^2 = 18{,}75$ approximieren. Für die Prüfgröße nach ▶ Formel (11.12) berechnet man mit $p_0 = 0{,}5$:

▼

$$z = \frac{40/75 - 0{,}5}{\sqrt{0{,}25/75}} = 0{,}577$$

Der Betrag dieser Prüfgröße ist deutlich kleiner als 1,96 – also wird die Alternativhypothese abgelehnt ($p = 0{,}5637$). Während der p-Wert besagt, dass das Ergebnis signifikant ist, informiert das Konfidenzintervall [0,414;0,653] (▶ Beispiel 8.2) darüber, in welcher Größenordnung der Anteil männlicher Studenten angenommen werden kann.

Cave

Anstelle des Binomaltests kann auch der Chi^2-Test für eine Stichprobe mit einem zweifach gestuften Merkmal verwendet werden (▶ Abschn. 11.1.4). Damit ergeben sich nahezu identische Ergebnisse.

11.2.2 Fishers exakter Test***

Siehe auch ▶ Anhang, Mathematische Abhandlung 11.3.
Wenn die Voraussetzungen des Vierfeldertests oder auch des Chi^2-Tests für $k \cdot \ell$ Felder nicht erfüllt sind (wenn die erwarteten Häufigkeiten zu klein sind), kann man alternativ Fishers exakten Test verwenden. Dieser heißt »exakt«, weil der p-Wert als Prüfgröße direkt berechnet wird. Er funktioniert bei einer Vierfeldertafel nach folgendem Prinzip:

1. Man ordnet die Vierfeldertafel so an, dass die kleinste Häufigkeit oben links steht. (Sie entspricht dann der Häufigkeit a.) Die Wahrscheinlichkeit für diese Situation berechnet sich nach:

$$P = \frac{(a+b)!(c+d)!(a+c)!(b+d)!}{n! \cdot a! \cdot b! \cdot c! \cdot d!} \tag{11.13}$$

2. Falls diese Wahrscheinlichkeit größer ist als α, ist der Test beendet – die Nullhypothese wird beibehalten.
3. Ansonsten bildet man für noch extremere Situationen weitere Vierfeldertafeln, indem man unter Beibehaltung der Randsummen die Häufigkeit a schrittweise um 1 reduziert (und die anderen Häufigkeiten im Innern der Tabelle anpasst), bis man $a = 0$ erhält. Für jede dieser Situationen berechnet sich die Einzelwahrscheinlichkeit nach ▶ Formel (11.13).
4. Die so berechneten Einzelwahrscheinlichkeiten werden addiert. Diese Summe gibt an, wie groß die Wahrscheinlichkeit ist, die Ausgangssituation oder eine noch extremere Situation zu erhalten. Bei der einseitigen Fragestellung entspricht dies dem p-Wert.
5. Bei einer zweiseitigen Fragestellung wird der p-Wert der einseitigen Fragestellung verdoppelt.
6. Falls der berechnete p-Wert kleiner ist als α, wird die Nullhypothese zugunsten der Alternativhypothese abgelehnt.

Fishers exakter Test kann nicht nur für Vierfeldertafeln, sondern theoretisch für beliebig große Kontingenztafeln angewandt werden. Allerdings kann er dann rechnerisch sehr aufwendig werden, sodass selbst ein leistungsstarkes Statistikprogramm mitunter viel Zeit benötigt, um den p-Wert zu ermitteln.

Beispiel 11.8: Fishers exakter Test

Zwei Gruppen von Patienten werden bezüglich einer neuen Therapie verglichen. Es soll getestet werden, ob sich die Misserfolgsquoten der beiden Therapien unterscheiden (zweiseitige Fragestellung). Folgende Häufigkeiten ergeben sich:

	Misserfolg	Erfolg	Summe
Therapie 1	$a=0$	$b=8$	8
Therapie 2	$c=5$	$d=3$	8
Summe	5	11	16

$$P(a=0)=\frac{8!\cdot 8!\cdot 5!\cdot 11!}{16!\cdot 0!\cdot 8!\cdot 5!\cdot 3!}=0{,}0128$$

Eine ebenso extreme Situation wäre gegeben, wenn $a = 5$ und $c = 0$; auch in diesem Fall wäre $P(a = 5) = 0{,}0128$. Die Summe dieser beiden Wahrscheinlichkeiten ergibt $0{,}0256 < 0{,}05$. Also wird die Nullhypothese für $\alpha = 5\%$ abgelehnt.
Ein anderes Beispiel: In ► Beispiel 11.2 wurde erwähnt, dass von 4/40 Männern und 3/34 Frauen eine Klausur nicht bestanden haben. Mit dem Fisher-Test ergibt sich $p = 1{,}0000$! Dieser extreme Wert für die Irrtumswahrscheinlichkeit kann quasi nur mit dem Fisher-Test erreicht werden!

11.2.3 Trend-Test nach Cochran-Armitage***

Die in ► Abschn. 11.1.1 und ► Abschn. 11.1.2 behandelten Chi^2-Tests setzen lediglich ein nominal skaliertes Merkmal voraus und sind daher vielseitig anwendbar. Welchen Test wählt man aber bei einem Zwei-Gruppen-Vergleich, wenn es sich um ein ordinal skaliertes Merkmal handelt? Theoretisch bietet sich dafür der *U*-Test von Mann und Whitney an; jedoch verliert dieser Test an Power, wenn die Anzahl der Ausprägungen gering ist. Für diese Fälle steht ein Trend-Test zur Verfügung, den die amerikanischen Statistiker *William Cochran* (1909–1980) und *Peter Armitage* (geb. 1924) entwickelt haben.
Die Berechnung der Prüfgröße soll hier nur kurz skizziert werden. Dazu betrachten wir ► Beispiel 11.9, in dem zwei Gruppen A und B bezüglich eines Scores verglichen werden. Seien also $\bar{R}$ der mittlere Score-Wert (bezogen auf die gesamte Stichprobe), n_{Ai} die Anzahl der Beobachtungseinheiten in Gruppe A bezogen auf einen bestimmten Score-Wert R_i. Unter der Nullhypothese erwartet man in beiden Gruppen den mittleren Score-Wert $\bar{R}$. Theoretisch ist die Summe

$$\sum_{i=1}^{k} n_{Ai}\cdot(R_i-\bar{R}) \tag{11.14}$$

unter der Nullhypothese normalverteilt mit dem Erwartungswert 0 und einer bestimmten Varianz (die hier nicht explizit aufgeführt wird). Also ist der Term in ► Formel (11.14), wenn er durch die Standardabweichung dividiert wird, standardnormalverteilt; er dient als Prüfgröße für diesen Test. Je stärker der Trend, desto größer ist der Betrag der Prüfgröße.

Beispiel 11.9: Trendtest nach Cochran-Armitage

Wir betrachten zwei Patientengruppen, die mit unterschiedlichen Therapien behandelt wurden. Der Heilerfolg werde erfasst mit $R_1 = 1$ (Zustand verschlechtert), $R_2 = 2$ (unverändert), $R_3 = 3$ (verbessert), $R_4 = 4$ (vollständig geheilt). Es ergaben sich folgende Häufigkeiten (in Klammern die relativen Häufigkeiten bezogen auf den jeweiligen Score-Wert):

Therapie	$R_1 = 1$	$R_2 = 2$	$R_3 = 3$	$R_4 = 4$	Summe
A	0 (0%)	6 (25%)	18 (60%)	16 (70%)	40
B	3	18	12	7	40
Summe	3	24	30	23	80

Für die Therapie A erkennt man einen Trend: Von allen Misserfolgen (mit dem Score-Wert 1) entfallen 0% auf die Gruppe A; dieser Anteil steigt dann auf 70% bei den vollständig geheilten Patienten. Der mittlere Score-Wert ist 2,9125 (bezogen auf alle Teilnehmer) und 3,25 bzw. 2,575 für die Gruppen A bzw. B. Mit dem Trendtest ergibt sich $p = 0{,}0004$ – damit ist der Unterschied zwischen den beiden Therapiegruppen abgesichert.

Gegen Ende dieses Kapitels sei nochmal auf folgendes Phänomen hingewiesen: Der kleine *p*-Wert in ► Beispiel 11.9 darf nicht darüber hinwegtäuschen, dass im Einzelfall keine Sicherheit gegeben ist. Auch bei Anwendung der »besseren« Therapie A ist der Erfolg keineswegs garantiert. Joachim Ringelnatz hat dies humorvoll und ein wenig sarkastisch ausgedrückt!

11.2.4 Ausblick auf die logistische Regression***

In ► Abschn. 10.4.2 wurde das allgemeine lineare Modell vorgestellt, mit dem sich der Einfluss mehrerer qualitativer und quantitativer Merkmale auf eine quantitative Zielgröße untersuchen lässt. Bei derlei Zielgrößen handelt es sich meist um Messwerte aus dem klinischen Bereich, dem Labor oder um Zeitmessungen.

In der klinischen Forschung hat man es häufig jedoch auch mit qualitativen, oft mit einfachen Alternativmerkmalen als Zielgrößen zu tun. Dies betrifft Fragestellungen, die sich mit »ja« oder »nein« beantworten lassen, wie z. B. »Therapie erfolgreich«, »Krankheit bricht aus« oder »Patient überlebt«. Am Ende liegen zwei Gruppen vor, die zu vergleichen sind.

Mit univariablen Tests lässt sich der Einfluss eines Einzelmerkmals auf die binäre Zielgröße testen. Bei einem qualitativen Merkmal bietet sich der Chi^2-Test (► Abschn. 11.1) oder Fishers exakter Test (► Abschn. 11.2.2) an; bei einem quantitativen Merkmal verwendet man gerne den *t*-Test (► Abschn. 10.1.3) oder den *U*-Test (► Abschn. 10.2.3). Damit lassen sich Lageunterschiede zwischen den Gruppen absichern; allerdings können damit keine Wahrscheinlichkeiten für ein bestimmtes Endereignis berechnet werden.

Die **logistische Regression** ist ein Verfahren, das es ermöglicht, die Wahrscheinlichkeit für das Auftreten eines bestimmten Endereignisses basierend auf einer oder mehreren Einflussgrößen

▼

zu modellieren. Diese Einflussgrößen können sowohl qualitativ als auch quantitativ sein. Im einfachsten Fall ist die Zielgröße binär; es ist jedoch auch möglich, ordinal oder nominal skalierte Zielgrößen zu untersuchen. Während bei der linearen Regression (▶ Abschn. 5.3) ein quantitatives *y*-Merkmal durch eine lineare Gleichung beschrieben wird, wird bei der logistischen Regression eine Gleichung aufgestellt, mit der sich die Wahrscheinlichkeit für das Auftreten eines Ereignisses *A* (z. B. »Die Therapie ist erfolgreich«) in Abhängigkeit von mehreren Einflussgrößen für jeden Einzelfall schätzen lässt:

$$P(A) = \frac{\exp(a_0 + a_1 x_1 + ... + a_k x_k)}{1 + \exp(a_0 + a_1 x_1 + ... + a_k x_k)} \qquad (11.15)$$

Diese auf den ersten Blick seltsam scheinende Formel gewährleistet, dass für die Wahrscheinlichkeit *P(A)* immer ein Wert zwischen 0 und 1 ermittelt wird. Nominal skalierte Merkmale lassen sich durch Dummy-Variablen darstellen (▶ Beispiel 2.4). Die Wahl der in das Modell aufgenommen Variablen muss sowohl unter statistischen als auch unter medizinisch-fachlichen Aspekten erfolgen. Die Berechnung der Regressionskoeffizienten a_i ist ohne eine leistungsstarke Statistiksoftware nicht durchführbar.

Die logistische Regression ist in der medizinischen Forschung sehr vielseitig verwendbar. Ausführliche Informationen und weitere Hinweise zur Analyse von kategorialen Daten findet man in Andreß et al. 1997, Backhaus et al. 2011 und Fahrmeir et al. 2009 (▶ Anhang).

Kapitelzusammenfassung

Chi²-Tests

Sie analysieren Häufigkeiten.

Varianten:

- Chi²-Vierfeldertest
- Mediantest
- Chi²-Test für $k \cdot \ell$-Kontingenztafeln
- Chi²-Test zum Vergleich der Häufigkeiten einer Stichprobe mit Wahrscheinlichkeiten
- McNemar-Test (für zwei verbundene Stichproben)
- Anpassungstest (zum Vergleich einer empirischen mit einer theoretischen Verteilung)
- Logrank-Test (zum Vergleich von Überlebenszeiten)

Voraussetzung der Chi²-Tests:

Alle unter der Nullhypothese zu erwartenden Häufigkeiten sind ≥ 5.

Fishers exakter Test:

Alternative für den Chi²-Vierfeldertest oder den Chi²-Test für $k \cdot \ell$-Kontingenztafeln.

Binomialtest

Zum Vergleich einer Häufigkeit mit einer vorgegebenen Wahrscheinlichkeit.

Trend-Test nach Cochran-Armitage

Zum Vergleich zweier Gruppen bezüglich eines ordinal skalierten Merkmals.

Epidemiologie

Koautor:
Prof. Dr. Berthold Rzany, Master of Science in Clinical Epidemiology

Epidemiologische Studien

C. Weiß, *Basiswissen Medizinische Statistik*,
DOI 10.1007/978-3-642-34261-5_12, © Springer-Verlag Berlin Heidelberg 2013

> » Die Medizin ist eine soziale Wissenschaft –
> Politik ist Medizin mit anderen Mitteln.
> (Rudolf Virchow, Arzt und Politiker, 1821–1902)

12.1 Aufgaben und Ziele der Epidemiologie

Als Begründer der Epidemiologie gilt der englische Arzt *John Snow*, der um die Mitte des 19. Jahrhunderts nachwies, dass die damals herrschende Choleraepidemie in London durch verseuchtes Trinkwasser verursacht worden war. Etwas später hat sich *Rudolf Virchow* für eine medizinische Grundversorgung aller Bevölkerungsschichten eingesetzt; denn er war überzeugt, dass sich dadurch das Entstehen zahlreicher Krankheiten a priori verhindern lässt. Dies ist charakteristisch für das Fachgebiet Epidemiologie: Im Gegensatz zu anderen medizinischen Disziplinen steht nicht der einzelne Patient, sondern das Wohl einer größeren Population im Fokus des Interesses.

Ursprünglich befasste sich die Epidemiologie nur mit Infektionserkrankungen. Gerade beim Bekämpfen der großen Seuchen in den vergangenen Jahrhunderten haben Epidemiologen große Erfolge erzielt. Auch heute noch sind bei ansteckenden, sich schnell ausbreitenden Krankheiten Epidemiologen gefragt, um geeignete Kontrollmaßnahmen zu ersinnen und umzusetzen. Mittlerweile befasst sich die Epidemiologie generell mit allen Erkrankungen, die von allgemeinem Interesse sind (so z. B. auch mit Diabetes mellitus oder Krebserkrankungen). Die Aufgaben und Ziele der Epidemiologie sind vielfältig:
- Erforschung der Verbreitung von Krankheiten
- Erkennung von Ursachen und Risikofaktoren sowie deren soziales, geografisches und ökonomisches Umfeld
- Untersuchung des natürlichen Verlaufs einer Krankheit und Ermittlung prognostischer Faktoren
- Evaluation präventiver, diagnostischer und therapeutischer Maßnahmen

Von den Ergebnissen epidemiologischer Studien profitieren sowohl Ärzte als auch Patienten. Es gehört nämlich zum Berufsbild eines jeden praktisch tätigen Arztes, Risiken zu kennen und seine Patienten entsprechend zu beraten, Diagnosen zu stellen, geeignete Therapien anzuordnen, Präventionsmaßnahmen durchzuführen und den Verlauf einer Krankheit zu prognostizieren.

Die Epidemiologie ist eine **interdisziplinäre Wissenschaft**. Eine enge Zusammenarbeit mit Wissenschaftlern anderer Fachrichtungen ist notwendig, um die Erkenntnisse, die aus epidemiologischen Studien hervorgehen, zu deuten und praktische Konsequenzen daraus zu ziehen. Dies betrifft in erster Linie die kurative Medizin. Darüber hinaus gibt es Berührungspunkte mit der Biologie, mit Ernährung-, Sozial- und Wirtschaftswissenschaften. Epidemiologische Studien schaffen Grundlagen für politische

Entscheidungen; dies erfordert eine enge Kooperation mit Politikern. Seit den 1990er Jahren ist in Deutschland **Public Health** (Gesundheitswissenschaften) als wissenschaftliche Disziplin etabliert. Die Vertreter dieses Fachs setzen die Erkenntnisse aus epidemiologischen Studien um, um die Gesundheit breiter Bevölkerungsschichten umfassend zu fördern und nachhaltig zu verbessern. Schließlich spielt die Biomathematik eine wichtige Rolle: Statistische Analysen sind ein unentbehrliches Hilfsmittel, um Zusammenhänge aufzudecken und Kausalitäten nachzuweisen.

Cave
Der Inhalt von ▶ Teil IV (▶ Kap. 12 bis ▶ Kap. 15) bezieht sich nicht nur auf groß angelegte epidemiologische und klinische Studien, sondern ist auch für kleinere Forschungsvorhaben (etwa Doktorarbeiten) relevant.

12.2 Inhalt epidemiologischer Studien

Epidemiologische Studien lassen sich nach inhaltlichen Aspekten in folgende Gruppen einteilen (■ Tab. 12.2):
- Risikostudien (▶ Kap. 13)
- Diagnosestudien (▶ Abschn. 14.1)
- Präventionsstudien (▶ Abschn. 14.2)
- Therapiestudien (▶ Abschn. 15.1)
- Prognosestudien (▶ Abschn. 15.2)

Risikostudien Diese sollen klären, welche ätiologischen Faktoren das Auftreten einer Krankheit kausal beeinflussen. Sie können retrospektiv als **Fall-Kontroll-Studie** oder prospektiv als **Kohortenstudie** durchgeführt werden. In jedem Fall handelt es sich um Beobachtungsstudien.

Diagnosestudien Ihr Gegenstand sind diagnostische Tests, die dazu dienen, erkrankte von nichterkrankten Personen zu trennen. Ihr Ziel besteht darin, die Sensitivität und Spezifität eines diagnostischen Verfahrens zu ermitteln.

Präventionsstudien Sie haben zum Ziel, den Nutzen einer präventiven Maßnahme (z. B. einer Impfung oder eines Früherkennungsprogramms) zu evaluieren.

Therapiestudien Im weiteren Sinne zählen zu epidemiologischen Studien auch Therapiestudien, die allerdings meist nicht als beobachtende, sondern als **randomisierte klinische Studien** durchgeführt werden. Dabei werden mehrere Patientengruppen, die unterschiedlich therapiert werden, miteinander verglichen. Diese Studien haben experimentellen Charakter.

Prognosestudien Auch sie werden an erkrankten Patienten durchgeführt. Prognosestudien sind in der Regel als Beobachtungsstudien angelegt. Meist wird dabei der zeitliche Verlauf einer Krankheit bis zum Eintreten eines bestimmten Endereignisses (z. B. Tod eines Patienten) untersucht.

Der Begriff »epidemiologische Studie« wird häufig gleichbedeutend mit »Risikostudie« verwendet. Dies hat historische Gründe: Ursprünglich befasste sich die Epidemiologie mit der Erforschung von Risikofaktoren bei Infektionskrankheiten. In diesem Buch wird jedoch die Bezeichnung »epidemiologische Studie« – entsprechend dem weit gefassten Aufgabengebiet der epidemiologischen Forschung – in einem allgemeineren Sinne verwendet: Er umfasst alle oben genannten Studientypen.

12.3 Studiendesigns

Epidemiologische Studien lassen sich formal nach folgenden Aspekten klassifizieren:

12.3.1 Deskriptiv – analytisch

Deskriptive Studien Sie sind rein beschreibend. Die zugrunde liegenden Daten werden ausgewertet, ohne dass zeitliche oder kausale Zusammenhänge hergeleitet werden. Beispiele hierfür sind **Register**, in denen Informationen zu einem bestimmten Thema systematisch gesammelt und aufbereitet werden (etwa Krebsregister, Geburten- oder Sterberegister). Außerdem zählen zu diesem Studientypus **Fallberichte**, **Fallserien** und **Querschnittstudien** (▶ Abschn. 13.2). Deskriptive Studien sind exploratorisch: Sie können nur Hinweise auf Auffälligkeiten und mögliche Zusammenhänge geben; daraus lassen sich eventuell Hypothesen generieren. Diese sollten dann im Rahmen einer analytischen Studie überprüft werden.

Analytische Studien
Wichtige Erkenntnisse der epidemiologischen Forschung basieren auf analytischen Studien, in denen mehrere Gruppen miteinander verglichen werden. Zu diesem Typus zählen Fall-Kontroll-Studien (▶ Abschn. 13.3), Kohortenstudien (▶ Abschn. 13.4) und klinisch kontrollierte Therapiestudien (▶ Abschn. 15.1). Analytische Studien dienen zur Überprüfung von Hypothesen und sind damit konfirmatorisch: Zusammenhänge zwischen einer Zielgröße und einer (oder mehrerer) Einflussgrößen sollen inhaltlich hergeleitet und statistisch abgesichert werden. Das Studiendesign kann beobachtend oder experimentell sein (▶ Abschn. 12.3.4).

Die Übergänge zwischen deskriptiven und analytischen Studien sind fließend. Werden verschiedene Register miteinander verknüpft (in sog. Populationsstudien,

▸ Abschn. 13.2.4), kann die deskriptive Studie in eine analytische übergehen. Häufig bilden die Erkenntnisse aus einer einfachen deskriptiven Studie die Basis für eine nachfolgende analytische Studie.

12.3.2 Transversal – longitudinal

Transversale Studien Eine **transversale Studie** (**Querschnittstudie**) ist eine Momentaufnahme einer Population, bei der eine oder mehrere Eigenschaften der Studienteilnehmer erfasst werden. Einfachste Transversalstudien sind Fallserien (▸ Abschn. 13.2.2). Ein typisches Beispiel ist eine **Prävalenzstudie** (▸ Abschn. 13.2.3), bei der man die Prävalenz einer Krankheit zu einem bestimmten Zeitpunkt feststellt. Möglicherweise werden dabei noch weitere Merkmale erfasst (z. B. ob die Studienteilnehmer einem besonderen Risikofaktor ausgesetzt sind). Man kann dann zwar versuchen, einen statistischen Zusammenhang zwischen Krankheit und Risikofaktor herzuleiten; kausale oder zeitliche Beziehungen lassen sich jedoch nicht nachweisen. – Transversale Studien eignen sich generell für Zustandsbeschreibungen, jedoch nicht dazu, zeitliche Abläufe zu untersuchen. Sie sind überwiegend deskriptiv.

Longitudinale Studien Diese Studien (auch **Längsschnittstudien** genannt) haben zum Ziel, einen zeitlichen Zusammenhang herzuleiten. Sie können retrospektiv (z. B. als **Fall-Kontroll-Studien**) oder **prospektiv** (z. B. als **Kohortenstudien** und **klinisch kontrollierte Studien**) angelegt sein. Im engeren Sinne bezieht sich die Bezeichnung »longitudinal« auf eine prospektive Studie, in der jeder Teilnehmer mehrmals nacheinander untersucht wird.

12.3.3 Retrospektiv – prospektiv

Retrospektive Studien Retrospektiv heißt »zurückblickend«. Man ermittelt zunächst die Ausprägungen der Zielgröße und versucht dann, die Ausprägungen einer oder mehrerer Einflussgrößen zu erfassen. Das Paradebeispiel sind **Fall-Kontroll-Studien**, bei denen eine Gruppe erkrankter Personen (Fälle) mit einer Gruppe Nichterkrankter (Kontrollen) dahingehend verglichen wird, welchen Risikofaktoren die Teilnehmer in der Vergangenheit ausgesetzt waren (▸ Abschn. 13.3).

Bei retrospektiven Studien sind die relevanten Ereignisse zu einem Zeitpunkt geschehen, als die konkrete Fragestellung der Studie noch gar nicht vorlag. Die Daten sind entweder dokumentiert (z. B. in Krankenakten) oder müssen durch Befragungen (Interviews, Fragebogen) erhoben werden. Der **Vorteil** liegt auf der Hand: Man braucht nicht auf das Eintreten der interessierenden Endereignisse zu warten und kann deshalb relativ schnell Ergebnisse erhalten.

Dem stehen jedoch mitunter gravierende **Nachteile** gegenüber, die in erster Linie die Datenqualität betreffen:

- Im Nachhinein besteht keine Möglichkeit, auf die Auswahl der Beobachtungseinheiten und der zu erfassenden Merkmale sowie auf die Mess- und Dokumentationstechniken Einfluss zu nehmen.
- Unvollständige oder falsche Angaben in Krankenblättern (z. B. Arzneimittelanamnese, klinische Befunde) lassen sich in der Regel nicht ergänzen oder korrigieren. (Oft bleiben sie gänzlich unbemerkt.)
- Befragt man Personen nach zurückliegenden Ereignissen, ist man auf deren Erinnerungsvermögen angewiesen und kann keinesfalls sicher sein, korrekte und vollständige Informationen zu erhalten.

Derlei Fehler können zu einem Bias führen, der die Ergebnisse der Studie verzerrt und zu unzulässigen Schlussfolgerungen führt (▶ Abschn. 12.5.2).

Retrospektive Studien können wertvolle Hinweise auf mögliche Zusammenhänge liefern. Gegebenenfalls sind sie der Anlass zu einer nachfolgenden prospektiven Studie. Sie lassen sich – sofern man sich auf vollständig und richtig erfasste Daten stützen kann – auch bei der Qualitätskontrolle einsetzen (z. B. um den Erfolg einer therapeutischen Maßnahme oder die Häufigkeiten von Komplikationen zu ermitteln).

Prospektive Studien Prospektiv bedeutet »vorausschauend«. Bei diesen Studien ermittelt man zunächst die Einflussgrößen und wartet ab, ob und ggf. wann das interessierende Endereignis eintritt. Die Untersuchungsrichtung ist somit logischer als bei retrospektiven Studien. Prospektive Studien sind üblicherweise so angelegt, dass sich die Daten überwiegend *nach* Studienbeginn ergeben. Der Versuchsleiter hat dabei Kontrollmöglichkeiten bezüglich der Stichprobe, der zu erfassenden Merkmale, der Messmethoden und der Dokumentation. Dem Vorteil der hohen Datenqualität steht als Nachteil ein erhöhter Zeitbedarf gegenüber.

Kohortenstudien sind die bekanntesten prospektiven Studien. Viele Risiko- und Prognosestudien sind als Kohortenstudien angelegt (▶ Abschn. 13.4 und ▶ Abschn. 15.2). Auch **Experimente** und **randomisierte Studien** sind prospektiv.

Retrolektiv bzw. prolektiv Die Begriffe »prospektiv« und »retrospektiv« werden vielfach auch dazu verwendet, die Art der Datenerhebung zu beschreiben. In diesem Sinne bezeichnet eine prospektive Studie ein Design, bei dem die Daten erst nach Studienbeginn erhoben werden, während bei einer retrospektiven Studie die Daten zu Studienbeginn bereits erfasst sind. Streng genommen bezeichnet man diese letztgenannten Eigenschaften als **prolektiv** bzw. **retrolektiv**. (Allerdings sind diese Ausdrücke wenig gebräuchlich.) Die unterschiedlichen Bedeutungen sind manchmal etwas verwirrend, etwa bei der Bezeichnung »retrospektive Kohortenstudie« (▶ Abschn.

13.4.5). Deren Untersuchungsrichtung ist prospektiv, die Art der Datenerhebung ist retrolektiv.

12.3.4 Beobachtend – experimentell

Beobachtende Studie Der Versuchsleiter nimmt in Bezug auf die interessierenden Eigenschaften der Untersuchungseinheiten eine passive Rolle ein: Er beobachtet, dokumentiert und analysiert die Daten. Er greift aber nicht aktiv ins Geschehen ein, und er versucht nicht, die Studienteilnehmer in irgendeiner Weise zu beeinflussen. Beobachtende Studien können sehr einfach und rein deskriptiv konzipiert sein (z. B. als Fallserie). Sie können jedoch auch als Longitudinalstudie angelegt sein und wertvolle Hinweise auf mögliche Zusammenhänge geben und damit analytischen Charakter annehmen (z. B. **Fall-Kontroll-Studie** oder **Kohortenstudie**). Risikostudien und Prognosestudien sind in aller Regel als beobachtende Studien angelegt.

Experimentelle Studie Bei einem **Experiment** (oder einer **Interventionsstudie**) gibt der Versuchsleiter die Ausprägungen der Einflussgrößen zumindest teilweise vor. Experimentelle Studien sind in jedem Fall prospektiv. Der Versuchsleiter hat optimale Einflussmöglichkeiten auf Stichproben, Datenerhebung und -auswertung. In der forschenden Medizin steht dabei meist eine nichtmenschliche Population (z. B. Tiere oder Zellkulturen) im Mittelpunkt. Bei Experimenten in der Humanmedizin können auch Patienten oder gesunde Probanden involviert sein; dabei werden üblicherweise eine Experimental- und eine Kontrollgruppe miteinander verglichen.

Diese Studien sind ethisch nicht unproblematisch. Ein typisches Beispiel stellen **randomisierte klinische Studien** dar, bei denen man mehrere Therapiegruppen (z. B. Verum und Plazebo) vergleicht, wobei der Versuchsleiter die Art der Therapie vorgibt (► Abschn. 15.1). Aber auch Präventionsstudien (► Abschn. 14.2), bei denen die Teilnehmer im Rahmen der Studie einer präventiven Maßnahme (etwa einem Screening) unterzogen werden, sind häufig experimentell.

Eine Sonderform stellen **quasiexperimentelle** Studien dar: Hier ist die Zuteilung zur Experimental- oder Kontrollgruppe durch natürliche Eigenschaften der Partizipanten vorgegeben. Im englischen Sprachgebrauch bezeichnet man dieses Design als »randomization by nature«.

12.3.5 Monozentrisch – multizentrisch

Monozentrische Studie Bei diesen Studien werden die Patienten oder Probanden aus einer einzigen Institution rekrutiert.

Multizentrische Studie Bei seltenen Krankheiten mag es schwierig sein, eine ausreichende Zahl von Teilnehmern zu rekrutieren. In diesen Fällen bieten sich multizentrische Studien an, bei denen Patienten aus mehreren Einrichtungen gemeinsam analysiert werden. Diese Studienart hat den Vorteil, dass die Menge der Studienteilnehmer heterogener und die Ergebnisse eher verallgemeinerbar sind. Allerdings ist es bei diesem Design mitunter schwierig, die Patienten in gleicher Weise zu beobachten und zu behandeln. Derlei Ungleichheiten können zu einem Informationsbias führen (▶ Abschn. 12.5.2).

12.4 Epidemiologische Maßzahlen

12.4.1 Maßzahlen für Krankheitshäufigkeiten

Die Bemühungen der Epidemiologie sind darauf ausgerichtet, dem gehäuften Auftreten von Krankheiten durch Risikoerkennung und Prävention vorzubeugen bzw. (bei unerwarteten Krankheitsausbrüchen) eine weitere Ausbreitung zu verhindern. Bezüglich der Verbreitung einer Krankheit unterscheidet man:

- **Epidemie:** Darunter versteht man das gehäufte Auftreten einer Krankheit, das örtlich und zeitlich begrenzt ist. Dies betrifft insbesondere Infektionskrankheiten.
- **Pandemie:** Von dieser spricht man, wenn sich eine Krankheit länder- oder gar kontinentübergreifend ausbreitet (aber zeitlich begrenzt ist). So waren beispielsweise die Pest, die sich im 14. Jahrhundert über ganz Europa ausbreitete, oder die Spanische Grippe zu Beginn des 20. Jahrhunderts Pandemien. Ein aktuelles Beispiel ist die Immunschwächekrankheit AIDS.
- **Endemie:** Dies ist eine Krankheit, die in gewissen Regionen permanent gehäuft auftritt (wie z. B. Malaria in tropischen Ländern).

Zur Quantifizierung der Häufigkeit von Krankheiten dienen die folgenden Maßzahlen:

- Prävalenz (im engeren Sinne: Punktprävalenz)
- Periodenprävalenz
- Inzidenz
- Krankheitsspezifische Mortalität
- Letalität
- Morbidität
- Kontagionsindex
- Manifestationsindex

Prävalenz (im engeren Sinne: Punktprävalenz) Dies ist der relative Krankenbestand zu einem bestimmten Zeitpunkt – also die Wahrscheinlichkeit $P(K_t)$ für eine beliebige

Person aus der betrachteten Population, zum Zeitpunkt *t* erkrankt zu sein. Dieses Maß beschreibt eine Momentaufnahme. Es wird üblicherweise im Rahmen einer Querschnittstudie bestimmt und eignet sich für Krankheiten, die chronisch sind oder wiederholt auftreten. Die Kenntnis der Prävalenz ist eine wertvolle Hilfe für die Bedarfsplanung im öffentlichen Gesundheitswesen. Zu deren vollständigen Beschreibung gehören:

- Relevante Krankheit
- Bezugspopulation
- Zeitpunkt oder Stichtag, auf den sich die Prävalenz bezieht; dies kann ein fixes Kalenderdatum sein oder auch ein Zeitpunkt während der Lebenszeit eines Menschen (etwa die Geburt)

Periodenprävalenz Die Bestimmung einer Punktprävalenz kann bei sehr kurz andauernden Krankheiten methodische Schwierigkeiten mit sich bringen. Dann ist es sinnvoll, eine Periodenprävalenz zu bestimmen, die sich auf einen längeren Zeitraum bezieht. Dabei werden alle Personen berücksichtigt, die zu Beginn, während oder am Ende des Beobachtungszeitraums erkrankt waren. Eine spezielle Form stellt die **Lebenszeitprävalenz** dar: Sie quantifiziert die Wahrscheinlichkeit einer Person, krank geboren zu werden oder im Laufe des Lebens zu erkranken.

Inzidenz Dies ist die Neuerkrankungsrate, also die Wahrscheinlichkeit $P(K)$ für eine beliebige Person, während einer Beobachtungszeit zu erkranken. Dabei geht man von einer Population aus, deren Mitglieder zu Beginn des Beobachtungszeitraums *nicht* erkrankt sind. Folgende Angaben sind notwendig:

- Relevante Krankheit
- Bezugspopulation
- Beobachtungszeitraum; dies kann etwa ein bestimmtes Kalenderjahr sein oder ein personenspezifischer Zeitraum (z. B. die Dauer eines Klinikaufenthalts oder das 1. Lebensjahr eines Menschen)

Die Inzidenz hat nur Aussagekraft bei Erkrankungen, die bei einer Person während der Beobachtungszeit maximal *einmal* auftreten. Bei länger andauernden Krankheiten lässt sich die Prävalenz aus der Inzidenz berechnen nach:

$$\text{Prävalenz} = \text{Inzidenz} \cdot \text{durchschnittliche Krankheitsdauer}$$

Diese Gleichung erklärt, weshalb viele chronische Krankheiten zwar eine geringe Inzidenz, aber dennoch eine hohe Prävalenz aufweisen. Während die Inzidenz angibt, wie groß das Erkrankungsrisiko für eine einzelne Person ist, informiert die Prävalenz über die Auswirkungen einer Krankheit auf die Gesamtpopulation.

Beispiel 12.1: Prävalenz und Inzidenz

Im Dezember 2009 lebten in Deutschland etwa 67.000 HIV-positive Menschen; dies entspricht bei einer Gesamtbevölkerung von 82 Millionen 8,17 von 10.000 (Prävalenz). – Bei Asthma beträgt die jährliche Inzidenz aller Kinder und Jugendlichen zwischen 6 und 16 Jahren 3/1000; die durchschnittliche Dauer beträgt etwa 11 Jahre. Dann lässt sich nach obiger Formel ermitteln, dass 33 von 1000 Personen in dieser Altersgruppe an Asthma erkrankt sind (Prävalenz). – Prävalenzen werden häufig bei Neugeborenen angegeben, wie etwa: Die Prävalenz von Fehlbildungen zum Zeitpunkt der Geburt in Deutschland beträgt etwa 6,5%.

Krankheitsspezifische Mortalität Darunter versteht man die Sterberate – also die Wahrscheinlichkeit $P(K \cap T)$, während der Beobachtungszeit an der Krankheit K zu erkranken und daran zu versterben. Auch bei dieser Maßzahl sind genaue Angaben zu Krankheit, Population und Beobachtungszeitraum unbedingt erforderlich.

Letalität Die Sterberate der Erkrankten ist die bedingte Wahrscheinlichkeit $P(T|K)$. Die Angabe der Letalität ist nur sinnvoll für Erkrankungen, deren Beginn und Ende innerhalb des Beobachtungszeitraums liegen. Nach dem Multiplikationssatz [▶ Formel (6.10)] gilt:

$$P(K \cap T) = P(K) \cdot P(T|K) \tag{12.1}$$

oder in Worten: Mortalität = Inzidenz · Letalität.

Unter einer Rate versteht man eine auf eine Zeiteinheit bezogene Messgröße. In diesem Sinne stellen Inzidenz, Mortalität und Letalität ebenso wie Natalität und Fertilitätsziffer (▶ Abschn. 12.4.2) Raten dar. Bei der Punktprävalenz handelt es sich dagegen um eine Proportion. (Hier ist der Zähler ein Teil des Nenners.) Die Angabe der Bezugspopulation ist bei all diesen Maßzahlen unbedingt erforderlich. Man stellt sie entweder als Prozentzahl dar oder – wenn diese sehr gering ist – als relative Häufigkeit bezogen auf 1000, 10.000 oder mehr Personen.

Beispiel 12.2: Letalität und Mortalität

Ignaz Semmelweis ermittelte für den April des Jahres 1846 in der Ärzteabteilung des Wiener Gebärhauses, dass 24% der gebärenden Frauen während des Klinikaufenthalts an Kindbettfieber erkrankten (Inzidenz) und von den Erkrankten 80% verstarben (Letalität). Mit ▶ Formel (12.1) berechnet man daraus eine Mortalität von etwa 19%.

Morbidität Dieser sehr allgemeine Begriff wird teilweise synonym für Prävalenz, teilweise synonym für Inzidenz verwendet. Man spricht von Multimorbidität, wenn mehrere Krankheiten vorliegen.

Bei Infektionskrankheiten sind außerdem folgende Wahrscheinlichkeiten von Bedeutung:

Kontagionsindex Dieser Index gibt die Wahrscheinlichkeit an, dass sich eine nichtimmune Person, die mit dem Erreger in Kontakt kommt, infiziert. Er ist also ein Maß für die Ansteckungsfähigkeit.

Manifestationsindex Dies ist die Wahrscheinlichkeit, mit der eine infizierte Person manifest erkrankt (die Krankheitsbereitschaft). Je kleiner dieser Index ist, desto mehr Infektionsfälle verlaufen klinisch stumm.

Beispiel 12.3: Kontagionsindex und Manifestationsindex

Bei Masern beträgt der Kontagionsindex fast 100%; der Manifestationsindex liegt bei etwa 95%. Das heißt: Fast alle Personen, die mit dem Virus in Kontakt kommen, infizieren sich. Davon erkranken 95% manifest, während 5% der Infektionen klinisch stumm verlaufen.

Schließlich sei noch angemerkt, dass all diese Maßzahlen keineswegs Naturkonstanten sind, die – nachdem man sie einmal bestimmt hat – für alle Zeit und in jeder Umgebung ihren Wert behalten. Es handelt sich vielmehr um Größen, die abhängig sind von den sozialen Rahmenbedingungen sowie den aktuellen diagnostischen und therapeutischen Möglichkeiten:

- Mit besseren diagnostischen Mitteln werden mehr Krankheitsfälle erkannt – dadurch steigt die Inzidenz.
- Krankheiten, die in kurzer Zeit zum Tode führen, haben eine niedrige Prävalenz.
- Steht für eine Krankheit eine adäquate Therapie zur Verfügung, werden mehr Personen überleben – dadurch steigt bei chronischen Erkrankungen die Prävalenz, während Mortalität und Letalität sinken.

Wertvolle Hinweise zu diesem Thema findet man in Fletcher u. Fletcher (2007; ► Anhang).

12.4.2 Weitere Maßzahlen der Demografie***

Zur Beschreibung demografischer Charakteristika werden außer den oben genannten noch folgende Wahrscheinlichkeiten verwendet:

- **Natalität:** Das ist die Geburtenrate (auch Geburtenziffer genannt), also der Anteil lebend geborener Kinder im Verhältnis zur Gesamtpopulation während eines Beobachtungszeitraums. Sie ist abhängig von der Altersstruktur der beobachteten Population. Ein hoher Altenanteil impliziert automatisch eine niedrige Geburtenrate.

- **Fertilitätsziffer:** Dieses Maß beschreibt die Fruchtbarkeitsziffer – das ist die Zahl der Lebendgeborenen im Verhältnis zur Anzahl der Frauen im gebärfähigen Alter (bezogen auf ein Jahr). Sie ist (anders als die Natalität) *un*abhängig von der Altersstruktur der Population.
- **Pearl-Index:** Dieser ist ein Maß bezüglich der Sicherheit einer Verhütungsmethode. Zu seiner Schätzung müssen hinreichend viele Frauen, die eine bestimmte Verhütungsmethode anwenden, über einen längeren Zeitraum beobachtet werden. Der Pearl-Index wird bestimmt, indem man die Anzahl der ungewollten Schwangerschaften im Verhältnis zur Anzahl der beobachteten Zyklen mit dem Faktor 1200 multipliziert. Er gibt also an, wie viele von 100 Frauen in einem Jahr ungewollt schwanger werden (wobei davon ausgegangen wird, dass eine nichtschwangere Frau 12 Zyklen pro Jahr hat).
- **Sterbeziffer:** Dies ist die Gesamtmortalität – also der Anteil der im Beobachtungszeitraum Verstorbenen (bezogen auf die gesamte Population). Darüber hinaus gibt es spezifische Sterbeziffern, etwa für Neugeborene oder bezogen auf bestimmte Krankheiten.

Beispiel 12.4: Geburten- und Sterbeziffer

Im Jahre 2010 betrug die Geburtenziffer im EU-Durchschnitt 10,7 pro 1000 Einwohner. In Deutschland wurden damals 8,3 Kinder pro 1000 Einwohner geboren – das war eine der niedrigsten Geburtenziffern der Länder der Europäischen Union. Wenn man bedenkt, dass die Sterbeziffer 10,5 Personen pro 1000 Einwohner betrug, bedeutet das einen Bevölkerungsrückgang um 2,2 Personen je 1000 Einwohner. Dieser Rückgang konnte durch Zuwanderungen teilweise ausgeglichen werden.

12.4.3 Sterbetafeln***

Siehe auch ► Anhang, Mathematische Abhandlung 12.1.

Eine **Sterbetafel** beschreibt die Verteilung von Lebensdauern. Sie basiert auf folgenden Häufigkeiten:

- ℓ_0: Größe der Kohorte zu Beginn des Beobachtungszeitraums
- ℓ_x: Anzahl der Personen, die ihren x-ten Geburtstag erleben und danach noch unbestimmte Zeit leben

Dann ist

$$d_x = \ell_x - \ell_{x+1}$$

die Anzahl der Personen, die zwischen ihrem x-ten und $(x+1)$-ten Geburtstag sterben. Der Einfachheit halber wird die Lebensdauer als diskretes Merkmal aufgefasst mit den Ausprägungen x (Anzahl der erreichten Lebensjahre) und den absoluten Häufigkeiten d_x. Die **Sterbeziffern** sind die altersspezifischen Mortalitätsraten $q_x = d_x/\ell_x$ $(x = 0, \ldots, \omega)$.

Ein Wert q_x drückt die Wahrscheinlichkeit aus, dass jemand, der seinen x-ten Geburtstag erlebt hat, vor seinem $(x+1)$-ten Geburtstag stirbt. Dabei ist ω das letzte in der Sterbetafel berücksichtige Alter. Man nimmt also an: $\ell_{\omega+1} = 0$ (oft wird $\omega = 100$ gesetzt).

▼

Tab. 12.1 Sterbetafel aus den Jahren 1901/10, entnommen dem Statistischen Jahrbuch der Bundesrepublik Deutschland (ℓ_x: Anzahl der Personen, die das Alter *x* erreichen; q_x: Sterbeziffern; e_x: Lebenserwartung in Jahren)

	Männliche Bevölkerung bezogen auf 100.000 lebend geborene Personen			**Weibliche Bevölkerung bezogen auf 100.000 lebend geborene Personen**		
x	ℓ_x	$q_x \cdot 1000$	e_x	ℓ_x	$q_x \cdot 1000$	e_x
0	100.000	202,34	44,82	100.000	170,48	48,33
1	79.766	39,88	55,12	82.952	38,47	57,20
2	76.585	14,92	56,39	79.761	14,63	58,47
5	74.211	5,28	55,15	77.334	5,31	57,27
10	72.827	2,44	51,16	75.845	2,56	53,35
15	72.007	2,77	46,71	74.887	3,02	49,00
20	70.647	5,04	42,56	73.564	4,22	44,84
25	68.881	5,13	38,59	71.849	5,37	40,84
30	67.092	5,56	34,55	69.848	5,97	36,94
35	65.104	6,97	30,53	67.679	6,86	33,04
40	62.598	9,22	26,64	65.283	7,71	29,16
45	59.405	12,44	22,94	62.717	8,54	25,25
50	55.340	16,93	19,43	59.812	11,26	21,35
55	50.186	23,57	16,16	55.984	16,19	17,64
60	43.807	32,60	13,14	50.780	24,73	14,17
65	36.079	47,06	10,40	43.540	39,60	11,09
70	27.136	69,36	7,99	34.078	62,06	8,45
75	17.586	106,40	5,97	23.006	98,31	6,30
80	8.987	157,87	4,38	12.348	146,50	4,65
85	3.212	231,60	3,18	4.752	217,39	3,40
90	683	320,02	2,35	1.131	295,66	2,59

Die **durchschnittliche Lebenszeit** (oder **Lebenserwartung**) eines Neugeborenen lässt sich schätzen als:

$$e_0 = \frac{1}{2} + \frac{1}{\ell_0} \sum_{x=1}^{\omega} \ell_x \qquad (12.2)$$

Die Lebenserwartung eines x-Jährigen berechnet sich analog als:

$$e_x = \frac{1}{2} + \frac{1}{\ell_x} \sum_{y=x+1}^{\omega} \ell_y \qquad (12.3)$$

Die Verteilungsfunktion $F(x)$ gibt den relativen Anteil der Lebendgeborenen an, deren Sterbealter kleiner als x ist:

$$F(x) = 1 - \frac{\ell_x}{\ell_0} \quad \text{für } 0 \le x \le \omega \qquad (12.4)$$

Die Sterbetafel in ◘ Tab. 12.1 beinhaltet – getrennt für männliche und weibliche Personen – die Lebenserwartungen zu Beginn des 20. Jahrhunderts im damaligen Deutschen Reich. Bei neueren Sterbetafeln sind nicht alle Sterbeziffern und Lebenserwartungen exakt (da viele Personen, deren Lebenserwartung aufgelistet ist, noch leben). Sie werden aufgrund von Erfahrungswerten aus vergangenen Jahren geschätzt.
Wie ◘ Tab. 12.1 zu entnehmen ist, war zu Beginn des 20. Jahrhunderts die Säuglingssterblichkeit sehr hoch. Nach dem 2. Lebensjahr sank die altersspezifische Mortalität, um nach dem 20. Lebensjahr wieder kontinuierlich anzusteigen. Aufgrund der geringen Säuglingssterblichkeit und besserer medizinischer Versorgung sehen aktuelle Sterbetafeln ganz anders aus. Nach wie vor stellen Sterbetafeln eine Planungsgrundlage in Politik und Versicherungswesen dar.

12.5 Fehlerquellen

Sowohl zufällige als auch systematische Fehler können das Ergebnis einer Studie ungenau werden lassen oder gar verzerren und damit zu nichtadäquaten Schlussfolgerungen verleiten. Systematische Fehler werden auch **Bias** genannt.

12.5.1 Zufällige Fehler

Zufällige Fehler (»random errors«) tragen dazu bei, dass Schätzungen unpräzise werden. Sie entstehen durch nichtverzerrende Störgrößen, die neben den erklärenden Einflussgrößen ebenfalls auf die Zielvariable einwirken. Dadurch werden möglicherweise bestehende Zusammenhänge nicht aufgedeckt oder Gruppenvergleiche erschwert. Diese Fehler sind durch die Variabilität der Studienteilnehmer bedingt. Man unterscheidet:

- **Interindividuelle Variabilität:** Bei mehreren Beobachtungseinheiten erhält man beim Messen eines bestimmten Parameters (z. B. des Blutdrucks) bekanntlich unterschiedliche Ergebnisse – auch dann, wenn die zu untersuchende Stichprobe eine weitgehend homogene Population darstellt.
- **Intraindividuelle Variabilität:** Selbst bei einer einzigen Beobachtungseinheit ergeben sich beim Messen eines Parameters unter ähnlichen Bedingungen (etwa zu verschiedenen Zeitpunkten) unterschiedliche Werte. Diese Variabilität kann auch durch ein unpräzises Messverfahren bedingt sein.

Zufällige Fehler sind generell nicht vermeidbar. Sie lassen sich aber bei einer sorgfältigen Versuchsplanung kontrollieren und reduzieren. Bei der Erörterung der Schätzmethoden in ► Kap. 8 wurde darauf hingewiesen, dass ein hoher Stichprobenumfang und eine geringe Streuung dazu beitragen, den zufälligen Fehler gering zu halten. Man sollte deshalb darauf achten, dass die Untersuchungseinheiten einer Stichprobe bezüglich der zu evaluierenden Zielgröße weitgehend homogen sind. Dies lässt sich u. a. erreichen durch:

- **Präzise Messverfahren:** Es versteht sich von selbst, dass alle Messwerte möglichst exakt erfasst werden sollten. Bei einem unpräzisen Messverfahren lässt sich der Messfehler reduzieren, indem bei jeder Untersuchungseinheit mehrere Messungen durchgeführt werden und das arithmetische Mittel der Einzelmessungen als endgültiger Messwert angesehen wird.

Es ist sinnvoll, darüber nachzudenken, welche Merkmale potenziell die Zielgröße beeinflussen und so zu einer hohen Variabilität der Zielgröße beitragen. Deren Einfluss lässt sich durch folgende Techniken kontrollieren:

- **Selektion oder Restriktion:** Man rekrutiert die Studienteilnehmer nur aus einer bestimmten Subgruppe der Grundgesamtheit. Die Ergebnisse gelten dann allerdings nur eingeschränkt für diese spezielle Population. Ist beispielsweise bekannt, dass die Wirkung einer Therapie vom Alter der Patienten abhängt, könnte man die Studie einschränken auf Patienten einer bestimmten Altersgruppe.
- **Stratifizierung oder Schichtung:** Man fasst mehrere Beobachtungseinheiten, die sich bezüglich eines oder mehrerer Merkmale gleichen oder ähneln, in einer Schicht zusammen (etwa nach Geschlecht, Alter oder Schweregrad). Innerhalb einer solchen Schicht ist der zufällige Fehler reduziert. Unterschiede zwischen den Schichten bezüglich der Zielgröße sind dann klarer erkennbar.
- **Multiple statistische Analyse:** Im Rahmen eines multiplen statistischen Modells werden mehrere Variablen simultan analysiert. Auf diese Weise lässt sich nach potenziellen Störgrößen (z. B. Alter) adjustieren und so der eigenständige Einfluss eines Merkmals ermitteln. Diese Methode ist auch zweckmäßig, um den Einfluss einer verzerrenden Störgröße zu kontrollieren (► Abschn. 12.5.3).

Der zufällige Fehler lässt sich anhand eines **Konfidenzintervalls** kontrollieren. Während der p-Wert die Irrtumswahrscheinlichkeit quantifiziert (also die Wahrscheinlichkeit dafür, dass ein nachgewiesener Effekt nur zufällig zustande gekommen ist), informiert das Konfidenzintervall über die Größe dieses Effekts.

12.5.2 Systematische Fehler

Während zufällige Fehler das Ergebnis einer Studie unsicher machen, verfälschen systematische Fehler (**Bias**) ein Versuchsergebnis in eine bestimmte Richtung und verleiten mitunter zu fehlerhaften Schlüssen. Deshalb ist es sehr wichtig, Bias bei epidemiologischen Studien aufzuspüren bzw. durch ein geschicktes Studiendesign zu vermeiden. Man unterscheidet im Wesentlichen zwei Arten:

- Selektionsbias
- Informationsbias

Selektionsbias Dieser entsteht bei der Rekrutierung der Studienteilnehmer vor oder während der Studie. Er kann dazu führen, dass sich die Studienteilnehmer systematisch von der Population unterscheiden, die der Fragestellung zugrunde liegt. Ein solcher Fehler ist beispielsweise zu befürchten,

- wenn bestimmte Personen bevorzugt an einer Studie teilnehmen (Freiwilligenbias) oder die Teilnahme verweigern (Nonresponse-Bias),
- wenn Teilnehmer während einer laufenden Studie ausscheiden (»Drop Outs« oder »Loss to follow up«).

Dem Selektionsbias kann man entgegenwirken, indem man bereits bei der Studienplanung darauf achtet, repräsentative Stichproben zu rekrutieren und während der Studie einen intensiven Kontakt zu allen Studienteilnehmern pflegt.

Informationsbias Dieser entsteht bei der Informationsgewinnung. Erhebt man Daten der Einfluss- oder Zielvariablen systematisch falsch, kann dies die Ergebnisse verzerren. Systematische Erfassungsfehler, Übertragungsfehler, uneinheitliche Methoden zur Informationsgewinnung, durch Erwartungshaltungen verursachte Fehleinschätzungen, lückenhafte Beobachtung der Studienteilnehmer, schlecht ausgefüllte Fragebögen zählen zu diesem Fehlertypus ebenso wie bewusst oder unbewusst falsche oder unvollständige Angaben der Studienteilnehmer. Standardisierte Erhebungsinstrumente und Plausibilitätskontrollen tragen dazu bei, derlei Fehler zu vermeiden. Es versteht sich von selbst, dass die Messgeräte einwandfrei funktionieren müssen, die Messverfahren valide und messende Personen in der Lage sein sollten, die Messungen durchzuführen. Ein Vertrauensverhältnis zwischen dem für die Studie verantwortlichem Wissenschaftler und den Teilnehmern trägt ebenfalls dazu bei, Informationsbias zu vermeiden.

Gütekriterien von Messmethoden

Die Qualität einer Messmethode wird anhand dreier Gütekriterien beurteilt:

- **Reliabilität:** Sie beschreibt, inwieweit Messwiederholungen, die unter identischen Bedingungen durchgeführt werden, identische Ergebnisse liefern.
- **Objektivität:** Sie gibt an, inwieweit die Messergebnisse von der messenden Person abhängen.
- **Validität:** Sie bezieht sich auf die Richtigkeit des Messinstruments.

Es gibt spezielle statistische Verfahren (unter anderem die Bland-Altman-Analyse, ▸ Abschn. 5.2.5, oder der Kappa-Index, ▸ Abschn. 14.1.4), mit denen sich diese Kriterien überprüfen lassen.

Informationsbias können auch beim Vergleich zweier Gruppen auftreten. Hier muss auf **Beobachtungsgleichheit** und **Behandlungsgleichheit** geachtet werden: Alle Studienteilnehmer sollten im selben Zeitraum, in derselben Umgebung, von denselben Personen und mit denselben Untersuchungsmethoden beobachtet werden. Bei klinischen Studien müssen alle Patienten in gleicher Weise behandelt werden (abgesehen von der Therapieform). Hier ist die Blindung das Mittel der Wahl. Optimal ist eine **doppelblinde** Studie, bei der weder der untersuchende Arzt noch die Patienten über die Therapie im Einzelfall informiert sind (▸ Abschn. 15.1.4). Dadurch werden autosuggestive Einflüsse auf beiden Seiten ausgeschaltet. Es ist ein Manko multizentrischer Studien, dass die Beobachtungs- und Behandlungsgleichheit nur eingeschränkt gewährleistet sind.

12.5.3 Confounding

Confounder sind **verzerrende Störgrößen**, die einen Zusammenhang verfälschen und somit adäquate Maßnahmen verhindern oder fehlleiten können (nämlich dann, wenn der Confounder gar nicht bekannt ist). Ein Confounder ist mit einer Einflussgröße und der Zielgröße assoziiert; die Wirkung auf die Zielgröße ist kausal.

Ein Beispiel mag dies verdeutlichen: Die Erkrankung an Down-Syndrom ist statistisch mit dem Geburtenrang assoziiert. Kinder mit Down-Syndrom haben oft mehrere ältere Geschwister, während erstgeborene Kinder weitaus seltener betroffen sind. Dieser Zusammenhang ist jedoch nicht kausal. Die eigentliche Ursache ist das Alter der Mutter, das als Confounder mit dem Geburtenrang assoziiert ist und kausal mit dem Erkrankungsrisiko zusammenhängt. Neben dem Alter stellen das Geschlecht und der sozioökonomische Status häufig Confounder bei epidemiologischen Studien dar.

Die Verzerrung durch einen Confounder ist zu befürchten, wenn zwei zu vergleichende Gruppen sich a priori in wesentlichen Charakteristika unterscheiden. Dieser

Fall liegt beispielsweise vor, wenn Patienten bei einer Therapiestudie so verteilt werden, dass die Patienten der einen Gruppe nur leicht erkrankt und die Patienten der anderen Gruppe schwer erkrankt sind. Da der Schweregrad der Krankheit eine wichtige Determinante für die Wirkung einer Therapie ist, könnte ein direkter Vergleich der beiden Gruppen ohne Berücksichtigung des unterschiedlichen Schweregrades zu falschen Schlussfolgerungen verleiten. Der Krankheitsstatus wäre dann ein Confounder.

Folgende Gegenmittel werden zur Kontrolle eingesetzt:

- Randomisierung
- Blockbildung
- Selektion oder Restriktion
- Stratifizierung oder Schichtung
- Multiple statistische Analyse
- Matchen

Randomisierung Diese Methode wird vor allem bei klinisch kontrollierten Studien angewandt (▶ Abschn. 15.1.3): Die Gruppenzuteilung erfolgt allein durch den Zufall. Dadurch werden alle Störgrößen (also auch unbekannte) gleichmäßig auf die Gruppen verteilt. Die Gruppen sind also strukturgleich; der Einfluss eines Confounders ist somit ausgeschlossen.

Blockbildung Ein Block wird gebildet aus Beobachtungseinheiten, die sich ähneln. Natürliche Blöcke sind z. B. eineiige Zwillinge oder paarige Organe. Dies kann man sich bei Therapiestudien zunutze machen (wenn es der Versuchsplan zulässt): Wenn etwa bei einer Crossover-Studie beide Augen der Studienteilnehmer unterschiedlich therapiert werden, entstehen zwei strukturgleiche Vergleichsgruppen (▶ Abschn. 15.1.10).

Falls eine Randomisierung oder Blockbildung nicht möglich ist, sollte man überlegen, welche Merkmale als Confounder infrage kommen. Deren Einfluss lässt sich durch eine der in ▶ Abschn. 12.5.1 genannten Techniken (Selektion, Stratifizierung oder multiple Analyse) kontrollieren. Häufig ist der statistische Zusammenhang des Confounders mit der Zielgröße stärker als die Zusammenhänge anderer Faktoren mit der Zielgröße.

Matchen Dieses Verfahren wird bei Fall-Kontroll-Studien eingesetzt (▶ Abschn. 13.3.3). Dabei wird zu jedem Fall eine passende Kontrolle gesucht, die bezüglich relevanter Faktoren (etwa sozioökonomischer Status oder Geschlecht) mit dem Fall übereinstimmt.

Es sei darauf hingewiesen, dass es mitunter schwierig ist, darüber zu befinden, ob eine Einflussgröße kausal mit der Zielgröße zusammenhängt oder ob der Zusammenhang durch einen (eventuell unbekannten) Confounder vorgetäuscht wird. In ▶ Abschn. 13.5 werden Kriterien genannt, mit denen sich Kausalitäten überprüfen lassen.

12.6 Studienplanung

12.6.1 Bedeutung der Planung

Studien in der epidemiologischen und klinischen Forschung sind in der Regel mit einem hohen organisatorischen, zeitlichen und finanziellen Aufwand verbunden. Die Ergebnisse dieser Studien werden meist publiziert und dienen anschließend zahlreichen Ärzten als Entscheidungshilfen bei der Behandlung ihrer Patienten. Es ist daher essenziell wichtig, dass die Ergebnisse reproduzierbar und valide sind. Güte und praktische Relevanz einer Studie lassen sich anhand von zwei Kriterien beurteilen:
- Interne Validität
- Externe Validität

Interne Validität Eine Studie ist intern valide, wenn deren Ergebnisse und die daraus gezogenen Schlussfolgerungen für die Personen, die an der Studie partizipierten, korrekt sind. Die interne Validität ist unbedingt notwendig, aber nicht hinreichend dafür, dass die Studie praktisch relevant ist.

Externe Validität Darunter versteht man die Generalisierbarkeit oder Verallgemeinerbarkeit der Studienergebnisse. Ein Arzt, der die Ergebnisse einer Studie zur Kenntnis nimmt, möchte natürlich wissen, ob und inwieweit diese auf seine Patienten übertragbar sind. Eine Studie mit hoher interner Validität kann völlig in die Irre führen, wenn deren Ergebnisse auf die falschen Patienten übertragen werden. Daher stellt sich die Frage: Für welches Patientenkollektiv sind die Ergebnisse gültig? Kann man von der untersuchten Stichprobe (z. B. Patienten mit Psoriasis in einer bestimmten Klinik) auf die interessierende Grundgesamtheit schließen, und wie ist diese beschaffen (etwa Psoriasispatienten in ganz Deutschland, in Europa oder gar weltweit)? Bei solchen Schlussfolgerungen muss man sehr vorsichtig sein.

Die interne und die externe Validität und damit die Anwendbarkeit einer Studie werden in hohem Maße von einer sorgfältigen und detaillierten Planung bestimmt.

Cave

Der Imperativ einer guten Planung wird gern vergessen, wenn es darum geht, schnell Ergebnisse für eine Dissertation oder eine attraktive wissenschaftliche Tagung zu bekommen. Es ist sicherlich einfach, eine bekannte Labormethode mechanisch an einer kleinen Stichprobe einzusetzen oder für eine sog. »klinische Doktorarbeit« ohne wesentliche Vorbereitungen staubige Krankenakten zu ziehen. Bei derlei Vorgehen kommen jedoch zumeist nur schlechte Studien heraus. Auch spektakuläre Ergebnisse einer neuen Labormethode können nur kurz über ein mangelhaftes

▼

Studiendesign hinwegtäuschen. Was nutzt es beispielsweise, Zytokinpolymorphismen zu untersuchen, wenn keine Klarheit über die Repräsentativität der gewählten Stichprobe besteht? Was nutzen Unmengen von aus Patientenakten entnommenen Daten, wenn keine Fragestellung vorgegeben ist oder sich die vorgegebene Fragestellung damit nicht beantworten lässt?

12.6.2 Komponenten der Planung

Das Ziel einer Studie besteht im Allgemeinen darin, auswertbare Daten zu gewinnen, die dazu dienen, eine vorgegebene Fragestellung zu beantworten. Zu Beginn stehen folgende Überlegungen:

- **Ziel der Studie:** Zunächst ist zu klären, wie die Hauptfragestellung lautet. Keine Studie sollte begonnen werden, wenn diese nicht bekannt ist. Aufbauend auf eigenen oder fremden Vorstudien muss dann die Fragestellung als Hypothese formuliert und theoretisch abgesichert werden.
- **Ziel- und Einflussgrößen:** Da die Einflussgrößen in funktionalem Zusammenhang zur Zielgröße stehen, resultieren Erkenntnisse bezüglich der Zielgröße aus den Einflussgrößen. Die Zielgröße selbst und die erklärenden Einflussgrößen ergeben sich inhaltlich aus der Fragestellung. Darüber hinaus ist es sinnvoll, wichtige Begleitmerkmale zu erfassen, um Confounding zu vermeiden.

Natürlich ist es unmöglich, *alle* denkbaren Einflussgrößen zu erfassen. Bei deren Auswahl muss man abwägen zwischen dem, was wünschenswert ist, und dem, was praktisch realisierbar erscheint. Je mehr Merkmale berücksichtigt werden, desto aufwendiger wird die Studie, desto komplexer sind die Analysemethoden und desto schwieriger gestaltet sich die Interpretation der Ergebnisse.

Antworten auf all diese Fragen sind nicht zuletzt abhängig davon, ob die Daten bereits vorliegen (wie bei retrospektiven Studien) oder erst nach Studienbeginn erhoben werden (wie bei prospektiven Studien üblich).

Wahl eines statistischen Modells Jede Analysemethode ist nur unter einschränkenden Voraussetzungen anwendbar; es werden also bestimmte Eigenschaften der zu analysierenden Merkmale angenommen. Ein statistisches Modell kann die Wirklichkeit zwar niemals vollständig widerspiegeln; es sollte sie aber unter bestmöglicher Ausnutzung aller verfügbaren Informationen optimal beschreiben. Der Anwender eines statistischen Verfahrens muss sich im Vorfeld überlegen, ob dessen Voraussetzungen erfüllt sind und ob die Hypothesen der inhaltlichen Fragestellung angemessen sind. Ein multiples Modell, bei dem mehrere Einflussgrößen simultan ausgewertet

Tab. 12.2 Übersicht: Studientypen

Studientypus	Einflussgrößen	Zielgrößen	Im Text in
Risikostudie	Risikofaktoren (z. B. Umweltfaktoren, genetische oder verhaltensbedingte Faktoren)	Krankheit, Tod	▶ Kap. 13
Diagnosestudie	Krankheitsstatus	Ergebnis eines diagnostischen Tests	▶ Abschn. 14.1
Präventionsstudie	präventive Maßnahme (Impfen oder Screening)	Krankheit	▶ Abschn. 14.2
Therapiestudie	Therapieform (Arznei, chirurgisch Eingriff, Diät)	Wirkung einer Therapie	▶ Abschn. 15.1
Prognosestudie	Krankheit oder andere prognostische Faktoren	Endzustand (Heilung, Remission, Progression, Tod); Zeit bis zum Eintreten eines Ereignisses	▶ Abschn. 15.2

werden, ermöglicht eine effizientere Datenanalyse. Für dessen technische Umsetzung ist ein leistungsstarkes Statistikprogramm notwendig. Bei der Datenanalyse und der Interpretation der Ergebnisse sind sowohl medizinische als auch biomathematische Fachkenntnisse gefragt.

Ethik Nicht alles, was unter statistischen Gesichtspunkten sinnvoll und machbar ist, ist auch ethisch vertretbar. Deshalb müssen Studien, bei denen Patienten oder gesunde Probanden involviert sind (insbesondere randomisierte Therapiestudien), von einer Ethikkommission begutachtet werden.

Logistische Überlegungen Ist die Studie unter den vorgegebenen Bedingungen durchführbar? Stehen genügend Ressourcen an Zeit, Geld, Personal etc. zur Verfügung? Kann die Anzahl der benötigten Patienten in absehbarer Zeit rekrutiert werden? Sind die notwendigen Messgeräte vorhanden und funktionieren sie einwandfrei?

Planungsfehler können zu einem späteren Zeitpunkt kaum noch korrigiert werden. Deshalb ist es extrem wichtig, die oben angesprochenen Fragen im Vorfeld zu klären.

Cave

Diese Tipps mögen sich bitte auch Doktoranden zu Herzen nehmen.
Es kommt leider immer wieder vor, dass Studenten mit großem Eifer eine Dissertation beginnen und dann nach etlichen Monaten oder sogar Jahren feststellen, dass die Arbeit so wie vorgesehen nicht durchführbar ist.
Mit einer guten Planung (und einem kompetenten Betreuer) lässt sich ein solches Desaster vermeiden. Detaillierte und nützliche Informationen zu diesem Thema findet man in Weiß u. Bauer (2008; ▶ Anhang).

◘ Tab. 12.2 fasst die Informationen zu verschiedenen epidemiologischen Studientypen prägnant zusammen.

Kapitelzusammenfassung

Studiendesigns

- Deskriptiv – analytisch
- Transversal – longitudinal
- Retrospektiv – prospektiv
- Beobachtend – experimentell
- Monozentrisch – multizentrisch

Epidemiologische Maßzahlen

- Punktprävalenz (relativer Krankenbestand)
- Periodenprävalenz
- Inzidenz (Neuerkrankungsrate)
- Mortalität (Sterberate bezogen auf eine Population)
- Letalität (Sterberate bezogen auf die Erkrankten)

Fehlerquellen bei epidemiologischen Studien

- Zufällige Fehler (»random errors«)
- Selektionsbias
- Informationsbias
- Confounding

Risikostudien

C. Weiß, *Basiswissen Medizinische Statistik*,
DOI 10.1007/978-3-642-34261-5_13,

» Zu Risiken und Nebenwirkungen
fragen Sie Ihren Arzt oder Apotheker.
(Nachsatz bei Arzneimittelwerbung in den Medien)

13.1 Einleitung

13.1.1 Bedeutung von Risikostudien

Viele Menschen haben ein großes Interesse daran zu erfahren, welchen potenziellen Risikofaktoren sie ausgesetzt sind und wie hoch gegebenenfalls ihr persönliches Risiko ist, eine bestimmte Krankheit zu entwickeln. Für den Arzt kann die Kenntnis möglicher Risikofaktoren eines Patienten in mehrfacher Weise von Nutzen sein:

- **Vorhersage:** Falls ein gesicherter Zusammenhang zwischen einer Krankheit und einem ätiologischen Faktor besteht, lässt sich im Einzelfall die Wahrscheinlichkeit für das Eintreten einer Krankheit abschätzen.
- **Prävention:** Sollte es sich um ein vermeidbares Risiko handeln (z. B. Nikotinabusus), kann der Arzt dem Patienten raten, seine Lebensweise zu ändern. Andernfalls (z. B. bei einem genetisch bedingten Faktor) kann er Vorsorgemaßnahmen treffen, um die Auswirkungen zu kontrollieren oder abzuschwächen.
- **Diagnose:** Die Kenntnis, welcher Risikogruppe ein Patient angehört, kann in einem diagnostischen Prozess sehr wichtig sein (► Beispiel 14.1).

13

Das Wissen um Faktoren, die mit einer Krankheit assoziiert sind, ist nicht zuletzt von gesundheitspolitischem Interesse. Falls eine größere Population einem Risikofaktor ausgesetzt ist, kann dessen Beseitigung maßgeblich dazu beitragen, das Auftreten neuer Krankheitsfälle zu verhindern.

Ignaz Philipp Semmelweis gelang es beispielsweise Mitte des 19. Jahrhunderts, durch hygienische Maßnahmen die durch Kindbettfieber verursachte Mortalität drastisch zu senken. (Das Personal musste sich mit Chlorkalk die Hände desinfizieren.) John Snow sorgte um das Jahr 1850 durch die Schließung eines Brunnens dafür, dass die Bewohner eines Londoner Bezirks nicht mehr an Cholera erkrankten.

Der Zusammenhang zwischen einer Erkrankung und einem Risikofaktor ist jedoch meist nicht so klar und eindeutig. Die meisten Krankheiten haben multiple Ursachen, und ein einzelner Faktor (z. B. Rauchen) begünstigt nicht nur das Auftreten einer, sondern diverser Krankheiten. Andere Gründe liegen in der mitunter langen Zeitdauer zwischen Exposition und Ausbruch der Krankheit (z. B. bei Krebs) oder in deren geringer Inzidenz. Ein praktisch tätiger Arzt kann sich deshalb nicht auf eigene Beobachtungen stützen, sondern ist auf Studien angewiesen, in denen der Einfluss eines Risikofaktors untersucht und beschrieben wird.

13.1.2 Wichtige Begriffe

Zunächst soll die Bedeutung einiger Begriffe erläutert werden.

Risiko Darunter versteht man die Wahrscheinlichkeit eines unerwünschten Ereignisses. Häufig benutzte Risiken in der Medizin sind **Inzidenz** und **Mortalität** (▶ Abschn. 12.4.1).

Exposition Eine Person gilt als exponiert, wenn sie mit einem Risikofaktor in Kontakt gekommen oder mit ihm behaftet ist. Die Exposition kann zu einem bestimmten Zeitpunkt stattfinden (z. B. Kontakt mit einem Infektionserreger); sie kann sich aber auch über einen längeren Zeitraum oder die gesamte Lebenszeit eines Menschen erstrecken. Beispiele hierfür sind jahrelanger Zigarettenkonsum oder die Expression eines Gens, das das Auftreten einer bestimmten Krankheit begünstigt.

Risikofaktoren oder ätiologische Faktoren Dies sind Merkmale, die mit einem erhöhten Erkrankungsrisiko kausal assoziiert sind. Sie stellen immer eine Ursache für die Krankheit dar. Diese Faktoren lassen sich folgendermaßen einteilen:

- **Prädisponierende Faktoren** sind Merkmale, die nicht beeinflussbar sind (z. B. Alter oder Geschlecht einer Person oder genetische Dispositionen).
- **Ermöglichende Faktoren** beeinflussen langfristig die Entwicklung einer Krankheit. Dazu zählen sozial geprägte (z. B. psychische Belastungen) und verhaltensbedingte Faktoren (z. B. Rauchen, Alkoholkonsum), schlechte medizinische Versorgung und ein schwaches Immunsystem.
- **Beschleunigende Faktoren** (etwa Erreger von Infektionskrankheiten oder Umweltgifte) bewirken, dass die Krankheit kurze Zeit nach der Exposition ausbricht.
- **Extrinsische** Faktoren stammen aus der Umgebung, **intrinsische** Faktoren betreffen den Patienten selbst.

Risikoindikatoren Dies sind Merkmale, die mit einem erhöhten Erkrankungsrisiko assoziiert sind, aber nicht ursächlich zum Ausbruch der Krankheit beitragen (▶ Beispiel 13.1).

Das Entstehen einer Krankheit ist in den seltensten Fällen monokausal. Bezüglich der **Krankheitsursachen** unterscheidet man:

- **Notwendige Ursache:** Ein Risikofaktor stellt eine notwendige Ursache dar, wenn ohne ihn die relevante Krankheit nicht ausbrechen kann. So ist beispielsweise das HIV eine notwendige Ursache für AIDS; eine Infektion mit onkogenen Humanen Papillomaviren (HPV) gilt als notwendige Ursache für das Entstehen eines Zervixkarzinoms. Gelingt es, eine notwendige Ursache zu beseitigen, wird der Ausbruch einer Krankheit verhindert.

- **Hinreichende Ursache:** Deren Vorhandensein ruft eine Krankheit unweigerlich hervor.
- **Teilursachen:** Meist besteht eine hinreichende Ursache aus mehreren Teilursachen, die zusammenwirken müssen, damit es zum Krankheitsausbruch kommt. Eine einzelne Teilursache führt jedoch in aller Regel nicht zum Ausbruch. Wenn eine Teilursache beseitigt wird, wird das Erkrankungsrisiko reduziert.
- **Latenzzeit (Inkubationszeit):** Diese Begriffe beziehen sich auf Infektionskrankheiten. Man versteht darunter die symptomlose Zeit zwischen Ansteckung und Krankheitsausbruch.
- **Induktionsperiode:** Dies ist die Zeitdauer zwischen dem Auftreten einer Teilursache und der manifesten Erkrankung. Häufig wird sie als Latenzzeit bezeichnet. Dies ist nicht ganz korrekt: Eine Induktionsperiode bezieht sich auf eine Teilursache; die Latenzzeit ist mit einer bestimmten Krankheit assoziiert.

Beispiel 13.1: Risikofaktor und Risikoindikator

Alkohol ist als Risikofaktor für das Auftreten einer Psoriasis (Schuppenflechte) identifiziert. Ein mit dem Alkoholkonsum assoziierter Faktor ist der Nikotinkonsum. Wenn nun in einer Fall-Kontroll-Studie nachgewiesen wird, dass Nikotinkonsum in Zusammenhang mit Psoriasis steht, mag es naheliegend erscheinen, diese Assoziation als kausal anzusehen. In Wirklichkeit ist Rauchen jedoch nur ein *Risikoindikator*. Präventionsmaßnahmen, die auf eine Verringerung des Nikotinkonsums ausgelegt wären, würden nicht zu einer Reduktion der Neuerkrankungen an Psoriasis führen.

Beispiel 13.2: Notwendige und hinreichende Ursachen

Eine nichtimmune Person, die mit dem Masernvirus in Kontakt kommt, wird unweigerlich an Masern erkranken. Daher bilden diese beiden Faktoren zusammen eine hinreichende Ursache für den Ausbruch der Krankheit. Jeder einzelne Faktor stellt eine Teilursache dar. Der Kontakt mit dem Masernvirus ist außerdem eine notwendige Ursache, denn ohne diesen Kontakt kann ein Mensch nicht an Masern erkranken.

Rauchen stellt bekanntlich ein Risikofaktor für das Entstehen eines Lungenkarzinoms dar. Diese Ursache ist aber weder notwendig (denn es gibt auch Nichtraucher, die an Lungenkrebs erkranken) noch hinreichend (manche Zeitgenossen rauchen bis an ihr Lebensende, ohne je ein Karzinom zu entwickeln). Die Induktionsperiode kann einige Jahrzehnte dauern.

13.2 Deskriptive Studien

13.2.1 Fallberichte

Ein Fallbericht ist eine ausführliche Beschreibung eines interessanten Einzelfalls oder einiger weniger Fälle. Er eignet sich, um:
- erstmals beobachtete Krankheitsbilder einer akademischen Öffentlichkeit vorzustellen,
- einen Hinweis auf einen möglichen Risikofaktor der beschriebenen Erkrankung zu geben,
- ungewöhnliche oder typische Manifestationen einer Krankheit zu beschreiben.

Fallberichte beinhalten bedingt durch die niedrige Patientenanzahl keine statistische Analyse. Dem Leser eines solchen Berichts fällt es mitunter schwer zu beurteilen, ob hier eine relevante Neuentdeckung oder nur ein zufälliges Aufeinandertreffen mehrerer seltener Ereignisse beschrieben wird.

Diverse Krankheitsbilder wurden aufgrund eines Fallberichts bekannt. So gab es in den 1980er Jahren aufgrund eines Berichts über das Auftreten von Kaposi-Sarkomen bei jungen männlichen Homosexuellen in New York erste Hinweise auf eine neue Infektion.

Demnach können Fallberichte Anhaltspunkte auf mögliche Zusammenhänge zwischen einem Krankheitsbild und einem potenziellen Risikofaktor liefern – insbesondere dann, wenn aufgrund eines solchen Berichts weitere, ähnlich gelagerte Fälle bekannt werden. Der vermutete Zusammenhang muss dann im Rahmen einer nachfolgenden analytischen Studie überprüft werden.

13.2.2 Fallserien

Eine Fallserie unterscheidet sich von einem Fallbericht durch die Anzahl der involvierten Patienten. Es handelt sich um eine einfache deskriptive Studie an einer größeren Gruppe von Personen, die an einer bestimmten Krankheit leiden und darüber hinaus einige Besonderheiten aufweisen. So veröffentlichte beispielsweise der Chirurg *Alton Ochsner* (1896–1981) aus New Orleans im Jahre 1941 eine Fallserie, in der er nachwies, dass fast alle in den USA an Lungenkrebs operierten Patienten Raucher waren. Er stellte daraufhin die Hypothese auf, dass Rauchen mit Lungenkrebs assoziiert sei. Dies war damals eine umstrittene Aussage, die mittlerweile aufgrund weiterer Studien eindrucksvoll bestätigt worden ist.

Wie dieses Beispiel zeigt, sind Fallserien durchaus in der Lage, Hypothesen zu generieren. Es ist auch möglich, einfache statistische Maßzahlen zu ermitteln. Das große Manko ist das Fehlen einer Vergleichsgruppe. Ochsner konnte nur aufgrund der ihm bekannten Tatsache, dass andere Leute weit weniger rauchen als die von ihm beschriebenen Patienten, seine Hypothese aufstellen. Allerdings reichen zu deren Bestätigung Fallserien nicht aus.

13.2.3 Prävalenzstudien

Eine Prävalenzstudie ist eine Querschnittstudie, in der bei jedem Teilnehmer erfasst wird, ob er an einer bestimmten Erkrankung leidet und ob er exponiert ist. Ein Beispiel bestünde darin, die Mitglieder einer Population danach zu untersuchen, ob sie eine koronare Herzkrankheit haben und ob gleichzeitig ihr Blutdruck erhöht ist. Der Anteil der Erkrankten entspricht der **Prävalenz**. Man kann mit einer geeigneten Analysemethode (z. B. einem Chi^2-Test) untersuchen, ob ein statistischer Zusammenhang zwischen Exposition und Krankheit besteht und diesen mittels eines Assoziationsmaßes wie der Odds Ratio quantifizieren (▶ Abschn. 3.3.3). Wird eine Assoziation nachgewiesen, sollte man dieses Ergebnis jedoch vorsichtig interpretieren:

- Die Prävalenz ist kein Maß für das Risiko, die Krankheit zu entwickeln.
- Es werden nur Personen erfasst, die die Krankheit überlebt haben. Todesfälle bleiben unberücksichtigt. Fälle, bei denen ein schneller Heilerfolg eintritt, sind meist unterrepräsentiert. Die Prävalenz einer Krankheit wird deshalb oft unterschätzt.
- Mit dieser Studienform lässt sich nicht nachweisen, dass die Exposition der Krankheit vorausging.

Prävalenzstudien sind überwiegend deskriptiv. Sie reichen keineswegs aus, um zeitliche oder kausale Zusammenhänge abzusichern, sondern können allenfalls Hinweise liefern. In erster Linie eignen sie sich zur Erfassung chronischer Krankheiten.

13.2.4 Populationsstudien***

Populationsstudien unterscheiden sich von anderen Risikostudien dadurch, dass nicht Individuen, sondern Gruppen oder Länder die Beobachtungseinheiten darstellen. Andere Bezeichnungen sind **aggregative, ökologische** oder **Korrelationsstudien**. Ein Beispiel stellt eine Studie dar, in der nachgewiesen wurde, dass eine gegensinnige Korrelation zwischen dem Weinkonsum eines Landes und der kardialen Mortalität besteht. In Italien und in Frankreich, wo traditionsgemäß viel Wein getrunken wird, ist diese Mortalität wesentlich niedriger als etwa in Australien und den USA, wo der Weinkonsum deutlich geringer ist.

Populationsstudien können Hinweise auf mögliche Zusammenhänge geben. Rückschlüsse auf Individuen sind jedoch äußerst problematisch, da Confounding nicht ausgeschlossen werden kann.

13.3 Fall-Kontroll-Studien

13.3.1 Grundlagen

Bei diesem Studientypus werden **Fälle** (Patienten, die an einer bestimmten Krankheit leiden) und **Kontrollen** (Personen, die von dieser Krankheit nicht betroffen sind) bezüglich eines oder mehrerer ätiologischer Faktoren miteinander verglichen. Fall-Kontroll-Studien sind retrospektiv und analytisch. Die Untersucher eruieren durch Befragungen, anhand von Patientenakten oder dokumentierten Laborbefunden für jeden Fall und für jede Kontrolle, ob die betreffende Person in der Vergangenheit exponiert war. Es bietet sich an, nicht nur einen, sondern mehrere potenzielle Risikofaktoren zu untersuchen.

13.3.2 Auswahl der Fälle und der Kontrollen

Die Fälle werden meist aus Kliniken oder Arztpraxen rekrutiert. Es ist sinnvoll, neu diagnostizierte Fälle in die Studie aufzunehmen (Inzidenzfälle). Sind die Patienten bereits seit längerer Zeit erkrankt (Prävalenzfälle), besteht die Gefahr, überwiegend Langzeitüberlebende zu berücksichtigen. Es ist ferner wichtig, darüber nachzudenken, für welche Population die Fallgruppe repräsentativ ist.

Die Auswahl der Kontrollen ist weitaus schwieriger. Einerseits sollten die Kontrollen den Fällen ähneln, damit Vergleiche zwischen den Gruppen sinnvoll erscheinen. Andererseits sollte die Kontrollgruppe repräsentativ für alle nichterkrankten Personen der Population sein, um Rückschlüsse zu ermöglichen. Selbstverständlich darf unter den Kontrollen niemand an der zu untersuchenden Krankheit leiden. Mehrere Strategien sind entwickelt worden, um Kontrollen zu rekrutieren:

- Populationsbasierter Ansatz
- Krankenhausbasierter Ansatz
- Kontrollen aus dem Umfeld der Fälle
- Mehrere Kontrollgruppen

Populationsbasierter Ansatz Die Kontrollen wählt man aus der Allgemeinbevölkerung. Im Idealfall geschieht dies in Form einer Zufallsstichprobe, etwa mit Hilfe eines Einwohnermeldeamtes. Problematisch ist jedoch, dass diese Personen im Allgemeinen wenig Interesse an der Studie haben und daher häufig nicht kooperativ sind. Ferner ist zu bedenken: Diese Kontrollen mögen zwar repräsentativ für die Allgemeinbevölkerung sein, sind aber nicht ohne weiteres mit den Fällen vergleichbar.

Krankenhausbasierter Ansatz Diese Form bietet sich an, wenn es sich bei den Fällen um Patienten eines Krankenhauses handelt. Die Kontrollen werden in der Regel nicht zufällig aus den Krankenhauspatienten ausgewählt. Man versucht vielmehr durch Matchen (▶ Abschn. 13.3.3) zu erreichen, dass sich die Gruppen der Fälle und der Kontrollen bezüglich wichtiger Einflussfaktoren ähneln. Bei diesem Ansatz ist darauf zu achten, dass die Diagnose der Kontrollen mit dem zu untersuchenden Risikofaktor nicht assoziiert ist. Soll etwa ein Zusammenhang zwischen einer Krebsart und Rauchen nachgewiesen werden und würden als Kontrollgruppe Patienten mit koronarer Herzkrankheit gewählt, könnten sich unter den Kontrollen (ebenso wie unter den Fällen) überdurchschnittlich viele Raucher befinden. Es wäre dann schwierig, den interessierenden Zusammenhang abzusichern. Allerdings stellt sich beim krankenhausbasierten Ansatz das Problem, dass die Kontrollen nicht unbedingt repräsentativ für die Allgemeinbevölkerung sind. Eine weitere Schwierigkeit entsteht mitunter dadurch, dass nicht alle Krankenhausärzte motiviert sind, ihre Patienten als Kontrollen zur Verfügung zu stellen und die Kontrollen selbst mitunter wenig Interesse an der Studie zeigen.

Kontrollen aus dem Umfeld der Fälle Manchmal ist es zweckmäßig, zu jedem Fall den Partner, ein Geschwister oder einen Freund als Kontrollperson heranzuziehen. Es ist anzunehmen, dass diese Kontrollen bezüglich vieler Eigenschaften mit dem passenden Fall übereinstimmen (paarweises Matching, ▶ s. u.) und außerdem eine hohe Kooperationsbereitschaft zeigen.

Mehrere Kontrollgruppen Eine andere Strategie besteht darin, mehrere Kontrollgruppen unterschiedlicher Herkunft zu wählen und diese Kontrollen miteinander zu vergleichen. Systematische Fehler aufgrund der Auswahl der Kontrollen sind dann eher erkennbar. Diese Vorgehensweise ist freilich entsprechend aufwendig.

13

13.3.3 Matchen

Eine potenzielle Schwierigkeit bei Fall-Kontroll-Studien ist gegeben, wenn sich die beiden Gruppen – Fälle und Kontrollen – a priori in wichtigen Eigenschaften unterscheiden. Wenn beispielsweise die Fälle im Durchschnitt wesentlich älter sind als die Kontrollen und zudem häufiger einer Exposition ausgesetzt waren, lässt sich nicht zweifelsfrei erkennen, ob die Krankheit durch die Exposition oder das höhere Alter verursacht wurde. Dieses Problem lässt sich dadurch lösen, dass nach potenziellen Confoundern (z. B. dem Alter) gematcht wird. Man unterscheidet:
- Paarweises (individuelles) Matching
- Gruppen-Matching

Paarweises (individuelles) Matching Dabei wird für jeden Einzelfall eine passende Kontrolle gesucht, die mit dem Fall in einigen relevanten Merkmalen übereinstimmt.

Auf diese Weise erhält man **strukturgleiche Gruppen** bezüglich der gematchten Merkmale. Diese Methode wird üblicherweise angewandt, wenn die Kontrollen aus Krankenhauspatienten ausgewählt werden. Häufig erfolgt die paarweise Zuordnung nach Geschlecht und Alter. Werden Geschwister als Kontrollen herangezogen, wird automatisch nach genetischen Faktoren gematcht. Bei Partnern als Kontrollen wird nach sozioökonomischem Status gematcht.

Gruppen-Matching Bei diesem Ansatz wird die Kontrollgruppe so zusammengestellt, dass die Häufigkeitsverteilungen eines bestimmten Merkmals bei den Fällen und den Kontrollen annähernd identisch sind. Wenn beispielsweise die Gruppe der Fälle aus 70% Männern besteht, versucht man, eine Kontrollgruppe zu rekrutieren, bei denen dieser Anteil ebenso hoch ist.

Bei der Auswahl der Faktoren, nach denen sinnvollerweise gematcht wird, ist zu beachten:

- **Praktische Probleme** entstehen, wenn nach zu vielen Faktoren gematcht werden soll. Es ist dann schwierig oder gar vollkommen unmöglich, passende Kontrollen zu rekrutieren.
- **Konzeptionelle Probleme** ergeben sich dadurch, dass ein Merkmal, nach dem gematcht wurde, nicht mehr als potenzieller Risikofaktor evaluiert werden kann. Ist beispielsweise in der Fall- und der Kontrollgruppe die Altersverteilung identisch, lässt sich nicht mehr überprüfen, ob das Alter in Zusammenhang mit der Krankheit steht. Deshalb sollte man nur nach bereits bekannten Risikofaktoren matchen.

13.3.4 Bias

Fall-Kontroll-Studien sind anfällig für diverse systematische Fehler wie Selektionsbias, Informationsbias und Confounding:

- **Selektionsbias:** Dieser Fehler tritt auf, wenn sich die Fall- und die Kontrollgruppe in wesentlichen Eigenschaften (außer der zu untersuchenden Krankheit) unterscheiden. Dies könnte das Endresultat der Studie entscheidend beeinflussen. Matching ist eine Methode, diesem Bias zu begegnen. Falls dies nicht möglich ist, sollte man versuchen, diesen Bias durch eine geschickte statistische Analyse aufzudecken.
- **Informationsbias 1:** Eine Fall-Kontroll-Studie birgt die Gefahr eines **Recall-Bias** in sich, eine spezielle Form des Informationsbias. Der Recall-Bias betrifft das Erinnerungsvermögen von Fällen und Kontrollen: Fälle, die von der Krankheit unmittelbar betroffen sind, können sich an zurückliegende Ereignisse oft wesentlich besser erinnern als Kontrollen. Eine Mutter, die ein krankes Kind zur Welt gebracht hat (▶ Beispiel 13.3), wird sich an außergewöhnliche Ereignisse zu

Beginn ihrer Schwangerschaft wesentlich besser entsinnen als eine Mutter mit einem gesunden Baby, die derlei Vorkommnisse möglicherweise längst vergessen hat. Dies könnte zu einer Überschätzung eines Risikofaktors führen.

Beispiel 13.3: Fall-Kontroll-Studie

Wir betrachten eine hypothetische Studie, in der 50 Frauen, die ein krankes Baby zur Welt gebracht haben (Fälle), befragt werden, ob sie zu Beginn ihrer Schwangerschaft ein bestimmtes Medikament eingenommen hatten. Ihnen werden 50 Frauen gegenübergestellt, die ein gesundes Baby geboren haben (Kontrollen), und ebenfalls befragt. Folgendes Bild ergibt sich:

Fälle exponiert	Kontrollen exponiert	
	Ja	Nein
Ja	a = 7	b = 28
Nein	c = 3	d = 12

Da es sich um zwei verbundene Stichproben handelt, berechnet man: $OR = b/c = 9{,}3$ (▶ Abschn. 13.3.5). Dies impliziert, dass Frauen, die dem Risikofaktor ausgesetzt waren, ein 9,3-fach erhöhtes Risiko haben.
Das Konfidenzintervall erstreckt sich zwischen 2,8 und 30,7. Mit dem McNemar-Test erhält man $p < 0{,}0001$. Damit ist der Zusammenhang zumindest statistisch abgesichert.

- **Informationsbias 2:** Eine andere Art von Informationsbias liegt vor, wenn Partner oder Freunde als Kontrollen fungieren oder anstelle der Fälle (z. B. nach deren Tod) befragt werden. Sie tendieren häufig dazu, negative Eigenschaften »ihres Falles« absichtlich zu verschweigen oder zu verharmlosen. Auch betroffene Fälle geben nicht immer uneingeschränkt die Wahrheit preis – etwa wenn man ihnen Fragen stellt, die sie als peinlich empfinden.
- **Confounding:** Diese Gefahr ist bei Fall-Kontroll-Studien besonders groß. Wird ein statistischer Zusammenhang zwischen einer Krankheit und einem Faktor nachgewiesen, folgt daraus nicht notwendigerweise, dass dieser Zusammenhang kausal ist. Es könnte sich um einen **Risikoindikator** handeln (▶ Beispiel 13.1).

13.3.5 Odds Ratio

Statistische Analyse Im einfachsten Fall untersucht man den Zusammenhang zwischen 2 Alternativmerkmalen. Geeignete Methoden, um einen solchen Zusammenhang abzusichern, sind der Chi^2-Vierfeldertest (▶ Abschn. 11.1.1) oder Fishers exakter Test (▶ Abschn. 11.2.2). Bei Fall-Kontroll-Studien ist es üblich, zusätzlich die **Odds Ratio** als Annäherung für das relative Risiko anzugeben (▶ Abschn. 3.3.3).

Cave
Das relative Risiko lässt sich bei Fall-Kontroll-Studien nicht direkt ermitteln, da die Ausgangsgruppen nach dem Krankheitsstatus und nicht nach der Exposition gebildet werden. Deshalb lassen sich absolute Risiken für Exponierte und Nichtexponierte nicht bestimmen.

Beim paarweisem Matchen verwendet man anstelle des Vierfeldertests den McNemar-Test (▶ Abschn. 11.1.5). Die Odds Ratio wird in diesem Fall als der Quotient b/c bestimmt (wobei b die Anzahl der Paare ist, bei denen nur der Fall exponiert ist, und c die Anzahl der Paare, bei denen nur die Kontrolle exponiert ist).

Die Odds Ratio ist 1, falls kein Zusammenhang zwischen Erkrankung und Exposition besteht. Sie ist größer als 1, wenn mehr Fälle als Kontrollen exponiert sind. Um beurteilen zu können, ob der Zusammenhang signifikant und epidemiologisch relevant ist, sollte man zusätzlich ein Konfidenzintervall angeben und den p-Wert ermitteln.

Wenn mehr als ein potenzieller Risikofaktor zu analysieren ist, bietet sich die **logistische Regression** (▶ Abschn. 11.2.4) an. Diese multiple Methode ist insbesondere bei Fall-Kontroll-Studien sehr mächtig:

- Mehrere Einflussgrößen (qualitative und quantitative) lassen sich simultan analysieren.
- Die Wirkung einer Einflussgröße lässt sich adjustieren. (So können mögliche Confounder erkannt werden.)
- Für jede Einflussgröße lässt sich die zugehörige Odds Ratio mit Konfidenzintervall berechnen.

13.3.6 Anwendungen und Grenzen

Fall-Kontroll-Studien sind unverzichtbar für die Erforschung von Risikofaktoren. Ein immenser **Vorteil** liegt darin, dass man nicht Jahre oder Jahrzehnte warten muss, bis man genügend »Fälle« rekrutiert hat, sondern auf bereits erkrankte Personen zurückgreifen kann. Ergebnisse liegen deshalb relativ schnell vor. Dies ist besonders wichtig bei Risikofaktoren mit langer Induktionsperiode und Krankheiten mit geringer Inzidenz.

Die **Nachteile** liegen wie bei allen retrospektiven Studien in der mitunter mangelhaften Datenqualität. Außerdem sind Fall-Kontroll-Studien anfällig für Bias verschiedener Art. Die Odds Ratio ist eine Annäherung für das relative Risiko, falls die Inzidenz der Erkrankung gering ist (bis zu 1%). Diese Bedingung ist bei vielen Krankheiten, die mit Fall-Kontroll-Studien untersucht werden, erfüllt. Bei Kohortenstudien, die von Exponierten und Nichtexponierten ausgehen, lassen sich aussagekräftigere Effektmaße berechnen (▶ Abschn. 13.4.2).

13.4 Kohortenstudien

13.4.1 Grundlagen

Eine Kohortenstudie ist eine prospektive, longitudinale Studie (auch Follow-up-Studie genannt), bei der man eine große Gruppe (Kohorte) von Personen, die in unterschiedlicher Weise exponiert und nicht erkrankt sind, eine Zeitlang beobachtet.

Vorteile Sie ergeben sich unmittelbar aufgrund des Studiendesigns:

- Man kann die Inzidenzen für exponierte und nichtexponierte Personen direkt ermitteln und vergleichen. Deshalb werden diese Studien auch als **Inzidenzstudien** bezeichnet.
- Die Studie folgt derselben Logik wie die klinische Fragestellung: Man geht von den Einflussgrößen aus, wartet ab und analysiert schließlich, bei welchen Personen und zu welchem Zeitpunkt die Krankheit eintritt (▶ Beispiel 13.4).
- Die Studienteilnehmer werden kontinuierlich beobachtet. Die Gefahr eines Recall-Bias aufgrund mangelnden Erinnerungsvermögens der Teilnehmer (wie bei Fall-Kontroll-Studien) besteht daher nicht.

Nachteile Im Vergleich zu Fall-Kontroll-Studien gibt es andererseits deutliche Nachteile:

- Es dauert unter Umständen sehr lange, bis hinreichend viele Krankheitsfälle aufgetreten sind. Dies gilt insbesondere bei Ursachen mit langer Induktionsperiode.
- Die Studie erfordert – speziell bei Krankheiten mit geringer Inzidenz – extrem viele Teilnehmer.
- Sie kann daher sehr aufwendig und teuer sein, da oft Tausende von Personen etliche Jahre lang in regelmäßigen Abständen untersucht werden müssen.

Beispiel 13.4: Kohortenstudie

Ein bekanntes Beispiel ist die Framingham-Studie zu kardiovaskulären Krankheiten. Sie wurde im Jahr 1948 in der Stadt Framingham (USA) begonnen und umfasste etwa 5100 Einwohner, die zu Beginn der Studie zwischen 30 und 60 Jahre alt waren und keine kardiovaskulären Krankheiten hatten. Die Studie dauerte mehr als 30 Jahre; die Studienteilnehmer wurden regelmäßig alle 2 Jahre bis zum Auftreten einer kardiovaskulären Erkrankung, zum Tod des Teilnehmers bzw. zum Studienende untersucht. Es wurden mehrere potenzielle Einflussfaktoren analysiert: Rauchen, Adipositas, Bluthochdruck, erhöhte Cholesterinwerte, Alter etc. Dabei gelang der Nachweis, dass das Risiko, eine koronare Herzkrankheit zu entwickeln, mit zunehmendem Alter, erhöhtem Blutdruck, erhöhtem Cholesterinspiegel, Zigaretten- und Alkoholabusus sowie Übergewicht assoziiert ist.

13.4.2 Effektmaße

Um zu eruieren, ob ein bestimmter Faktor tatsächlich mit einem erhöhten Erkrankungsrisiko assoziiert ist, erscheint es sinnvoll, die Gruppen der Exponierten und der Nichtexponierten miteinander zu vergleichen. Das Erkrankungsrisiko bei Vorliegen eines Faktors R entspricht der Wahrscheinlichkeit $P(K|R)$. $P(K|\bar{R})$ ist also die Wahrscheinlichkeit, dass bei Nichtvorhandensein des Faktors R die Krankheit entsteht. Folgende Effektmaße lassen sich berechnen:

- Absolute Risikoreduktion (ARR)
- Number Needed to Treat (NNT)
- Relatives Risiko (RR)
- Relative Risikoreduktion (RRR)

Absolute Risikoreduktion (*ARR*, zuschreibbares oder attributables Risiko) Die absolute Risikoreduktion ist die Differenz:

$$ARR = P(K \mid R) - P(K \mid \bar{R}) \tag{13.1}$$

Sie gibt an, in welchem Maß der Risikofaktor die Erkrankungswahrscheinlichkeit erhöht oder anders formuliert: welcher Anteil dem Faktor R zuzuschreiben ist. Dies ist das Hintergrundrisiko, dem alle Mitglieder der Population – Exponierte und Nichtexponierte – ausgesetzt sind.

Number Needed to Treat (*NNT*) Diese Anzahl wird sehr einfach berechnet nach:

$$NNT = 1 / ARR \tag{13.2}$$

Die NNT wurde ursprünglich für Therapiestudien entwickelt, um darzustellen, wie viele Personen durchschnittlich behandelt werden müssen, damit eine von der Behandlung profitiert. Bei Risikostudien quantifiziert sie die Anzahl der Personen, die vom Risikofaktor befreit werden müssen, damit eine profitiert.

Relatives Risiko (*RR*) Darunter versteht man den Quotienten:

$$RR = \frac{P(K \mid R)}{P(K \mid \bar{R})} \tag{13.3}$$

Wenn es sich bei R tatsächlich um einen Risikofaktor handelt, ist das relative Risiko größer als 1. Um dies beurteilen zu können, ist die Angabe eines Konfidenzintervalls sinnvoll. Man kann theoretisch auch bei Kohortenstudien die Odds Ratio als Annäherungsmaß berechnen. Da sich bei diesem Studiendesign das relative Risiko jedoch direkt ermitteln lässt, ist die Angabe der Odds Ratio nicht unbedingt notwendig.

Relative Risikoreduktion (*RRR*) Dieses Maß ist definiert als:

$$RRR = \frac{P(K \mid R) - P(K \mid \bar{R})}{P(K \mid R)} \tag{13.4}$$

Cave

Bei der Interpretation eines relativen Risikos ist zu beachten, dass durch die Quotientenbildung die absoluten Risiken nicht mehr erkennbar sind. Die relativen Risiken in **▶ Beispiel 13.5** **sind sehr hoch. Sie verschweigen jedoch, dass das Risiko an Lungenkrebs zu sterben, generell gering ist (auch für Raucher).**

Die Wahrscheinlichkeit des Auftretens einer Krankheit kann durch die **logistische Regression** ermittelt werden (▶ Abschn. 11.2.4). Dieses multiple Verfahren ermöglicht es, mehrere Faktoren und deren komplexe Wechselwirkungen simultan zu untersuchen. Anhand der Merkmale, die einen statistisch signifikanten Einfluss auf die Zielgröße haben, lässt sich dann im Einzelfall die Wahrscheinlichkeit berechnen, dass die Krankheit eintritt.

Beispiel 13.5: Effektmaße

In der Kohortenstudie von Doll und Hill (Doll R, Hill AB. Mortality in relation to smoking: ten years' observations of British doctors. Brit Med J 1964;1:1399–1410) wurde bei 40.000 britischen Ärzten die Auswirkung des Faktors »Rauchen« auf die Mortalitätsrate bei Lungenkrebs untersucht. Seien R das Ereignis, dass eine Person mindestens 25 Zigaretten pro Tag raucht, und T das Ereignis, innerhalb eines Jahres an Lungenkrebs zu sterben. Die Autoren ermittelten $P(T|R) = 2{,}27‰$ für Raucher und $P(T|\bar{R}) = 0{,}07‰$ für Nichtraucher. Demnach beträgt das zuschreibbare Risiko $ARR = 2{,}20‰$. Die Mortalität für Raucher setzt sich zusammen aus dem Anteil 2,20‰, der dem Rauchen zuzurechnen ist, und dem kleineren Anteil 0,07‰, der auf andere Ursachen zurückzuführen ist. Daraus ergibt sich: $NNT = 1/0{,}0022 \approx 455$. Würden 455 starke Raucher das Rauchen aufgeben, würde durchschnittlich einer pro Jahr weniger an Lungenkrebs sterben. Das relative Risiko berechnet sich nach ▶ Formel (13.3) als $2{,}27/0{,}07 \approx 32$: Also ist für einen Raucher das Risiko, innerhalb eines Jahres an Lungenkrebs zu sterben, etwa 32-mal so groß wie für einen Nichtraucher. Die relative Risikoreduktion nach ▶ Formel (13.4) beträgt 97%: Das Risiko, an Lungenkrebs zu sterben, lässt sich demnach um 97% senken, falls man das Rauchen aufgibt. Oder anders formuliert: Stirbt ein Mensch an Lungenkrebs, so ist dies zu 97% auf das Rauchen zurückzuführen.

13.4.3 Inzidenzmaße***

Die in ► Abschn. 13.4.2 erwähnte Wahrscheinlichkeit $P(K|R)$ wird als **kumulative Inzidenz** bezeichnet (weil die neuen Fälle über die Zeit kumulieren). Deren Bestimmung erfordert eine gewisse Stabilität der beobachteten Population. Normalerweise ist jedoch davon auszugehen, dass die Population dynamischen Prozessen unterliegt. Nicht alle Individuen können über denselben Zeitraum beobachtet werden. Außerdem muss bei jeder prospektiven Studie einkalkuliert werden, dass einige Teilnehmer vorzeitig ausscheiden (**Studienabbrecher** oder **Drop Outs**).
Dann mag die **Inzidenzdichte** eine Alternative darstellen: Der Zähler dieses Maßes enthält die Anzahl aller während der Beobachtungszeit neu aufgetretenen Krankheitsfälle. Den Nenner bildet die sog. Personenzeit – das ist die Summe der Beobachtungszeiten aller Individuen. Jedes Individuum wird so lange beobachtet, bis das interessierende Endereignis (Krankheit oder Tod) festgestellt wird. Falls dieses Ereignis nicht eintritt, endet die Beobachtungszeit am Ende der Studie bzw. zu dem Zeitpunkt, an dem die betreffende Person vorzeitig ausscheidet.
Die Inzidenzdichte ist – im Gegensatz zur kumulativen Inzidenz – keine Wahrscheinlichkeit. Sie gibt an, wie viele Neuerkrankungen in einer bestimmten Zeiteinheit eintreten und ist insofern vergleichbar mit einer Erkrankungsgeschwindigkeit oder mit der Hazard-Rate (► Abschn. 7.3.1). Dabei spielt die Zeit eine besondere Rolle. Für derlei Fragestellungen stehen spezielle Auswertemechanismen zur Verfügung (► Abschn. 15.2.3 und ► Abschn. 15.2.4).

13.4.4 Bias

Studienabbrecher (Drop Outs) können zu einem **Selektionsbias** führen, wenn die Gründe des Ausscheidens mit der Zielgröße assoziiert sind. Ferner kann es passieren, dass Teilnehmer ihre Gewohnheiten im Laufe der Zeit ändern (etwa wenn aus einem ehemals starken Raucher ein Nichtraucher wird). Dies sollte bei der Auswertung und der Interpretation der Ergebnisse unbedingt berücksichtigt werden.

Eine besondere Art von **Informationsbias** tritt auf, wenn Studienteilnehmer, die stark exponiert sind, häufiger oder gründlicher untersucht werden als andere Personen, bei denen das Eintreten einer Krankheit weniger erwartet wird. Dies kann zu verzerrten Ergebnissen führen. Probleme können auch dadurch entstehen, dass sich die Diagnosetechniken im Laufe der Zeit ändern oder dass die ursprüngliche Fragestellung an Relevanz verliert.

Ein letzter Hinweis: Nicht jede Kohortenstudie muss Jahrzehnte dauern, ehe Ergebnisse vorliegen. Wenn die Induktionsperiode überschaubar ist (z. B. Erkrankung eines Neugeborenen infolge einer mütterlichen Infektion während der Schwangerschaft), kann die Studie nach wenigen Monaten beendet sein. Dennoch bleibt festzuhalten, dass der zeitliche Aufwand wesentlich höher ist als bei einer Fall-Kontroll-Studie.

13.4.5 Spezielle Kohortenstudien***

Die Population, die bei Kohortenstudien untersucht wird, wird meist in der Gegenwart zusammengestellt und dann über einen längeren Zeitraum beobachtet (»begleitende Kohortenstudie«). Auf die damit verbundenen Problematiken (insbesondere bei langen Induktionsperioden oder Krankheiten mit geringer Inzidenz) wurde bereits hingewiesen. Bei Studien, die auf eine sehr lange Zeit hin geplant sind, weiß der Versuchsleiter manchmal nicht, ob er das Ende der Studie überhaupt erleben wird.

Es ist aber auch denkbar, Kohortenstudien »mit Verspätung« durchzuführen: Man startet in der Vergangenheit und greift zur Erfassung der Exposition und der Zielgröße auf bereits dokumentierte Daten zurück. Diese wertet man dann prospektiv aus (die Art der Datenerfassung ist jedoch retrolog). Dieses Design nennt man **historische Kohortenstudie**. Andere Bezeichnungen sind **retrospektive Kohortenstudie** oder **Kohortenstudie mit zurückverlegtem Ausgangspunkt**. Dieser Studientyp wird gern in der Arbeitsmedizin verwendet (wenn z. B. Bergwerkarbeiter und Büroangestellte auf das Vorhandensein einer Silikoselunge untersucht werden). Der Vorteil besteht darin, dass die Zeit zwischen Exposition und Auftreten der Krankheit nicht abgewartet werden muss. Andererseits ist auf die Qualität der Daten nicht immer Verlass.

Eine weitere Besonderheit stellen die **eingebetteten (»nested«) Fall-Kontroll-Studien** dar. Eine solche Studie startet wie eine Kohortenstudie in der Gegenwart mit nichterkrankten Personen. Zu Beginn werden von allen Studienteilnehmern Daten erhoben, Blut- oder Urinproben entnommen und in geeigneter Weise aufbewahrt. Sind nach einiger Zeit genügend Krankheitsfälle aufgetreten, fasst man diese zu einer »Fallgruppe« zusammen; aus den nichterkrankten Teilnehmern bildet man eine überschaubare Kontrollgruppe. Erst wenn diese beiden Gruppen definiert sind, analysiert man deren Daten und Laborproben. Dieses Studiendesign ist wesentlich weniger aufwendig als eine begleitende Kohortenstudie, bei der alle Teilnehmer untersucht werden. Außerdem ist die Datenqualität besser als bei Fall-Kontroll-Studien, da die Daten erhoben und die Proben entnommen werden, ehe die Krankheit eingetreten ist.

13.5 Nachweis einer Kausalität***

Eine kausale Beziehung zwischen Risikofaktor und Krankheit lässt sich theoretisch am besten durch ein Experiment nachweisen, bei dem die Hälfte der Teilnehmer nach Randomisierung einem Risiko ausgesetzt wird und die andere Hälfte nicht. Aus ethischen Gründen ist dies jedoch nicht vertretbar. Laborexperimente (z. B. mit Ratten) können hier, obwohl sie in einem anderen biologischen System arbeiten, Hinweise geben.

In seltenen Fällen bietet sich ein quasiexperimentelles Design an: Dieses unterscheidet sich von einem »echten« Experiment dadurch, dass die Zuordnung zur Experimental- bzw. Kontrollgruppe aufgrund natürlicher Eigenschaften der Studienteilnehmer erfolgt. Ein Beispiel: Eine quasiexperimentelle Studie eignet sich zum Nachweis, dass das radioaktive Edelgas Radon ein Risikofaktor für Lungenkrebs darstellt. Die zu vergleichenden Gruppen sind auf natürliche Weise vorgegeben:

▼

- Die »Radongruppe« setzt sich aus Personen zusammen, die aufgrund ihrer Wohn- oder Arbeitsplatzsituation dem Risikofaktor ausgesetzt sind.
- Die Kontrollgruppe besteht aus nichtexponierten Personen.

Ansonsten ist man auf Beobachtungsstudien angewiesen. Den höchsten Level nach den Richtlinien der evidenzbasierten Medizin haben dabei Kohortenstudien. Diese sind – wenn sie sorgfältig geplant und durchgeführt werden – am wenigsten anfällig für Bias und lassen am ehesten Schlussfolgerungen bezüglich Kausalitäten zu. Das bedeutet jedoch nicht, dass die anderen Studienformen überflüssig oder generell minderwertig wären. Kohortenstudien sind in der Regel sehr aufwendig. Sie werden deshalb erst dann durchgeführt, wenn – etwa aufgrund von Fall-Kontroll-Studien – gesicherte Hinweise auf eine Assoziation zwischen einer Krankheit und einem Risikofaktor vorliegen.

Im Jahre 1939 brachte der bereits erwähnte Alton Ochsner eine Lawine ins Rollen, als er einen Fallbericht veröffentlichte, in dem er einen Zusammenhang zwischen Lungenkrebs und Rauchen vermutete. Zwei Jahre später publizierte er eine Fallserie zum selben Thema. Dies war der Anlass für Doll und Hill, eine (1952 publizierte) Fall-Kontroll-Studie durchzuführen. Diese war ihrerseits die Basis für eine extrem aufwendige, erst 1964 publizierte Kohortenstudie (▶ Beispiel 13.5).

Man kann zwar mit Beobachtungsstudien nicht zweifelsfrei eine Kausalität nachweisen. Dennoch können statistische Analysen dabei nützlich sein. Sir Austin Bradford Hill stellte im Jahre 1963 einige Kriterien auf, mittels derer sich überprüfen lässt, ob ein Faktor tatsächlich kausal mit der Krankheit zusammenhängt oder ob dieser lediglich ein Risikoindikator darstellt. Folgende Argumente sprechen *für* eine Kausalität:

- **Stärke der Assoziation:** Je stärker ein statistischer Zusammenhang ist, desto mehr spricht für eine kausale Beziehung.
- **Plausibilität:** Der Zusammenhang muss biologisch plausibel sein.
- **Kohärenz:** Die Interpretation des Zusammenhangs darf in keinem Widerspruch zum aktuellen Stand der Forschung stehen.
- **Zeitliche Sequenz:** Eine mögliche Ursache muss der Krankheit zeitlich vorausgehen.
- **Spezifität des Effekts:** Ein Faktor ist spezifisch, wenn er mit genau einer Krankheit assoziiert ist. Dieses Kriterium ist nützlich bei Infektionskrankheiten; bei Erkrankungen mit vielerlei Ursachen (z. B. Herz-Kreislauf-Erkrankungen) ist es dagegen wertlos.
- **Dosis-Wirkungs-Beziehung:** Wenn dieses Kriterium erfüllt ist, kann dies auf eine Kausalität hinweisen.
- **Konsistenz:** Die Ergebnisse der Studie müssen (mit anderen Studiendesigns und in anderen Populationen) wiederholbar sein.
- **Reversibilität:** Das Risiko einer Erkrankung sinkt, wenn die Exposition entfällt.
- **Experimentelle Evidenz:** Dieses Kriterium bezieht sich auf die Überprüfbarkeit der Hypothese. Dies betrifft die statistische Analyse und das Studiendesign.

Wie sich leicht nachvollziehen lässt, sind (außer der Spezifität) alle genannten Kriterien beim Zusammenhang »Rauchen und Lungenkrebs« erfüllt. Man sollte sich darüber klar sein, dass diese Kriterien nur eine Orientierungshilfe und keinen eindeutigen Beleg für oder gegen eine kausale Beziehung darstellen. Die Frage, ob ein Faktor und eine Krankheit kausal zusammenhängen, lässt sich in der Regel nur vorläufig und nicht endgültig beantworten.

Ausführliche Informationen zu Risikostudien findet man in Fletcher u. Fletcher (2007; ► Anhang).

Kapitelzusammenfassung

Deskriptive Risikostudien

- Fallberichte
- Fallserien
- Prävalenzstudien
- Populationsstudien

Analytische Risikostudien

Studientyp	Studiendesign	Effektmaße
Fall-Kontroll-Studie	retrospektiv	nur Odds Ratio
Kohortenstudie	prospektiv	zuschreibbares Risiko, NNT, relatives Risiko, relative Risikoreduktion, Odds Ratio

Kriterien für einen kausalen Zusammenhang

- Stärke der Assoziation zwischen Krankheit und Risikofaktor
- Biologische Plausibilität
- Kohärenz
- Zeitliche Sequenz
- Spezifität des Effekts
- Dosis-Wirkungs-Beziehung
- Konsistenz
- Reversibilität
- Experimentelle Evidenz

Studien zu Diagnostik und Prävention

C. Weiß, *Basiswissen Medizinische Statistik*,
DOI 10.1007/978-3-642-34261-5_14,

> Habe Mut, dich deines eigenen Verstandes zu bedienen.
> (Immanuel Kant, Philosoph, 1724–1804)

14.1 Diagnosestudien

14.1.1 Validität eines diagnostischen Tests

Die Diagnosestellung gehört zu den wichtigsten Aufgaben eines praktisch tätigen Arztes. Dazu bedient er sich neben seinen Fachkenntnissen und seiner persönlichen Erfahrung eines oder mehrerer diagnostischer Testverfahren. Dies kann ein technisch aufwendiger Labortest sein; es kann sich auch um eine klinische Untersuchung, ein bildgebendes Verfahren oder Informationen aus der Anamnese handeln. Jedes diagnostische Verfahren wird eingesetzt, um größere Sicherheit bezüglich des Krankheitsstatus eines Patienten zu gewinnen.

Das Ziel einer Diagnosestudie besteht darin, die Güte eines diagnostischen Verfahrens zu evaluieren. Diese Studien sind nicht nur für die klinische Praxis, sondern auch für die epidemiologische Forschung sehr wichtig. Letzten Endes basieren die Ergebnisse aller Studien auf diagnostischen Verfahren, da diese die Voraussetzung für das Erkennen oder Ausschließen einer Krankheit sind.

Zu den Gütekriterien eines diagnostischen Tests zählen die Validität und die Reliabilität:

- Die **Reliabilität** ist ein Maß für die Reproduzierbarkeit der Testergebnisse unter ähnlichen Bedingungen (► Abschn. 14.1.4).
- Die **Validität** ist die Fähigkeit, zwischen Kranken und Gesunden zu unterscheiden. Sie wird bestimmt durch die Sensitivität und die Spezifität:
  - **Sensitivität:** Dies ist die bedingte Wahrscheinlichkeit $P(T_+|K)$, dass der Test bei einer kranken Person richtig (also positiv) reagiert.
  - **Spezifität:** Darunter versteht man die bedingte Wahrscheinlichkeit $P(T_-|\bar{K})$, dass eine nichterkrankte Person ein richtiges (also negatives) Testergebnis erhält.

Im Idealfall – wenn alle Testergebnisse korrekt sind – nehmen beide Wahrscheinlichkeiten den Wert 1 an. In der Praxis muss man leider damit rechnen, dass sich hin und wieder ein falscher Befund ergibt. Wenn der Test die Krankheit eines Patienten übersieht, erhält man ein **falsch negatives Ergebnis**. Die Wahrscheinlichkeit dafür ergibt sich aus der Sensitivität. Da nämlich T_- und T_+ komplementäre Ereignisse sind, berechnet man mit ► Formel (6.3) (► Abschn. 6.2.4):

$$P(T_- \mid K) = 1 - P(T_+ \mid K) \tag{14.1}$$

In analoger Weise lässt sich aus der Spezifität die Wahrscheinlichkeit für ein **falsch positives Ergebnis** ermitteln:

$$P(T_+ \mid \bar{K}) = 1 - P(T_- \mid \bar{K}) \qquad (14.2)$$

Um im Rahmen einer Diagnosestudie die Sensitivität und die Spezifität ermitteln zu können, müssen folgende Voraussetzungen gegeben sein:

- Ein sog. **Goldstandard** muss verfügbar sein, mit dem sich der wahre Krankheitsstatus der Studienteilnehmer feststellen lässt. In der Regel ist dies ein aufwendiges, teures oder kompliziertes Verfahren (z. B. eine Biopsie). Im medizinischen Alltag wird selten ein Goldstandard benutzt. Man ist vielmehr bemüht, Ersatzverfahren einzusetzen – wohl wissend, dass diese weniger genau, dafür aber einfacher in der Anwendung und mitunter weniger riskant sind als der Goldstandard.
- Hinreichend viele kranke und nichterkrankte Personen müssen sowohl mit dem zu evaluierenden Test als auch mit dem Goldstandard diagnostiziert werden.
- Der Arzt, der die Befunde des neu zu evaluierenden Verfahrens interpretiert, sollte verblindet sein. Das heißt: Er darf den wahren Krankheitsstatus und andere klinische Informationen der Testteilnehmer nicht kennen. Nur dann ist gewährleistet, dass er die Befunde unvoreingenommen und objektiv beurteilt.

Beide Kenngrößen – Sensitivität und Spezifität – sollten zusammen mit einem Konfidenzintervall angegeben werden, damit sich die Genauigkeit der Schätzungen beurteilen lässt. Zusammenfassende Maße sind der **Youden-Index** (berechnet als »Sensitivität + Spezifität – 1«) und der **Kappa-Koeffizient** (▶ Abschn. 14.1.4), der den Grad der Übereinstimmung des diagnostischen Tests mit dem Goldstandard quantifiziert. Beide Maße haben einen maximalen Wert von 1 (wenn sowohl Sensitivität als auch Spezifität 100% betragen). Wenn der diagnostische Test nur so gut ist wie der Zufall, haben Youden-Index und Kappa-Koeffizient den Wert 0.

Manchmal werden auch **Likelihood-Quotienten** benutzt, um die Güte eines diagnostischen Tests zu beschreiben. Der positive Likelihood-Quotient ist die Wahrscheinlichkeit, dass eine kranke Person einen positiven Befund erhält, dividiert durch die Wahrscheinlichkeit, dass sich dieser Befund bei einer gesunden Person ergibt:

$$LH+ = \frac{P(T_+ \mid K)}{P(T_+ \mid \bar{K})} = \frac{\text{Sensitivit t}}{1 - \text{Spezifit t}} \qquad (14.3)$$

Analog ist der negative Likelihood-Quotient definiert als:

$$LH- = \frac{P(T_- \mid K)}{P(T_- \mid \bar{K})} = \frac{1 - \text{Sensitivit t}}{\text{Spezifit t}} \qquad (14.4)$$

Wenn ein Likelihood-Quotient einen Wert nahe bei 1 annimmt, ist der Test unbrauchbar. Als grobe Orientierung gilt: Bei einem leistungsfähigen Test sollten der positive Quotient größer als 3 und der negative kleiner als 1/3 sein.

14.1.2 Vorhersagewerte

Für den behandelnden Arzt und die betroffenen Patienten sind nicht so sehr die Sensitivität und die Spezifität interessant als vielmehr die **Vorhersagewerte** (oder **prädiktiven Werte**) – das sind die Wahrscheinlichkeiten, dass das Testergebnis den richtigen Krankheitsstatus anzeigt. Unter dem **positiven Vorhersagewert** versteht man die bedingte Wahrscheinlichkeit $P(K|T_+)$; der **negative Vorhersagewert** ist die bedingte Wahrscheinlichkeit $P(\bar{K}|T_-)$. Mit dem Bayes-Theorem [▶ Formel (6.13)] leitet man her:

$$P(K \mid T_+) = \frac{P(K) \cdot P(T_+ \mid K)}{P(K) \cdot P(T_+ \mid K) + P(\bar{K}) \cdot P(T_+ \mid \bar{K})} \tag{14.5}$$

$$P(\bar{K} \mid T_-) = \frac{P(\bar{K}) \cdot P(T_- \mid \bar{K})}{P(\bar{K}) \cdot P(T_- \mid \bar{K}) + P(K) \cdot P(T_- \mid K)} \tag{14.6}$$

Während die Prävalenz $P(K)$ die Wahrscheinlichkeit bezeichnet, erkrankt zu sein, *bevor* das Testergebnis bekannt ist, ist der positive Vorhersagewert die Wahrscheinlichkeit, erkrankt zu sein, *nachdem* das positive Ergebnis vorliegt. Deshalb nennt man die Prävalenz auch »A-priori-Wahrscheinlichkeit«, während man den positiven Vorhersagewert als »A-posteriori-Wahrscheinlichkeit« bezeichnet.

An ▶ Beispiel 14.1 wird deutlich, dass die Vorhersagewerte stark von der Prävalenz abhängen. Ein positiver Befund kann sich auch bei gesunden Personen ergeben aufgrund von Einflüssen, die in keinem Zusammenhang mit der relevanten Krankheit stehen. Deshalb ist bei geringer Prävalenz (wenn weitaus mehr gesunde als kranke Personen getestet werden) oft nur ein kleiner Teil der positiven Befunde auf die zu diagnostizierende Krankheit zurückzuführen. Der negative Vorhersagewert nimmt dagegen in allen Populationen einen Wert nahe bei 1 an. Während also bei einem negativen Befund die Krankheit praktisch ausgeschlossen werden kann, ist ein positiver Befund weitaus schwieriger zu interpretieren.

Beispiel 14.1: Sensitivität, Spezifität und Vorhersagewerte

Wir greifen zurück auf den HIV-Test in ▶ Beispiel 6.9: Ein HIV-Test habe eine Sensitivität von 99% und eine Spezifität von 99,5%. Der positive und der negative Likelihood-Quotient sind nach ▶ Formel (14.3) bzw. ▶ Formel (14.4): $LH+ = 0{,}99/0{,}005 = 198$;

▼

LH– = 0,01/0,995 = 0,01. Diese Zahlen besagen: Die Wahrscheinlichkeit, dass eine infizierte Person einen positiven (bzw. negativen) Befund erhält, ist 198-mal (bzw. 0,01-mal) so hoch wie die Wahrscheinlichkeit bei einer nichtinfizierten Person. In Abhängigkeit von der Prävalenz ergeben sich mit ► Formel (14.5) und ► Formel (14.6) folgende Vorhersagewerte:

Population	Prävalenz	Vorhersagewert	
		Positiver	Negativer
Ohne Risiko	0,00001	0,00198	1,00000
(Rechenbeispiel)	0,0001	0,01942	1,00000
Homosexuelle Männer	0,001	0,16541	0,99999
Drogenabhängige	0,01	0,66667	0,99990
(Rechenbeispiel)	0,1	0,95652	0,99888

Die Anwendung eines diagnostischen Tests kann in der Praxis zu Problemen führen, wenn die Zugehörigkeit zu einer Risikogruppe und damit die Prävalenz nicht bekannt sind. Problematisch ist dies vor allem bei Screening-Untersuchungen, bei denen die Prävalenz in der Regel sehr niedrig ist. Bei besonderen Risikogruppen oder in Spezialkliniken sind dagegen die Prävalenz und damit auch die Aussagekraft des Tests höher. In jedem Fall ist ein positiver Befund lediglich als Hinweis zu werten, dass die Krankheit vorliegen könnte. Um eine sichere Diagnose zu stellen, bedarf es weiterer Untersuchungen.

Leider sind sich viele Anwender darüber nicht im Klaren und interpretieren ein positives Testergebnis intuitiv so, als seien Zweifel an der Erkrankung eines Patienten quasi ausgeschlossen. Sie folgern naiv, dass – wenn mit 99%-iger Wahrscheinlichkeit aus der Bedingung »Krankheit vorhanden« die Aussage »Testergebnis positiv« folgt – auch der Umkehrschluss gilt: dass also aus einem positiven Ergebnis mit 99%-iger Sicherheit auf die Krankheit geschlossen werden kann. Dabei unterliegen sie jedoch einer kognitiven Täuschung – sei es aufgrund von Selbstüberschätzung, Bequemlichkeit oder einfach nur wegen mangelnder Erfahrung im Umgang mit Wahrscheinlichkeiten (vgl. Dubben u. Beck-Bornholdt 2006 sowie Gigerenzer 2009; ► Anhang). Um ein Testergebnis zu beurteilen, bedarf es jedoch weniger Intuition als vielmehr fachlicher Fähigkeiten und solider Statistikkenntnisse.

Cave

In einigen Publikationen taucht in Zusammenhang mit diagnostischen Tests der Begriff »accuracy« auf. Dies bezeichnet die Wahrscheinlichkeit, dass eine beliebige Person, die sich dem Test unterzieht, einen korrekten Befund erhält. Allerdings ist dieses Maß für praktische Anwendungen wenig geeignet, da es von der Prävalenz abhängt und keine Information bezüglich der beiden Vorhersagewerte beinhaltet.

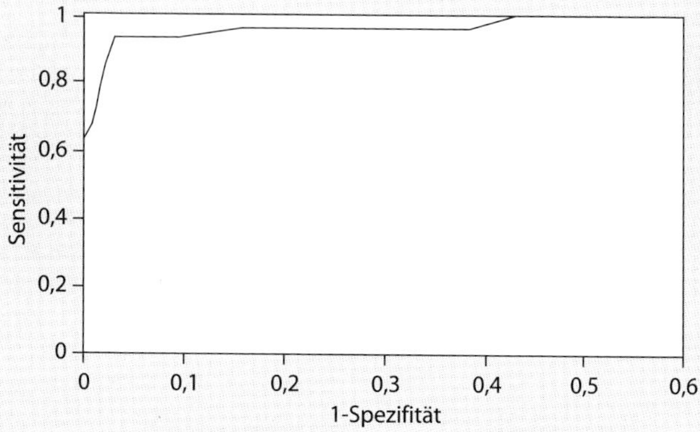

Abb. 14.1 ROC-Kurve für einen Test zur Diagnose eines Myokardinfarkts (▶ Beispiel 14.2). Eingezeichnet sind »1 minus Spezifität« auf der *x*-Achse und die Sensitivität auf der *y*-Achse für unterschiedliche Schwellenwerte

14.1.3 ROC-Analyse***

Viele Testergebnisse beruhen auf physikalischen Messungen im Labor. Bei solchen Größen handelt es sich in der Regel um stetige Merkmale – und nicht, wie bisher angenommen wurde, um Alternativmerkmale mit den Ausprägungen »positiv« und »negativ«. Um eine binäre Testentscheidung zu ermöglichen, wird eine Trenngröße τ (griech. Buchstabe tau) festgelegt – das ist ein **Schwellenwert**, der den pathologischen vom physiologischen Bereich trennt. Der Messwert einer Person, die sich dem Test unterzieht, wird mit diesem Schwellenwert verglichen: Ist er größer als τ, spricht man von einem positiven, ansonsten von einem negativen Befund.
Jedem Schwellenwert sind eindeutige Werte für Sensitivität und Spezifität zugeordnet. Trägt man nun für jeden Schwellenwert den Anteil der falsch positiven Befunde (1 minus Spezifität) gegen den Anteil der richtig positiven Befunde (Sensitivität) in ein Koordinatensystem ein und verbindet diese Punkte miteinander, entsteht die **ROC-Kurve** (Abb. 14.1). ROC ist die Abkürzung für »receiver operating characteristic«. Dieser Begriff stammt aus der Nachrichtentechnik und bedeutet Signalerkennung.
Aus ▶ Beispiel 14.2 und Abb. 14.1 geht hervor: Je höher die Sensitivität, desto geringer ist die Spezifität. Dies ist leicht nachvollziehbar:

- Bei einem geringen Schwellenwert erhalten zahlreiche Personen ein positives Testergebnis. Dadurch werden einerseits viele Kranke (richtig) positiv und andererseits zahlreiche Gesunde (falsch) positiv klassifiziert. Dies ist gleichbedeutend mit einer hohen Sensitivität

▼

und einer hohen Wahrscheinlichkeit für falsch positive Ergebnisse, was wiederum mit einer niedrigen Spezifität einhergeht.

- Ein hoher Schwellenwert ergibt dagegen für die meisten gesunden und für relativ viele kranke Personen einen negativen Befund (hohe Spezifität, hohe Wahrscheinlichkeit für falsch negative Ergebnisse und geringe Sensitivität). Schwellenwerte, die gut zwischen Kranken und Gesunden diskriminieren, findet man in der oberen linken Ecke der ROC-Kurve.

Beispiel 14.2: ROC-Analyse

Eignet sich der Kreatininkinase-Wert zur Diagnose eines akuten Myokardinfarkts? In einer Studie ergaben sich bei Infarktpatienten Werte zwischen 90 und 10.280, während Patienten mit anderen Herzbeschwerden Werte zwischen 25 und 370 aufwiesen. Sensitivität und Spezifität sind abhängig von unterschiedlichen Schwellenwerten:

τ	Sensitivität in %	Spezifizität in %	Youden-Index
80	100	48	0,48
90	100	57	0,57
100	96	62	0,58
120	96	75	0,71
150	96	84	0,80
200	93	91	0,84
250	93	94	0,87
300	93	97	0,90
320	85	98	0,83
350	70	99	0,69
380	63	100	0,63
400	55	100	0,55

Wenn man Sensitivität und Spezifität als gleich wichtig erachtet, wäre $\tau = 300$ der optimale Schwellenwert. Die Fläche unter der ROC-Kurve (AUC) beträgt 0,94 (◘ Abb. 14.1).

Die Güte eines diagnostischen Tests lässt sich durch die Fläche unter der ROC-Kurve (im Englischen als »**area under the curve**« oder AUC bezeichnet) quantifizieren. Nur wenn ein Schwellenwert existiert, der fein säuberlich die Kranken von den Nichterkrankten trennt (was praktisch kaum vorkommt), erreicht diese Fläche ihren maximalen Wert 1. Eine AUC von 0,5 besagt dagegen, dass der diagnostische Test nicht besser ist als zufällige Zuweisungen »krank« oder »gesund«.
Die Frage nach dem **optimalen Schwellenwert** lässt sich nicht allgemein beantworten. Dieser ist abhängig von den Konsequenzen, die sich aus falschen Testbefunden ergeben. Ein falsch negativer Befund kann fatale Folgen für den Patienten haben: Dieser wähnt sich zunächst gesund und wird möglicherweise zu spät oder gar nicht therapiert. Falsch positive Befunde belasten die betreffenden Personen und führen zu nachfolgenden Behandlungen, die unnötig, teuer und mitunter gefährlich sind.

▼

Auf eine **hohe Sensitivität** legt man Wert, wenn

- es sich um eine Krankheit mit schwerwiegenden (oder gar lebensbedrohlichen) Folgen für den Patienten handelt,
- eine erfolgversprechende Therapie verfügbar ist,
- sich falsch positive Befunde mit vertretbarem Aufwand sowie ohne allzu große Belastungen für die betreffende Person klären lassen und
- falsch negative Befunde gefährliche Konsequenzen nach sich ziehen.

Eine **hohe Spezifität** ist anzustreben, wenn

- keine Therapie mit Aussicht auf Besserung bekannt ist,
- die Therapie zu unverhältnismäßig hohen finanziellen Belastungen für den Patienten oder das Gesundheitswesen führt,
- die Therapie mit schweren Nebenwirkungen behaftet ist,
- die Nachfolgeuntersuchungen mit erheblichen Risiken oder psychischen Belastungen für den Patienten verbunden sind und
- falsch positive Befunde gravierende Konsequenzen haben.

Ein optimaler Schwellenwert beruht also nicht nur auf wahrscheinlichkeitstheoretischen, sondern auch auf medizinischen, ökonomischen und ethischen Überlegungen. Ein Arzt muss bei der Interpretation eines Testbefundes in jedem Fall berücksichtigen, dass dieses unter Umständen auch von einem mehr oder weniger willkürlich festgelegten Schwellenwert abhängt.

14.1.4 Reliabilität eines diagnostischen Tests***

Neben der Validität spielt die **Reproduzierbarkeit** (oder **Reliabilität**) bei der Bewertung eines diagnostischen Tests eine wichtige Rolle – also die Frage: Inwieweit ist der Test zuverlässig und wiederholbar?

Viele Testbefunde sind durch subjektive Einschätzungen des jeweiligen Untersuchers geprägt oder hängen von anderen Rahmenbedingungen ab. Beispiele hierfür stellen klinische Schweregrad-Scores wie etwa der PASI (Psoriasis Area and Severity Index) dar. Es ist keineswegs selbstverständlich, dass wiederholte Beurteilungen desselben Zustands durch unterschiedliche Beobachter jeweils zum selben Ergebnis führen. Es ist auch nicht garantiert, dass derselbe Beobachter, der einen Patienten zu verschiedenen Zeitpunkten untersucht, jedes Mal den gleichen Befund erhält. Der **κ-Koeffizient nach Cohen** (κ: griech. Buchstabe kappa) findet Verwendung, um – wie in ► Beispiel 14.3 – den Grad der Übereinstimmung zwischen zwei Beobachtern (die **interindividuelle Variabilität**) zu messen. Diese Zahl quantifiziert, inwieweit die Befunde vom Untersucher abhängen und stellt damit ein Maß für die Objektivität einer Methode dar. Der κ-Koeffizient eignet sich außerdem, um den Grad der Übereinstimmung der Beurteilungen desselben Beobachters zu zwei verschiedenen Zeitpunkten (die **intraindividuelle Variabilität**) zu messen. Er ist definiert als:

$$\kappa = \frac{p_o - p_e}{1 - p_e} \quad (14.7)$$

▼

Dabei sind p_o und p_e die Anteile der übereinstimmenden Urteile, die man beobachtet hat bzw. die man rein zufällig erwarten würde (*o* und *e* stehen für »observed« bzw. »expected«). Der κ-Koeffizient quantifiziert demnach den Anteil von Übereinstimmungen, der über das hinausgeht, was man unter dem Zufall erwarten würde. Stimmen zwei Beobachter in allen Urteilen überein, ist $\kappa = 1$. Falls die Anzahl der Übereinstimmungen der Zufallserwartung entspricht, ist $\kappa = 0$. Theoretisch kann κ auch negative Werte annehmen. (Dieser Fall ist aber praktisch bedeutungslos.) $\kappa > 0{,}60$ zeigt eine gute, $\kappa > 0{,}80$ eine exzellente Übereinstimmung jenseits des Zufalls an.

Beispiel 14.3: Kappa-Koeffizient

Zwei Radiologen bewerten unabhängig voneinander 100 Röntgenbilder. Folgende Beurteilungen ergeben sich (in Klammer die Häufigkeiten, die rein zufällig zu erwarten sind):

	Beobachter A			Erwartete Häufigkeiten
Beobachter B	Normal	Pathologisch	Σ	
Normal	40 (30)	10 (20)	50	$e_{11} = e_{21} = 50 \cdot 60/100 = 30$
Pathologisch	20 (30)	30 (20)	50	$e_{12} = e_{22} = 50 \cdot 40/100 = 20$
Σ	60	40	100	

Daraus ergibt sich: $p_o = (40 + 30)/100 = 0{,}70$, $p_e = (30 + 20)/100 = 0{,}50$. Die Untersucher haben also in 70% der Fälle übereinstimmend geurteilt; der Anteil der rein zufällig zu erwartenden Übereinstimmungen beträgt 50%. Daraus resultiert nach ► Formel (14.7) $\kappa = \frac{0{,}70 - 0{,}50}{1 - 0{,}50} = 0{,}40$. Der Grad der Übereinstimmung ist also recht schwach.

Es gibt außerdem einen erweiterten κ-Koeffizienten, der sich eignet, um mehr als zwei Beobachter zu vergleichen. Weiterhin ist ein gewichteter κ-Koeffizient entwickelt worden, mit dem sich Abweichungen je nach ihrem Schweregrad unterschiedlich gewichten lassen.

Diese Koeffizienten sind ausführlich in Bortz u. Lienert (2008) beschrieben. Zur weiteren Lektüre sei das Handbuch von Fletcher u. Fletcher (2007) empfohlen.

14.1.5 Anwendung eines diagnostischen Tests in der Praxis

Sensitivität und Spezifität beschreiben die Güte eines diagnostischen Verfahrens aus der Sicht des Forschers, der den Test entwickelt. Mitunter erweist sich ein diagnostisches Verfahren in der Praxis als ungeeignet – trotz hoher Werte für Sensitivität und Spezifität. Dies kann vielfältige Gründe haben:

- Interpretation des Testbefundes
- Patientenspektrum
- Informationsbias

Interpretation des Testbefundes Es ist bekannt, dass ein Testbefund nicht immer den korrekten Krankheitsstatus anzeigt. Die Vorhersagewerte informieren darüber, inwieweit man sich auf einen Befund verlassen kann (▶ Abschn. 14.1.2). Bei niedriger Prävalenz kann der positive Vorhersagewert – trotz hoher Werte für Sensitivität und Spezifität – extrem gering sein (▶ Beispiel 14.1). Ohne die Kenntnis, ob der Patient einer Risikogruppe angehört und wie hoch deren Prävalenz ist, ist ein Testbefund kaum zu interpretieren.

Patientenspektrum Sensitivität und Spezifität sind theoretisch unabhängig von der Prävalenz. Andererseits bleibt festzuhalten, dass die Beurteilung der Testbefunde teilweise subjektiven Einflüssen der behandelnden Ärzte unterliegt und dass die Patienten, bei denen ein diagnostisches Verfahren in der Praxis oder im klinischen Alltag eingesetzt wird, andere Charakteristika aufweisen als Personen, die an einer diagnostischen Studie teilnehmen. Dies gilt sowohl für die erkrankten Patienten als auch für nichterkrankte Probanden. Davon werden wiederum Sensitivität, Spezifität und damit auch die Vorhersagewerte beeinflusst.

Informationsbias Wenn ein Arzt aufgrund einer klinischen Untersuchung den Eindruck gewinnt, dass der Patient erkrankt ist, wird er versuchen, diesen Verdacht anhand des Testbefundes zu bestätigen. Umgekehrt wird er, wenn er glaubt, die Krankheit liege nicht vor, den Testbefund eventuell weniger aufmerksam begutachten. Deshalb sollten die Beurteiler bei einer diagnostischen Studie verblindet sein (▶ Abschn. 14.1.1).

Wie diese Überlegungen zeigen, reicht ein einzelnes Testergebnis normalerweise nicht aus, um sich auf eine Diagnose festzulegen. Um den Diagnoseprozess effizienter zu gestalten, werden in der Praxis häufig mehrere Tests durchgeführt (**multiples Testen**). Dabei sind grundsätzlich zwei Vorgehensweisen denkbar:
- Parallele Tests
- Sequenzielle (oder serielle) Tests

Parallele Tests Im klinischen Bereich oder bei Notfallpatienten werden oft mehrere Tests gleichzeitig (genauer: innerhalb einer kurzen Zeitspanne) angewandt. Ein Patient gilt als testpositiv, sobald ein einziger Test einen positiven Befund ergibt. Dies führt zu einer hohen Sensitivität. Die Wahrscheinlichkeit, eine Krankheit zu übersehen, ist bei diesem Prozedere gering. Allerdings ergeben sich dabei auch einige falsch positive Befunde.

Sequenzielle (oder serielle) Tests Diese Strategie wird verwendet, wenn eine schnelle Diagnosestellung nicht erforderlich ist. Man beginnt mit einem einfachen, leicht anwendbaren Test. Nur bei einem positiven Befund führt man einen aufwendigeren zweiten Test durch. Ist das zweite Ergebnis negativ, gilt der Patient als testnegativ.

Ansonsten wird eventuell ein zusätzlicher Test herangezogen. Dieses Prozedere ist zeitintensiver als das parallele Testen; andererseits beansprucht es weniger Laborkapazität. Es führt zu größerer Spezifität und geringerer Sensitivität.

Schließlich sollte sich ein Arzt bei seiner Entscheidungsfindung nicht ausschließlich auf die Ergebnisse diagnostischer Tests verlassen, sondern auch seine individuelle Erfahrung, sein persönliches Urteilsvermögen sowie seine fachspezifischen Kenntnisse und nicht zuletzt (entsprechend dem Vorschlag des berühmten Philosophen Immanuel Kant) seinen eigenen Verstand mit einfließen lassen.

14.2 Präventionsstudien

14.2.1 Formen der Prävention***

Im allgemeinen Sprachgebrauch versteht man unter Prävention eine Maßnahme, die einer unerwünschten Entwicklung zuvorkommen soll. In diesem Sinne ist nahezu jede Tätigkeit eines Arztes als Prävention aufzufassen. Im engeren Sinne fasst man unter diesem Begriff ärztliche oder gesundheitspolitische Maßnahmen zusammen, die der Verhütung oder Früherkennung von Krankheiten dienen. Man unterscheidet drei Ebenen der Prävention:

- **Primäre Prävention:** Mit diesen Maßnahmen soll das Auftreten einer Krankheit durch das Ausschalten der Ursachen verhindert werden. Die Zielgruppe sind gesunde Individuen. Diese können selbst durch eine gesunde Lebensweise oder körperliche Aktivität zur Stärkung des Immunsystems dazu beitragen, die Inzidenz bestimmter Krankheit zu senken. Ein Arzt betreibt primäre Prävention, etwa wenn er Patienten vor dem Eintreten einer Krankheit über bestimmte Risiken informiert oder wenn er jemanden impft. Ein Beispiel stellt die Impfung eines jungen Mädchens gegen HPV 16 oder HPV 18 dar mit dem Ziel, das Auftreten von Gebärmutterhalskrebs zu verhindern. Auch kommunale Einrichtungen leisten primäre Prävention, etwa wenn sie für sauberes Trinkwasser oder hygienisch einwandfreie Lebensmittel sorgen. Aufklärungskampagnen, die Menschen zum verantwortungsbewussten Umgang mit Genussmitteln sensibilisieren sollen, fallen ebenfalls unter diese Kategorie.
- **Sekundäre Prävention:** Diese Form der Prävention hat zum Ziel, eine Entwicklungsstörung oder eine Krankheit im Frühstadium zu erkennen, sodass rechtzeitig interveniert werden kann, um die Progression oder den Tod zu verhindern. Dazu führt man Screening-Untersuchungen durch, meist in Arztpraxen oder anderen medizinischen Institutionen. Anders als bei der primären Prävention wird jeder Teilnehmer gezielt auf das Vorhandensein einer Krankheit oder einer Störung untersucht. Beispiele sind Krebsfrüherkennungsuntersuchungen wie etwa die Mammografie oder der PAP-Abstrich, mit dem Vorstufen des Gebärmutterhalskrebses erkannt werden sollen. Auch Früherkennungsuntersuchungen bei Kindern sind eine Form der sekundären Prävention.
- **Tertiäre Prävention:** Dieser Begriff bezieht sich auf manifest gewordene Krankheiten. Er umfasst Maßnahmen, mit denen deren Folgeerscheinungen begrenzt werden sollen. (Dazu zählen Rehabilitation oder Unterstützung durch Selbsthilfegruppen.) Wichtig ist dies vor

▼

allem bei letalen Krankheiten wie Krebs oder AIDS. Der Tod kann durch diese Form der Prävention in aller Regel zwar nicht verhindert werden; durch eine adäquate medizinische Betreuung lässt sich jedoch die Lebensqualität verbessern und eventuell der Todeszeitpunkt hinauszögern.

Im Allgemeinen wird die Notwendigkeit präventiver Maßnahmen kaum infrage gestellt. Dies betrifft insbesondere die Formen der primären Prävention. Diese haben im Laufe der vergangenen Jahrzehnte dazu geführt, dass viele Krankheiten nunmehr ausgerottet sind oder zumindest rückläufige Fallzahlen aufweisen. Ebenso wenig wird über tertiäre Präventionsmaßnahmen diskutiert. Niemand bestreitet, dass die bestmögliche Unterstützung manifest erkrankter Menschen ethisch geboten erscheint. Andererseits wird in den letzten Jahren über die Notwendigkeit von einigen Präventionsmaßnahmen (insbesondere Impfungen und Screenings) teilweise heftig diskutiert. Deshalb erscheint es sinnvoll, deren Nutzen anhand von geeigneten Maßzahlen zu evaluieren.

14.2.2 Nutzen einer Impfmaßnahme***

Der Nutzen einer Schutzimpfung lässt sich durch folgende Zahlen quantifizieren:

- **Basisreproduktionszahl:** Sie gibt an, wie viele Menschen eine erkrankte Person durchschnittlich ansteckt, wenn *kein* Mitglied der Population gegen die betreffende Krankheit immun ist.
- **Nettoreproduktionszahl:** Diese Zahl informiert, wie viele Menschen ein Infizierter durchschnittlich ansteckt, nachdem ein (bekannter) Teil der Population PI immun ist. Sie berechnet sich aus der Basisreproduktionszahl R_0 als:

$$R = (1 - PI) \cdot R_0 \tag{14.8}$$

Wenn die Nettoreproduktionszahl R kleiner als 1 ist, wird sich die Krankheit nicht weiter ausbreiten und mit der Zeit gänzlich ausgerottet werden. Mit ► Formel (14.8) lässt sich berechnen, wie groß der Anteil der Immunisierten sein muss, damit dieses Ziel erreicht wird:

$$PI_{min} = (R_0 - 1) / R_0 \tag{14.9}$$

Der Anteil PI_{min} stellt die kritische Immunisierungsschwelle oder die **Schwelle zur Herdenimmunität** dar. Wird dieser Anteil überschritten, wird die betreffende Krankheit in der Population aussterben. Der Erfolg einer Impfkampagne lässt sich also im Vorfeld abschätzen (falls die Basisreproduktionszahl bekannt ist).

Beispiel 14.4: Reproduktionszahlen

Die Basisreproduktionszahl bei Keuchhusten beträgt etwa $R_0 = 15$. Wenn der Anteil $PI = 90\%$ einer Population immun ist, beträgt der Anteil der Empfänglichen 10%. Die

▼

Nettoreproduktionszahl berechnet sich dann nach ▶ Formel (14.8) als 15 · 0,10 = 1,5. Aus ▶ Formel (14.9) ergibt sich $PI_{min} = 14/15 = 0{,}933$. Das heißt: Mindestens 93,3% einer Population müssen immun sein, damit sich die Krankheit nicht weiter ausbreitet.

14.2.3 Nutzen eines Screenings***

Auch bei sekundären Präventionsmaßnahmen, insbesondere bei Screening-Untersuchungen, wird weithin die Meinung vertreten, dass sie in keinem Fall schaden können. Die zugrunde liegende Idee ist einleuchtend: Krankheiten sollen bereits in der präklinischen Phase entdeckt werden, ehe der Patient die ersten klinischen Symptome bemerkt. Zu diesem Zeitpunkt kann eine therapeutische Intervention eventuell verhindern, dass die Krankheit sich weiter ausbreitet und in ein Stadium gelangt, in dem eine Heilung nicht mehr möglich ist.

Dies klingt so überzeugend, dass eine genaue Überprüfung der Effizienz eines Screenings überflüssig erscheint. Andererseits haben Screening-Untersuchungen offensichtliche Nachteile: Man denke nur an falsch positive oder falsch negative Befunde und deren Konsequenzen, an die mit manchen Untersuchungen verbundenen Risiken, Unannehmlichkeiten oder an die Kosten. Aus diesen Gründen erscheinen Studien geboten, mit denen sich die Validität und die Effizienz eines Screenings objektiv beurteilen lassen.

Die **Validität** eines Screenings wird (ebenso wie bei einem diagnostischen Test) durch Sensitivität und Spezifität beschrieben (▶ Abschn. 14.1.1). In der Praxis sind jedoch die Vorhersagewerte interessanter: Sie geben an, inwieweit man sich auf einen Testbefund verlassen kann (▶ Abschn. 14.1.2). Dabei ist zu bedenken, dass die Prävalenz der untersuchten Population in der Regel sehr gering ist. Daher ist der positive Vorhersagewert sehr klein, was wiederum problematisch bei der Interpretation eines Befundes ist.

Die **Effizienz** lässt sich beschreiben, indem man die Effektmaße aus ▶ Abschn. 13.4.2 berechnet. Wie ▶ Beispiel 14.5 deutlich macht, ist der Nutzen oft kleiner als vielfach angenommen.

Beispiel 14.5: Screening

Die Bedeutung der Maßzahlen in ▶ Abschn. 13.4.2 in Zusammenhang mit Screening-Methoden sei an folgendem Beispiel verdeutlicht.

Zugrunde liegen die Ergebnisse von 10 randomisierten Studien, die durchgeführt wurden, um zu ermitteln, ob die regelmäßige Teilnahme am Mammografie-Screening das Risiko verringert, an Brustkrebs zu sterben (Kerlikowske K. Efficacy of screening mammography among women aged 40 to 49 years and 50 to 59 years: Comparison of relative and absolute benefit. J Nat Cancer Inst Monogr. 1997;22:79–86). Insgesamt hatten 500.000 Frauen in Europa und Nordamerika teilgenommen. Das Risiko, innerhalb des Beobachtungszeitraums von 10 Jahren an Brustkrebs zu versterben, betrug 3,6/1000 (ohne Screening) bzw. 2,9/1000 (mit Screening). Daraus ergibt sich: $ARR = 0{,}0007$; $NNT = 1{,}429$; $RR = 1{,}24$ und $RRR = 0{,}19$. Welches dieser Maße eignet sich zur Darstellung des Nutzens? Wie die *ARR* verdeutlicht, vermag Screening das Risiko nur minimal zu senken. Noch prägnanter kommt dies in der *NNT* zum Ausdruck: Wenn sich 1429 Frauen regelmäßig

▼

screenen lassen, wird durchschnittlich eine profitieren und vom Tod durch Brustkrebs bewahrt bleiben. Das *RR* zeigt, dass dieses Risiko für Frauen ohne Screening etwa 1,24-mal so hoch ist wie für Frauen in der Screening-Gruppe – allerdings kommt nicht zum Ausdruck, dass diese Risiken generell sehr gering sind. Gänzlich irreführend ist die *RRR*: Sie suggeriert, dass 19% aller Frauen vom Screenen profitieren – in Wirklichkeit beziehen sich die 19% nur auf die Frauen, die ohne Screening an Brustkrebs sterben würden.

Cave

Die NNT (Number Needed to Treat) wird bei Screening-Programmen auch als NNS (Number Needed to Screen) bezeichnet. Weitere Ausführungen zu Screening-Untersuchungen findet man in Gigerenzer (2009; ▶ Anhang).

14.2.4 Bias***

Bei Studien zu Präventionsmaßnahmen gibt es eine Reihe spezifischer, systematischer Fehler (Bias):

- **Freiwilligenbias:** Dies ist eine besondere Form des Selektionsbias. Er kann auftreten, wenn man Personen, die sich freiwillig einer Impfung oder Früherkennungsmaßnahme unterziehen, mit einer Gruppe von Personen vergleicht, die dies nicht tun. Die Individuen beider Gruppen unterscheiden sich möglicherweise – sei es bezüglich ihres Lebensstils oder des familiären Risikos oder aus anderen Gründen. Verzerrte Ergebnisse wären dabei vorprogrammiert. Um diesen Bias zu vermeiden, sollte der Nutzen einer präventiven Maßnahme im Rahmen einer randomisierten Studie evaluiert werden. Bei diesem Design entscheidet allein der Zufall, ob ein Teilnehmer an einem Früherkennungsprogramm teilnimmt oder nicht.
- **Lead Time Bias:** Bei Patienten mit nichtheilbaren Tumoren, die sich einem Screening-Test unterziehen, werden die Tumoren früher entdeckt als bei anderen Patienten. Die Diagnose wird also vorverlegt. Die Überlebenszeit hat sich aufgrund des Screenings nicht verlängert, wohl aber die Zeit zwischen Diagnose und Tod. Dies darf aber in keinem Fall als Verlängerung der Lebenszeit interpretiert werden. In Wirklichkeit hat das Screening eher geschadet, da dadurch ein Teil unbeschwerter Lebenszeit verloren gegangen ist.
- **Length Time Bias:** Durch Screening-Untersuchungen werden vor allem langsam wachsende, wenig aggressive Tumoren mit langer präklinischer Phase und guten Chancen auf Heilung aufgespürt. Aggressive Tumoren mit schlechter Prognose werden dagegen häufig von den Patienten selbst bemerkt. Dies könnte zu der falschen Schlussfolgerung verleiten, die besseren Heilungschancen bei den langsam wachsenden Tumoren seien allein dem Screening zu verdanken.
- **Bias durch Überdiagnose:** Dieser ist eine extreme Form des Length Time Bias. Er entsteht dadurch, dass Erkrankungen bekannt werden, die ohne Screening niemals diagnostiziert worden wären. Dieser Fall kann eintreten, wenn Karzinome entdeckt werden, die zu Lebzeiten des Patienten gar nicht symptomatisch werden würden (weil der Patient vorher an

▼

einer anderen Ursache stirbt), oder wenn Tumoren erfasst werden, die sich ohne Screening zurückbilden würden.

Zusammenfassend bleibt festzuhalten: Der Nutzen eines Screenings ist abhängig von der Prävalenz, der Art der Erkrankung sowie den verfügbaren gesundheitsökonomischen Ressourcen. Darüber hinaus spielen Kriterien wie Sicherheit, Kosten, einfache Anwendung und Akzeptanz eine wichtige Rolle. Leider ist die Durchführung randomisierter Studien, die den Nutzen belegen könnten, aus verschiedenen Gründen problematisch: Diese müssten sehr viele Teilnehmer umfassen und etliche Jahre dauern, um verlässliche Ergebnisse zu erhalten. Nicht jeder Proband wird gern den Zufall entscheiden lassen, ob er regelmäßig gescreent werden soll oder nicht. Da die meisten potenziellen Teilnehmer den Nutzen eines Screenings kaum in Zweifel ziehen, mag es schwierig sein, sie von der Notwendigkeit solcher Studien zu überzeugen.

Kapitelzusammenfassung

Gütekriterien eines diagnostischen Tests

- Sensitivität: Wahrscheinlichkeit für positiven Befund bei Erkrankung
- Spezifität: Wahrscheinlichkeit für negativen Befund bei Nichterkrankung

Vorhersagewerte

- Positiver Vorhersagewert: Wahrscheinlichkeit, dass bei einem positiven Befund die Krankheit vorliegt
- Negativer Vorhersagewert: Wahrscheinlichkeit, dass bei einem negativen Befund die Krankheit *nicht* vorliegt

Formen der Prävention

- Primäre Prävention (um das Entstehen einer Krankheit zu verhindern)
  Zielgruppe: gesunde Personen
- Sekundäre Prävention (um eine Krankheit frühzeitig zu erkennen)
  Zielgruppe: Personen ohne klinische Symptomatik
- Tertiäre Prävention (um Folgeerscheinungen bei manifesten Krankheiten zu begrenzen)
  Zielgruppe: manifest erkrankte Patienten

Bias bei Screenings

- Freiwilligenbias
- Lead Time Bias (bezüglich Überlebenszeit)
- Length Time Bias (bezüglich Heilungschancen)
- Bias durch Überdiagnose

Studien zu Therapie und Prognose

C. Weiß, *Basiswissen Medizinische Statistik*,
DOI 10.1007/978-3-642-34261-5_15,

> Vorhersage ist schwierig, vor allem über die Zukunft.
> (Niels Bohr, Physiker und Nobelpreisträger, 1885–1962)

15.1 Therapiestudien

15.1.1 Einleitende Bemerkungen

Wird bei einem Patienten eine Krankheit diagnostiziert, stellt sich fast immer die Frage nach einer wirksamen und sicheren Therapie. Dies ist eine Maßnahme, die den Gesundheitszustand des Patienten verbessern soll: ein Medikament, ein chirurgischer Eingriff, eine Diät oder auch eine Psychotherapie. Bei der Verordnung einer Therapie stützt sich der Arzt zumeist auf die Ergebnisse von Studien, die deren Nutzen nachgewiesen haben.

Manche Therapien wurden entwickelt aufgrund theoretischer Überlegungen zu den Krankheitsmechanismen, andere Therapien basieren auf zufälligen Beobachtungen oder langjährigen Erfahrungen eines Arztes. Trotz einer immensen Vielfältigkeit an Arzneimitteln und Medizinprodukten besteht auch heute noch Bedarf an der Entwicklung neuer Therapien: Etwa für Krankheiten, die bisher noch nicht zufriedenstellend therapierbar sind (AIDS, viele Autoimmunerkrankungen, metabolisches Syndrom etc.), oder auch, um bei vorhandenen Therapieformen die Compliance (Art, wie die Patienten ärztliche Anweisungen befolgen) zu verbessern oder die Nebenwirkungsrate zu senken. In jedem Fall müssen Wirksamkeit, Sicherheit und Verträglichkeit einer formalen Prüfung unterzogen und mittels einer klinischen Studie untersucht werden. Man unterscheidet nach dem Untersuchungsgegenstand:

- **Arzneimittelstudien:** Hier stehen Arzneimittel im Fokus. Die Entwicklung eines Medikaments umfasst normalerweise vier klinische Phasen (► Abschn. 15.1.2). Ziel dieser Studien ist, klinische und pharmakologische Wirkungen nachzuweisen und Nebenwirkungen zu untersuchen.
- **Medizinproduktestudien:** Im Rahmen dieser Studien wird die Wirkung von Medizinprodukten untersucht. Dazu zählen Instrumente, Messapparate und Stoffe, die zu medizinischen Zwecken an Menschen eingesetzt werden, wie Herzschrittmacher, Beatmungsgeräte, chirurgische Instrumente, In-vitro-Diagnostika.
- **Freie Studien:** Dies betrifft OP-Verfahren und Psychotherapien.

Wird eine Therapie an Menschen getestet, kann dies mit Risiken verbunden sein – insbesondere dann, wenn nicht genügend Erfahrungen über Wirkung und Nebenwirkungen vorliegen. Andererseits ist es nicht weniger problematisch, unter dem Deckmantel der Ethik Patienten Arzneimittel zukommen zu lassen, deren Wirksamkeit und Sicherheit nicht untersucht worden sind.

Die Voraussetzungen zur Durchführung einer Therapiestudie sind daher sehr streng und in mehreren Gesetzesvorlagen verankert, unter anderem im Arzneimittelgesetz (AMG) und im Medizinproduktegesetz (MPG). In die neusten Fassungen des AMG sind die Leitlinien zur Durchführung von Therapiestudien nach der »Good Clinical Practice« (GCP) mit aufgenommen worden. Damit müssen diese international anerkannten Qualitätsanforderungen bei der Durchführung von Arzneimittelstudien zur Anwendung kommen.

Ferner muss eine Ethikkommission eine Therapiestudie vor Beginn begutachten. Diese Kommission muss die Relevanz des Forschungsvorhabens beurteilen und abwägen, ob der zu erwartende Nutzen und die mit der Therapie verbundenen Risiken in einer sinnvollen Relation stehen. Studien, die eine Zulassung eines Arzneimittels beinhalten, müssen zudem der zuständigen Landesbehörde (Regierungspräsidium) und dem Bundesinstitut für Arzneimittel und Medizinprodukte (BfArM) oder dem Paul-Ehrlich-Institut (Bundesinstitut für Impfstoffe und biomedizinische Arzneimittel) gemeldet werden.

Das Wohl der Patienten und Probanden hat immer Priorität. Der verantwortliche Arzt oder Versuchsleiter ist verpflichtet, jeden Teilnehmer über das Ziel der Studie, mögliche Risiken und den zu erwartenden Aufwand aufzuklären und vor Studienbeginn dessen Einverständnis einzuholen. Niemand darf gegen seinen Willen gezwungen werden, an einer solchen Studie teilzunehmen, und niemand darf benachteiligt werden, wenn er die Teilnahme verweigert. Jeder Patient hat auch das Recht, nach Studienbeginn ohne Angabe von Gründen sein Einverständnis zurückzuziehen.

15.1.2 Phasen einer Arzneimittelstudie

Bei der Entwicklung eines Arzneimittels sind mehrere Phasen zu durchlaufen:

- **Präklinische Phase:** Im Tierversuch werden Hinweise auf den Wirkmechanismus ermittelt und Informationen bezüglich Akut- und Langzeittoxikologie erhoben.
- **Phase I:** Gesunde Probanden werden mit dem neuen Arzneimittel behandelt, um Fragen zur Pharmakokinetik (Einfluss des Organismus auf den Arzneistoff) und Pharmakodynamik (Wirkung des Arzneimittels im Organismus), zur Verträglichkeit und zu Nebenwirkungen zu klären.
- **Phase II:** Nun wird das Arzneimittel an einzelnen Patienten eingesetzt.
  - In Phase IIa wird das Therapiekonzept überprüft.
  - In Phase IIb werden Informationen zu Therapiedosis und Nebenwirkungen gewonnen; diese Phase kann mehrere Hundert Patienten umfassen.
- **Phase III:** Darin vergleicht man eine größere Patientengruppe, die die neue Therapie erhält, mit einer Kontrollgruppe. Phase III kann mehrere Jahre dauern und mehrere Tausend Patienten umfassen. Die Ziele bestehen darin, ein Sicherheits-

profil zu erstellen, eine Nutzen-Risiko-Beziehung sowie eine Dosis-Wirkungs-Beziehung zu ermitteln.
- **Phase IV:** Erst wenn die Phasen I–III erfolgreich abgeschlossen sind, kann man die Zulassung des Arzneimittels beantragen. Phase IV beginnt mit dieser Zulassung und besteht, solange die Therapieform auf dem Markt ist. Sie dient im Rahmen der sog. Pharmakoepidemiologie der Dokumentation und Analyse seltener Nebenwirkungen und der Abgrenzung der Indikation.

Jede Phase I–IV ist im strengen Sinne experimentell, da der Studienleiter nicht nur beobachtet, sondern interveniert, indem er eine Therapie verabreicht.

15.1.3 Randomisierung

Klinisch kontrollierte Studien der Phase III sind quasi auf Patientenpopulationen beruhende Experimente, deren Ziel darin besteht, die Wirksamkeit oder Sicherheit eines Arzneimittels durch einen direkten Vergleich (z. B. mit der bisherigen Standardtherapie oder einem Plazebo) nachzuweisen. Auch bei anderen Therapieformen führt man gern Vergleichsstudien durch, um die Wirksamkeit nachzuweisen. Diese Studien sind analytisch, longitudinal und prospektiv.

Sinnvollerweise bildet man die zu vergleichenden Gruppen nach einem Zufallsverfahren. Dann entscheidet in jedem Einzelfall ausschließlich der Zufall, welcher Behandlungsgruppe der Patient zugewiesen wird. Dieses Verfahren bezeichnet man als **Randomisierung**. Damit soll erreicht werden, dass die Gruppen **strukturgleich** sind – und zwar nicht nur bezüglich bekannter, sondern auch bezüglich unbekannter Einflussfaktoren. Hierin liegt ein wesentlicher Unterschied zu einer Kohortenstudie, bei der die Zuordnung zu einer Gruppe von bestimmten Eigenschaften des individuellen Teilnehmers abhängig ist (z. B. ob er Raucher oder Nichtraucher ist) und nicht von einem Zufallsverfahren bei Studienbeginn.

Die Randomisierung bietet den Vorteil, dass ein Selektionsbias vermieden wird. Dieser könnte entstehen, wenn der behandelnde Arzt Patienten bewusst oder unbewusst (etwa aufgrund ihrer Prognose) einer bestimmten Therapiegruppe zuordnet. Darüber hinaus gewährleistet die Randomisierung eine hohe interne Validität: Bei strukturgleichen Gruppen zu Beginn der Studie ist klar, dass Unterschiede zwischen den Gruppen, die am Ende der Studie auftreten, tatsächlich durch die Therapien bedingt sind. Eine Verzerrung der Ergebnisse durch Confounder ist weitgehend ausgeschlossen. Folgendes ist zu jedoch bedenken:
- Randomisierung führt nicht automatisch zu gleich großen Gruppen, insbesondere bei kleinen Studien.
- Es ist keineswegs garantiert, dass die zu vergleichenden Gruppen bezüglich *aller* Einflussfaktoren strukturgleich sind.

Es gibt einige spezielle Designs, um dem entgegenwirken:
- Blockbildung
- Stratifizierung
- Minimisation

Blockbildung Dabei werden die Patienten in kleine Blöcke einer fixen Größe eingeteilt – und zwar so, dass innerhalb jedes Blocks gleich viele Patienten auf die einzelnen Therapiegruppen verteilt sind. Sind etwa die beiden Therapien *A* und *B* zu vergleichen, kann man mit 6er-Blöcken arbeiten, in denen jeweils drei Patienten einer der beiden Therapien zugeordnet werden. Jeder Block wird vorab zufällig ausgewählt (z. B. *BAABBA*). Durch die Blockbildung erreicht man, dass die beiden Therapiegruppen am Ende der Studie den gleichen Umfang haben. Außerdem werden Zwischenauswertungen erleichtert.

Stratifizierung Bei der **stratifizierten Randomisierung** teilt man die Patienten zunächst in homogene Schichten (oder Strata) ein. Eine Schicht besteht aus Patienten, die sich bezüglich wichtiger Einflussfaktoren gleichen oder zumindest ähneln. Bei klinischen Studien ist es oft angebracht, Schichten nach spezieller Diagnose, Alter oder Geschlecht zu bilden (und zwar dann, wenn bekannt ist, dass diese Faktoren den Therapieerfolg entscheidend beeinflussen). Dann wird innerhalb jeder Schicht blockweise randomisiert. (Damit ist sichergestellt, dass die zu vergleichenden Therapiegruppen in jeder Schicht gleich groß sind.) Dadurch erreicht man, dass die Therapiegruppen weitgehend homogen sind bezüglich der Merkmale, nach denen stratifiziert wurde. Es ist sinnvoll, die Datenanalyse für jede Schicht getrennt durchzuführen und danach zu vergleichen. Dieses Verfahren wird häufig bei multizentrischen Studien angewandt, wobei die Strata mit den einzelnen Zentren identisch sind.

Minimisation Diese Methode eignet sich eher für kleine Studien. Die Zuweisung erfolgt nur beim ersten Patienten rein zufallsbedingt. Jeder nachfolgende Patient wird dann so zugeordnet, dass die Gruppen bestmöglich hinsichtlich vorab festgelegter Merkmale ausbalanciert werden. Um dem Zufall weiterhin eine Chance zu geben, verwendet man hin und wieder die **gewichtete Randomisierung**: Dabei ordnet man jeden Patienten mit einer vorab festgelegten Wahrscheinlichkeit (die größer ist als 0,5) der Gruppe mit der größten Imbalance zu. Details zu diesem Design findet man in Schumacher u. Schulgen (2008; ► Anhang).

Randomisierte Studien sind für wissenschaftliche Fragestellungen sehr wichtig. Nur dieser Studientypus ist geeignet, um die Frage nach kausalen Zusammenhängen zuverlässig zu beantworten, und insofern beobachtenden Studien überlegen. Englische Bezeichnungen sind »randomized clinical trial« oder auch »randomized controlled trial« mit der Abkürzung RCT.

Die allererste randomisierte, doppelblinde Studie wurde 1948 in England durchgeführt. Dabei wurden die beiden Therapien »Streptomycin« und »Bettruhe« zur Behandlung der Lungentuberkulose miteinander verglichen. Diese Studie ist eng mit dem Namen des englischen Epidemiologen *Sir Austin Bradford Hill* (1897–1991) verbunden. Hill hatte die Randomisierung als Basiselement des Therapievergleichs als Erster erkannt.

15.1.4 Verblindung

Ein Arzt, der eine bestimmte Therapie favorisiert, hat eine Erwartungshaltung und könnte deshalb – wenn auch unbewusst – die Zielgrößen manipulieren, wenn er die Therapieform im Einzelfall kennt. Ebenso ist ein Patient in seiner Wertung möglicherweise beeinflusst, wenn er weiß, womit er therapiert wird.

Um derartige Fehlerquellen zu vermeiden, sollte – wann immer dies möglich ist – die Studie verblindet werden. Idealerweise kennen weder Patient noch behandelnder Arzt die im Einzelfall verwendete Therapie. Ein solches Design heißt **doppelblind**. Diese Vorgehensweise gewährt eine objektive und unvoreingenommene Beurteilung einer Therapie und trägt damit zur **Beobachtungsgleichheit** und **Behandlungsgleichheit** bei. Dies bedeutet: Jeder Patient wird in gleicher Weise beobachtet und behandelt (abgesehen von den unterschiedlichen Therapieformen). Gelegentlich wird eine Studie sogar **dreifachblind** durchgeführt. Dann hat auch die mit der Datenanalyse befasste Person keine Kenntnis bezüglich der einzelnen Therapieformen.

Leider sind manche Studien schwer oder gar nicht doppelblind durchführbar – z. B. wenn ein chirurgischer Eingriff mit einer konservativen Therapie verglichen wird. Studien, bei denen nur der Arzt die Therapieform kennt, aber nicht der Patient, heißen **einfachblind**. Einfachblind kann auch bedeuten, dass der Patient über die Behandlungsform informiert ist, aber nicht der Arzt. Dieser Fall mag eintreten, wenn man verschiedene Diäten vergleicht. Eine Studie, bei der sowohl behandelnder Arzt als auch die Patienten wissen, welche Therapieform angewandt wird, heißt **offen**.

Der Studienleiter sollte sich bemühen, eine Therapiestudie doppelblind zu planen, wann immer dies realisierbar erscheint – auch wenn eine blinde Studie organisatorisch wesentlich schwieriger durchzuführen ist als eine offene Studie. Die **Double-Dummy-Technik** ermöglicht ein doppelblindes Design auch dann, wenn zwei Medikamente in unterschiedlicher Applikation (z. B. oral und subkutan) gegeben werden: Dann wird in jeder Gruppe eines der beiden Medikamente als Plazebo verabreicht. Allerdings muss angemerkt werden, dass ein solches Studiendesign aufwendig, teuer und logistisch herausfordernd ist.

Bei einer doppelblinden Studie muss sichergestellt sein, dass sich der behandelnde Arzt im Notfall umgehend über die spezielle Therapie eines Patienten informieren kann. Dafür wird ein versiegelter Notfallumschlag mit dem Namen des Patienten und Informationen über dessen Therapie bereit gelegt.

Einschränkend ist hinzuzufügen, dass eine vollständige Verblindung bis zum Ende der Studie nicht immer realisierbar ist. Häufig treten im Laufe einer Studie Therapieeffekte oder Nebenwirkungen auf, die bei Arzt oder Patienten einen Verdacht aufkommen lassen. Dennoch sind eine Verblindung und eine objektive Auswertung der erhobenen Daten anzustreben. Notfalls sollte wenigstens ein verblindeter Beobachter herangezogen werden, um den Therapieerfolg am Ende der Studie unvoreingenommen zu beurteilen. Dieses Design nennt man **beobachterblind**.

15.1.5 Vergleichsgruppen

Hat sich nach einer therapeutischen Maßnahme der Zustand eines Patienten verbessert, ist dies nicht unbedingt allein auf den Einfluss der Therapie zurückzuführen. Auch unspezifische Effekte könnten dafür maßgebend sein: etwa der natürliche Krankheitsverlauf oder der **Hawthorne-Effekt**. Dieser entsteht dadurch, dass sich die Patienten besser fühlen, wenn ihnen Aufmerksamkeit geschenkt wird. Nicht zuletzt kann der **Plazeboeffekt** wesentlich zur Verbesserung des Befindens beitragen. Der Nutzen einer Therapie lässt sich daher nur im direkten Vergleich ermessen. Die Qualität einer Studie wird nicht zuletzt durch die Vergleichsgruppe bestimmt. Theoretisch sind denkbar:

- **Standardtherapie:** Falls eine Standardtherapie bereits etabliert ist, sind andere Vergleichsgruppen wissenschaftlich und ethisch nicht vertretbar.
- **Plazebo:** Ein Scheinmedikament, das sich im Aussehen, Geschmack und Geruch nicht von der wirksamen Substanz unterscheidet, sollte man als Vergleich nur dann verwenden, wenn keine Standardtherapie zur Verfügung steht und keine ethischen Bedenken gegeben sind.
- **Historische Kontrollgruppe:** Auf eine solche in der Vergangenheit behandelte Gruppe greift man zurück, wenn keine Standardtherapie existiert und ein Plazebovergleich ethisch nicht zu rechtfertigen ist. Diese Vorgehensweise ist angebracht bei Krankheiten, die ohne Behandlung unweigerlich zum Tod oder zu einer dramatischen Verschlechterung des Zustands der betroffenen Patienten führen würden. Sie ist jedoch problematisch, vor allem dann, wenn sich auch andere Faktoren im Laufe der Zeit ändern (z. B. durch verfeinerte Diagnostik oder verbesserte Begleittherapien). Beobachtungsgleichheit ist dann nicht mehr gegeben. Historische Kontrollen tendieren dazu, den Wirkungseffekt der neuen Therapie zu überschätzen.

15.1.6 Studienprotokoll

Wegen der hohen Qualitätsansprüche und der strengen Voraussetzungen sollte man ein ausführliches Studienprotokoll mit folgendem Inhalt anfertigen:

- **Name und Ziel der Studie.**
- **Studiendesign:** z. B. Angaben zu Randomisierung, Verblindung, beteiligten Kliniken oder Institutionen.
- **Zeitplan:** Beginn, Rekrutierungs- und Untersuchungszeitraum sowie geplantes Ende der Studie.
- **Behandlung:** Die zu evaluierende Therapie und die Vergleichsbehandlung müssen vollständig beschrieben werden. Dazu zählen auch die Dauer und Dosierung der Anwendungen.
- **Einschlusskriterien:** Sie legen fest, unter welchen Voraussetzungen Patienten in die Studie aufgenommen werden. Deren Einverständnis zur Teilnahme ist unbedingt zu dokumentieren.
- **Ausschlusskriterien:** Sie beziehen sich auf Patienten, die zwar alle Einschlusskriterien erfüllen, aber dennoch von der Studie ausgeschlossen werden müssen (etwa weil ein erhöhtes Risiko besteht oder eine weitere Krankheit vorliegt).
- **Abbruchkriterien:** Sie geben an, unter welchen Bedingungen einzelne Patienten von der laufenden Studie ausgeschlossen werden oder die Studie vorzeitig abgebrochen wird. Dieser Fall könnte eintreten, wenn unerwartete, gravierende Nebenwirkungen auftreten.
- **Angaben zur Biometrie:** Sie beinhalten die primären und sekundären Zielgrößen, die zu überprüfende Hypothese, Angaben zu den Stichproben, die statistischen Analysemethoden sowie die benötigte Anzahl von Patienten oder Probanden.
- **Mögliche Mängel der Studie:** Falls nicht alle Qualitätskriterien optimal erfüllt sind (z. B. Doppelblindheit), muss man dies dokumentieren und begründen.
- **Besondere Angaben:** etwa Kostenträger oder Auftraggeber.
- **Angaben zur ethischen und rechtlichen Basis:** Dazu zählen die Stellungnahme der Ethikkommission sowie die Beschreibung, in welcher Weise man die Patienten oder Probanden über die Studie informiert hat und welche Versicherungen abgeschlossen werden.

Die Festlegung der Ein- und Ausschlusskriterien soll die interindividuelle Variabilität der Patienten verringern. Anhand dieser Kriterien lässt sich beurteilen, auf welchen Personenkreis die Ergebnisse der Studie übertragbar sind (→ **externe Validität**, ► Abschn. 12.6.1).

15.1.7 Statistische Analysemethoden***

Die Voraussetzungen für die statistische Analyse sind optimal, wenn strukturgleiche Gruppen vorliegen, die sich lediglich bezüglich der Therapie unterscheiden. Geeignete Analysemethoden sind abhängig von der Zielgröße:

- **Quantitative Zielgröße** (z. B. Blutsenkung in mmHg):
  - Zum Vergleich zweier Therapiegruppen eignet sich ein *t*-Test für unverbundene Stichproben (▶ Abschn. 10.1.3) oder der *U*-Test von Mann und Whitney (▶ Abschn. 10.2.3).
  - Sind mehr als zwei Gruppen zu vergleichen, eignen sich stattdessen eine einfaktorielle Varianzanalyse oder der Kruskal-Wallis-Test (▶ Abschn. 10.4.1).
  - Mit einem multiplen Verfahren (allgemeines lineares Modell) lassen sich mehrere Einflussgrößen simultan analysieren (▶ Abschn. 10.4.2) und eventuell vorhandene Ungleichheiten der Gruppen (die trotz Randomisierung eintreten können) ausgleichen.
- **Binäre Zielgröße** (z. B. Erfolg eingetreten: ja/nein):
  - Für den Vergleich mehrerer Therapiegruppen bieten sich ein Chi^2-Test oder der exakte Test nach Fisher an (▶ Abschn. 11.1.1 und ▶ Abschn. 11.2.2).
  - Als multiples Modell steht die logistische Regression zur Verfügung (▶ Abschn. 11.2.4).
- **Zeitdauer als Zielgröße** (z. B. Zeit zwischen Therapiebeginn und Heilung):
  Diese Zeiten sind bei den meisten Studien teilweise zensiert. Zu ihrer Analyse eignen sich die Kaplan-Meier-Methode (▶ Abschn. 15.2.3) sowie der Logrank-Test und das Cox-Regressionsmodell (▶ Abschn. 15.2.4).

Es ist nicht unbedingt trivial, eine adäquate Zielgröße festzulegen. Generell ist bei deren Wahl abzuwägen zwischen dem, was praktisch realisierbar ist, und dem, was klinisch relevant erscheint. Aus statistischer Sicht eignen sich Merkmale, die präzise messbar und innerhalb eines absehbaren Zeitrahmens erfassbar sind (z. B. Laborwerte). Für den Patienten relevant sind jedoch oft andere Merkmale wie etwa Lebensqualität oder Überlebenszeit.

Bei klinischen Studien werden häufig **Surrogatmerkmale** anstelle von klinischen Endzuständen untersucht, um Studien schneller abschließen und publizieren zu können. Diese werden hin und wieder auch dann verwendet, wenn die Analyse der primären klinischen Zielgröße den Erwartungen nicht gerecht wird. Der kritische Leser einer Publikation sollte sich deshalb fragen, ob die Verwendung eines Surrogatmerkmals gerechtfertigt ist und ob die Schlussfolgerungen statthaft sind.

Ist bei einer neuen Therapie mit schweren Nebenwirkungen zu rechnen, kann – analog zur NNT [▶ Formel (13.2)] – die **Number Needed to Harm** (NNH) berechnet werden. Diese Zahlen geben an, wie viele Patienten mit der neuen Therapie zu behandeln sind, damit durchschnittlich ein Patient profiert (NNT) bzw. damit eine zusätzliche Nebenwirkung auftritt (NNH). Die NNT sollte möglichst gering, die NNH dagegen hoch sein.

15.1.8 Analysemethoden bei Protokollverletzungen

Die Randomisierung erfolgt, um strukturgleiche Gruppen zu erhalten. Idealerweise bleiben die Patienten bis zum Ende der Studie in der ihnen anfangs zugewiesenen

Gruppe, werden wie vorgesehen therapiert und stehen bis zur letzten Untersuchung zur Verfügung.

Die Realität sieht jedoch häufig anders aus. Es ist keineswegs sichergestellt, dass sich die Studie mit den anfangs erstellten, strukturgleichen Gruppen protokollgemäß zu Ende führen lässt. So kann es passieren, dass Patienten vorzeitig ausscheiden (**Drop Outs**). Dies ist nicht allzu problematisch, wenn deren Anzahl gering ist und der Grund dafür in keinem Zusammenhang mit dem interessierenden Endereignis steht.

Ein weit größeres Problem ergibt sich, wenn Patienten ausscheiden oder die Therapiegruppe wechseln aus Gründen, die mit der anfangs zugeteilten Therapie assoziiert sind: Wegen vermeintlicher Wirkungslosigkeit, unangenehmer Nebenwirkungen oder auf Anraten ihres Arztes. Mehrere Analysemethoden wurden entwickelt, um diese Protokollverletzungen zu handhaben:

- **Intention to Treat (ITT):** Bei diesem Verfahren werden alle Patienten in die Analyse einbezogen, und zwar in der Gruppe, zu der sie anfangs randomisiert worden sind. Dies setzt voraus, dass auch die Studienabbrecher wenigstens zur Enduntersuchung erscheinen.
- **As Treated (AT):** Dieser Ansatz wertet die Patienten danach aus, welche Therapie sie – eventuell nach einem Wechsel – zuletzt erhalten haben. Studienabbrecher werden dabei *nicht* berücksichtigt.
- **Per Protocol (PP):** Dieses Prinzip verlangt, alle nicht protokollgemäß behandelten Patienten (also Abbrecher und Wechsler) von der Analyse auszuschließen.

Der Vorteil der ITT-Analyse besteht darin, dass die Strukturgleichheit der Gruppen bis zum Ende der Studie gewahrt bleibt. Nachteilig ist jedoch, dass Unterschiede zwischen den Therapien verwässert werden. Allerdings ist zu bedenken, dass sich normalerweise nicht alle Patienten an die Therapieempfehlungen halten, was die durchschnittliche Wirksamkeit abschwächt. Insofern beschreibt die ITT-Analyse einen Effekt, der in der Praxis zu erwarten ist. (Im Englischen bezeichnet man dies als »effectiveness of treatment«.)

Mit den AT- und PP-Analysen treten Unterschiede zwischen den Gruppen deutlicher in Erscheinung. Diese Strategien beschreiben eher die biologische Wirksamkeit (»clinical efficacy«). Allerdings ist bei diesen Ansätzen die durch die Randomisierung erzielte Strukturgleichheit am Ende der Studie nicht mehr gegeben. Es kann daher keineswegs geschlussfolgert werden, dass ein nachgewiesener Unterschied *allein durch die Therapie* bedingt ist. Werden jedoch Nebenwirkungen untersucht, sind AT-Studien generell besser geeignet als ITT-Studien. Das PP-Prinzip eignet sich bei Äquivalenzstudien und Studien zur Nichtunterlegenheit (► Abschn. 15.1.9).

Man sollte versuchen, Protokollverletzungen durch sorgfältige Studienplanung weitestgehend zu vermeiden. Darüber hinaus empfiehlt es sich, während der Studie einen intensiven Kontakt zu den Patienten zu pflegen, um eine gute **Compliance** zu erzielen.

15.1.9 Studien zur Nichtunterlegenheit***

Beim Vergleich zweier Therapien geht es nicht immer darum, einen signifikanten Unterschied nachzuweisen. Ist beispielsweise bekannt, dass eine neue Therapie weniger Nebenwirkungen hat, einfacher zu applizieren oder preiswerter ist als eine Vergleichstherapie oder dass eine bessere Compliance zu erwarten ist, muss nicht zusätzlich gefordert werden, dass sie in ihrer Wirksamkeit überlegen ist. Bei derlei Fragestellungen würde der Nachweis genügen, dass die neue Therapie mindestens ebenso wirkt wie die Standardtherapie (**Nichtunterlegenheit**).
Ein signifikantes Testergebnis wird demnach nicht unbedingt angestrebt. Es ist andererseits nicht statthaft, ein nichtsignifikantes Testergebnis dahingehend zu interpretieren, dass die zu vergleichenden Therapien äquivalent seien. Der Nachweis der Nichtunterlegenheit basiert auf der Konstruktion eines Konfidenzintervalls für die Wirkungsdifferenz der beiden Therapien (▶ Abschn. 9.2.4). Man muss sich vorab überlegen, ab welcher Größe ein Unterschied als klinisch bedeutsam angesehen wird. Ausführliche Hinweise findet man in Schumacher u. Schulgen (2008; ▶ Anhang).

15.1.10 Alternative Designs***

Randomisierte klinische Studien sind sehr aufwendig und unterliegen strengen Vorschriften. Sie sind zwar wegen der Strukturgleichheit der Gruppen intern valide; wegen der strengen Ein- und Ausschlusskriterien mangelt es ihnen aber häufig an externer Validität. Das heißt, es ist mitunter problematisch, die Ergebnisse auf andere Patientengruppen zu übertragen.
Ferner ist zu bedenken, dass die Randomisierung nicht immer praktikabel ist. Manche Patienten verweigern sie, weil sie wünschen, dass ihr Arzt über die Therapie entscheidet. Bei Notfallpatienten ist eine (immer mit Aufklärung und Einwilligung des Patienten verbundene) Randomisierung kaum möglich. Aus diesen Gründen ist es sinnvoll, folgende Alternativen zu diskutieren:

- Nichtrandomisierte klinische Studien
- Cross-over-Design
- Kohortenstudien
- Studien ohne direkte Vergleichsgruppe
- Retrospektive Studien

Nichtrandomisierte klinische Studien: Bei diesen Studien entscheidet in der Regel der behandelnde Arzt, welche Therapie angewandt wird. Dieses Design ist zwar in gewisser Weise auch experimentell (da die Therapie vorgegeben wird); der Nachteil besteht darin, dass keine Strukturgleichheit gewährleistet werden kann. Mit einem multiplen statistischen Verfahren lassen sich jedoch Unterschiede zwischen den Vergleichsgruppen ausbalancieren. (Dies gilt allerdings nur für bekannte Einflussfaktoren.)
Cross-over-Design: Bei diesem Design wird jeder Patient mit zwei unterschiedlichen Therapien behandelt. Die Therapien können gleichzeitig (Blockversuche; z. B. bei paarigen Organen) oder zeitlich versetzt erfolgen. Jeder Patient stellt also seine eigene Kontrolle dar. Idealerweise sollte die Zuordnung der Therapien randomisiert erfolgen. Werden die Therapien nacheinander verab-

▼

reicht, ist auf eine therapiefreie Übergangsphase zu achten, um Überhangeffekte zu vermeiden. Dieses Studiendesign erfordert statistische Auswertungsmethoden für verbundene Stichproben. Zur Analyse eines quantitativen Merkmals bietet sich der *t*-Test (► Abschn. 10.1.2) oder der Wilcoxon-Test für verbundene Stichproben an (► Abschn. 10.2.2); bei einem Alternativmerkmal eignet sich der McNemar-Test (► Abschn. 11.1.5). – Bei einer Cross-over-Studie werden weit weniger Patienten als bei einer zweiarmigen Studie benötigt. Dieses Design ist allerdings ungeeignet bei progredienten Erkrankungen und Krankheiten, bei denen eine der beiden Therapien zur Heilung oder zur nachhaltigen Besserung des Gesamtzustands führt. Anwendungsmöglichkeiten sind gegeben bei chronischen Krankheiten wie z. B. rheumatischen Erkrankungen oder bei chronischen Hauterkrankungen wie etwa Neurodermitis, wo lediglich eine Symptommilderung zu erwarten ist.

Kohortenstudien: Für die Zulassung einer Therapie muss deren Wirkung nachgewiesen sein. Ist eine Therapie längere Zeit auf dem Markt, erscheint es darüber hinaus sinnvoll, deren Nutzen zu überprüfen. Ein für den Patienten erkennbarer Nutzen ist beispielsweise dann vorhanden, wenn die Anwendung der Therapie die Lebenszeit verlängert. Diese **Anwendungsbeobachtungen** werden in der Regel als Kohortenstudien durchgeführt, in der man die mit der relevanten Therapie behandelten Patienten mit einer anderen Gruppe (z. B. mit Patienten, die gar nicht oder anders therapiert werden) vergleicht. Dieses Vorgehen birgt die Gefahr eines Selektionsbias in sich.

Studien ohne direkte Vergleichsgruppe: Das denkbar einfachste Design, um die Wirkung einer Therapie zu überprüfen, besteht in einem einfachen Vorher-Nachher-Vergleich. Vereinzelt wird in Fallberichten oder Fallserien über zumeist erfolgreiche therapeutische Interventionen berichtet. Allerdings ist die Aussagekraft solcher Studien gering: Wegen der fehlenden Vergleichsgruppe lässt sich schwer beurteilen, worauf eine Verbesserung des Zustands zurückgeht. Ersatzweise kann man eine historische Kontrollgruppe oder eine Vergleichsgruppe aus der Literatur heranziehen. Diese Designs sind jedoch wegen der mangelhaften Beobachtungsgleichheit problematisch und sollten nur in begründeten Ausnahmefällen verwendet werden (etwa wenn sich ein direkter Vergleich aus ethischen Gründen verbietet).

Retrospektive Studien: Liegen die Daten für zwei Therapiegruppen bereits vor, ist auch ein retrospektiv durchgeführter Vergleich denkbar. Allerdings ist anhand der Dokumentationen in der Regel nicht erkennbar, welche Beweggründe in die Therapieentscheidung des behandelnden Arztes eingeflossen sind. Deshalb sind die Ergebnisse dieser Studien mit Vorsicht zu bewerten. Dieser Typus bietet sich am ehesten bei freien Studien an, aber kaum bei Arzneimittel- und Medizinproduktestudien.

Ausführliche Hinweise bezüglich der Planung, Vorbereitung und praktischen Durchführung von Arzneimittelstudien findet man in Stapf (2008; ► Anhang). Dieses Buch enthält auch die Deklaration des Weltärztebundes von Helsinki und Auszüge aus dem Arzneimittelgesetz.

15.2 Prognosestudien

15.2.1 Einleitende Bemerkungen

Viele akute Krankheiten haben, vor allem wenn sie gut therapierbar sind, einen zeitlich begrenzten Verlauf. Chronische Krankheiten können hingegen das Leben eines Patienten nachhaltig beeinflussen (insbesondere wenn sie mit einer hohen Mortalität oder einer starken Beeinträchtigung der Lebensqualität einhergehen). In diesen Fällen ist es für den Patienten wichtig, Informationen bezüglich seiner Prognose zu erhalten. Der Begriff **klinischer Verlauf** bezeichnet die Prognose, wenn eine adäquate Behandlung erfolgt. Dagegen versteht man unter dem **natürlichen Verlauf** die Prognose ohne medizinische Intervention.

Prognosestudien werden in Angriff genommen, um einerseits eine Prognose über eine geeignete Maßzahl quantifizieren zu können und andererseits, um **Prognosefaktoren** zu finden, die den Verlauf einer Krankheit beeinflussen. Bei Kenntnis wichtiger Prognosefaktoren ist es eventuell möglich, Vorhersagen im Einzelfall zu treffen. Üblicherweise führt man derlei Studien als **Kohortenstudien** durch. Dabei wird eine Gruppe von Personen, die an einer bestimmten Krankheit leiden, prospektiv beobachtet, und zwar solange, bis ein definiertes **Endereignis** eintritt. Dies kann der Tod des Patienten sein; es kann sich jedoch auch um ein anderes, für den Patienten wichtiges Ereignis handeln. Bei Studien in der Onkologie wird beispielsweise häufig die Zeit bis zum Auftreten eines Rezidivs oder bis zum Eintreten einer Remission analysiert. Hin und wieder werden auch kombinierte Endpunkte untersucht (z. B. Auftreten eines Rezidivs oder Tod). Der Startzeitpunkt, ab dem ein Patient beobachtet wird, muss ebenfalls klar definiert sein (etwa der Zeitpunkt der Diagnose oder des Behandlungsbeginns).

15.2.2 Beschreibung einer Prognose

Häufig wird die Prognose mittels einer Rate ausgedrückt, wie etwa der **5-Jahres-Überlebensrate**, der Letalität, der Mortalität, der Remissions- oder der Rezidivrate. Eine andere Form der Darstellung ist die **mediane Überlebenszeit**. Diese gibt die Zeitspanne an, die die Hälfte der Kohorte überlebt. Sie hat den Vorteil, dass sie sich – im Gegensatz zur mittleren Überlebenszeit – bereits dann berechnen lässt, nachdem die Hälfte der Studienteilnehmer verstorben ist.

All diese Maßzahlen sind einprägsam, aber wenig informativ. So ist beispielsweise aus der 5-Jahres-Überlebensrate nicht ersichtlich, wie groß die Wahrscheinlichkeit ist, eine andere Zeitspanne zu überleben. Detaillierte Analysemethoden werden in den folgenden Abschnitten vorgestellt.

15.2.3 Kaplan-Meier-Methode

Siehe auch ▶ Anhang, Mathematische Abhandlung 15.1.

Um das Überleben einer Kohorte für jeden Zeitpunkt bis zum Ende der Studie zu beschreiben, müsste man die Kohorte so lange beobachten, bis der letzte Patient verstorben ist. Dies ist in den meisten Fällen aber nicht möglich, da man bei derlei Studien mit **Studienabbrechern** (**Drop Outs**) rechnen muss. Außerdem ist anzunehmen, dass zum Zeitpunkt der Datenanalyse nicht bei jedem Patienten das Endereignis eingetreten ist. Diese (Überlebens-)Zeiten nennt man **zensiert**. Es würde das Studienergebnis verzerren, wenn man alle Patienten mit zensierten Zeiten von der Analyse ausschließen würde.

Zwei Biostatistiker – *Edward M. Kaplan* und *Paul Meier* – entwickelten im Jahre 1958 die nach ihnen benannte **Kaplan-Meier-Methode**, die die Informationen aller Patienten (also auch die unvollständigen Angaben) so weit wie möglich berücksichtigt. Diese Methode wird häufig bei Überlebenszeitanalysen angewandt. Der Begriff **Überlebenszeitanalyse** wird dabei ganz allgemein verwendet, um die Zeit zwischen einem definierten Anfangs- und einem bestimmten Endereignis zu untersuchen. Die Kaplan-Meier-Methode lässt sich wie folgt beschreiben:

- Die Studie startet mit n Patienten. Diese Anzahl reduziert sich im Laufe der Zeit, da Patienten ausscheiden (weil das kritische Endereignis eintritt oder aus anderen Gründen).
- Die Zeiten, zu denen Endereignisse stattfinden, werden mit $t_1 < t_2 < \ldots < t_k$ bezeichnet. Die Anzahl der Patienten, die zu diesen Zeitpunkten ausscheiden, sei d_1, d_2 etc.
- Die Anzahl der Patienten, die unmittelbar vor einem Zeitpunkt t_i noch in der Studie involviert sind, sei n_i.
- Die Überlebensfunktionen $S(t_i) = P(t > t_i)$ werden für jeden Zeitpunkt t_i ($i = 1, \ldots, k$) geschätzt nach:

$$\hat{S}(t_i) = \frac{n_1 - d_1}{n_1} \cdot \frac{n_2 - d_2}{n_2} \cdot \ldots \cdot \frac{n_i - d_i}{n_i} \quad (15.1)$$

Wenn es keine zensierten Daten gibt, ist $n_{i+1} = n_i - d_i$. Dann lässt sich der Bruch in ▶ Formel (15.1) kürzen und man erhält $\hat{S}(t_i) = n_{i+1}/n$ (mit $n = n_1$). Dies ist also die Zahl derer, die den Zeitpunkt t_i überlebt haben, im Verhältnis zur Gesamtzahl der Patienten, die zu Beginn an der Studie teilnehmen. In dieser Form ist die Schätzung einfach und unmittelbar einleuchtend.

Wenn – wie in ▶ Beispiel 15.1 – bei einigen Patienten das Endereignis am Ende der Studie noch nicht eingetreten ist, lässt sich die Überlebensfunktion nur bis zum Zeitpunkt der letzten zensierten Beobachtung schätzen. Die grafische Darstellung der Wahrscheinlichkeiten $S(t_i)$ in Abhängigkeit der Zeitpunkte t_i ergibt die Überlebenskurve (◘ Abb. 15.1).

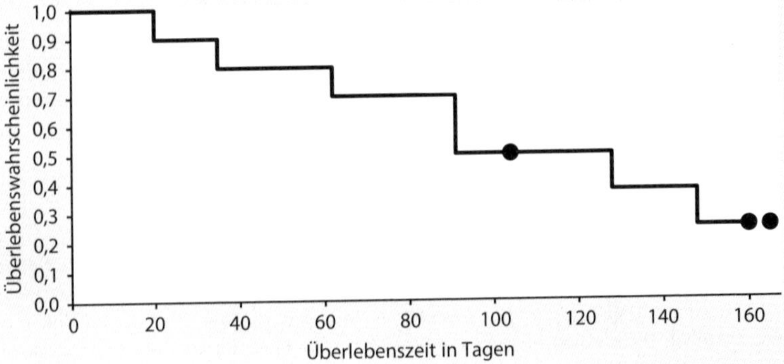

Abb. 15.1 Empirische Überlebenskurve (▶ Beispiel 15.1). Zensierte Daten sind durch einen Punkt (•) dargestellt.

Beispiel 15.1: Kaplan-Meier-Methode

Nach einer Organtransplantation wurde bei 10 Patienten die Überlebenszeit in Tagen ermittelt. Nach 160 Tagen wurde die Studie beendet. Bei 7 Patienten ließ sich der Zeitpunkt des Endereignisses (nach 20, 35, 62, 91, 91, 128 und 148 Tagen) ermitteln. Ein Patient brach nach 98 Tagen die Studie ab; zwei Patienten lebten am Ende der Studie noch. Mit diesen Angaben erhält man (unter Berücksichtigung des zensierten Wertes nach 98 Tagen) folgende Schätzwerte für $S(t_i)$:

Zeiten	n_i	d_i	$n_i - d_i$	$\hat{S}(t_i)$
$t_1 = 20$	10	1	9	$9/10 = 0{,}9$
$t_2 = 35$	9	1	8	$0{,}9 \cdot 8/9 = 0{,}8$
$t_3 = 62$	8	1	7	$0{,}8 \cdot 7/8 = 0{,}7$
$t_4 = 91$	7	2	5	$0{,}7 \cdot 5/7 = 0{,}5$
$t_5 = 128$	4	1	3	$0{,}5 \cdot 3/4 = 0{,}375$
$t_6 = 148$	3	1	2	$0{,}375 \cdot 2/3 = 0{,}25$

Es leuchtet ein, dass die Schätzung nach ▶ Formel (15.1) mit zunehmender Zeit t schlechter wird, da zu jedem neuen Beobachtungszeitpunkt t_i weniger Patienten zur Verfügung stehen.

15.2.4 Evaluierung prognostischer Faktoren***

Mit dem **Logrank-Test** (▶ Abschn. 11.1.7) lassen sich zwei oder mehrere Gruppen, die sich bezüglich einer Einflussgröße (z. B. Therapieform oder Krankheitsstadium) unterscheiden, vergleichen. Dieser Test ist geeignet, um Unterschiede zwischen den Überlebenskurven zu erkennen. Ein signifikanter Unterschied weist darauf hin, dass die Gruppierungsvariable prognostisch relevant sein könnte.

Im Jahre 1972 stellte der britische Statistiker *David Cox* eine multiple Methode vor, mit der sich eine Kombination prognostischer Faktoren ausfindig machen lässt, die den Endzustand eines Patienten in optimaler Weise beschreibt. Mit diesem **Cox-Proportional-Hazards-Modell** wird die in ▶ Formel (7.26) definierte Hazard-Rate in Abhängigkeit von einer oder mehreren Einflussgrößen als Hazard-Funktion modelliert. Dies entspricht der momentanen Sterberate. Für zwei Patienten oder Populationen kann dann der Quotient der jeweiligen Hazard-Funktionen bestimmt werden. Diese **Hazard-Ratio** ist ein Maß für das relative Risiko. Beim Cox-Modell wird angenommen, dass die Hazard-Ratio über die Zeit konstant bleibt.

Kaplan-Meier-Methode und Cox-Regressionsmodell ermöglichen Überlebenszeitanalysen auch dann, wenn zensierte Daten vorliegen. Bei der Planung einer Überlebenszeitstudie ist Folgendes generell zu beachten:

- Anfang und Ende des Beobachtungszeitraums sollten möglichst exakt definiert sein.
- Bei der Planung des Stichprobenumfangs muss man einkalkulieren, dass einige Daten möglicherweise zensiert werden.
- Die Beobachtungszeit sollte ausreichend lang bemessen sein, damit bei möglichst vielen Patienten das interessierende Endereignis eintritt.
- Wenn Patienten vorzeitig aus der Studie ausscheiden, sollten die Gründe dafür in keinem Zusammenhang mit der Prognose stehen. Ansonsten könnten die Drop Outs zu fehlerhaften Schlussfolgerungen führen.
- Für jeden Einzelfall gilt, was Niels Bohr treffend formuliert hat: Präzise Prognosen sind nicht möglich.

ⓘ Für weitere Informationen bezüglich der Analyse von Ereigniszeiten sei auf Fletcher u. Fletcher (2007) sowie auf Schumacher u. Schulgen (2008) verwiesen (▶ Anhang).

15.3 Evidenzbasierte Medizin

15.3.1 Grundlagen

Warum gehört ein Abschnitt zu evidenzbasierter Medizin (EBM) in ein Lehrbuch für Biomathematik und Epidemiologie? EBM ist mit den Methoden der klinischen Epidemiologie und der Biomathematik eng verbunden. Ohne Kenntnisse dieser Methoden lassen sich wissenschaftliche Arbeiten nicht kritisch interpretieren – und diese Evaluierung stellt eine Grundlage der EBM dar.

Evidenzbasierte Medizin orientiert sich nicht nur an Intuition, unsystematischen individuellen Erfahrungen eines Arztes (auch nicht eines Chefarztes) oder an veralteten Lehrbüchern, sondern versucht, ärztliche Entscheidungen auf wissenschaftliche und objektive Belege (und so ist das englische Wort »evidence« zu verstehen) zu gründen. Nach dem britischen Epidemiologen *David Sackett* (geb. 1934) ist EBM der gewissenhafte, ausdrückliche und vernünftige Gebrauch der gegenwärtig besten externen, wissenschaftlichen Evidenz bei der Versorgung individueller Patienten. Systematische Übersichtsarbeiten mit Metaanalysen und einzelne randomisierte klinische Therapiestudien sind die Basis für eine solche Vorgehensweise, und es erscheint sinnvoll, dass sich ein Arzt bei der Patientenbehandlung an den Ergebnissen aller verfügbarer relevanter Studien mit guter Qualität orientiert.

Dies hört sich selbstverständlich an, ist aber in der Realität nicht einfach umzusetzen. Die Ergebnisse aus der medizinischen Forschung und die daraus hervorgehenden Publikationen vermehren sich rasant. In der knapp bemessenen Lesezeit ist ein umfassendes Literaturstudium vom einzelnen Arzt nicht mehr zu bewältigen. EBM bietet durch ein strukturiertes Vorgehen Hilfe bei der ärztlichen Entscheidungsfindung. Dabei muss der behandelnde Arzt nicht in jedem Einzelfall die Originalliteratur lesen. Häufig kann er mittlerweile auf gute Sekundärliteratur zurückgreifen, in der Kollegen die gesamte verfügbare Literatur zu einer bestimmten Fragestellung (z. B. »Wie behandle ich die Psoriasis am besten?«) nach den Gesichtspunkten der EBM gesichtet und analysiert haben.

Darüber hinaus stellt die evidenzbasierte Bewertung medizinischer Literatur einen wichtigen Beitrag zur Qualitätsverbesserung und **Qualitätssicherung** in der Klinik und in der Gesundheitsversorgung dar. Aus diesen Gründen hat die EBM in den letzten Jahren an Bedeutung gewonnen und findet sowohl in der klinischen Praxis als auch im Bereich der **Leitlinienentwicklung** zunehmend Einzug. Leitlinien der höchsten Stufe setzen eine evidenzbasierte Evaluation der Literatur voraus.

15.3.2 Evidenzbasierte Fallberichte***

EBM fokussiert sich auf den individuellen Patienten, für den es gilt, die bestmögliche Diagnostik bzw. Therapie auszuwählen. Aufbauend auf dem Konzept von David Sackett erfolgt ein mehrstufiges Vorgehen. An erster Stelle steht die Formulierung einer klinischen Fragestellung. Die weiteren Schritte geben den weitgehend standardisierten Prozess der Entscheidungsfindung an. Diese basiert auf der kritischen Bewertung der gefunden Literatur; dabei werden die Ressourcen der **Cochrane Collaboration** (CC; ► Abschn. 15.3.3), jedoch auch anderer medizinischer Datenbanken genutzt. Am Ende steht die Überprüfung der getroffenen Entscheidung.

Ein Beispiel zur Verdeutlichung: Ein Patient, der unter verstärktem Schwitzen im Bereich der Achseln (Hyperhidrose) leidet, stellt sich in der Praxis eines Dermatologen vor. Damit ergibt sich

▼

Tab. 15.1 Struktur eines evidenzbasierten Fallberichts

	Schritt	Entscheidungen
1	Fragestellung	Wie behandle ich diesen Patienten am besten (Ziel der Aktion, sinnvolle Handlungsoption und Alternativen)?
2	Suchstrategie (Literaturrecherche)	Welche Datenbanken durchsuche ich? Welche Suchbegriffe verwende ich? Wie kombiniere ich diese Suchbegriffe?
3	Kritische Evaluierung der gefundenen Arbeiten	Wie gut sind diese Grundlagen (interne Validität, klinische Relevanz)?
4	Therapieentscheidung	Basierend auf individueller Erfahrung des Arztes (interne Evidenz) und aktueller Literatur (externe Evidenz) in Anbetracht der Anwendung im konkreten Fall
5	Begründung und Diskussion	War die Therapiewahl richtig? Welche Konsequenzen ergeben sich daraus?

die Fragestellung: Wie kann dieser Patient am wirksamsten und nebenwirkungsärmsten behandelt werden?

Ein Arzt, der diese Entscheidung nur auf seinen eigenen Erfahrungen aufbaut, wird dem Patienten eine Therapie empfehlen, die er selbst schon mehrfach erfolgreich angewandt hat, ohne über Alternativen nachzudenken. So wird ein Arzt aus einer operativen Klinik dem Patienten eher eine operative Therapie (Schweißdrüsenexzision) empfehlen als ein Kollege, der in einer konservativ orientierten Klinik tätig ist.

Ein Arzt, der hingegen versucht, eine evidenzbasierte Therapieentscheidung zu treffen, wird vor seiner Entscheidung eine systematische Übersichtsarbeit zur Behandlung des verstärkten Schwitzens suchen. Falls eine solche Arbeit nicht existiert, muss er Originalliteratur heranziehen. In erster Linie wird er sich dabei auf randomisierte klinische Studien stützen, die man z. B. der Cochrane- oder der Medline-Datenbank entnehmen kann.

Die Therapieentscheidung bei einem Patienten wird sich auf die Ergebnisse dieser Literaturrecherche stützen, jedoch auch individuelle Faktoren in Betracht ziehen. Man wird etwa eine Therapie, die 3-mal pro Woche in der Klinik durchgeführt werden muss (wie die Iontophoresebehandlung bei Hyperhidrose), keinem Patienten anbieten, der 100 km entfernt wohnt.

Am Ende steht dann die Reflexion des behandelnden Arztes, ob er die Therapieentscheidung basierend auf EBM-Kriterien gefällt hat, oder ob er sich von anderen Faktoren hat beeinflussen lassen. **Tab. 15.1** listet die einzelnen Schritte auf dem Weg zu einer evidenzbasierten Therapieentscheidung auf.

◘ **Abb. 15.2** Logo der Cochrane Collaboration

15.3.3 Cochrane Collaboration***

Die **Cochrane Collaboration** (CC) hilft dabei, dem Arzt die bestmögliche Evidenz für eine Therapieentscheidung zur Verfügung zu stellen. Sie ist eine internationale Organisation, deren Ziel die Erstellung, Verbreitung und regelmäßige Aktualisierung systematischer Übersichtsarbeiten zu diagnostischen und therapeutischen Fragestellungen ist. Systematische Übersichtsarbeiten nach den Kriterien der CC werden im Gegensatz zu den klassischen Übersichtsarbeiten, die unter anderem durch individuelle Erfahrungen und Netzwerke geprägt sind, strukturiert erstellt.
Ziel der Strukturierung durch Richtlinien und Kontrollinstanzen ist, die Ergebnisse der Übersichtsarbeit so objektiv und so nachvollziehbar wie möglich zu gestalten. Liegen genügend vergleichbare Arbeiten zu einer Fragestellung vor, steht am Ende eine **Metaanalyse**. Dies ist eine besondere Form der statistischen Auswertung, die vergleichbare Arbeiten zusammenfasst. Die Anzahl systematischer Übersichtsarbeiten der CC wächst ständig.
Im Logo der CC ist eine Metaanalyse grafisch dargestellt (◘ Abb. 15.2). Die kleine Raute im linken, unteren Teil des Kreises zeigt die gemeinsame Schätzung resultierend aus der Synthese aller vergleichbaren Studien zu einem bestimmten Thema, die in der Metaanalyse berücksichtigt werden.

Die Arbeiten der CC bedeuten im Kontext der EBM einen wichtigen Beitrag, um fundierte, wissenschaftlich hochwertige Antworten zu Fragen aus der klinischen Praxis mit hoher Validität und minimaler Verzerrung (Bias) zu erhalten.

15.3.4 Die Zukunft der evidenzbasierten Medizin***

Evidenzbasierte Medizin wird in naher Zukunft nicht mehr wegzudenken sein. Sie wird gefördert durch das Bestreben nach Qualitätssicherung und die Notwendigkeit der Verwaltung eingeschränkter Ressourcen. Die EBM erfordert klinisch interessierte Mediziner, die sich nicht scheuen, kritische Fragen zu stellen und an alten und neuen Dogmen (z. B. »Schokolade ver-

▼

schlechtert eine Akne« oder »Kartoffel-Reis-Diät hilft bei einer physikalischen Urtikaria«) zu rütteln und auch ihre Zeit opfern, um diese Fragen zu beantworten. Durch das Identifizieren von Forschungsdefiziten tauchen neue Fragen auf, die in sorgfältig geplanten, analytischen epidemiologischen Studien überprüft werden müssen.

Die EBM soll Ärzte bei ihren Entscheidungen unterstützen. Nach Sackett ist sie zu verstehen als eine Kunst, bei der Behandlung eines individuellen Patienten die richtigen Fragen zu stellen und diese durch eine strukturierte Zusammenfassung der neuesten Erkenntnisse aus der medizinischen Forschung zu beantworten. Jedoch sind bei der Umsetzung immer die eigene klinische Erfahrung des Arztes wie auch das Patientenverständnis mit zu berücksichtigen:

Wenn z. B. der Arzt die Krankheit nicht richtig diagnostiziert, hilft die beste Literaturrecherche nicht weiter. Wenn der Arzt eine Therapieentscheidung fällt, die nicht zum Verständnis des Patienten von seiner Krankheit passt, wird diese Entscheidung vom Patienten nicht akzeptiert werden und wegen mangelnder Compliance nicht zum gewünschten Erfolg führen.

Zusammenfassend lässt sich schlussfolgern: Die ärztliche Entscheidungsfindung beruht auf drei Säulen:

- Auf dem erworbenen Wissen und der klinischen Erfahrung des behandelnden Arztes (**interne Evidenz**)
- Auf den Bedürfnissen des Patienten
- Auf dem aktuellen Stand der Forschung (**externe Evidenz**)

ℹ Als Einführung in die Methoden der EBM sei Greenhalgh (2003; ► Anhang) empfohlen.

Kapitelzusammenfassung

Phasen einer Arzneimittelstudie

- Präklinische Phase: Wirkungsmechanismus, Toxikologie
- Phase I: Verträglichkeit, Pharmakokinetik, Pharmakodynamik
- Phase II: Therapiekonzept, Dosisfindung
- Phase III: Sicherheitsprofil, Nutzen-Risiko-Beziehung, Kosten-Nutzen-Beziehung
- Phase IV: seltene Nebenwirkungen, Abgrenzen der Indikation

Qualitätskriterien

- Randomisierung
- Verblindung
- Vergleichsgruppe

Serviceteil

Tabellen

Tab. A.1 Dichte- und Verteilungsfunktion der Standardnormalverteilung

z	$\varphi(z)$	$\Phi(z)$
0,0	0,3989	0,5000
0,1	0,3970	0,5398
0,2	0,3910	0,5793
0,3	0,3814	0,6179
0,4	0,3683	0,6554
0,5	0,3521	0,6915
0,6	0,3332	0,7257
0,7	0,3123	0,7580
0,8	0,2897	0,7881
0,9	0,2661	0,8159
1,0	0,2420	0,8413
1,1	0,2179	0,8643
1,2	0,1942	0,8849
1,3	0,1714	0,9032
1,4	0,1497	0,9192
1,5	0,1295	0,9332
1,6	0,1109	0,9452
1,645	0,1031	0,9500
1,7	0,0940	0,9554
1,8	0,0790	0,9641
1,9	0,0656	0,9713
1,96	0,0584	0,9750
2,0	0,0540	0,9772

Tab. A.1 (Fortsetzung)

z	$\varphi(z)$	$\Phi(z)$
2,1	0,0440	0,9821
2,2	0,0355	0,9861
2,3	0,0283	0,9893
2,4	0,0224	0,9918
2,5	0,0175	0,9938
2,58	0,0143	0,9951
2,6	0,0136	0,9953
2,7	0,0104	0,9965
2,8	0,0079	0,9974
2,9	0,0060	0,9981
3,0	0,0044	0,9987

Es gilt:

$$\varphi(z) = \varphi(-z) \quad \text{und} \quad \Phi(z) = 1 - \Phi(-z)$$

Beispiel: $\varphi(1) = \varphi(-1) = 0{,}2420$

$$\Phi(1{,}0) = 0{,}8413 \quad \Rightarrow \quad \Phi(-1{,}0) = 1 - 0{,}8413 = 0{,}1587$$

Tab. A.2 Quantile der t-Verteilung (f = Anzahl der Freiheitsgrade)

f	$t_{f;0,90}$	$t_{f;0,95}$	$t_{f;0,975}$	$t_{f;0,99}$	$t_{f;0,995}$
1	3,078	6,314	12,706	31,821	63,657
2	1,886	2,920	4,303	6,965	9,925
3	1,638	2,353	3,182	4,541	5,841
4	1,533	2,132	2,776	3,747	4,604
5	1,476	2,015	2,571	3,365	4,032

Tab. A.2 (Fortsetzung)

f	$t_{f;0,90}$	$t_{f;0,95}$	$t_{f;0,975}$	$t_{f;0,99}$	$t_{f;0,995}$
6	1,440	1,943	2,447	3,143	3,707
7	1,415	1,895	2,365	2,998	3,499
8	1,397	1,860	2,306	2,896	3,355
9	1,383	1,833	2,262	2,821	3,250
10	1,372	1,812	2,228	2,764	3,169
11	1,363	1,796	2,201	2,718	3,106
12	1,356	1,782	2,179	2,681	3,055
13	1,350	1,771	2,160	2,650	3,012
14	1,345	1,761	2,145	2,624	2,977
15	1,341	1,753	2,131	2,602	2,947
16	1,337	1,746	2,120	2,583	2,921
17	1,333	1,740	2,110	2,567	2,898
18	1,330	1,734	2,101	2,552	2,878
19	1,328	1,729	2,093	2,539	2,861
20	1,325	1,725	2,086	2,528	2,845
21	1,323	1,721	2,080	2,518	2,831
22	1,321	1,717	2,074	2,508	2,819
23	1,319	1,714	2,069	2,500	2,807
24	1,318	1,711	2,064	2,492	2,797
25	1,316	1,708	2,060	2,485	2,787
26	1,315	1,706	2,056	2,479	2,779
27	1,314	1,703	2,052	2,473	2,771
28	1,313	1,701	2,048	2,467	2,763
29	1,311	1,699	2,045	2,462	2,756
30	1,310	1,697	2,042	2,457	2,750
40	1,303	1,684	2,021	2,423	2,704

Tab. A.2 (Fortsetzung)

f	$t_{f;0,90}$	$t_{f;0,95}$	$t_{f;0,975}$	$t_{f;0,99}$	$t_{f;0,995}$
50	1,299	1,676	2,009	2,403	2,678
60	1,296	1,671	2,000	2,390	2,660
70	1,294	1,667	1,994	2,381	2,648
80	1,292	1,664	1,990	2,374	2,639
90	1,291	1,662	1,987	2,368	2,632
100	1,290	1,660	1,984	2,364	2,626

Tab. A.3 Kritische Werte für den Wilcoxon-Test

n	**Irrtumswahrscheinlichkeit α bei: Zweiseitiger Fragestellung (oberer Wert) Einseitiger Fragestellung (unterer Wert)**			
	0,10 0,05	**0,05 0,025**	**0,02 0,01**	**0,01 0,005**
5	0	–	–	–
6	2	0	–	–
7	3	2	0	–
8	5	3	1	0
9	8	5	3	1
10	10	8	5	3
11	13	10	7	5
12	17	13	9	7
13	21	17	12	9
14	25	21	15	12
15	30	25	19	15
16	35	29	23	19

Tab. A.3 (Fortsetzung)

n	**Irrtumswahrscheinlichkeit α bei: Zweiseitiger Fragestellung (oberer Wert) Einseitiger Fragestellung (unterer Wert)**			
	0,10 0,05	**0,05 0,025**	**0,02 0,01**	**0,01 0,005**
17	41	34	27	23
18	47	40	32	27
19	53	46	37	32
20	60	52	43	37
21	67	58	49	42
22	75	65	55	48
23	83	73	62	54
24	91	81	69	61
25	100	89	76	68
26	110	98	84	75
27	119	107	92	83
28	130	116	101	91
29	140	126	110	100
30	151	137	120	109

Die Nullhypothese wird abgelehnt, wenn die Prüfgröße gleich dem kritischen Wert oder kleiner als dieser ist.

Tab. A.4 Kritische Werte für den U-Test (zweiseitige Fragestellung, $\alpha = 0{,}05$)

Umfänge der Stichproben	1	2	3	4	5	6	7	8	9	10
4	–	–	–	0	–	–	–	–	–	–
5	–	–	0	1	2	–	–	–	–	–
6	–	–	1	2	3	5	–	–	–	–
7	–	–	1	3	5	6	8	–	–	–
8	–	0	2	4	6	8	10	13	–	–
9	–	0	2	4	7	10	12	15	17	–
10	–	0	3	5	8	11	14	17	20	23
11	–	0	3	6	9	13	16	19	23	26
12	–	1	4	7	11	14	18	22	26	29
13	–	1	4	8	12	16	20	24	28	33
14	–	1	5	9	13	17	22	26	31	36
15	–	1	5	10	14	19	24	29	34	39
16	–	1	6	11	15	21	26	31	37	42
17	–	2	6	11	17	22	28	34	39	45
18	–	2	7	12	18	24	30	36	42	48
19	–	2	7	13	19	25	32	38	45	52
20	–	2	8	14	20	27	34	41	48	55
21	–	3	8	15	22	29	36	43	50	58
22	–	3	9	16	23	30	38	45	53	61
23	–	3	9	17	24	32	40	48	56	64
24	–	3	10	17	25	33	42	50	59	67
25	–	3	10	18	27	35	44	53	62	71
26	–	4	11	19	28	37	46	55	64	74
27	–	4	11	20	29	38	48	57	67	77

Tab. A.4 (Fortsetzung)

Umfänge der Stichproben	1	2	3	4	5	6	7	8	9	10
28	–	4	12	21	30	40	50	60	70	80
29	–	4	13	22	32	42	52	62	73	83
30	–	5	13	23	33	43	54	65	76	87
31	–	5	14	24	34	45	56	67	78	90
32	–	5	14	24	35	46	58	69	81	93
33	–	5	15	25	37	48	60	72	84	96
34	–	5	15	26	38	50	62	74	87	99
35	–	6	16	27	39	51	64	77	89	103
36	–	6	16	28	40	53	66	79	92	106
37	–	6	17	29	41	55	68	81	95	109
38	–	6	17	30	43	56	70	84	98	112
39	0	7	18	31	44	58	72	86	101	115
40	0	7	18	31	45	59	74	89	103	119
Umfänge der Stichproben	**11**	**12**	**13**	**14**	**15**	**16**	**17**	**18**	**19**	**20**
4	–	–	–	–	–	–	–	–	–	–
5	–	–	–	–	–	–	–	–	–	–
6	–	–	–	–	–	–	–	–	–	–
7	–	–	–	–	–	–	–	–	–	–
8	–	–	–	–	–	–	–	–	–	–
9	–	–	–	–	–	–	–	–	–	–
10	–	–	–	–	–	–	–	–	–	–
11	30	–	–	–	–	–	–	–	–	–

Tab. A.4 (Fortsetzung)

Umfänge der Stichproben	11	12	13	14	15	16	17	18	19	20
12	33	37	–	–	–	–	–	–	–	–
13	37	41	45	–	–	–	–	–	–	–
14	40	45	50	55	–	–	–	–	–	–
15	44	49	54	59	64	–	–	–	–	–
16	47	53	59	64	70	75	–	–	–	–
17	51	57	63	69	75	81	87	–	–	–
18	55	61	67	74	80	86	93	99	–	–
19	58	65	72	78	85	92	99	106	113	–
20	62	69	76	83	90	98	105	112	119	127
21	65	73	80	88	96	103	111	119	126	134
22	69	77	85	93	101	109	117	125	133	141
23	73	81	89	98	106	115	123	132	140	149
24	76	85	94	102	111	120	129	138	147	156
25	80	89	98	107	117	126	135	145	154	163
26	83	93	102	112	122	132	141	151	161	171
27	87	97	107	117	127	137	147	158	168	178
28	90	101	111	122	132	143	154	164	175	186
29	94	105	116	127	138	149	160	171	182	193
30	98	109	120	131	143	154	166	177	189	200
31	101	113	125	136	148	160	172	184	196	208
32	105	117	129	141	153	166	178	190	203	215
33	108	121	133	146	159	171	184	197	210	222
34	112	125	138	151	164	177	190	203	217	230
35	116	129	142	156	169	183	196	210	224	237

Tab. A.4 (Fortsetzung)

Umfänge der Stichproben	11	12	13	14	15	16	17	18	19	20
36	119	133	147	161	174	188	202	216	231	245
37	123	137	151	165	180	194	209	223	238	252
38	127	141	156	170	185	200	215	230	245	259
39	130	145	160	175	190	206	221	236	252	267
40	134	149	165	180	196	211	227	243	258	274

Die Nullhypothese wird abgelehnt, wenn die Prüfgröße gleich dem kritischen Wert oder kleiner als dieser ist.

Tab. A.5 Quantile der Chi²-Verteilung (*f* = Anzahl der Freiheitsgrade)

f	$\chi^2_{f;0,90}$	$\chi^2_{f;0,95}$	$\chi^2_{f;0,975}$	$\chi^2_{f;0,99}$	$\chi^2_{f;0,995}$
1	2,706	3,841	5,024	6,635	7,879
2	4,605	5,991	7,378	9,210	10,597
3	6,251	7,815	9,348	11,345	12,838
4	7,779	9,488	11,143	13,277	14,860
5	9,236	11,070	12,833	15,086	16,750
6	10,645	12,592	14,449	16,812	18,548
7	12,017	14,067	16,013	18,475	20,278
8	13,362	15,507	17,535	20,090	21,955
9	14,684	16,919	19,023	21,666	23,589
10	15,987	18,307	20,483	23,209	25,188
11	17,275	19,675	21,920	24,725	26,757
12	18,549	21,026	23,337	26,217	28,300

Tab. A.5 (Fortsetzung)

f	$\chi^2_{f;0,90}$	$\chi^2_{f;0,95}$	$\chi^2_{f;0,975}$	$\chi^2_{f;0,99}$	$\chi^2_{f;0,995}$
13	19,812	22,362	24,736	27,688	29,819
14	21,064	23,685	26,119	29,141	31,319
15	22,307	24,996	27,488	30,578	32,801
16	23,542	26,296	28,845	32,000	34,267
17	24,769	27,587	30,191	33,409	35,719
18	25,989	28,869	31,526	34,805	37,156
19	27,204	30,144	32,852	36,191	38,582
20	28,412	31,410	34,170	37,566	39,997
21	29,615	32,671	35,479	38,932	41,401
22	30,813	33,924	36,781	40,289	42,796
23	32,007	35,172	38,076	41,638	44,181
24	33,196	36,415	39,364	42,980	45,559
25	34,382	37,652	40,647	44,314	46,928
26	35,563	38,885	41,923	45,642	48,290
27	36,741	40,113	43,194	45,963	49,645
28	37,916	41,337	44,461	48,278	50,993
29	39,087	42,557	45,722	49,588	52,336
30	40,256	43,773	46,979	50,892	53,672
40	51,805	55,759	59,342	63,691	66,766
50	63,167	67,505	71,420	76,154	79,490
60	74,397	79,082	83,298	88,379	91,952
70	85,527	90,531	95,023	100,425	104,215
80	96,578	101,879	106,629	112,329	116,321
90	107,565	113,145	118,136	124,116	128,299
100	118,498	124,342	129,561	135,807	140,169

Vierfeldertest, McNemar-Test und Mediantest: $f = 1$
Chi^2-Test für $k \cdot \ell$-Kontingenztafeln: $f = (k-1) \cdot (\ell - 1)$
Chi^2-Test für eine Stichprobe (Merkmal mit k Ausprägungen): $f = k - 1$

Tab. A.6 Kritische Werte für den Vorzeichentest

n	**Irrtumswahrscheinlichkeit α bei: Zweiseitiger Fragestellung (oberer Wert) Einseitiger Fragestellung (unterer Wert)**					
	0,05 0,025		**0,02 0,01**		**0,01 0,025**	
6	1	5	0	6	0	6
7	1	6	1	6	0	7
8	1	7	1	7	1	7
9	2	7	1	8	1	8
10	2	8	1	9	1	9
11	2	9	2	9	1	10
12	3	9	2	10	2	10
13	3	10	2	11	2	11
14	3	11	3	11	2	12
15	4	11	3	12	3	12
16	4	12	3	13	3	13
17	5	12	4	13	3	14
18	5	13	4	14	4	14
19	5	14	5	14	4	15
20	6	14	5	15	4	16
21	6	15	5	16	5	16
22	6	16	6	16	5	17
23	7	16	6	17	5	18
24	7	17	6	18	6	18

Tab. A.6 (Fortsetzung)

n	Irrtumswahrscheinlichkeit α bei: Zweiseitiger Fragestellung (oberer Wert) Einseitiger Fragestellung (unterer Wert)					
	0,05 0,025		0,02 0,01		0,01 0,025	
25	8	17	7	18	6	19
26	8	18	7	19	7	19
27	8	19	8	19	7	20
28	9	19	8	20	7	21
29	9	20	8	21	8	21
30	10	20	9	21	8	22

Die Nullhypothese wird abgelehnt, wenn die Prüfgröße *außerhalb* der angegebenen Schranken liegt.

Mathematische Abhandlungen

▪ Mathematische Abhandlung 4.1: Mittelwert (S. 55)

Vom Mittelwert $\bar{x}$ erwartet man, dass er die Lage der Werte x_i optimal repräsentiert; d. h., die Abweichungen der x_i von $\bar{x}$ sollten möglichst gering sein. Die Summe aller Abstände $\Sigma(x_i - \bar{x})$ zu minimieren ist nicht sinnvoll, da sich positive und negative Abweichungen gegenseitig ausgleichen. Daher berechnet man $\bar{x}$ so, dass die Summe der Abstandsquadrate $\Sigma(x_i - \bar{x})^2$ minimal wird. Dieses Vorgehen bezeichnet man als die **Methode der kleinsten Quadrate**. Aus der Analysis ist bekannt, dass eine Funktion im Punkt $\bar{x}$ ein relatives Minimum hat, wenn gilt: $f'(\bar{x}) = 0$ und $f''(\bar{x}) > 0$. Man berechnet also für die Funktion

$$f(\bar{x}) = \sum_{i=1}^{n}(x_i - \bar{x})^2 = \sum_{i=1}^{n} x_i^2 - 2\bar{x} \cdot \sum_{i=1}^{n} x_i + n \cdot \bar{x}^2$$

ein $\bar{x}$, für das gilt:

$$f'(\bar{x}) = -2\sum_{i=1}^{n} x_i + 2n\bar{x} = 0 \text{ und } f''(\bar{x}) = 2n > 0$$

Offensichtlich erfüllt der Wert $\bar{x} = \sum_{i=1}^{n} x_i / n$ diese Voraussetzungen. Da mit diesem $\bar{x}$ die Summe der Abstandsquadrate minimiert wird, gilt:

$$\sum_{i=1}^{n}(x_i - \bar{x})^2 \leq \sum_{i=1}^{n}(x_i - c)^2$$

für alle reellen Zahlen c. Diese Ungleichung beschreibt die sog. **Minimumeigenschaft des Mittelwertes.**

▪ Mathematische Abhandlung 4.2: Median (S. 56)

Der Median $\tilde{x}$ ist der Wert, für den die Summe der Abweichungsbeträge $\sum_{i=1}^{n}|x_i - \tilde{x}|$ minimal ist; d. h., es gilt für alle reellen Zahlen c:

$$\sum_{i=1}^{n}|x_i - \tilde{x}| \leq \sum_{i=1}^{n}|x_i - c|$$

Diese Ungleichung beschreibt die **Minimumeigenschaft des Medians**. Diese Eigenschaft setzt streng genommen quantitative Merkmale voraus, da Differenzen bei ordinal skalierten Merkmalen nicht definiert sind. Für die Berechnung des Medians ist jedoch nur die Reihenfolge der Werte maßgebend. Deshalb ist die Berechnung des Medians auch bei ordinal skalierten Merkmalen üblich.

▪ Mathematische Abhandlung 4.3: Varianz (S. 61)

Die Idee, anstelle des mittleren Abstandsquadrats einfach den mittleren Abstand der Messwerte vom Mittelwert zu berechnen, erweist sich als unsinnig, da sich positive und negative Abweichungen ausgleichen:

$$\sum_{i=1}^{n}(x_i - \bar{x}) = \sum_{i=1}^{n} x_i - n\bar{x} = n\bar{x} - n\bar{x} = 0$$

Dies erklärt, weshalb man bei der Berechnung der Varianz die Summe der Abstandsquadrate zugrunde legt. Wenn man im Zähler der ► Formel (4.7) die einzelnen Terme ausmultipliziert und addiert, erhält man mit Hilfe der zweiten binomischen Formel:

$$\sum_{i=1}^{n}(x_i - \bar{x})^2 = \sum_{i=1}^{n} x_i^2 - 2\bar{x}\sum_{i=1}^{n} x_i + n\bar{x}^2 = \sum_{i=1}^{n} x_i^2 - 2n\bar{x}^2 + n\bar{x}^2 = \sum_{i=1}^{n} x_i^2 - n\bar{x}^2$$

Die Division durch $n - 1$ ist dadurch begründet, dass nur $n - 1$ Summanden des Zählers eine Information beinhalten. Wenn nämlich $n - 1$ Stichprobenwerte und der Mittelwert bekannt sind, lässt sich aus diesen Angaben der noch fehlende Summand ermitteln. Die Zahl $f = n - 1$ wird auch als »Anzahl der Freiheitsgrade« bezeichnet. Das bedeutet: Man hat die »Freiheit«, $n - 1$ Werte nach Belieben zu verändern und den letzten Wert entsprechend anzupassen, ohne dass sich dabei der Wert der Varianz ändert.

▪ Mathematische Abhandlung 4.4: Variationskoeffizient (S. 62)

Die Varianz ist minimal (also 0), wenn alle Werte der Stichprobe identisch sind. Die Varianz ist bei gegebenem Mittelwert $\bar{x}$ maximal, wenn eine Beobachtungseinheit den Wert $n \cdot \bar{x}$ annimmt, während die anderen $n - 1$ Werte gleich 0 sind. Für diesen Extremfall ergibt sich mit ► Formel (4.7):

$$s^2 = \frac{1 \cdot (n\bar{x} - \bar{x})^2 + (n-1) \cdot (0 - \bar{x})^2}{n-1} = \frac{(n-1)^2 \cdot \bar{x}^2 + (n-1) \cdot \bar{x}^2}{n-1} = n \cdot \bar{x}^2$$

Daraus folgt:

$$0 \le V = s / \bar{x} \le \sqrt{n} \quad \text{und} \quad 0 \le V_r \le 1$$

▪ Mathematische Abhandlung 5.1: Korrelationskoeffizient nach Pearson (S. 78)

Es ist offenkundig, dass die Kovarianz s_{xy} genau dann maximal wird, wenn der Zusammenhang funktional ist und sich durch eine lineare Gleichung $y = a + bx$ exakt beschreiben lässt.

Dann erhält man nach den Definitionen der Kovarianz in ► Formel (5.1) und der Varianz in ► Formel (4.7) und mit $\sum_{i=1}^{n} x_i = n\bar{x}$:

$$s_{xy} = \frac{\sum_{i=1}^{n} x_i y_i - n\overline{xy}}{n-1} = \frac{\sum_{i=1}^{n} x_i(a+bx_i) - n\overline{x}(a+b\overline{x})}{n-1} = \frac{b(\sum_{i=1}^{n} x_i^2 - n\overline{x}^2)}{n-1} = bs_x{}^2$$

Für die Varianz $s_y{}^2$ ergibt sich:

$$s_y{}^2 = \frac{\sum_{i=1}^{n}(y_i - \overline{y})^2}{n-1} = \frac{b^2\sum_{i=1}^{n}(x_i - \overline{x})^2}{n-1} = b^2 s_x{}^2$$

Für positives b ist $s_y = bs_x$ und $s_{xy} = bs_x{}^2 = s_x \cdot s_y$. Für negatives b folgt analog: $s_y = -bs_x$ und $s_{xy} = -s_x \cdot s_y$. Da es sich hierbei um die beiden Extremfälle handelt, folgt für die Kovarianz: $-s_x \cdot s_y \leq s_{xy} \leq s_x \cdot s_y$. Daraus ergibt sich für den Korrelationskoeffizienten:

$$r = \frac{s_{xy}}{s_x \cdot s_y} : -1 \leq r \leq 1$$

■ Mathematische Abhandlung 5.2: Regressionsgerade (S. 81)

Von der Regressionsgeraden $y = a + bx$ erwartet man, dass die Abweichungen zwischen gemessenen und berechneten Werten $(y_i - \hat{y}_i)$ möglichst gering sind. Es gilt also, passende Werte für a und b zu finden, die eine Gerade mit dieser Eigenschaft definieren. Dazu minimiert man nach der Methode der kleinsten Quadrate die Summe der Abstandsquadrate:

$$\sum_{i=1}^{n} (y_i - \hat{y}_i)^2 = \sum_{i=1}^{n} (y_i - a - bx_i)^2 = f(a,b)$$

Das Minimum dieser Funktion erhält man, indem man die Ableitungen (nach der Kettenregel der Differenzialrechnung) bildet und gleich 0 setzt:

$$\frac{df}{da} = -2\sum_{i=1}^{n}(y_i - a - bx_i) = -2n(\overline{y} - a - b\overline{x}) = 0 \text{ und}$$

$$\frac{df}{db} = -2\sum_{i=1}^{n} x_i(y_i - a - bx_i) = 2b\sum_{i=1}^{n} x_i{}^2 - 2\sum_{i=1}^{n} x_i y_i + 2an\overline{x} = 0$$

Aus der ersten Gleichung folgt: $a = \overline{y} - b\overline{x}$. Setzt man diesen Term in die zweite Gleichung ein und löst nach b auflöst, ergibt sich mit ▶ Formel (5.1) und ▶ Formel (4.7):

$$b = \frac{\sum_{i=1}^{n} x_i y_i - n\overline{xy}}{\sum_{i=1}^{n} x_i{}^2 - n\overline{x}^2} = \frac{s_{xy}}{s_x{}^2}$$

Für die 2. Ableitungen gilt:

$$\frac{d^2 f}{da^2} = 2n > 0 \quad \text{und} \quad \frac{d^2 f}{db^2} = 2\sum_{i=1}^{n} x_i^2 > 0$$

Deshalb handelt es sich bei den berechneten Ausdrücken für a und b um Minima der Funktion $f(a,b)$ und damit um optimale Parameter für die Regressionsgerade.

▪ Mathematische Abhandlung 5.3: Bestimmtheitsmaß (S. 83)

▶ Gleichung (5.7) lässt sich durch elementare Umformungen unter Zuhilfenahme der ▶ Gleichungen (5.3) bis (5.6) nachweisen. Denn für die Terme der Residual- und der erklärten Varianz gilt:

$$\sum_{i=1}^{n} (y_i - \hat{y}_i)^2 / (n-1) = \sum_{i=1}^{n} (y_i - a - bx_i)^2 / (n-1) =$$

$$\sum_{i=1}^{n} (y_i - \bar{y} + b\bar{x} - bx_i)^2 / (n-1) = s_y^2 + b^2 s_x^2 - 2bs_{xy}$$

$$\sum_{i=1}^{n} (\hat{y}_i - \bar{y})^2 / (n-1) = b^2 \sum_{i=1}^{n} (x_i - \bar{x})^2 / (n-1) = b^2 s_x^2$$

Nach ▶ Formel (5.3) ist $b = s_{xy}/s_x^2$. Wenn man diesen Ausdruck oben einsetzt und die rechten Seiten der Gleichungen addiert, erhält man s_y^2.

Ein geeignetes Maß für die Güte der Schätzung ist die Varianz der berechneten $\hat{y}_i$-Werte (das ist die durch das Regressionsmodell erklärte Varianz) dividiert durch die Gesamtvarianz.

Für die Güte der Schätzung folgt also mit den Definitionen von b [▶ Formel (5.3)] und r [(▶ Formel (5.2)]:

$$\frac{s_{\hat{y}}^2}{s_y^2} = \frac{b^2 s_x^2}{s_y^2} = \frac{s_{xy}^2}{s_x^2 \cdot s_y^2} = r^2$$

▪ Mathematische Abhandlung 5.4: Korrelationskoeffizient nach Spearman (S. 85)

Dieser Koeffizient wird berechnet, indem man in ▶ Formel (5.2) zur Bestimmung des Korrelationskoeffizienten nach Pearson anstelle der Messwerte x_i und y_i deren Ränge $R(x_i)$ und $R(y_i)$ und für $\bar{x}$ und $\bar{y}$ den mittleren Rang $\bar{R}$ einsetzt. Durch vollständige Induktion lässt sich nachweisen, dass

$$\sum_{i=1}^{n} R(x_i) = \sum_{i=1}^{n} i = \frac{n \cdot (n+1)}{2} \quad \text{und} \quad \sum_{i=1}^{n} R^2(x_i) = \sum_{i=1}^{n} i^2 = \frac{n \cdot (n+1) \cdot (2n+1)}{6}$$

Daraus resultiert für den Mittelwert und die Summe der Abstandsquadrate:

$$\bar{R} = \frac{n+1}{2} \text{ und } \sum_{i=1}^{n}(R(x_i) - \bar{R})^2 = \sum_{i=1}^{n} R^2(x_i) - n\bar{R}^2 = \frac{n \cdot (n^2-1)}{12}$$

Analoges gilt für die Ränge des y-Merkmals, d. h., die Standardabweichungen von $R(x_i)$ und $R(y_i)$ sind gleich. Deren Produkt ist also die Varianz der Ränge und entspricht dem Nenner von ▶ Formel (5.2). Für den Zähler von ▶ Formel (5.2) (Kovarianz der Rangzahlen) ergibt sich durch Umformen mittels der zweiten binomischen Formel (wobei $d_i = R(x_i) - R(y_i)$):

$$\sum_{i=1}^{n}(R(x_i) - \bar{R}) \cdot (R(y_i) - \bar{R}) =$$

$$\frac{\sum_{i=1}^{n}(R(x_i) - \bar{R})^2 + \sum_{i=1}^{n}(R(y_i) - \bar{R})^2 - \sum_{i=1}^{n} d_i^2}{2} = \frac{n \cdot (n^2-1)}{12} - \frac{\sum_{i=1}^{n} d_i^2}{2}$$

Fasst man Zähler und Nenner zusammen, erhält man ▶ Formel (5.9).

▪ Mathematische Abhandlung 6.1: Rechenregeln für Wahrscheinlichkeiten (S. 99)

Alle genannten Rechenregeln lassen sich auf die drei Axiome von Kolmogoroff zurückführen. Aus Axiom 2 und Axiom 3 folgt sofort:

$$1 = P(\Omega) = P(A \cup \bar{A}) = P(A) + P(\bar{A})$$

Daraus ergibt sich ▶ Formel (6.3). Der Satz von der totalen Wahrscheinlichkeit [▶ Formel (6.5)] folgt ebenfalls direkt aus Axiom 3. Um den Additionssatz herzuleiten [▶ Formel (6.7)], zerlegt man die Menge $A \cup B$ in drei disjunkte Teilmengen:

$$P(A \cup B) = P(A \cap \bar{B}) + P(A \cap B) + P(\bar{A} \cap B)$$

Nach dem Satz von der totalen Wahrscheinlichkeit ergibt die Summe der ersten beiden Summanden $P(A)$; für den dritten Summanden gilt:

$$P(\bar{A} \cap B) = P(B) - P(A \cap B)$$

Demnach ist

$$P(A \cup B) = P(A) + P(B) - P(A \cap B)$$

Mathematische Abhandlung 6.2: Bayes-Theorem (S. 102)

Nach der Definition der bedingten Wahrscheinlichkeit in ▶ Formel (6.9) ist

$$P(A \mid B) = \frac{P(A \cap B)}{P(B)}$$

Vertauscht man die Ereignisse A und B in ▶ Formel (6.10) des Multiplikationssatzes, lässt sich der Zähler dieses Quotienten schreiben als:

$$P(A \cap B) = P(A) \cdot P(B \mid A)$$

Analog leitet man her:

$$P(\bar{A} \cap B) = P(\bar{A}) \cdot P(B \mid \bar{A})$$

Mittels des Satzes von der totalen Wahrscheinlichkeit [▶ Formel (6.5)] ergibt sich dann für den Nenner des obigen Quotienten:

$$P(B) = P(A \cap B) + P(\bar{A} \cap B) = P(A) \cdot P(B \mid A) + P(\bar{A}) \cdot P(B \mid \bar{A})$$

Mit diesen Ausdrücken erhält man für $P(A|B)$ die ▶ Formel (6.13).

Mathematische Abhandlung 6.3: Rechenregeln zur Varianz (S. 108)

Aus der Definition der Varianz ergibt sich unter Berücksichtigung von ▶ Rechenregel (6.24) und ▶ Rechenregel (6.25) die ▶ Formel (6.26):

$$\begin{aligned}\sigma^2 &= E((X-\mu)^2) = E(X^2 - 2\mu \cdot X + \mu^2) = E(X^2) - 2\mu \cdot E(X) + \mu^2 = \\ &= E(X^2) - 2\mu^2 + \mu^2 = E(X^2) - \mu^2\end{aligned}$$

▶ Formel (6.27) und ▶ Formel (6.28) folgen dann direkt, wenn man in ▶ Formel (6.22) bzw. ▶ Formel (6.23) x durch $(x - \mu)^2$ ersetzt. Für die Variable $aX + b$ erhält man aus der Definition der Varianz in ▶ Formel (6.26) die ▶ Formel (6.29):

$$\mathrm{Var}(aX+b) = E(aX + b - a\mu - b)^2 = a^2 \cdot E(X-\mu)^2 = a^2 \cdot \mathrm{Var}(X)$$

Mathematische Abhandlung 6.4: Tschebyscheff-Ungleichung (S. 110)

Zunächst betrachten wir eine stetige Zufallsvariable X mit dem Erwartungswert μ, die nur positive Werte annehmen kann. Dann gilt nach der Definition des Erwartungswertes in ▶ Formel (6.23) für alle $c > 0$:

$$\mu = \int_0^{+\infty} xf(x)dx \geq \int_{c\mu}^{+\infty} xf(x)dx \geq c\mu \int_{c\mu}^{+\infty} f(x)dx = c\mu \cdot P(X > c\mu)$$

Daraus folgt: $P(X > c\mu) \leq 1/c$. Wenn man nun anstelle von X die Variable $(X - \mu)^2$ mit dem Erwartungswert σ^2 betrachtet und für c eine Konstante k^2 einsetzt, erhält man:

$$P\left((EX-\mu)^2 > k^2\sigma^2\right) \leq 1/k^2$$

Da der Ausdruck in der Klammer gleichbedeutend ist mit: $|EX - \mu| > k\sigma$, folgt daraus die Tschebyscheff-Ungleichung in der Form von ► Formel (6.35).

▪ Mathematische Abhandlung 6.5: Gesetz der großen Zahlen (S. 111)

Zunächst berechnen wir den Erwartungswert und die Varianz des Mittelwerts. Mit ► Formel (6.24) und ► Formel (6.25) leitet man her:

$$E(\bar{X}) = E(\sum_{i=1}^{n} X_i / n) = \frac{1}{n}\sum_{i=1}^{n} E(X_i) = \frac{n \cdot \mu}{n} = \mu$$

Für die Varianz berechnet man mit ► Formel (6.29) und ► Formel (6.32):

$$\mathrm{Var}(\bar{X}) = \mathrm{Var}(\sum_{i=1}^{n} X_i / n) = \frac{1}{n^2}\sum_{i=1}^{n} \mathrm{Var}(X_i) = \frac{n \cdot \sigma^2}{n^2} = \frac{\sigma^2}{n}$$

Dann folgt mit der Tschebyscheff-Ungleichung (6.36):

$$P\left(|\bar{X}-\mu| > \varepsilon\right) \leq \frac{\mathrm{Var}(\bar{X})}{\varepsilon^2} = \frac{\sigma^2}{n\varepsilon^2} \underset{n\to\infty}{\to} 0$$

Betrachtet man nun die Wahrscheinlichkeit für das komplementäre Ereignis $|\bar{X} - \mu| < \varepsilon$, ergibt sich das Gesetz der großen Zahlen nach ► Formel (6.42).

▪ Mathematische Abhandlung 7.1: Parameter der Binomialverteilung (S. 117)

Wir betrachten den einfachsten Fall $n = 1$. Nach ► Formel (6.22) und ► Formel (6.27) berechnet man:

$$\mu = 1 \cdot p + 0 \cdot q = p \quad \text{und}$$
$$\sigma^2 = (1-p)^2 \cdot p + (0-p)^2 \cdot q = q^2 \cdot p + p^2 \cdot q = pq \cdot (q+p) = pq$$

Für die Summe $X = X_1 + \ldots + X_n$ gilt nach ► Formel (6.25) und ► Formel (6.32):

$$EX = np \quad \text{und} \quad \mathrm{Var}X = npq$$

Bei n unabhängigen Wiederholungen beträgt die Wahrscheinlichkeit, dass bei den ersten k Experimenten das Ereignis A und bei den folgenden $(n-k)$ Experimenten das Ereignis $\bar{A}$ eintritt, $p^k \cdot q^{n-k}$. Diese Wahrscheinlichkeit ergibt sich bei allen Kombinationen, bei denen genau k-mal das Ereignis A eintritt. – Jetzt bleibt nur noch zu klären, wie viele Möglichkeiten existieren, aus einer Menge von n Elementen eine Teilmenge von k Elementen auszuwählen. Für das 1. Element gibt es n Auswahlmöglichkeiten, für das 2. Element verbleiben $(n - 1)$ und für das k-te Element noch $(n - k + 1)$ Möglichkeiten – dies ergibt insgesamt

$$n \cdot (n-1) \cdot \ldots \cdot (n-k+1) = \frac{n!}{(n-k)!} \text{ Permutationen.}$$

Nun spielt aber bei unserer Fragestellung die Reihenfolge, in der die Elemente angeordnet sind, keine Rolle. Es gibt insgesamt $k!$ Möglichkeiten, k verschiedene Elementen anzuordnen. Deshalb muss man den obigen Quotienten durch $k!$ dividieren und erhält

$$\frac{n!}{(k!) \cdot (n-k)!} = \binom{n}{k} \text{ Kombinationen und damit:}$$

$$P(X = k) = \binom{n}{k} \cdot p^k \cdot q^{n-k}$$

▪ Mathematische Abhandlung 7.2: Parameter der Poisson-Verteilung (S. 121)

Diese Verteilung ist ein Grenzfall der Binomialverteilung und lässt sich aus dieser herleiten. Mit ▶ Formel (7.4) und $\lambda = n \cdot p$ ergibt sich:

$$P(X = k) = \binom{n}{k} \cdot p^k \cdot q^{n-k} = \frac{n!}{k! \cdot (n-k)!} \cdot \left(\frac{\lambda}{n}\right)^k \cdot \left(1 - \frac{\lambda}{n}\right)^{n-k} =$$

$$\frac{1}{k!} \cdot \frac{n \cdot (n-1) \cdot \ldots \cdot (n-k+1)}{n^k} \cdot \lambda^k \cdot \left(1 - \frac{\lambda}{n}\right)^n \left(1 - \frac{\lambda}{n}\right)^{-k}$$

Für großes n und vergleichsweise kleines k ist das Produkt der k Faktoren des Zählers ungefähr n^k. Wie aus der Analysis bekannt ist, gilt:

$$\lim_{n \to \infty} \left(1 - \frac{\lambda}{n}\right)^n = e^{-\lambda}. \text{ Au erdem ist } \lim_{n \to \infty} \left(1 - \frac{\lambda}{n}\right)^{-k} = 1.$$

Damit erhalten wir für obige Formel:

$$P(X = k) = \frac{\lambda^k}{k!} \cdot e^{-\lambda}$$

▪ Mathematische Abhandlung 7.3: Gauß'sche Glockenkurve (S. 126)

Für die Ableitungen von $f(x)$ berechnet man mit der Kettenregel der Differenzialrechnung:

$$f'(x) = -f(x) \cdot \frac{x - \mu}{\sigma^2} \quad \text{und} \quad f''(x) = f(x) \cdot \left(\frac{(x-\mu)^2}{\sigma^4} - \frac{1}{\sigma^2}\right)$$

Daraus folgt: Das Maximum (d. h. der Modalwert) ist bei $x = \mu$ ($f'(\mu) = 0, f''(\mu) < 0$); die Wendepunkte sind bei $x = \mu \pm \sigma$ ($f''(\mu \pm \sigma) = 0$).

Der Nachweis, dass die gesamte Fläche unter der Glockenkurve gleich 1 ist, erfordert die Lösung des bestimmten Integrals über den Ausdruck in ▶ Formel (7.17). Um nachzuweisen, dass es sich bei den Parametern μ und σ^2 tatsächlich um den Erwartungswert bzw. die Varianz handelt, reichen schulmathematische Kenntnisse nicht aus. Deshalb wird an dieser Stelle auf den Beweis verzichtet.

▪ Mathematische Abhandlung 7.4: Sterberate (S. 136)

Die Sterberate $r(t)$ basiert auf der bedingten Wahrscheinlichkeit, dass ein Individuum, nachdem es den Zeitpunkt t überlebt hat, im darauf folgenden Zeitintervall der Länge $t + \Delta t$ stirbt. Diese Wahrscheinlichkeit ist wegen der Definition von $F(t)$ und $S(t)$:

$$P(t < T \leq t + \Delta t \mid X > t) = \frac{P(t < T \leq t + \Delta t)}{P(T > t)} = \frac{F(t + \Delta t) - F(t)}{S(t)}$$

Unter der momentanen Sterberate versteht man nun diese Wahrscheinlichkeit bezogen auf ein infinitesimal kleines Zeitintervall der Länge Δt:

$$r(t) = \lim_{\Delta t \to 0} \frac{F(t + \Delta t) - F(t)}{\Delta t} \cdot \frac{1}{S(t)}$$

Für den Differenzialquotienten gilt:

$$\lim_{\Delta t \to 0} \frac{F(t + \Delta t) - F(t)}{\Delta t} = \frac{dF(t)}{d(t)} = f(t)$$

Daraus ergibt sich:

$$r(t) = \frac{f(t)}{S(t)}$$

▪ Mathematische Abhandlung 8.1: Schätzeigenschaften der empirischen Varianz (S. 150)

Zunächst muss man sich Folgendes klarmachen: Die empirische Varianz wird aus Stichprobenwerten x_i berechnet, die Realisationen von Zufallsvariablen X_i sind. Alle X_i haben den Erwartungswert μ und die Varianz σ^2. Für den Erwartungswert der empirischen Varianz erhält man nach einigen Umrechnungen:

$$E(S^2) = \frac{E\left(\sum_{i=1}^{n}(X_i - \bar{X})^2\right)}{n-1} = \frac{E\left(\sum_{i=1}^{n}(X_i - \mu)^2 - n(\bar{X} - \mu)^2\right)}{n-1}$$

Nach der Definition der Varianz [▶ Formel (6.26)] gilt:

$$E(X_i - \mu)^2 = \mathrm{Var}(X_i) = \sigma^2$$

Daraus folgt:

$$E(\sum_{i=1}^{n}(X_i - \mu)^2) = n \cdot \sigma^2$$

Außerdem ist $E(\bar{X} - \mu)^2 = \mathrm{Var}(\bar{X}) = \sigma^2/n$. Wenn man dies in die obige Gleichung einsetzt, erhält man ▶ Formel (8.4):

$$E(S^2) = \frac{n\sigma^2 - \sigma^2}{n-1} = \sigma^2$$

Dies ist die formale Rechtfertigung dafür, dass bei der empirischen Varianz durch $(n - 1)$ dividiert wird. Nach ▶ Formel (7.43) ist die Variable $\frac{(n-1)S^2}{\sigma^2}$ χ^2-verteilt mit der Varianz $2(n - 1)$. Daraus leitet man ▶ Formel (8.5) her:

$$\mathrm{Var}(S^2) = \frac{2(n-1) \cdot \sigma^4}{(n-1)^2} = \frac{2\sigma^4}{n-1}$$

Nun gilt nach ▶ Formel (6.26): $\mathrm{Var}(X) = E(X^2) - \mu^2$. Ersetzt man in dieser Gleichung X und μ durch S bzw. ES, erhält man:

$$\mathrm{Var}(S) = E(S^2) - (ES)^2 = \sigma^2 - (ES)^2$$

Daraus folgt: $(ES)^2 = \sigma^2 - \mathrm{Var}(S)$ und damit $ES < \sigma$. Die empirische Standardabweichung s schätzt also σ systematisch zu gering.

■ Mathematische Abhandlung 8.2: Konfidenzintervall für einen Erwartungswert (S. 152)

Diesem Intervall liegt der zentrale Grenzwertsatz zugrunde. Demnach sind alle theoretisch denkbaren Mittelwerte aus Stichproben des Umfangs n normalverteilt (zumindest für $n \geq 25$) mit dem Erwartungswert μ und der Standardabweichung $\sigma / \sqrt{n}$. Deshalb gilt:

$$P(-1{,}96 \leq \frac{\bar{X} - \mu}{\sigma / \sqrt{n}} \leq 1{,}96) = 0{,}95$$

Die Zahlenwerte sind die Grenzen, die den 95%-Referenzbereich der Standardnormalverteilung definieren (◘ Tab. 7.2). Durch Umformen dieser Ungleichung ergibt sich:

$$P(-\frac{1{,}96\cdot\sigma}{\sqrt{n}} \leq \bar{X}-\mu \leq \frac{1{,}96\cdot\sigma}{\sqrt{n}}) = 0{,}95$$

Das bedeutet, dass der Abstand zwischen Mittelwert und Erwartungswert betragsmäßig mit 95%-iger Wahrscheinlichkeit unterhalb von $1{,}96\cdot\sigma/\sqrt{n}$ liegt. Damit ergibt sich ein Konfidenzintervall nach ▶ Formel (8.7).

▪ Mathematische Abhandlung 8.3: Konfidenzintervall für eine Wahrscheinlichkeit (S. 154)

Dieses Konfidenzintervall basiert auf dem zentralen Grenzwertsatz. Für $npq \geq 9$ ist die binomialverteilte Variable X normalverteilt mit dem Erwartungswert $\mu = np$ und der Varianz $\sigma^2 = np(1-p)$ (▶ Abschn. 7.1.2). Also gilt:

$$P(-z_{1-\alpha/2} \leq \frac{X-np}{\sqrt{np(1-p)}} \leq z_{1-\alpha/2}) = 1-\alpha$$

Durch Umformen ergibt sich dann das Konfidenzintervall:

$$\hat{p} \pm z_{1-\alpha/2}\cdot\sqrt{\frac{p(1-p)}{n}}$$

Das unbekannte p unter der Wurzel wird durch den Schätzwert $\hat{p}$ ersetzt. Um das Intervall auch für kleinere Stichprobenumfänge konstruieren zu können, fügt man die Stetigkeitskorrektur $1/2n$ hinzu (wodurch das Intervall insgesamt um den Faktor $1/n$ verbreitert wird). Dadurch versucht man, den Fehler auszugleichen, der beim Übergang von den relativen Häufigkeiten $\hat{p}$ (diskrete Variable) zur Standardnormalverteilung entsteht.

▪ Mathematische Abhandlung 10.1: *t*-Test für zwei unverbundene Stichproben (S. 182)

Die Prüfgröße beschreibt die Verteilung der Differenz $\bar{X}-\bar{Y}$, die aus den Mittelwerten der beiden Stichproben berechnet wird. Unter der Nullhypothese sind die Differenzen normalverteilt mit dem Erwartungswert 0.

Für deren Varianz gilt:

$$\text{Var}\,(\bar{X}-\bar{Y}) = \text{Var}\,\bar{X} + \text{Var}\,\bar{Y} = \frac{\sigma^2}{n_1} + \frac{\sigma^2}{n_2}$$

Die unbekannte Varianz σ^2 wird geschätzt durch das gewichtete Mittel der beiden Stichprobenvarianzen nach ▶ Formel (10.3). Setzt man diese Terme in ▶ Formel (7.40) ein, erhält man eine Prüfgröße nach ▶ Formel (10.2).

Mathematische Abhandlung 10.2: U-Test von Mann und Whitney (S. 190)

Zunächst berechnen wir die Summe der Prüfgrößen. Aus ▶ Formel (10.9) folgt:

$$U_1 + U_2 = 2n_1n_2 + \frac{n_1(n_1+1) + n_2(n_2+1)}{2} - (R_1 + R_2)$$

Da die Summe der Rangzahlen R_1 und R_2 der Summe aller Zahlen von 1 bis $n_1 + n_2$ entspricht, gilt:

$$R_1 + R_2 = \frac{(n_1+n_2)(n_1+n_2+1)}{2}$$

Setzt man diesen Ausdruck in die obige Formel ein, erhält man $U_1 + U_2 = n_1 \cdot n_2$. Welche Werte können U_1 und U_2 annehmen? Wir gehen zunächst von folgendem Extremfall aus: Jedes Element x_i der 1. Stichprobe ist kleiner als jedes beliebige Element y_j der 2. Stichprobe. In diesem Fall unterscheiden sich die beiden Stichproben maximal. Dann haben die x_i die Ränge 1 bis n_1 und die y_i die Ränge $n_1 + 1$ bis $n_1 + n_2$. Es gilt also: $R_1 = n_1 \cdot (n_1 + 1)/2$ und damit nach ▶ Formel (10.9): $U_1 = n_1 \cdot n_2$, $U_2 = 0$ und $U = \min(U_1, U_2) = 0$. Wenn die Ränge in den beiden Stichproben gleichverteilt sind, verhalten sich die Rangsummen wie die Stichprobenumfänge, also $n_1/n_2 = R_1/R_2$. In diesem Fall ist $U = U_1 = U_2 = n_1 \cdot n_2/2$.

Mathematische Abhandlung 11.1: Chi²-Vierfeldertest (S. 200)

Die Berechnung der Prüfgröße als Summe aller $(B - E)^2/E$ erscheint plausibel. Je mehr eine beobachtete Häufigkeit B von der erwarteten Häufigkeit E abweicht, umso größer wird dieser Quotient. Die Division durch E erfolgt, um der Tatsache Rechnung zu tragen, dass die Abweichung $(B - E)$ umso schwerer wiegt, je kleiner die Erwartungshäufigkeit E ist. Mit elementaren Rechenregeln lassen sich dann die Häufigkeiten in ◘ Tab. 11.2 herleiten.

Wieso ist nun die Summe der $(B - E)^2/E$ unter der Nullhypothese χ^2-verteilt? Dazu betrachten wir die Häufigkeiten a und c. Wir definieren $n_1 = a + b$ und $n_2 = c + d$. Die Häufigkeit a ist unter H_0 binomialverteilt mit dem Erwartungswert n_1p und der Varianz $n_1p(1 - p)$ [wobei $p = P(A)$]. Auch c ist binomialverteilt mit dem Erwartungswert n_2p und der Varianz $n_2p(1 - p)$. Unter H_0 hat die Differenz $D = a/n_1 - c/n_2$ den Erwartungswert 0 und die Varianz $s_D^2 = p(1 - p)(1/n_1 + 1/n_2)$. Also ist D/s_D standardnormalverteilt. Demnach folgt $(D/s_D)^2$ einer χ^2-Verteilung mit einem Freiheitsgrad (▶ Abschn. 7.4.2). Setzt man in $(D/s_D)^2$ Folgendes ein: $p = (a + c)/n$, $n_1 = a + b$ und $n_2 = c + d$, erhält man nach einigen Umrechnungen die Prüfgröße nach ▶ Formel (11.2).

Mathematische Abhandlung 11.2: McNemar-Test (S. 207)

Unter der Nullhypothese wird für jede der beiden Häufigkeiten b und c der Wert $(b + c)/2$ erwartet. Dann berechnet man die Prüfgröße nach ▶ Formel (11.2) als:

$$\chi^2 = \frac{\left(b - \frac{b+c}{2}\right)^2 + \left(c - \frac{b+c}{2}\right)^2}{\frac{b+c}{2}}$$

Nach Ausmultiplizieren und Addieren erhält man ▶ Formel (11.8).

Mathematische Abhandlung 11.3: Fishers exakter Test (S. 213)

Gegeben sind n Beobachtungseinheiten; davon haben $a + c$ eine bestimmte Eigenschaft (z. B. Therapie nicht erfolgreich, ▶ Beispiel 11.8). Von n Patienten werden zufällig $a + b$ (z. B. für Therapie 1) ausgewählt; davon haben a Patienten einen Misserfolg. Unter der Nullhypothese folgt a einer hypergeometrischen Verteilung HG ~ $(a + b; n, a + c)$. Mit ▶ Formel (7.14) berechnet man:

$$P(X = a) = \frac{\binom{a+c}{a} \cdot \binom{n-a-c}{a+b-a}}{\binom{n}{a+b}} = \frac{\binom{a+c}{a} \cdot \binom{b+d}{b}}{\binom{n}{a+b}}$$

Nach Einsetzen der Binomialkoeffizienten ergibt sich ▶ Formel (11.13).

Mathematische Abhandlung 12.1: Lebenserwartung (S. 230)

Die Anzahl der Personen, die x Jahre alt werden [und vor dem $(x+1)$. Geburtstag sterben], beträgt d_x. Damit ist die mittlere Lebensdauer bei ℓ_0 Lebendgeborenen leicht herleitbar als:

$$e_0 = \sum_{x=0}^{\omega} x \cdot d_x / \ell_0$$

Nach der Definition von d_x und unter Berücksichtigung von $\ell_{\omega+1} = 0$ ergibt sich daraus:

$$e_0 = \frac{0(\ell_0 - \ell_1) + 1(\ell_1 - \ell_2) + 2(\ell_2 - \ell_3) + \ldots + \omega(\ell_\omega - \ell_{\omega+1})}{\ell_0} = \frac{\sum_{x=1}^{\omega} \ell_x}{\ell_0}$$

Üblicherweise wird zu e_0 der Term 1/2 addiert, da man annimmt, dass die Lebensdauer eines Menschen, der im Jahr nach seinem x-ten Geburtstag stirbt, durchschnittlich $x + 1/2$ beträgt. Der Anteil der Lebendgeborenen, die maximal das Alter x erreichen, ist

$$\sum_{i=0}^{x-1} d_i / \ell_0 = (\ell_0 - \ell_x) / \ell_0 = 1 - \ell_x / \ell_0$$

Daraus folgt ► Formel (12.4).

■ Mathematische Abhandlung 15.1: Kaplan-Meier-Schätzer (S. 288)

Unmittelbar vor dem Zeitpunkt t_1 stehen n_1 Beobachtungseinheiten zur Verfügung, zum Zeitpunkt t_1 sterben d_1 Patienten. Die Wahrscheinlichkeit, t_1 zu überleben, wird geschätzt als:

$$\hat{S}(t_1) = \frac{n_1 - d_1}{n_1}$$

Die Wahrscheinlichkeit, den Zeitpunkt t_2 zu überleben, ist nach ► Formel (6.10):

$$S(t_2) = P(t > t_2) = P(t > t_1) \cdot P(t > t_2 \mid t > t_1)$$

Den ersten Faktor dieses Terms schätzt man über $\hat{S}(t_1)$ (► siehe oben), den zweiten Faktor analog mit den Häufigkeiten n_2 und d_2. So ergibt sich:

$$\hat{S}(t_2) = \frac{n_1 - d_1}{n_1} \cdot \frac{n_2 - d_2}{n_2}$$

Durch sukzessives Wiederholen erhält man schließlich ► Formel (15.1).

Glossar Englisch – Deutsch

accuracy	Genauigkeit, Richtigkeit
adjusted	adjustiert
alternative hypothesis	Alternativhypothese
analysis of variance	Varianzanalyse
arbitrary	willkürlich
attributable risk	zuschreibbares Risiko
average	Durchschnitt
bar chart	Balken-, Stabdiagramm
bias	systematischer Fehler
bimodal	zweigipflig
biostatistics	Biostatistik
carry-over effect	nachhaltige Wirkung einer Therapie
case control study	Fall-Kontroll-Studie
case report	Fallbericht
case report form	Patientenerhebungsbogen
case series	Fallserie(n)
censored data	zensierte Daten
characteristic	Merkmal
coefficient of determination	Bestimmtheitsmaß
coefficient of variation	Variationskoeffizient
cohort study	Kohortenstudie
compliance	Akzeptanz der Behandlung, Compliance
component cause	Teilursache (einer Krankheit)
composite endpoint	kombinierter Endpunkt
conditional probability	bedingte Wahrscheinlichkeit
confidence interval	Konfidenzintervall
confounder	verzerrende Störgröße
contingency table	Kontingenztafel
correlation coefficient	Korrelationskoeffizient
critical appraisal	kritische Beurteilung einer Studie
cross-over	Therapiewechsler
cross-over design	Überkreuzungsstudie
cumulative frequency	Summenhäufigkeit
curvilinear regression	nichtlineare Regression
cutoff point / cutoff value	Schwellenwert
degree of freedom	Freiheitsgrad
density function	Dichtefunktion
dependent variable	abhängige Variable
distribution	Verteilung
drop out	Abbrecher, Ausfall
effectiveness (of treatment)	Wirksamkeit einer Behandlungsstrategie

(clinical) efficacy	(biologische) Wirksamkeit (im Kontext einer klinischen Prüfung)
(therapeutic) efficiency	therapeutischer Nutzen
eligible	die Einschlusskriterien erfüllend
endpoint	Zielgröße
equivalence margin	Äquivalenzschranke
estimator	Schätzer
event	Ereignis
evidence	wissenschaftlicher Nachweis, Beleg
evidence-based case report	EBM-basierter Fallbericht
experimental study	Experiment
false positive / false negative	falsch positiv / falsch negativ
follow up	Nachbeobachtungszeit
follow-up study	Verlaufsuntersuchung
frequency	Häufigkeit
Gaussian distribution	Normalverteilung, Gauß-Verteilung
general linear model	allgemeines lineares Modell
goodness (of fit)	Güte (der Anpassung)
hazard rate	Ausfallrate
incidence	Inzidenz
independent variable	unabhängige Variable
inferential statistics	Inferenzstatistik
informed consent	Einverständniserklärung
insignificant	nichtsignifikant
intercept	Achsenabschnitt, Basiswert
interquartile range	Interquartilsabstand
least square method	Methode der kleinsten Quadrate
level of significance	Signifikanzniveau
life table	Sterbetafel
life-table analysis	Überlebenszeitanalyse
longitudinal study	longitudinale Studie
(individual) matching	(paarweise) Zuordnung
mean	Mittelwert, Erwartungswert
median follow up period	mediane Nachuntersuchungszeit
mode	Modalwert, Modus
mortality rate	Mortalität, Sterblichkeit(srate)
necessary cause	notwendige Ursache (einer Krankheit)
nested case cohort study	eingebettete Fall-Kontroll-Studie
noising factor	unverzerrende Störgröße
non-inferiority	Nichtunterlegenheit
null hypothesis	Nullhypothese
observation	Beobachtung
observational study	Beobachtungsstudie
odds ratio	Odds Ratio, Chancenverhältnis
origin	Nullpunkt

outcome	Zielgröße, Therapieergebnis
outlier	Ausreißer
paired samples	verbundene Stichproben
pie chart	Kreisdiagramm
population	Grundgesamtheit, Population
power	Trennschärfe, Teststärke, Power
precision	Genauigkeit, Präzision
prediction	Vorhersage
predictive value	Vorhersagewert
prevalence	Prävalenz
probability	Wahrscheinlichkeit
population	Grundgesamtheit
population at risk	Bevölkerung unter Risiko
p-value	*p*-Wert
random experiment	Zufallsexperiment
randomization	Randomisierung, Zufallszuteilung
randomized clinical trial	randomisierte klinische Studie
randomized controlled trial	randomisierte kontrollierte Studie
random sample	Zufallsstichprobe
random variable	Zufallsvariable
range	Spannweite
rank	Rang, Rangzahl
ratio	Verhältnis
recurrence rate	Rezidivrate
reference interval	Referenzbereich
regression line	Regressionsgerade
reliability	Zuverlässigkeit, Reproduzierbarkeit
repeated measure	Messwiederholung
research	Forschung
residual variance	(nichterklärte) Restvarianz
review	Übersichtsartikel
risk	Risiko, Risikofaktor
safety	Sicherheit
sample	Stichprobe
sample size	Stichprobenumfang
sampling method	Stichprobenverfahren
scatter plot	Punktwolke
sensitivity	Sensitivität
significance level	Signifikanzniveau
skewed distribution	schiefe Verteilung
slope	Steigung (einer Geraden)
specificity	Spezifität
standard deviation	Standardabweichung
standard error of the mean	Standardfehler des Mittelwerts
statistical inference	statistische Schlussweise

steering committee	Studienbegleitkommission
stem-and-leaf-diagram	Stamm-Blatt-Diagramm
stratification	Stratifizierung
student's test	*t*-Test
study	Studie, Untersuchung
subject	Proband, Testperson, Objekt
sufficient cause	hinreichende Ursache (einer Krankheit)
surveillance	Überwachung
survey	Erhebung
survival analysis	Überlebenszeitanalyse
survival probability	Überlebenswahrscheinlichkeit
survival rate	Überlebensrate
threshold	Schwelle(nwert)
ties	verbundene Ränge
tolerability	Verträglichkeit
transversal study	Querschnittstudie
treatment	Behandlung
treatment lag	Wirkungsverzögerung
trial	Untersuchung, Studie
true positive / true negative	richtig positiv / richtig negativ
two-by-two table	Vierfeldertafel
two-tailed (two-sided) hypothesis	zweiseitige Fragestellung
type I / type II error	Fehler erster Art / zweiter Art
unbiased	unverzerrt (frei von systematischen Fehlern)
uncorrelated	unkorreliert, ohne Zusammenhang
unimodal	eingipflig
validity	Richtigkeit, Validität
value	Wert
variability	Variabilität
variance	Varianz
vital statistics	Bevölkerungsstatistik
washout period	therapiefreie Zwischenphase
withdrawal	Studienabbruch, Abbrecher

Weiterführende Literatur

Andreß HJ, Hagenaars JA, Kühnel S. Analyse von Tabellen und kategorialen Daten. Berlin: Springer, 1997.

Backhaus K, Erichson B, Plinke W, Weiber R. Multivariate Analysemethoden. 13. Aufl. Berlin: Springer, 2011.

Bortz J, Schuster C. Statistik für Human- und Sozialwissenschaftler. 7. Aufl. Berlin: Springer, 2010.

Bortz J, Lienert GA. Kurzgefasste Statistik für die klinische Forschung. 3. Aufl. Berlin: Springer, 2008.

Dubben HH, Beck-Bornholdt HP. Der Hund, der Eier legt. Erkennen von Fehlinformation durch Querdenken. 4. Aufl. Reinbek: Rowohlt, 2006.

Fahrmeir L, Kneib T, Lang S. Regression. Modelle, Methoden und Anwendungen. 2. Aufl. Berlin: Springer, 2009.

Fletcher RH, Fletcher SW. Klinische Epidemiologie. Grundlagen und Anwendung. Bern: Huber, 2007.

Gigerenzer G. Das Einmaleins der Skepsis. Über den richtigen Umgang mit Zahlen und Risiken. 6. Aufl. Berlin: Berlin Verlag, 2009.

Greenhalgh T. Einführung in die Evidence-Based Medicine. Kritische Beurteilung klinischer Studien als Basis einer rationalen Medizin. 2. Aufl. Bern: Huber, 2003.

Hartung J, Elpelt B, Klösener KJ. Statistik. Lehr- und Handbuch der angewandten Statistik. 15. Aufl. München: Oldenbourg, 2009.

Sachs L, Hedderich J. Angewandte Statistik. 12. Aufl. Berlin: Springer, 2009.

Schumacher M, Schulgen G. Methodik klinischer Studien. Methodische Grundlagen der Planung, Durchführung und Auswertung. 3. Aufl., Berlin: Springer, 2008.

Stapff M. Arzneimittelstudien. Ein Handbuch zur Durchführung von klinischen Prüfungen für Ärzte und medizinisches Assistenzpersonal. 5. Aufl. München: Zuckschwerdt, 2008.

Weiß C, Bauer AW. Promotion. Die medizinische Doktorarbeit von der Themensuche bis zur Dissertation. 3. Aufl. Stuttgart: Thieme, 2008.

Nützliche Internetadressen

▪ Gesellschaften und Institutionen

Statistisches Bundesamt	www.destatis.de
Bundesinstitut für Arzneimittel und Medizinprodukte	www.bfarm.de
Paul-Ehrlich-Institut	www.pei.de
Robert Koch-Institut	www.rki.de
World Health Organization, Regional Office for Europe	www.euro.who.int/hfadb
Deutsche Region der Internationalen Biometrischen Gesellschaft	www.biometrische-gesellschaft.de
Deutsche Gesellschaft für Medizinische Informatik, Biometrie und Epidemiologie	www.dgepi.de
Arbeitsgemeinschaft der Wissenschaftlichen Medizinischen Fachgesellschaften	www.awmf-online.de
Deutsches Cochrane-Zentrum	www.cochrane.de
Institut für Qualität und Wirtschaftlichkeit im Gesundheitswesen	www.iqwig.de

▪ Informationen zu Doktorarbeiten

www.doktorandenboerse.info
www.medidiss.de

▪ Statistiksoftware

SAS: www.sas.de
SPSS: www.spss.de
Medcalc: www.medcalc.be

▪ Sonstiges

Informationen zu klinischen Studien	www.bundesaerztekammer.de
Informationen zu Tierexperimenten	www.verbraucherzentrale.de
Abteilung für Medizinische Statistik, Biomathematik und Informationsverarbeitung der Medizinischen Fakultät Mannheim, Universität Heidelberg	www.ma.uni-heidelberg/inst/biom

Sach- und Personenregister

A

B

C

D

E

F

L

M

N

O

P

T

U

V

W

Y

Z

Printing and Binding: Stürtz GmbH, Würzburg